U0957459

全国中级注册安全工程师职业资格考试精解与习题

安全生产技术基础精解与习题

赵秋生　主编

中国劳动社会保障出版社

图书在版编目（CIP）数据

安全生产技术基础精解与习题/赵秋生主编. -- 北京：中国劳动社会保障出版社，2021

全国中级注册安全工程师职业资格考试精解与习题

ISBN 978-7-5167-4918-0

Ⅰ.①安… Ⅱ.①赵… Ⅲ.①安全生产-资格考试-自学参考资料 Ⅳ.①X931

中国版本图书馆 CIP 数据核字（2021）第 100056 号

中国劳动社会保障出版社出版发行

（北京市惠新东街 1 号 邮政编码：100029）

*

三河市华骏印务包装有限公司印刷装订 新华书店经销

787 毫米×1092 毫米 16 开本 22.5 印张 489 千字

2021 年 6 月第 1 版 2021 年 7 月第 2 次印刷

定价：62.00 元

读者服务部电话：（010） 64929211/84209101/64921644

营销中心电话：（010） 64962347

出版社网址：http://www.class.com.cn

前　言

安全生产事关人民福祉，事关人民群众生命财产安全。随着注册安全工程师制度不断完善，国务院有关部门高度重视注册安全工程师职业资格认定工作，积极推动其成为生产经营单位安全管理的重要力量。2014 年新修订的《安全生产法》确立了注册安全工程师的法律地位。2017 年 11 月国家安全监管总局和人力资源社会保障部联合印发了《注册安全工程师分类管理办法》，对注册安全工程师的分级分类、考试、注册、配备使用、职称对接、职责分工等作出了新规定。2017 年 9 月，人力资源社会保障部公布了国家职业资格目录，注册安全工程师被列入准入类专业技术人员职业资格目录。

提升安全生产管理水平需要懂法律、懂管理、懂技术、具备现场管理与应急处置能力的安全生产管理人员。10 多年来，注册安全工程师职业资格认定制度在我国不断发展完善，越来越多的安全管理人员通过系统地学习安全生产法律法规、安全生产管理、安全生产技术知识，取得了注册安全工程师执业资格。一些行业、企业在安全管理岗位聘任、工程项目招标中，注册安全工程师配备也已成为其中的一项重要指标要求。国家的政策、企业的需要，使广大安全生产工作者对注册安全工程师制度充满信心，渴望通过注册安全工程师考试。

随着注册安全工程师法律地位不断提升、企业对注册安全工程师需求加大，注册安全工程师报考人数也在逐年增加，考试难度不断地加大，众多考生不知如何在有限的时间里有效备考。为了便于应试人员更加深入领悟《中级注册安全工程师职业资格考试大纲》所规定的考试内容及要求，把握必要的知识点，我们特编写了注册安全工程师考试学习辅导书。本套辅导书共包括《安全生产法律法规精解与习题》《安全生产管理精解与习题》《安全生产技术基础精解与习题》《安全生产专业实务——其他安全精解与习题》《安全生产专业实务——化工安全精解与习题》《安全生产专业实务——建筑施工安全精解与习题》。

本套辅导书依据考试大纲，充分分析了2020版中级注安考试辅导教材，并参照辅导教材设置了章节内容。编写上参考历年考试内容，特别着重分析了近年来的出题方式，预测了考试重点。根据编者多年的应试培训经验，对教材中每一章节的重要考点进行梳理，侧重于重要知识点和考试方式的讲解。在每个章节的最后，提供了有针对性的练习题，供学员自测，以提高应试水平。学员在备考过程中，应首先认真学习章节的知识点，然后再做后面练习题。

本套辅导书分别由孟燕华、赵秋生、孙贵磊、颜峻、李琴主编，参编人员有胡广霞、刘育菲、田雯、林云等。愿本套辅导书能帮助考生考出良好的成绩，为安全生产工作及提高全社会的安全生产管理水平做出更大的贡献！

2018年3月，按照国务院机构改革方案，一些负有安全生产监督管理职责的部门进行了职能整合，凡本书涉及的机构改革前的部门名称，请读者予以注意。

由于书稿内容多、题量大，难免出现个别错误，敬请见谅！如有勘误，我们将在注安直通车学习交流群（QQ群号码：1071456243）中发布相关信息。如有疑问，可联系 zhuanztc@126.com。同时，学习交流群中也会发布相关考试信息和考试要点，助力各位考生顺利通过注安考试。

编者

2020年8月

目　录

第一章　机械安全技术

机械安全技术涉及的主要内容包含三部分：一是机械安全基础知识；二是高危机械安全技术知识；三是安全人机工程。如图 1-1 所示。其中，前两部分完全是从机械的角度谈机械安全，最后一部分则是从人、机、环三方面研究机械安全。

机械安全技术可以从以下三方面加以掌握：

（1）机械的危险因素（包括危险部位）。

（2）机械的事故类型。

（3）机械的防护措施。

- 机械安全技术
  - 机械安全基础知识
    - 危害因素
    - 事故类型
    - 防护措施
  - 高危机械安全技术知识
    - 切削
    - 冲压（剪）
    - 铸造
    - 锻造
    - 木工
  - 安全人机工程
    - 人、机、环安全特性
    - 人机功能分配
    - 人机界面
    - 人机系统可靠性

图 1-1　机械安全技术的主要内容

第一节　机械安全基础知识

【本节重点】

一级知识点	二级知识点
机械设备分类	按照其用途分为 10 类（动力、金属切削、金属成型、交通运输、起重运输、工程、农业、通用、轻工、专用机械）
机械的危险有害因素	（1）机械性危险（形状、相对位置、动能、势能、质量和稳定性、机械强度、料堆坍塌及土岩滑动） （2）非机械性危险（电气、温度、噪声、振动、辐射、材料和物质、安全人机）

续表

一级知识点	二级知识点
机械的危险部位及其安全防护措施	（1）转动的危险部位及其防护（转动轴、对向旋转辊、辊式输送机、风扇风机、啮合齿轮、旋转有辐轮、砂轮） （2）直线运动的危险部位及其防护（砂带机、机械工作台和滑枕、配重块、带锯机、冲压机和铆接机、剪刀式升降机） （3）转动和直线运动的危险部位及其防护（齿条和齿轮、皮带传动、输送链和链轮）
实现机械安全的途径概述与对策措施	（1）本质安全设计措施（材料、结构、强度、动力、控制、人机互动、可靠性） （2）安全防护措施（防护装置、保护装置、其他补充保护措施） （3）使用安全信息（安全色、安全标志、声光信号和警告警报装置）
本质安全设计措施	（1）合理的结构形式（形状、相对位置、稳定性） （2）限制机械应力以保证足够抗破坏能力（足够的抗破坏能力、防止超载应力等） （3）使用本质安全的工艺过程和动力源（改革工艺、采用安全电源等） （4）控制系统的安全设计（多种操作模式、定向失效、冗余设计、防误动作） （5）材料和物质的完全性（足够的承载力、防毒、防火防爆等） （6）可靠性设计（可靠性已知的安全相关组件、冗余设计、维修性设计等） （7）安全人机工程学的原则（符合人体测量尺寸、控制装置布局合理、标识明确、显示信息清晰等）
安全防护装置（防护装置、保护装置）	（1）防护装置（类别、功能、安全特性、技术要求等） （2）保护装置（类别、技术特征） （3）安全防护装置的选择（正常运行期间不需要进入危险区、正常运行时需要进入危险区、非运行的其他作业情况）
补充保护措施	（1）急停装置及要求 （2）逃生和救援的措施 （3）隔离和能量耗散的措施（隔离开关、临时接地） （4）提供方便且安全的搬运机械及其重型零部件的装置 （5）安全进入机器的措施（防滑、跨越通道等）
安全信息	（1）安全色及其应用（红、黄、蓝、绿） （2）安全标志（禁止、警告、指令、提示） （3）声光信号警告警报装置 （4）安全信息的使用原则
机械制造场所安全技术	（1）总体布置要求（平面布局、竖向布局） （2）设备布置要求及安全防护措施（机床挡板护栏、人行道防护栏、钢梯护笼、机床间距） （3）通道（通道宽度、通道上方高度、厂房出口） （4）采光照明（人工光与天然光、一般照明与局部照明、正常与应急照明） （5）物料堆放（车间物料存放量、码放高度与宽度要求） （6）作业场所地面要求（地面基本要求与地面安全标志）

一、机械分类

按照机械的使用用途，可以将机械大致分为10类，见表1-1。

表1-1　机械分类

序号	类别	具体类别举例
1	动力机械	用作动力来源的机械，如电动机、内燃机、蒸汽机等
2	金属切削机械	对机械零件的毛坯进行金属切削加工用的机械，如车床、钻床、镗床、磨床等
3	金属成型机械	除金属切削加工以外的加工机械，如锻压机械、铸造机械等
4	交通运输机械	用于长距离载人和物的机械，如汽车、火车、船舶和飞机等交通工具
5	起重运输机械	用于在一定距离内运移货物或人的提升和搬运机械。如各种起重机、运输机、升降机、卷扬机等
6	工程机械	主要是建筑施工机械，包括挖掘机、铲运机、工程起重机、压实机、打桩机、钢筋切割机、混凝土搅拌机、路面机、凿岩机、线路工程机械以及其他专用工程机械等
7	农业机械	用于农、林、牧、副、渔业等生产的机械，如拖拉机、林业机械、牧业机械、渔业机械等
8	通用机械	用于各领域、各行业的一般机械，如泵、风机、压缩机、阀门、真空设备、分离机械、减（变）速机、干燥设备、气体净化设备等
9	轻工机械	用于轻工、纺织等部门的机械，如纺织机械、食品加工机械、印刷机械、制药机械、造纸机械等
10	专用机械	在特定行业或领域使用的机械，如冶金机械、采煤机械、化工机械、石油机械等

二、机械的危险有害因素

机械的危险有害因素根据其能量形式分为机械性危险和非机械性危险，如图1-2所示。其中机械性危险是指由机械形状、零部件位置与运动方式、机械力、机械能（动能、势能）、机械强度、机械稳定性等形成的危险。非机械性危险是指非机械性能量产生的危险。

三、机械的危险部位及其安全防护措施

1. 危险部位分类

（1）转动的危险部位。

（2）直线运动的危险部位。

（3）转动和直线运动的危险部位。

2. 转动的危险部位的防护

（1）转动轴（无凸起部分）的防护

1）采用与转动轴净距12 mm的护套来对其进行防护。

- 机械的危险有害因素
  - 机械性危险
    - (1) 形状或表面特性：刀刃、锐边、粗糙表面
    - (2) 相对位置：挤压、缠绕
    - (3) 动能：松动、碎裂、甩出
    - (4) 势能：落差、弹性势能、压缩气体、真空势能
    - (5) 质量和稳定性：倾翻、意外滑动
    - (6) 机械强度：断裂、破裂
    - (7) 料堆（垛）坍塌、土岩滑动：掩埋、窒息
  - 非机械性危险
    - (1) 电气危险：电击、电伤
    - (2) 温度危险：灼烫、冻伤
    - (3) 噪声危险、振动危险：耳聋、手臂振动病
    - (4) 辐射危险：电离辐射、非电离辐射
    - (5) 材料和物质产生的危险：断裂、有毒、火灾、老化
    - (6) 未履行安全人机工程学原则而产生的危险：误读、误操作

图 1-2 机械的危险有害因素

2）护套和轴可以相互滑动。

3）为安装方便，护套沿轴向可被分成两部分。

（2）转动轴（有凸起部分）的防护

具有凸起物的旋转轴应利用固定式防护罩进行全面封闭。

（3）对旋式轧辊的防护

1）一般采用钳型防护罩进行防护。

2）如有物料通过，可在防护罩上开口。

（4）辊式输送机的防护

1）如果辊轴交替驱动，在驱动轴的下游安装防护罩。

2）如果所有的辊轴都被驱动，不存在卷入的危险，无需安装防护装置。

（5）轴流风扇（机）的防护

1）加防护网，网孔与间距配合，能有效防止手指接近叶片。

2）安装在通风管道内部的轴流风扇（机）不存在危险，无需再加防护。

（6）径流通风机的防护

1）进风口应该被一定长度的导管所保护，并且其入口应覆盖防护网。

2）安装在通风管道内部的风机不存在危险，无需防护。

（7）啮合齿轮的防护

1）齿轮传动机构必须安装全封闭型的防护装置，机器外部绝不允许有裸露的啮合齿轮。

2）防护罩内壁应涂成红色。

3）最好装电气联锁，防护装置在开启时使机器停止运转。

（8）旋转的有辐轮的防护

1）利用金属盘片填充有辐轮进行防护。

2）在手轮上安装一个弹簧离合器，使轴能够自由转动。

（9）砂轮机的防护

1）除磨削区域附近，均应加以密闭来提供防护。

2）防护罩上应标出砂轮旋转的方向和最高线速度等技术参数。

3. 直线运动的危险部位的防护

（1）切割刀刃的防护

1）应使刀刃暴露部分尽可能少。

2）对刀具进行维护时，需要提供特殊的卡具。

（2）砂带机的防护

1）砂带机的砂带应该向远离操作者的方向运动。

2）具有止逆装置，仅将工作区域暴露出来，应对靠近操作者的端部进行防护。

（3）机械工作台和滑枕的防护。运动平板（或者滑枕）达到极限位置时，与任何固定结构的间距不能小于 500 mm，以免造成挤压。

（4）配重块的防护。当使用配重块时，应对其全部行程加以封闭。

（5）剪刀式升降机的防护

1）利用帘布加以封闭。

2）通过设置障碍物（木块等）防止剪刀机构闭合。

4. 转动和直线运动的危险部位的防护

（1）齿条和齿轮的防护。应利用固定式防护罩将齿条和齿轮全部封闭。

（2）皮带传动的防护

1）皮带传动装置防护罩可采用金属骨架的防护网，与皮带的距离不小于 50 mm。

2）一般传动机构离地面 2 m 以下，应设防护罩。

3）在下列 3 种情况下，即使在离地面 2 m 以上也应加以防护：

①皮带轮中心距之间的距离在 3 m 以上。

②皮带宽度在 15 cm 以上。

③皮带回转的速度在 9 m/min 以上。

四、实现机械安全的途径与措施（三步法）

消除或减小机械危害风险，按照措施的优先性可采用“三步法”，见表 1-2。

表 1-2　　实现机械安全“三步法”

措施步骤	各步骤具体措施
第一步　本质安全设计	材料、结构、强度、动力、控制、人机互动、可靠性设计
第二步　安全防护措施	安全防护装置（防护装置、保护装置）、其他安全保护措施
第三步　使用安全信息	安全色、安全标志、声光信号和警告警报装置

1. 本质安全设计措施

本质安全设计措施也称直接安全技术措施，指通过适当选择机器的设计特性和暴露人员与机器的交互作用，消除或减小相关的风险。此步是风险减小过程中的第一步，也是最重要的步骤。

2. 安全防护措施

安全防护措施也称间接安全技术措施，是指机械经过第一步的本质安全设计，完成加工制造后仍然存在危害风险时，针对已经成型的机械设备进一步采取的安全措施

（后加的措施），包括防护装置、保护装置及其他补充保护措施三类。

需要说明的是，这些安全防护措施如果用在机械的设计阶段，就属于第一步的本质安全设计措施。

3. 使用安全信息

使用安全信息也称提示性安全技术措施。如果以上两步技术措施不能实现或不能完全实现时，应使用信息明确警告剩余风险，说明安全使用设备的方法和相关的培训要求等。

五、本质安全设计（直接安全技术措施）

1. 材料和物质的安全性

（1）足够的承载力。满足执行预定功能的负荷要求。

（2）环境适应性。环境温度、湿度等不致影响其性能。

（3）避免材料毒性。采用无毒、低毒材料或采用密闭净化措施。

（4）防火防爆。对可燃液体、气体，设法减小火灾爆炸风险，或在液压装置和润滑系统中使用阻燃润滑液等。

2. 合理的结构形式

（1）机器零部件形状。避免锐边、锐角。

（2）运动部件相对位置设计。减小间距使人体部位不能进入，或加大间距使人体部位可以安全进入。

（3）足够的稳定性。考虑载荷质量分布、摆动或振动产生的倾覆力、安装地点支承面特性等。

3. 限制机械应力以保证足够的抗破坏能力

（1）受力零件有足够的安全系数。能够在额定载荷或长期使用中满足性能要求。

（2）防止超载应力。采用限压阀、断路器等防止超压、超负荷。

（3）连接牢固可靠。防止运转时松动或连接失效。

（4）良好的平衡和稳定性。提高回转精度，防止回转不平衡力引起的振动、倾翻等。

4. 使用本质安全的工艺过程和动力源

本质安全工艺过程和本质安全动力源是指这种工艺过程和动力源自身是安全的。

（1）在爆炸环境中应采用全气动或全液压控制操纵机构，或不产生火花的电气装置。

（2）采用安全的电源，如安全特低电压电源，或防止电击、短路、过载的电源。

（3）防止与能量形式有关的潜在危险，如自动泄压、自动消除静电等。

（4）改革工艺控制有害因素，如采用焊接代替铆接、用液压成形代替锤击成形以降低噪声。

5. 控制系统的安全设计

控制系统的安全设计应符合下列原则和方法：

（1）与所有机器电子设备电磁兼容。避免干扰引起的意外启动、速度失控、制动失灵等。

（2）软、硬件的安全。软、硬件符合安全功能规范要求。

（3）提供多种操作模式及模式转换功能。不仅考虑执行预定功能的正常操作需要的控制模式，还要考虑非正常作业（设定、示教、过程转换、故障查找、清洗或维护的控制模式）的需要。

（4）符合安全人机学原则

1）手动控制器应配置在安全可达的位置，并设置在危险区以外（紧急停止装置、移动控制装置等除外）。

2）手动启动装置附近均应配置相应的停止控制装置。

3）配备主系统失效时的紧急停机装置。

（5）考虑复杂机器的特定要求

1）动力中断后的自保护系统或重新启动的原则。

2）采用定向失效模式。

3）“关键”件的加倍（或冗余）设置。

4）采用自动监控、报警系统等措施。

6. 遵循安全人机工程学的原则

（1）操作台和作业位置。应考虑人体测量尺寸、力量和姿势、运动幅度、重复动作频率、易用性等。

（2）工作方式和节奏

1）避免操作者紧张姿势和动作。

2）避免操作者的工作节奏趋同于自动的连续循环。

（3）照明

1）根据需要采用局部照明。

2）应避免会引起风险的眩光、阴影和频闪效应。

（4）操控装置

1）操控装置应容易识别，设置必要标志。

2）布局、行程和操作阻力与所要执行的操作相匹配。

3）按钮的位置、手柄和手轮运动与它们的作用应是恒定的。

（5）信息指示、显示装置

1）在操作位置便于察看、识别，清晰可见。

2）信息含义确切、易于理解，不易误读或误解。

7. 机械的可靠性设计

（1）使用可靠性已知的安全相关组件。

（2）关键组件或子系统加倍（或冗余）和多样化设计

1）冗余设计。当一个组件失效时，另一个组件或其他多个组件能继续执行各自的功能。

2）多样化的设计或技术。避免共因失效（由单一事件引发的不同产品的失效，这些失效不互为因果）或共模失效（可能由不同原因引起，以相同故障模式为特征的产品失效）。

（3）操作的机械化或自动化设计。减少人员在操作点暴露于危险之中。

（4）机械设备的维修性设计

1）考虑检修人员接近故障部位进行检查、修理、更换零件等维修作业的可达性。

2）考虑维修用零部件的标准化与互换性。

3）考虑维修人员的安全。

六、安全防护装置

1. 安全防护装置分类

安全防护装置分为防护装置和保护装置两类。防护装置采用防护罩一类的屏障避免人直接接触危险部位。保护装置是指防护装置以外的非屏障一类的防护措施，如联锁、光电感应自动停机装置等。安全防护装置的类别如图 1-3 所示。

- 安全防护装置
  - 防护装置
    - （1）固定式防护装置
    - （2）活动式防护装置
    - （3）联锁防护装置
  - 保护装置
    - （1）联锁装置
    - （2）能动装置
    - （3）保持—运行控制装置
    - （4）双手操纵装置
    - （5）敏感保护装置
    - （6）有源光电保护装置
    - （7）机械抑制装置
    - （8）限制装置
    - （9）有限运动装置（行程限制装置）

图 1-3　安全防护装置的类别

2. 防护装置

通常采用壳、罩、屏、门、盖、栅栏等结构和封闭式装置，用于提供保护的物理屏障，将人与危险隔离。防护装置一般会固定在机械设备上，与机械设备成为一个整体。

（1）防护装置的功能

1）隔离作用。防止人体任何部位进入机械的危险区触及各种运动零部件。

2）阻挡作用。防止飞出物打击、高压液体意外喷射，或防止人体灼烫、腐蚀伤害等。

3）容纳作用。接受可能由机械抛出、掉落、射出的零件及其被破坏后的碎片等。

4）其他作用。在有特殊要求的场合，还应对电、高温、火、爆炸物、振动、辐射、粉尘、烟雾、噪声等具有特别阻挡、隔绝、密封、吸收或屏蔽作用。

（2）各类防护装置的安全特性

1）固定式防护装置。保持在所需位置（关闭）不动的防护装置，必须借助工具将其打开或拆除，如图 1-4 所示。

图 1-4　固定式防护装置

2）活动式防护装置。通过机械方法（如铁链、滑道等）与机器的构架或邻近的固定元件相连接，并且不用工具就可打开。

活动式防护装置又可以分为一般式、可调节式、自动关闭式，如图 1-5 所示。钻床、带锯可采用可调节式防护装置，根据钻孔加工深度或加工木料的厚度调整防护罩遮盖范围，从而使钻头、锯条尽可能少暴露。手持电锯、手持砂轮可采用自动关闭式活动防护装置，加工时木料或金属材料将防护罩顶开，完成加工任务后防护罩自动关闭。

a）一般式

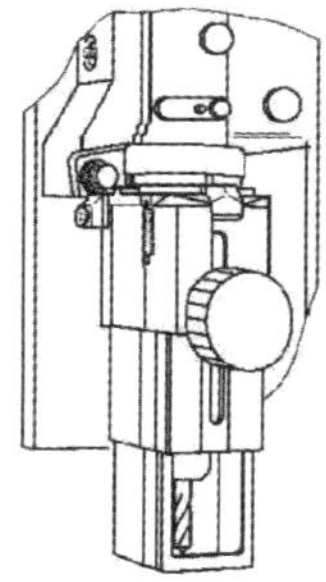

b）可调节式

c）自动关闭式

图 1-5　各种活动式防护装置

3）联锁防护装置。所谓联锁防护装置，就是将活动式防护装置与联锁装置结合到一起，如图 1-6 所示。联锁式防护装置具有如下特性：

①只有当防护装置关闭时，机器才能启动运行。

②运行过程中，如果防护装置被打开，机器停止运行。

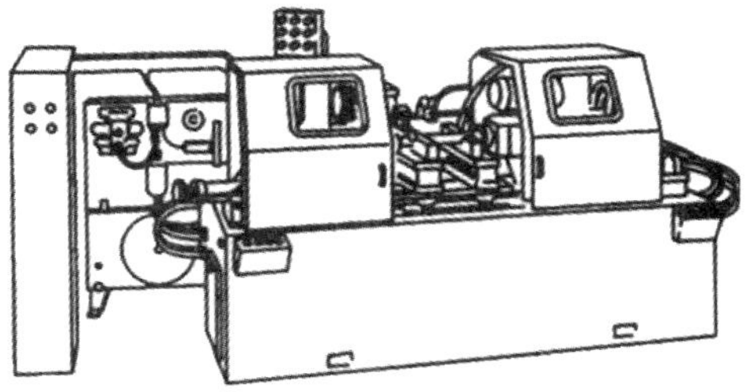

图 1-6　联锁防护装置

（3）防护装置的一般要求

1）满足安全防护装置的功能要求。

2）构成元件及安装的抗破坏性。结构体应有足够的强度和刚度，坚固耐用。

3）不应成为新的危险源。不增加任何附加危险。

4）不应出现漏保护区。不易拆卸（或非专用工具不能拆除），不易被接入旁路或避开。

5）满足安全距离的要求。

6）不影响机器的预定使用。

7）遵循安全人机工程学原则。

8）满足某些特殊工艺要求。

（4）防护装置的安全技术要求

1）防护装置应设置在进入危险区的唯一通道上，防护结构体不应出现漏保护区，使人不能越过或绕过防护装置接触危险。

2）固定防护装置应采用永久固定（如焊接等）或借助紧固件（如螺钉、螺栓等）方式固定，必须用工具（或专用工具）才能拆除或打开。

3）活动防护装置或防护装置的活动体打开时，尽可能与被防护的机械借助铰链或导链保持连接，防止挪开的防护装置或活动体丢失或难以复原。

4）当联锁防护装置出现丧失安全功能的故障时，应使被其“抑制”的危险机器功能不可能执行或停止执行，装置失效不得导致意外启动。

5）可调节式防护装置的可调或活动部分调整件，在特定操作期间保持固定、自锁状态，不得因为机器振动而移位或脱落。

6）在要求通过防护装置观察机器运行的场合，宜提供开口大小合适的观察孔或观察窗。

7）防护装置的开口与安全间距符合标准，二者相互配合，保证不会造成机械伤害。开口尺寸与安全距离见表1-3。

表1-3　开口尺寸与安全距离

肢体部位	图示	开口 e/mm	安全距离 S_r/mm		
			槽形	方形	圆形
指尖		$4<e\leqslant6$	10	5	5
指至指关节	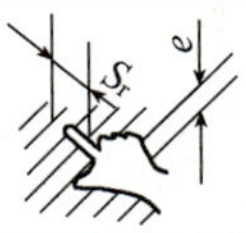	$6<e\leqslant8$	≥20	≥15	≥5
		$8<e\leqslant10$	≥80	≥25	≥20
手		$10<e\leqslant12$	≥100	≥80	≥80
		$12<e\leqslant20$	≥120	≥120	≥120
		$20<e\leqslant30$	≥850	≥120	≥120
臂至肩关节	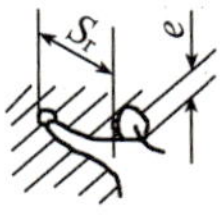	$30<e\leqslant40$	≥850	≥200	≥120
		$40<e\leqslant120$	≥850	≥850	≥850

注：开口尺寸 e 表示方形开口的边长、圆形开口的直径和槽形开口的最窄处尺寸。

3. 保护装置

（1）保护装置类别

1）联锁装置。用于防止危险机器功能在特定条件下（通常是指防护装置未关闭）运行的装置，可以是机械、电气或其他类型的。

2）能动装置（使动装置）。能动装置是一种附加手动操纵装置，与启动控制一起使用，并且只有连续操作时，才能使机器执行预定功能。

3）保持—运行控制装置（止动控制装置）。该装置是一种手动控制装置，只有当手对操纵器作用时，机器才能启动并保持机器功能。

4）双手操纵装置。至少需要双手同时操作，以便在启动和维持机器某种运行的同时，针对存在的危险，强制操作者在机器运转期间，双手没有机会进入机器的危险区，以此为操作者提供保护的一种装置，如图1-7所示。

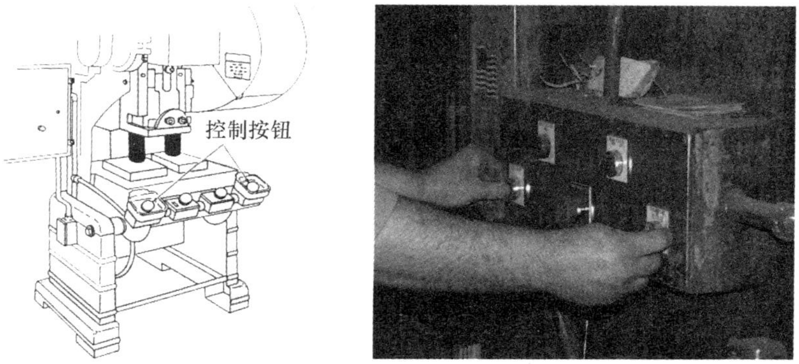

图1-7　双手操纵装置

5）敏感保护设备。用于探测人体或人体局部，并向控制系统发出正确信号以降低被探测人员风险的设备。

6）有源光电保护装置。通过光电发射和接收元件完成感应功能的装置，可探测特定区域内由于不透光物体出现引起的该装置内光线的中断，如图1-8所示。

图1-8　有源光电保护装置

7）机械抑制装置。在机构中引入的能靠其自身强度，防止危险运动的机械障碍（如楔、轴、撑杆、销）的装置，如图1-9所示。

8）限制装置。防止机器或危险机器状态超过设计限度（如空间限度、压力限度、载荷限度等）的装置，如图1-10所示。

9）有限运动控制装置（行程限制装置）。与机器控制系统一起作用，使机器元件做有限运动的控制装置，如图1-11所示。

（2）保护装置的技术特征

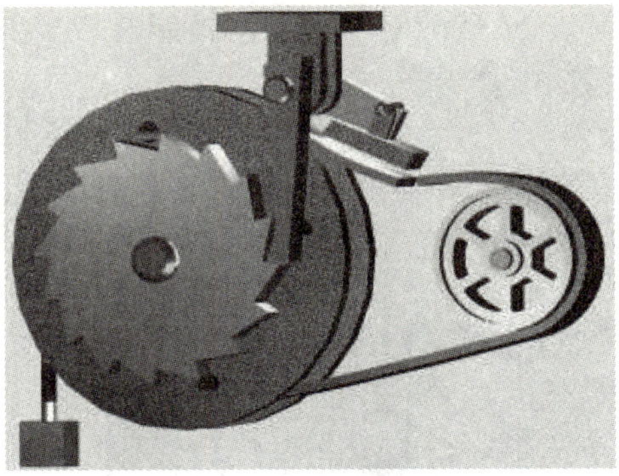

图 1-9　机械抑制装置（止逆器）

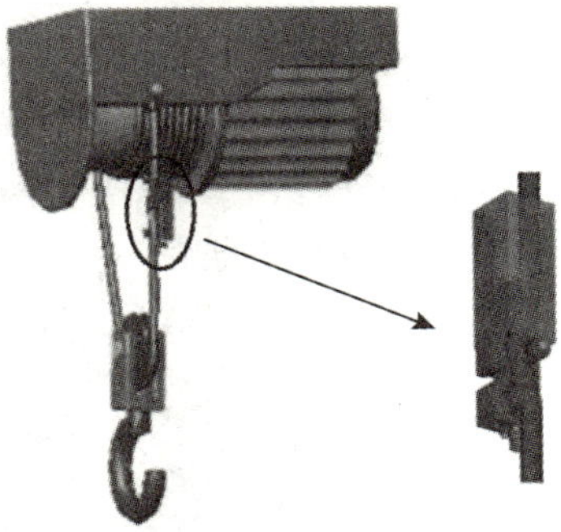

图 1-10　限制装置（起重量限制器）

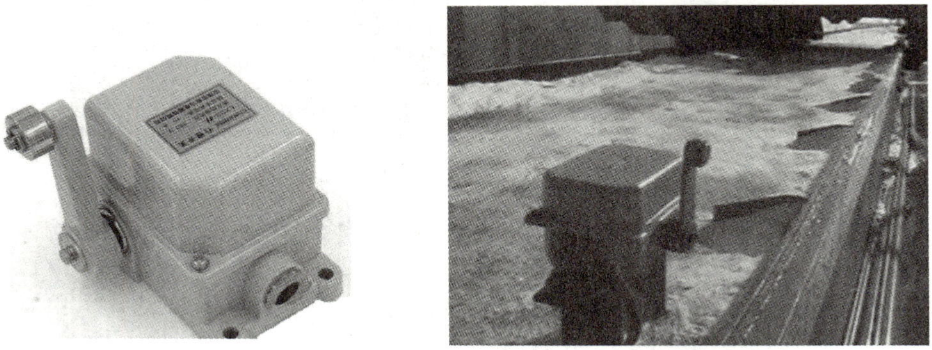

图 1-11　行程限制装置

1）保护装置零部件的可靠性应作为其安全功能的基础，在规定的使用寿命期限内，不会因零部件失效使安全装置丧失主要安全功能。

2）保护装置应能在危险事件即将发生时，停止危险过程。

3）重新启动的功能，即当保护装置动作第一次停机后，只有重新启动，机器才能开始工作。

4）光电式、感应式保护装置应具有自检功能，当出现故障时，应使危险的机器功能不能执行或停止执行，并触发报警器。

5）保护装置必须与控制系统一起操作并与其形成一个整体，保护装置的性能水平应与之相适应。

6）保护装置的设计应采用"定向失效模式"的部件或系统，考虑关键件的加倍冗余，必要时还应考虑采用自动监控。

4. 安全防护装置的选择与设置

（1）安全防护装置的选择原则

1）机械正常运行期间操作者不需要进入危险区的场合。优先考虑选用固定式防护装置，包括进料、取料装置，辅助工作台，适当高度的栅栏，通道防护装置等。

2）机械正常运转时需要进入危险区的场合。当需要进入危险区的次数较多，经常开启固定防护装置给作业带来不便时，可考虑采用联锁装置、自动停机装置、可调节防护装置、自动关闭防护装置、双手操纵装置、可控防护装置等。

3）非运行状态的其他作业期间。非运行状态的其他作业期间（如机器的设定、示教、过程转换、查找故障、清理或维修等）须进入危险区的场合，需要移开或拆除防护装置，或人为抑制安全装置功能时，可采用手动控制模式、止—动操纵装置或双手操纵装置、点动—有限的运动操纵装置等。

（2）必须装设安全防护装置的机械部位

1）旋转机械的传动外露部分。例如，传动带、砂轮、电锯、皮带轮和飞轮等，都要设安全防护装置。一般有防护网、防护栏杆、活动式或固定式防护罩和其他专用装置。必要时，活动式防护罩还应有联锁装置，当打开防护罩时，危险部分立即停止运动。

2）冲压设备的施压部分。要安装如挡手板、拨手器联锁电钮、安全开关、光电控制等防护装置，当人体某一部分进入危险区之前，使滑块停止运动。

3）起重运输设备。应有信号装置、制动器、卷扬限制器、行程限制器、自动联锁装置、缓冲器以及梯子、平台、栏杆等。

4）加工过热和过冷的部件。为避免操作者触及过热或过冷部件，在不影响操作和设备功能的情况下，必须配置防接触屏蔽装置。

5）生产、使用、储存或运输中有易燃易爆危险的生产设施。例如，锅炉、压力容器、可燃气体燃烧设备以及其他燃料燃烧设备，都要根据其不同性质配置安全阀、水位计、温度计、防爆阀、自动报警装置、截止阀、限压装置、点火或稳定火焰装置等安全防护装置。

6）自动生产线和复杂的生产设备及重要的安全系统。应设自动监控装置、开车预警信号装置、联锁装置、减缓运行装置、防逆转等起强制作用的安全防护装置。

7）能产生粉尘、有害气体、有害蒸气或者发生辐射的生产设备。应装设自动加料及卸料装置、净化和排放装置、监测装置、报警装置、联锁装置、屏蔽等。

8）进行检修的机械、电气设备都要挂上警告或危险警示牌。

七、补充保护措施

1. 补充保护措施类别

（1）实现急停功能的组件和元件。

（2）被困人员逃生和救援的措施。

（3）隔离和能量耗散的措施。

（4）提供方便且安全搬运机器及其重型零部件的装置。

（5）安全进入机器的措施。

2. 急停装置及要求

（1）急停装置构成。急停按钮和惯性消除装置（刹车或离合器脱开装置）。

（2）急停装置应满足的要求

1）容易识别、清晰可见。急停器件应为红色掌揿或蘑菇式开关、拉杆操作开关等，附近衬托色为黄色。

2）急停装置应能迅速停止危险运动或危险过程而不产生附加风险，急停功能不应削弱安全装置或与安全功能有关装置的效能。

3）急停装置应设有防止意外操作的措施，通常与操作控制站隔开以避免相互混淆，设置在操作者无危险随手可及之处，也可设置在可碎玻璃壳内。

4）急停装置被启动后应保持接合状态，在手动重调之前应不可能恢复电路。

3. 被困人员逃生和救援的措施

（1）逃生通道和躲避空间。

（2）停机后人工移动某些元件或反向移动某些元件的措施。

（3）下降装置的锚定点。

（4）受困人员的呼救通信方式。

4. 隔离和能量耗散的措施

（1）将机器（或指定的机器部件）与所有动力供应隔离（脱开、分离）。例如，断路器断电后还要采用隔离开关将电源彻底隔离（而不只是断电或停止运行）。维修管道时，采用阀门切断供气后，还要采用盲板彻底隔离气源。

（2）将所有隔离单元锁定（或采用其他方式固定）在隔离位置。例如，采用上锁装置将开关、阀门等锁住。

（3）耗散或抑制储存能量

1）通过接地将静电能量耗散。

2）将悬在高处的重物通过销子或其他装置定位，避免坠落产生的危险。

5. 安全进入机器的措施

（1）步行区应尽量采用防滑材料。

（2）在大型自动化设备中，提供如通道、输送带过桥或跨越点等安全进入机器的途径。

（3）进入位于一定高度的机器位置，应提供如楼梯、阶梯及平台的护栏或梯子的安全护笼等防止跌落的措施，必要时还应提供防止人员从高处跌落的个体防护装备的锚定点。

（4）只要有可能，进入机器内的开口都应朝向安全的位置，其设计应防止因意外打开产生的危险。

（5）提供必要的进入辅助设施（台阶、把手等）。

（6）如果提升货物或人员的机械包含固定高度的停层时，应配备联锁防护装置，既可防止在没有平台的停层发生人员跌落，也用于防止当防护装置打开时提升平台运动。

八、安全信息的使用（指导性措施）

1. 安全信息的概念与类别

（1）安全信息的概念。安全信息由文本、文字、标记、信号、符号或图表等组成，以单独或联合使用的形式向使用者传递，用于警示剩余风险或可能出现的危险，指导正确使用机器。

（2）安全信息的类别

1）标志、符号（象形图）、安全色、文字警告等。

2）信号和警告装置。

3）随机文件，如操作手册、说明书等。

2. 安全色及其应用

（1）安全色类别及基本含义。安全色是用来表示安全信息的颜色，常用安全色及其基本含义见表 1-4。

表 1-4 常用安全色及其基本含义

颜色	颜色含义		使用时对比色
	人员安全	机械/过程状况	
红色	危险或禁止	紧急	白
黄色	注意、警告	异常	黑
蓝色	执行	强制性	白
绿色	安全	正常	白

（2）红色

1）表示禁止，如各种禁止标志、交通禁令标志。

2）表示停止，如机械的停止按钮、刹车及停车装置的操纵手柄。

3）表示危险，如仪表刻度盘上极限位置的刻度、危险信号旗等，机械设备的裸露部位（飞轮、齿轮、皮带轮的轮辐、轮毂等）。

4）表示消防，如各种消防设备、消防设施。

（3）黄色。黄色表示注意、警告的信息。黄色用于如警告标志、皮带轮及其防护罩的内壁、砂轮机罩的内壁、防护栏杆、警告信号旗等。

（4）蓝色。蓝色表示必须遵守规定的指令性信息，如表示必须戴安全帽。

（5）绿色

1）绿色表示安全的提示性信息，如安全通道、紧急出口、可动火区、避险处等。

2）用于启动按钮。

3）安全信号旗。

（6）红色与白色相间隔的条纹。比单独使用红色更加醒目，表示禁止通行、禁止跨越的信息，具体应用如下：

1）主要用于交通运输等方面所使用的防护栏杆及隔离墩。

2）液化石油气汽车槽车的条纹。

3）固定禁止标志的标志杆上的色带。

（7）黄色与黑色相间隔的条纹。比单独使用黄色更醒目，表示特别注意的信息，具体应用如下：

1）用于各种机械在工作或移动时容易碰撞的部位（如移动式起重机的外伸腿、起重臂端部、起重吊钩和配重等）、剪板机的压紧装置等。

2）冲床的滑块等有暂时或永久性危险的场所或设备。

3）固定警告标志的标志杆上的色带等。

（8）蓝色与白色相间隔的条纹。比单独使用蓝色更醒目，表示方向、指令的安全标志，主要用于交通上的指示性导向标等。

（9）绿色与白色相间隔的条纹。比单独使用绿色更醒目，表示指示安全环境的安全标志。

3. 安全标志

（1）构成要素。安全标志由图形符号、安全色和（或）安全对比色、几何形状（边框）或附以简短的文字组合构成，用于传递与安全及健康有关的特定信息或使某个对象或地点变得醒目。

（2）安全标志类别。安全标志分为禁止标志、警告标志、指令标志、提示标志。各类安全标志要求见表 1–5。

表 1–5　　各类安全标志要求

标志类别	标志形状	安全色	对比色	含义	示例
警告标志	三角形	黄色	黑色	提醒人们对周围环境引起注意	
禁止标志	圆形	红色	白色	禁止人们的不安全行为	
指令标志	圆形	蓝色	白色	强制人们必须做出某种动作或采用防范措施	
提示标志	方形	绿色	白色	提示逃生方向、避险场所、可以动火	

（3）文字辅助标志设置要求

1）基本要求

①仅靠安全标志本身不能够传递安全所需的全部信息时，用辅助标志给出附加的文字信息。

②文字辅助标志只能与安全标志同时使用。

③基本形式是矩形边框，有横写和竖写两种形式。

2）横写时，文字辅助标志写在标志的下方，可以和标志连在一起，也可以分开。

①文字颜色为主标志颜色的对比色（禁止、指令、提示标志的辅助文字为白色，警告标志的辅助文字为黑色）。

②文字辅助标志的衬底色与主标志相同（如禁止标志的文字辅助标志衬底色为红色）。

3）竖写时要求

①文字辅助标志写在标志杆的上部。

②禁止标志、警告标志、指令标志、提示标志均为白色衬底，黑色字。

③标志杆下部色带的颜色应和主标志的颜色相一致。

（4）安全标志设置要求

1）标志牌的设置位置

①应设在与安全有关的醒目地方和明亮环境中，并使人们看到后有足够的时间来

注意它所表示的内容。

②不宜设在门、窗、架或可移动的物体上，标志牌前不得放置妨碍认读的障碍物。

2）多个安全标志在一起设置时，应按警告、禁止、指令、提示类型的顺序，先左后右、先上后下排列。

4. 声光信号和警告装置

（1）按照信号载体分类

1）听觉信号。通过声源的音调、频率和间歇变化传送的信息。

2）视觉信号。借助装置的视亮度、对比度、颜色、形状、尺寸或排列传送的信息。

3）视听组合信号。视觉信号与听觉信号配合使用，同时出现，用以加强危险和紧急状态的警告功能。

（2）听觉信号分类

1）警告听觉信号。标示险情即将发生或正在发生，需采取适当措施消除或控制危险的险情信号，也可提供人们采取行动或措施的信息。

2）紧急听觉信号。标示险情开始的信号，必要时，还包括标示险情持续和终止的信号。

3）紧急撤离听觉信号。标示险情开始或正在发生且有可能造成伤害的紧急情况的信号，指示人们按已确定的方式立即离开危险区。

（3）视觉信号分类

1）警告视觉信号。指明危险情形即将发生，要求采取适当措施消除或控制险情的视觉信号。

2）紧急视觉信号。指明危险情形已经开始或正在发生，要求采取应急措施的视觉信号。

（4）可察觉性要求

1）听觉信号应明显超过有效掩蔽阈值，在接收区内的任何位置都应不低于 65 dB（A）。

2）警告视觉信号的亮度应至少是背景亮度的 5 倍，紧急视觉信号亮度应至少是背景亮度的 10 倍。

3）频闪效应会削弱闪光信号的可察觉性。

4）听觉信号和视觉信号同时使用时，声光的同步可提高信号的可察觉性。

（5）优先级要求

1）任何险情信号应优先于其他所有视听信号。

2）紧急信号应优先于所有警告信号。

3）紧急撤离信号应优先于其他所有险情信号。

5. 安全信息的使用原则

（1）根据风险的大小和危险的性质，安全信息的使用要求

1）可依次采用安全色、安全标志、警告信号，直到警报器。

2）标志、符号和文字信息要容易理解和明确无误，文字信息应采用使用机器国家的语言。

3）图形符号和安全标志应优先于文字信息使用。

（2）根据安全信息的保持时间，安全信息的使用要求

1）提示操作要求的信息应采用简洁的形式，长期固定在所需的机器部位附近。

2）显示状态的信息应尽量与工序顺序一致，与机器运行同步出现；警告超载的信息应在负载接近额定值时，提前发出警告信息。

3）危险紧急状态的信息应即时发出，持续的时间应与危险存在的时间一致，持续到操作者干预为止或信号的消失应随危险状态解除而定。

（3）根据机械复杂程度，提供充足的安全信息

1）简单机器。需提供有关标志和使用操作说明书。

2）复杂的机器。需提供安全标志和使用说明书（或操作手册）、负载安全的图表、运行状态信号，必要时提供报警装置。

（4）根据信息内容和对人视觉的作用采用不同的安全色

1）存在不安全因素的环境、设备，需要涂以醒目的安全色。

2）安全色的使用不能取代防范事故的其他安全措施。

（5）满足安全人机学的原则

1）采用安全信息的方式和使用方法应与操作人员或暴露人员的能力相符合。

2）只要可能，应使用视觉信号。

3）在可能有人的感觉缺陷的场所，如盲区、色盲区、耳聋区或由于使用个人防护装备而导致出现盲区的地方，应配备可以感知有关安全信息的其他信号（如触摸、振动等信号）。

九、机械制造生产场所安全技术

1. 生产场所安全涉及内容

（1）总体布置要求。

（2）设备布置及安全防护措施。

（3）通道要求。

（4）采光照明。

（5）物资堆放。

（6）作业场所地面要求。

2. 总体布置要求

（1）平面布局。散发热量、腐蚀性、尘毒危害较严重及使用易燃易爆物料或气体、电磁电离辐射危害严重的工序，布置要求如下：

1）布置在靠外墙和厂房的下风向。

2）与其他生产工序隔开。

3）不同危害生产工序之间亦应相互隔离。

4）危害相同的生产工序宜集中（或相邻）布置。

（2）竖向布局。对于多层厂房，应考虑竖向布局，具体要求如下：

1）运输量、荷载、噪声较大及有振动、有腐蚀溶液和用水量较多的工部布置在厂房的底层。

2）工艺生产过程中排出粉尘、毒气和腐蚀性气体及火灾危险性较大的工部布置在顶层。

3）联合厂房应将散发烟尘、高温或排出有害介质的车间布置在靠外墙处。

3. 设备布置及安全防护措施

（1）机床挡板护栏。机床应设防止切屑、磨屑和冷却液飞溅或零件、工件意外甩出伤人的防护挡板，重型机床高于 500 mm 的操作平台周围应设高度不低于 1 050 mm 的防护栏杆。

（2）人行道、钢梯设置要求

1）生产线辊道、带式运输机等运输设备，在人员横跨处，应设带栏杆的人行走桥。

2）平台、走台及坑池边和升降口有跌落危险处，必须设栏杆或盖板。

3）需登高检查和维修的设备处，宜设钢梯。

4）当采用钢直梯时，钢直梯 3 m 以上部分应设安全护笼。

（3）机床布置的最小安全间距见表 1-6。

表 1-6　　机床布置的最小安全间距

安全间距/m	小型机床	中型机床	大型机床	特大型机床
机床操作面间距	1.1	1.3	1.5	1.8
机床后面、侧面离墙柱间距	0.8	1.0	1.0	1.0
机床操作面离墙柱间距	1.3	1.5	1.8	2.0

4. 通道要求

（1）通道宽度要求

1）车间横向主要通道根据需要设置，其宽度应不小于 2 000 mm。

2）机床之间的次要通道宽度一般应不小于 1 000 mm。

（2）通道上方高度要求

1）道路上部管架和栈桥等，在干道上的净高不得小于 5 m。

2）有汽车运输的厂房内通道净空高度应不小于 3.3 m；电瓶车、手推车运输时应不小于 2.4 m。

（3）厂房出口要求

1）确保出入口的数量不少于 2 个。

2）厂房大门净宽度应比最大运输件宽度大 600 mm，净高度大 300 mm。

3）车辆出入频繁的大门宜设置防撞措施。

4）对于特大的设备，可设专门安装洞口。

5. 采光照明

（1）照明按照光源分类，可分为天然光和人工光。应优先利用天然光，辅助以人工光。

（2）照明根据作业需求分类，可分为一般照明和局部照明，相应要求如下：

1）一般照明，即照亮整个场所的均匀照明。

2）同场所内不同区域有不同照度要求时，应分区设置一般照明或局部照明。

3）对于部分作业面照度要求较高，不应只采用一般照明，宜采用由一般照明与局部照明组成的混合照明。

（3）照明按照安全功能的分类及要求见表 1-7。

表 1-7　　照明按照安全功能的分类及要求

照明的安全用途分类		用途	技术要求
正常照明		工作场所均应设置正常照明，即在正常情况下使用的室内外照明	
应急照明	疏散照明	正常照明因故障熄灭后，确保在人员安全疏散的出口和通道，设置疏散照明	水平疏散通道照明的照度值不低于 1 lx，垂直疏散区域照明的照度值不低于 5 lx
	安全照明	正常照明因故障熄灭后，确保处于潜在危险之中的人员安全的场所，应设置安全照明	不低于该场所一般照明照度值的 10%
	备用照明	正常照明因故障熄灭后，确保正常工作或活动继续进行的场所，应设置备用照明	不低于该场所一般照明照度值的 10%

6. 物料堆放

（1）车间物料存放量。白班物料存放量为每班加工量的 1.5 倍，夜班物料存放量为加工量的 2.5 倍，大件不得超过当班定额。高处作业区堆放生产物料和工具，应严格控制数量。

（2）码放高度与宽度。当直接存放在地面上时，堆高应不超过 1.4 m，且高与底面宽度之比应不大于 3。

7. 作业场所地面要求

（1）地面基本要求

1）地面平整，无障碍物和绊脚物，避免凸出的管线等障碍。

2）坑、沟、池应设置可靠的盖板或护栏，夜间有照明。

（2）地面安全标志。容易发生危险事故的场地，应设置醒目的安全标志，要求如下：

1）标注在落地电柜箱、消防器材的前面，不得用其他物品遮挡的禁止阻塞线。

2）标注在突出悬挂物及机械可移动范围内，避免碰撞的安全提示线。

3）标注在高出地面的设备安装平台边缘的安全警戒线。

4）标注在楼梯第一级台阶和人行通道高差 300 mm 以上的边缘处的防止踏空线。

5）标注在凸出于地面或人行横道上、高差 300 mm 以上的管线或其他障碍物上的防止绊脚线。

【练习提高】

一、单项选择题（每题 1 分，每题的备选项中，只有 1 个最符合题意）

1. 凡土石方施工工程、路面建设与养护、流动式起重装卸作业和各种建筑工程所需的综合性机械装备通称为工程机械。下列机械装备中，属于工程机械的是（　　）。

A. 卷扬机　　B. 拖拉机　　C. 压缩机　　D. 挖掘机

2. 机械使用过程中的危险可能来自机械设备和工具自身、原材料、工艺方法和使用手段等多方面。危险因素可分为机械性危险因素和非机械危险因素。下列危险因素中，属于非机械性的是（　　）。

A. 挤压　　B. 碰撞　　C. 冲击　　D. 噪声

3. 机械除了产生机械性伤害外，还会产生触电、烫伤等非机械性伤害。下列危险有害因素中，属于非机械性危险有害因素的是（　　）。

A. 砂轮碎裂　　B. 设备外壳存在锐角

C. 机械的电气部件　　D. 机械的弹簧储存能量

4. 机械设备存在不同的危险部位，在人操纵机械的过程中对人造成伤害。下列关于机械危险部位防护的说法中，错误的是（　　）。

A. 对于无凸起的转动轴，光滑暴露部分可以装一个和轴互相滑动的护套

B. 对于常用的牵引辊，可以安装钳型条通过减少间隙提供保护

C. 对于辊轴交替驱动的辊式输送机，可以在驱动轴的上游安装防护罩

D. 对于旋转的有辐轮可安装弹簧离合器以防机械伤害

5. 下列关于机械旋转部件的说法中，正确的是（　　）。

A. 对向旋转式轧辊应采用全封闭式防护罩以保证操作者身体任何部位无法接触危险

B. 所有辊轴都有动力驱动的辊式输送机，可以不加防护装置

C. 对旋式轧辊必须采用防护罩将其全部罩住，只留下物料能通过的开口

D. 不论径流通风机还是轴流通风机，管道内部是最有可能发生危险的部位

6. 下列关于做直线运动的机械设备存在的危险有害因素说法中，错误的是（　　）。

A. 砂带机的砂带应远离操作者方向运动，具有止逆装置

B. 带锯机应采用固定及活动防护装置，尽量把带锯的暴露部分降到最小

C. 运动平板或滑枕达到极限位置时，其最远端与墙或柱子的距离应大于 0.5 m，以免造成挤压

D. 为了方便调整配重块的操作，可以将配重块大部分露出

7. 皮带传动的危险出现在皮带接头及皮带进入皮带轮的部位，通常采用金属骨架的防护网进行防护。下列皮带传动系统的防护措施中，不符合安全要求的是（　　）。

A. 皮带轮中心距在 3 m 以上，采用金属骨架的防护网进行防护

B. 皮带宽度在 15 cm 以上，采用金属骨架的防护网进行防护

C. 皮带传动机构离地面 2 m 以下，皮带回转速度在 9 m/min 以下，未设防护

D. 皮带传动机构离地面 2 m 以上，皮带轮中心距在 3 m 以下，未设防护

8. 要消除或者降低机械系统的安全风险，可采取相应的安全技术措施，这些措施有的可在设计阶段实现，有的则需要在使用阶段实现。下列关于机械系统采取安全技术措施的顺序中，正确的是（　　）。

A. 安全防护或补充保护措施→本质安全措施→提示性安全技术措施

B. 本质安全措施→安全防护或补充保护措施→提示性安全技术措施

C. 安全防护或补充保护措施→提示性安全技术措施→本质安全措施

D. 本质安全措施→提示性安全技术措施→安全防护或补充保护措施

9. 有关标准对防护罩的开口尺寸与安装间距有着严格要求，其要求的宗旨是要么人体部位不能进入，要么进入后不能触及危险部件。下列关于防护罩安全技术要求的说法中，正确的是（　　）。

A. 开口尺寸 20 mm、与旋转部件的距离为 5 mm 的防护网能够防止手指受到机械伤害

B. 开口尺寸表示正方形的边长、圆形开口的半径

C. 对于槽型开口的网孔，开口尺寸表示槽型开口的最宽处

D. 在开口尺寸相同的情况下，圆形开口需要的安全距离最小，槽型开口需要的安全距离最大

10. 保护装置是通过自身结构功能限制或防止机器的某种危险，从而消除或减小风险的装置。常见种类包括联锁装置、能动装置、敏感保护装置、双手操纵装置、限制装置等。下列关于保护装置功能的说法中，正确的是（　　）。

A. 联锁装置是防止危险机器功能在特定条件下停机的装置

B. 限制装置是防止机器或危险机器状态超过设计限度的装置

C. 能动装置是与停机控制仪器一起使用的附加手动操纵装置

D. 敏感保护装置是探测周边敏感环境并发出信号的装置

11. 安全防护装置分为保护装置和防护装置两类。下列关于保护装置的说法中，正确的是（　　）。

A. 保护装置是在出现危险之后发挥作用，终止危险过程

B. 保护装置自身失效后应报警，同时终止设备运行

C. 保护装置动作并使设备停止运行后，按下保护装置的复位键就能使设备再次运行

D. 保护装置应具有多种失效模式

12. 安全防护措施包括防护装置、保护装置及其他补充保护措施。机械保护装置通过自身的结构功能限制或防止机器的某种危险，实现消除或减小风险的目的。下列用于机械安全防护措施的机械装置中，不属于保护装置的是（　　）。

A. 联锁装置　　B. 能动装置　　C. 限制装置　　D. 固定装置

13. 运动部件是金属切制机床安全防护的重点，当通过设计不能避免或不能充分限制危险时，应采取必要的安全防护装置。对于有行程距离要求的运动部件，应设置（　　）。

A. 限位装置　　B. 缓冲装置

C. 超负荷保护装置　　D. 防挤压保护装置

14. 下列关于安全防护装置的选用原则说法中，正确的是（　　）。

A. 机械正常运行期间操作者不需要进入危险区域时，可优先采用联锁装置、自动停车装置、双手操纵装置

B. 正常运行时，需要人体进入送料或调整的危险区域，可采用手动控制模式、止—动操纵装置（保持—运行控制装置）或双手操纵装置、点动—有限的运动操纵装置等

C. 非运行状态的其他作业如演示、维修等需要进入的区域，应采用固定式防护装置

D. 正常运行时需要人体进入的区域应选用联锁装置、敏感保护装置、有源光电防护装置及双手操纵装置

15. 下列关于安全信息的使用说法中，正确的是（　　）。

A. 安全信息的使用强度顺序由弱到强分别是安全色、安全标志、报警信号、警告信号

B. 文字、图形应准确无误，文字信息应采用生产机器的国家的语言

C. 安全标志和图形符号的使用优先于文字信息

D. 警告超载的信息应在负载刚刚超过额定值时发出

16. 下列关于安全标志的说法中，错误的是（　　）。

A. 指令标志采用蓝色安全色，强制人们必须采取某种动作或防范措施

B. 警告标志采用黄色安全色，提醒人们对周围环境引起注意

C. 文字辅助标志要求与安全标志同时使用

D. 多个安全标志在一起使用时，设置顺序从左向右、从上向下依次为提示、警告、禁止、指令标志

17. 游乐设施应在必要的地方和部位设置醒目的安全标志。安全标志分为禁止标志、警告标志、指令标志和提示标志四种类型，并以颜色进行区分。其中，提示标志的颜色是（　　）。

A. 红色　　B. 黄色　　C. 蓝色　　D. 绿色

18. 某工厂为了扩大生产能力，需在新建厂房内安装一批设备，有大、中、小型机床若干，安装时要确保机床之间的间距符合《机械工业职业安全卫生设计规范》。其中，中型机床操作面间距不小于（　　）m。

A. 1.1　　B. 1.3　　C. 1.5　　D. 1.7

二、多项选择题（每题 2 分，每题的备选项中，有 2 个或 2 个以上符合题意，至少有 1 个错项。错选，本题不得分；少选，所选的每个选项得 0.5 分）

1. 根据导致伤害的能量形式将机械的危险有害因素分为机械性的和非机械性的两类。这种分类有利于系统全面地找出机械的所有危害因素，尤其是避免忽略非机械性危害因素。下列危害因素中，属于机械性危害因素的有（　　）。

A. 固定飞轮的螺母松动　　B. 重心高可能导致的倾翻

C. 机械设备电路电容储存的静电　　D. 机械对向旋转的辊

E. 机械转动产生的振动

2. 下列实现机械安全的途径与对策措施中，属于本质安全措施的有（　　）。

A. 通过加大运动部件的最小间距，使人体相应部位可以安全进入，或通过减少安全间距，使人体任何部位不能进入

B. 安装设备时在危险部位增设光电式保护装置

C. 改革工艺，减少噪声、振动，控制有害物质的排放

D. 在设计冲压设备时，在施压部件周围设置防护网，保证人员不受伤害

E. 设备采用经过试验可靠度已知的元件

3. 安全防护装置包括防护装置和保护装置。下列关于防护装置的说法中，正确的有（　　）。

A. 可调节式防护装置应设自动或手动锁紧装置

B. 安全防护装置应设置在进入危险区的唯一通道上，使人不能绕过防护装置接触危险

C. 固定式防护装置须用专用工具方可打开或拆除

D. 活动防护装置打开时尽量使用铰链相连，防止防护装置丢失

E. 联锁防护装置只有关闭时设备才能启动，而在设备运行期间是无法打开的。

4. 下列关于机械制造生产场所采光照明的说法中，错误的有（　　）。

A. 应设有一般照明和局部照明，局部照明不低于该场所一般照明照度标准值的10%

B. 备用照明照度值不低于一般照明照度值的 10%

C. 安全照明照度值应高于一般照明照度值的 10%

D. 水平疏散照明照度值不低于 1 lx

E. 垂直疏散照明照度值不低于一般照明 5 lx

第二节　金属切削机床及砂轮机安全技术

【本节重点】

一级知识点	二级知识点
金属切削机床存在的主要危险	（1）金属切削机床危险类型（机械、电气、热、噪声、振动、辐射、物质和材料、工效学缺陷、故障失效、防护缺陷） （2）金属切削机床机械危险形式或事故类型（缠绕、挤压、打击、坠落等） （3）安全措施错误、安全装置缺陷或定位不当危险（存在漏保护区、功能失灵、报警装置未设或失效、急停设置安装位置不合适等）
金属切削机床防止机械危险安全措施	（1）机床结构要求（稳定性结构、无锐边尖角、防绊倒等） （2）运动部件危险防护（缠绕、挤压、坠落物、超限运行、联锁控制等） （3）夹持装置危险防护（夹持联锁、手动夹持危险防护） （4）平衡装置危险防护（防护罩、防断裂、防碰撞和挤压） （5）切削屑危险控制（防长带状屑、排屑装置、手工清扫） （6）高压系统喷射防护（安全阀、溢流阀等） （7）防止坠落、绊倒（限制地板构件高度差、地板孔洞直径）
磨削加工危险因素	（1）机械伤害（擦伤、加工件飞出、砂轮碎裂伤害） （2）噪声危害（高速磨削噪声、除尘通风噪声） （3）粉尘危害（5 μm 的颗粒平均占比很高） （4）火灾危险（磨削火花）

续表

一级知识点	二级知识点
砂轮机安全技术	（1）砂轮主轴（螺纹方向、螺纹长度） （2）砂轮卡盘（直径、与砂轮非接触部分间隙） （3）砂轮防护罩（开口角度、安装时水平面以上角度、与卡盘间距、飞屑护板与砂轮间距） （4）工件托架（安装高度、与砂轮间距）
砂轮机的使用安全	（1）砂轮的检查（标志标识、平衡试验） （2）砂轮的操作要求（速度验算与控制、工件正面磨削、人在侧前方、禁止共用） （3）个体防护要求（护目镜、防护服）

一、金属切削机床存在的主要危险

1. 金属切削机床危险类型

金属切削机床存在的危险可产生于各种能量、物质和材料、工效学缺陷、失效危险及防护缺陷，具体如图 1-12 所示。

金属切削机床主要危险：

- 能量危险：
  - （1）机械危险（力与动能势能危险）
  - （2）电气危险
  - （3）热危险
  - （4）噪声危险
  - （5）振动危险
  - （6）辐射危险（电离、非电离）
- （7）物质和材料产生的危险（物质危险）
- （8）设计时忽视人机工效学产生的危险（工效学缺陷危险）
- （9）故障、能量供应中断、机械零件破损及其他功能紊乱造成的危险（失效危险）
- （10）安全措施错误、安全装置缺陷或定位不当（防护缺陷危险）

图 1-12　金属切削机床主要危险

2. 金属切削机床常见机械危险形式

（1）卷绕和绞缠。旋转运动的机械部件将人的长发、饰物（如项链）、手套、肥大衣袖或下摆绞缠进回转件，继而引起对人的伤害。

（2）挤压、剪切和冲击。引起这类伤害的是做往复直线运动或往复转角运动的零部件。

（3）引入或卷入、碾轧的危险。危险产生于相互配合的运动副或接触面，如蜗轮与蜗杆、啮合的齿轮之间、齿轮与齿条、皮带与皮带轮、链与链轮的啮合部位。

（4）飞出物打击的危险。由于动能或弹性位能的意外释放，失控物件飞甩或反弹造成的伤害。

（5）物体坠落打击的危险。处于高位置的物体具有势能，当它们意外坠落时，势能转化为动能，造成伤害。

（6）形状或表面特征的危险。无论施害物是处于运动还是静止状态，都会构成潜在的危险。

（7）滑倒、绊倒和跌落危险。

3. 安全措施错误、安全装置缺陷或定位不当危险

（1）防护装置缺陷。防护装置性能不可靠，存在漏保护区，使人员有可能在机床运转过程中进入危险区产生的危险。

（2）保护装置缺陷。联锁装置、限位装置、压敏防护装置性能不可靠或失灵引起的危险。

（3）信息和报警装置缺陷。能量供应切断装置和机床危险部位未提供必要安全信息（安全色和安全标志）或信息损污不清，报警装置未设或失灵。

（4）急停装置缺陷。急停装置性能不可靠，安装位置不合适。

（5）其他安全措施缺陷

1）安全调整和维修用的主要设备和附件未提供或提供不全。

2）气动排气装置安装、使用不当，气流将切屑和灰尘吹向操作者。

3）进入机床操作、调整、维修等措施没有提供或措施不到位。

4）机床液压系统、气动系统、润滑系统、冷却系统压力过大、压力损失、泄漏或喷射等引起危险。

二、金属切削机床防止机械危险安全措施

1. 机床结构要求

（1）稳定性。机床的外形布局应确保具有足够的稳定性，不应存在按规定使用机床时意外翻倒、跌落或移动的危险。

（2）机床外形

1）可接触的外露部分不应有可能导致人员伤害的锐边、尖角和开口。

2）机床的各种管线布置排列合理、无障碍，防止产生绊倒等危险。

3）机床的突出、移动、分离部分应采取安全措施，防止产生磕伤、碰伤、划伤、刚伤的危险。

2. 运动部件危险防护

（1）运动部件缠绕、卷入危险防护。有可能造成缠绕、吸入或卷入等危险的运动部件和传动装置，如链传动、齿轮齿条传动、带传动、蜗轮传动、轴、丝杠、排屑装置等，应予以封闭、设置防护装置或使用信息提示。

（2）运动部件挤压危险防护

1）运动部件与运动部件之间、运动部件与静止部件（包括墙体等构筑物）之间保持避免人体受到挤压伤害的最小间距，见表 1-8。

2）采用防止挤压、剪切的保护装置。

表 1-8　　防止人体部位受到挤压的运动部件最小间距　　mm

身体部位	最小间距 a	身体部位	最小间距 a	身体部位	最小间距 a
身体	500	臂	120	腿	250
头部	300	手指	25	脚趾	50

（3）物料传输坠落防护。凡在作业上方有物料传输装置、带传动装置以及上方可能有坠落物件的下方，应设置防护廊、防护棚、防护网等防护。

（4）超限运行防护

1）运动部件在有限滑轨运行或有行程距离要求的，应设置可靠的限位装置。

2）对于有惯性冲击的机动往复运动部件，应设置缓冲装置。

3）对于可能超负荷（压力、起升量、温度等）发生部件损坏而造成伤害的，应设置超负荷保护装置，并在机床上或说明书中标明极限使用条件。

（5）运动的联锁控制。运动部件不允许同时运动时，其控制机构应联锁，不能实现联锁的，应在控制机构附近设置警告标志，并在说明书中加以说明。

（6）转动方向标志。对于单向转动的部件，应在明显位置标出转动方向，防止反向转动导致危险。

3. 夹持装置危险防护

（1）联锁要求

1）机动夹持装置夹紧过程的结束应与机床运转的开始相联锁，未达到预期安全预紧力时，工件驱动装置不应动作。

2）夹持装置的放松应与机床运转的结束相联锁，机床运转时，工件夹紧装置不应动作；工件夹紧力低于安全值或超过允许值时，工件驱动装置应自动停止，并保持足够的夹紧力，使其可靠地停下来。

（2）手动夹持装置安全措施

1）防止意外（如钥匙或扳手等手动工具遗留在夹持装置上随机床运转）坠落或甩出。

2）防止产生挤压手指等危险。

4. 平衡装置危险防护

（1）与机床部件及其运动有关的配重，如果构成危险，应采取安全防护措施，如将其置于机床体内或置于固定式防护装置内等，并防止配重系统元件断裂而造成危险。

（2）采用动力平衡装置，应防止动力系统发生故障时机床部件坠落而造成危险。

（3）移动式平衡装置（如配重），应在其移动范围内采取防护措施，防止移动造成的碰撞、夹挤。

5. 切削屑危险控制

（1）采取断屑措施（控制刀具角度、断屑槽）防止产生长带状屑。

（2）设防护挡板，防止磨屑、切屑崩飞。

（3）大量产生切屑的机床应设机械排屑装置，排屑装置不应构成危险，必要时可与防护装置的打开和机床运转的停止联锁。

（4）手工清除废屑，应提供适宜的手动工具，严禁手抠嘴吹。

6. 高压系统喷射防护

（1）压力系统安装泄压装置。机床输送高压流体的冷却系统、液压系统、气动系统及润滑系统，应设有防止超压的安全阀或调整压力变化的溢流阀。

（2）蓄能器安全措施

1）应能自动卸压或安全闭锁（特殊情况，断开时还需压力的除外）。

2）断开时若蓄能器仍需保持压力，应在蓄能器上显示出安全信息。

（3）降低喷射危害的措施

1）尽可能容纳和有效回收冷却液、切削液、油液和润滑剂。

2）设置附加防护挡板，防止溅出、喷出造成的危险。

7. 防止坠落、绊倒

（1）防坠落。当可能坠落的高度超过500 mm时，应安装防坠落护栏、安全笼及防护板等。

（2）防绊倒地板构件高度差要求。为了避免绊倒危险，相邻地板构件之间的最大高度差应不超过4 mm。

（3）地板或平台开口要求

1）工作平台或通道地板的最大开口应使直径35 mm的球体不能穿过该开口。

2）对下面有人工作的非临时通道，其地板最大开口不应让直径20mm的球体穿过，否则应采用其他适当设施保障安全。

（4）防止布线布管绊倒。机床的电线和电缆导管、油管、气管和冷却管的排列和布置应不会引起绊倒危险。

三、磨削加工危险因素

1. 机械伤害

（1）擦伤。不加防护或防护不当的砂轮机，运动零部件与人员接触、碰撞，与高速旋转的砂轮触碰造成擦伤。

（2）加工件飞出。夹持不牢的加工件甩出会对人造成伤害。

（3）砂轮碎裂伤害。砂轮破坏，碎块飞甩打击伤人，是后果最严重的伤害。砂轮的安全是防护的重点。

2. 噪声危害

磨削比能大、速度高是产生磨削噪声的主要原因，与干式磨削的排风系统噪声叠加，噪声有时在115 dB以上。

3. 粉尘危害

据测定，干式磨削产生的粉尘中，小于5 μm的颗粒平均占比很高，容易被吸入到人体肺部。长期大量吸入会导致肺组织纤维化，引起尘肺病。磨削粉尘和金属细磨屑还易伤及眼睛。

4. 火灾危险

磨削时产生的火花，可能引燃附近的可燃物，特别是磨削镁合金，是引起火灾的不安全因素。

四、砂轮机安全技术

1. 砂轮主轴

（1）砂轮主轴端部螺纹应满足防松脱的紧固要求，其旋向须与砂轮工作时旋转方向相反。

（2）砂轮机应标明砂轮的旋转方向。

（3）端部螺纹应足够长，切实保证整个螺母旋入压紧（$L>1$ cm）。

（4）主轴螺纹部分须延伸到压紧螺母的压紧面内，但不得超过设计允许使用的最小厚度砂轮中心孔长度的1/2（$h>H/2$），如图1-13所示。

2. 砂轮卡盘

（1）一般用途的砂轮卡盘直径不得小于砂轮直径的1/3，切断用砂轮的卡盘直径不得小于砂轮直径的1/4。

（2）卡盘结构应均匀平衡，各表面平滑无锐棱，夹紧装配后，与砂轮接触的环形压紧面应平整、不得翘曲。

（3）卡盘与砂轮侧面的非接触部分应有不小于1.5 mm的足够间隙，如图1-14所示。

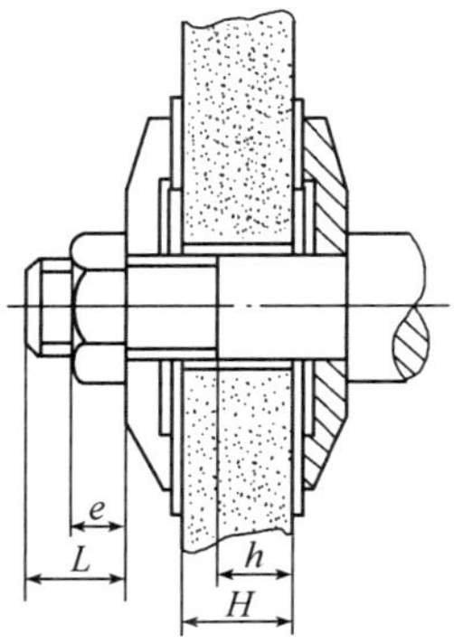

图1-13　砂轮及主轴安装结构

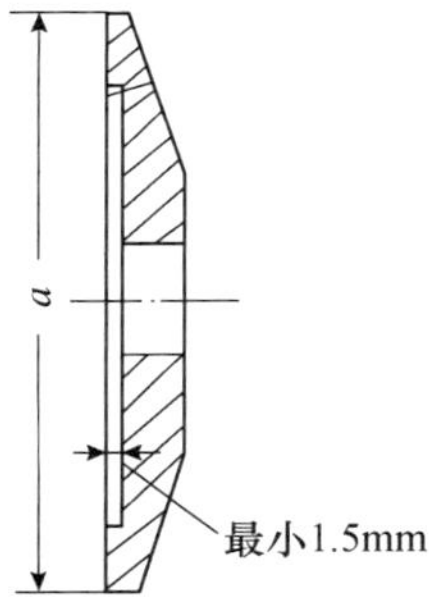

图1-14　砂轮卡盘

3. 砂轮防护罩

（1）防护罩开口角度

1）砂轮防护罩的总开口角度应不大于90°，如果使用砂轮安装轴水平面以下砂轮部分加工时，防护罩开口角度可以增大到125°。

2）在砂轮安装轴水平面的上方，在任何情况下防护罩开口角度都应不大于65°，如图1-15所示。

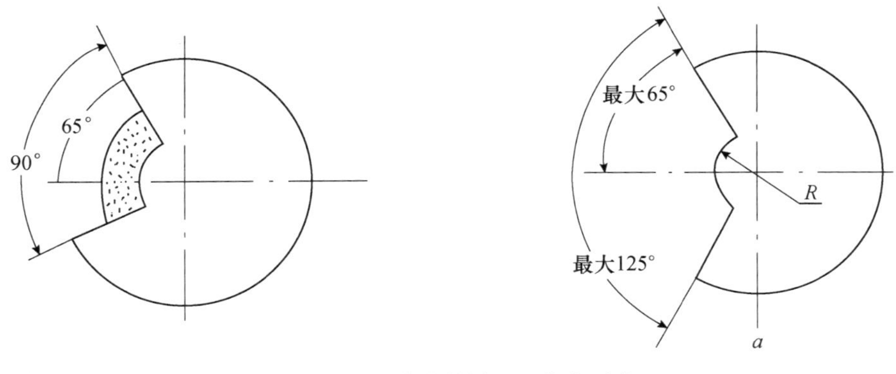

图1-15　砂轮防护罩开口角度要求

（2）防护罩间距与砂轮卡盘间距。砂轮防护罩任何部位不得与砂轮装置各运动部件接触，砂轮卡盘外侧面与砂轮防护罩开口边缘之间的间距一般应不大于 15 mm。

（3）飞屑护板安装要求。防护罩上方的可调飞屑护板与砂轮圆周表面间隙应可调整至 6 mm 以下（《安全生产技术基础》一书中明确，当砂轮磨损时，砂轮圆周表面与防护罩可调飞屑护板之间的间距应不大于 1.6 mm），如图 1-16 所示。

（4）工件托架安装要求

1）工件托架台面与砂轮主轴中心线等高。

2）工作托架与砂轮圆周表面间隙应小于 3 mm（《安全生产技术基础》一书明确，当砂轮磨损时，工件托架与砂轮圆周表面间隙应不大于 2 mm），如图 1-16 所示。

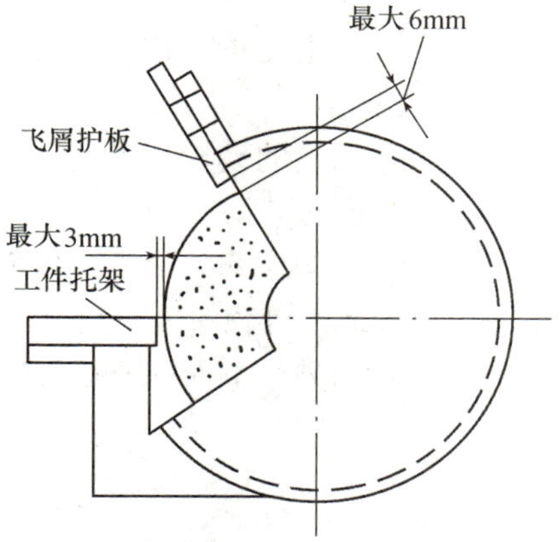

图 1-16　飞屑护板及工件托架安装要求

4. 砂轮标识及其他要求

（1）砂轮只可单向旋转，在砂轮机的明显位置上应标有砂轮旋转方向。

（2）砂轮最好安装在单独的机房，如没有单独机房，砂轮正面应避免朝向人员经过或活动的场所。

（3）台式、落地砂轮机在空运转条件下，噪声声压级不得超过 80 dB。

（4）干式磨削砂轮机应设置吸尘装置，砂轮防护罩应备有吸尘口，带除尘装置的砂轮机的粉尘浓度应不超过 10 mg/m³。

五、砂轮机的使用安全

1. 砂轮的检查

（1）标记检查。通过标记核对砂轮的特性是否符合使用要求、砂轮与主轴尺寸是否相匹配。砂轮没有标记或标记不清，无法核对、确认砂轮特性的，不管是否有缺陷，都不可使用。

（2）平衡试验。新砂轮、经第一次修整的砂轮以及发现运转不平衡的砂轮，都应进行平衡试验与调试，如图 1-17 所示。

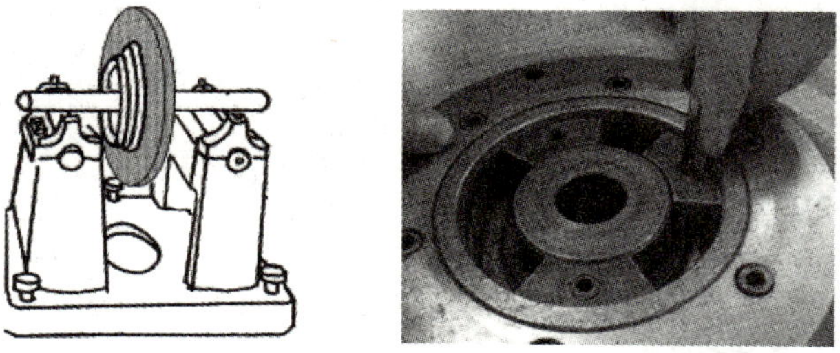
图 1-17　砂轮平衡试验与调试

2. 砂轮机的操作要求

（1）在任何情况下都不允许超过砂轮的最高工作速度，安装砂轮前应核对砂轮主轴的转速，在更换新砂轮时应进行必要的验算。

（2）应使用砂轮的圆周表面进行磨削作业，不宜使用侧面进行磨削。

（3）无论是正常磨削作业、空转试验，还是修整砂轮，操作者都应站在砂轮的斜前方位置，不得站在砂轮正面。

（4）禁止多人共用一台砂轮机同时操作。

（5）砂轮机的除尘装置应定期检查和维修，及时清除通风装置管道里的粉尘，保持有效的通风除尘能力。

（6）发生砂轮破坏事故后，必须检查砂轮防护罩是否有损伤，砂轮卡盘有无变形或不平衡，检查砂轮主轴端部螺纹和压紧螺母，合格后方可使用。

3. 个体防护要求

（1）操作时应佩戴眼镜或护目镜。

（2）金属研磨特别注意防止铅化合物等重金属污染，配备防护服、完善的卫生洗涤设备和提供必要的医疗措施。

【练习提高】

一、单项选择题（每题 1 分，每题的备选项中，只有 1 个最符合题意）

1. 以下不属于金属切削机床机械危险防护装置或措施的是（　　）。

A. 运动部件危险防护　　B. 配重类平衡装置危险的防护

C. 高压系统喷射防护　　D. 电子离子束加工产生的 X 射线

2. 工件夹持不牢导致加工件飞出是机床最为常见的事故。下列关于机床夹持装置的说法中，错误的是（　　）。

A. 机动夹持装置夹紧过程的结束应与机床启动相联锁，未达到预期安全预紧力时，工件驱动装置不应动作

B. 机动夹持装置的放松应与机床运转的结束相联锁，机床运转时，工件夹紧装置不应动作

C. 机动夹持装置对工件的夹紧力低于安全值或超过允许值时，工件驱动装置应降低转速

D. 手动夹持装置应注意防止钥匙或扳手等手动工具遗留在夹持装置上随机床运转坠落或甩出

3. 下列关于砂轮安全技术的说法中，正确的是（　　）。

A. 砂轮轴螺纹旋向与砂轮旋转方向一致

B. 在任何情况下砂轮罩的开口角度不能超过 90°

C. 一般用途的砂轮卡盘直径不得小于砂轮直径的 1/3

D. 防飞屑可调护板与砂轮圆周表面的间距不超过 3 mm

4. 砂轮装置由砂轮、主轴、卡盆和防护罩组成，砂轮装置的安全与其组成部分的安全技术要求直接相关。下列关于砂轮装置各组成部分安全技术要求的说法中，正确的是（　　）。

A. 砂轮主轴端部螺纹旋向应与砂轮工作时的旋转方向一致

B. 一般用途的砂轮卡盘直径不得小于砂轮直径的1/5

C. 卡盘与砂轮侧面的非接触部分应有不小于1.5 mm的间隙

D. 砂轮防护罩的总开口角度一般不应大于120°

5. 砂轮机除了具有磨削机床的某些共性要求外，还具有转速高、结构简单、适用面广、一般为手工操作等特点。下列关于砂轮机安全要求的说法中，正确的是（　　）。

A. 端部螺纹应满足防松脱的紧固要求，旋转方向与砂轮工作方向相反

B. 任何情况下砂轮卡盘直径不得小于砂轮直径的1/3

C. 任何情况下防护罩的总开口角度不大于90°，在主轴水平面以上开口角度不超过65°

D. 砂轮与工件托架之间的距离应不小于3 mm

6. 下列关于砂轮使用安全技术的说法中，错误的是（　　）。

A. 每次使用砂轮前都要做平衡试验

B. 安装砂轮前应核对砂轮主轴的转速，在更换新砂轮时应进行必要的验算

C. 操作使用砂轮时，人站在砂轮的斜前方

D. 操作时应佩戴眼镜或护目镜

二、多项选择题（每题2分，每题的备选项中，有2个或2个以上符合题意，至少有1个错项。错选，本题不得分；少选，所选的每个选项得0.5分）

1. 下列选项中，属于金属切削机床易造成机械伤害的危险部位或危险部件的有（　　）。

A. 旋转部件和内旋转咬合部件

B. 往复运动部件和突出较长的部件

C. 工作台与滑鞍之间

D. 锋利的切削刀具

E. 操作开关与刀闸

2. 下列选项中，属于金属切削机床危险有害因素的有（　　）。

A. 缠绕、卷入、挤压等机械危险

B. 电弧、激光等非电离辐射及X射线等电离辐射

C. 噪声与振动危害

D. 加工用液体、油、元件材料产生的粉尘等物质和材料引起毒性危害、粉尘爆炸等危害

E. 高处坠落危害

3. 下列关于机床的基本防护措施的说法中，错误的是（　　）。

A. 有惯性冲击的机动往返运动部件应设置缓冲装置，可能脱落的零部件必须加以紧固

B. 机床中具有单向旋转特征的部件在防护罩内壁标注出转动方向

C. 手工清除废屑，应用专用工具，当工具无法企及废屑时，应用吹风机或人工吹气将其吹到工具可以企及的地方再进行清理

D. 为了避免绊倒，相连地板构件的高度差应不超过3 mm

E. 当可能坠落的高度超过500 mm时，应安装防护栏及防护板等

4. 金属切削机床作业存在的机械危险多表现为人员与可运动部件的接触伤害。当通过设计不能避免或不能充分限制机械危险时，应采取必要的安全防护措施，下列防

止机械危险的安全措施中，正确的有（　　）。

A. 危险的运动部件和传动装置应予以封闭，设置防护装置

B. 有行程距离要求的运动部件，应设置可靠的限位装置

C. 两个运动部件不允许同时运动时，控制机构禁止联锁

D. 有惯性冲击的机动往复运动部件，应设置缓冲装置

E. 有可能松脱的零部件，必须采取有效的紧固措施

5. 砂轮装置由砂轮、主轴、卡盘、垫片、紧固螺母组成。砂轮装置安全防护的重点是砂轮，砂轮的安全与主轴和卡盘等组成部分的安全技术措施直接相关。下列关于砂轮主轴和卡盘安全要求的说法中，正确的有（　　）。

A. 卡盘与砂轮侧面的非接触部分应有小于 1.5 mm 的间隙

B. 一般用途砂轮卡盘直径不得小于砂轮直径的 1/3，切断用砂轮卡盘直径不小于砂轮直径的 1/4

C. 主轴端部螺纹应足够长，保证整个螺母旋入压紧

D. 主轴螺纹部分延伸到紧固螺母的压紧面内，但不得超过所安装的最小厚度砂轮内孔长度的 1/2

E. 砂轮主轴螺纹旋向与砂轮工作时旋转方向相同

6. 对某砂轮进行安全检查，下列检查结果不符合要求的有（　　）。

A. 砂轮轴螺母已全部旋入螺纹，且砂轮轴端距螺母对卡盘的压紧面的垂直距离为 9 mm

B. 某砂轮用于一般磨削，其砂轮直径为 300 mm、卡盘直径为 120 mm

C. 某砂轮工作时主要是使用主轴水平面以下部分砂轮进行磨削，砂轮罩的开口角度为 120°

D. 飞屑防护板与砂轮圆周表面间距为 8 mm

E. 工件托架台面比砂轮轴线高 3 mm，托架与砂轮圆周表面间距为 2 mm

第三节　冲压剪切机械安全技术

【本节重点】

一级知识点	二级知识点
冲压危险有害因素、事故及基本防护措施	（1）冲压的主要危险有害因素（机械危险、电气危险、热危险、噪声振动危险、材料和物质危险、人机工程学缺陷） （2）冲压事故主要事故类型（手指切断为主的机械伤害） （3）冲压事故原因（设备缺陷故障、作业单调、作业频率高、噪声和振动大、动作配合失误） （4）冲压基本安全对策（模具区本质安全设计、工艺自动化、防护装置、工具送料）

续表

一级知识点	二级知识点
冲压设备本质安全措施	（1）操作控制系统安全设计（离合器与制动器联锁、手动与脚踏控制装置联锁） （2）冲压模具安全设计（减少非工作面面积、上下模非工作面间距不低于 60 mm、设置空手槽）
冲压设备安全防护措施	（1）冲压防护装置（固定、联锁式） （2）冲压安全保护控制装置（双手操作式控制装置、光电式保护装置） （3）拉（推或拨）手式安全装置 （4）急停装置
剪切设备安全防护措施	（1）防护装置（固定、联锁防护装置组合） （2）光电式保护装置 （3）急停装置

一、冲压危险有害因素、事故及基本防护措施

1. 冲压的主要危险有害因素

（1）机械性危险。

（2）电气危险。

（3）热危险。

（4）噪声振动危险。

（5）材料和物质危险。

（6）违背人机工程学原则导致的危险。

2. 冲压事故主要事故类型

冲压事故主要事故类型为机械伤害，尤其是手指切断最为常见。

3. 冲压事故的共同特点

（1）危险状态。滑块做上下往复直线运动。

（2）操作危险区。压力机滑块安装冲模后，冲模的垂直投影面范围的模口区。

（3）危险时间。随着滑块的下行程，上、下模具的相对距离变小甚至闭合的阶段。

（4）危险事件。在特定时间（滑块的下行程），操作者在该区域进行安装调试冲模，对放置的材料进行剪切、冲压成形或组装等零部件加工作业，当人的手臂仍然处于危险空间（模口区）发生挤压、剪切等机械伤害。

4. 冲压事故原因

（1）设备缺陷或故障。模具结构设计不合理，未安装安全装置或安全装置失效，冲头打崩，机器本身故障造成连冲或不能及时停车等。

（2）作业单调。冲压操作简单，动作单一，单调重复的作业极易使操作者产生厌倦情绪。

（3）作业频率高。操作者需要被动配合冲床，手频繁地进出模口区操作，精力和体力都有很大消耗。

（4）噪声和振动大。作业环境恶劣，造成对操作者生理和心理的不良影响。

（5）动作配合失误。人的手脚配合不一致，或多人操作彼此动作不协调。

5. 冲压基本安全对策

冲压安全对策本着通过产品设计提高本质安全水平，通过提高自动化水平和使用工具送料减少靠近危险部位，通过安全装置来避免或减少人为失误造成的伤害，具体措施如下：

（1）设计安全化模具，缩小模口危险区，设置滑块小行程，使人手无法伸进模口区。

（2）提高送、取料的机械化和自动化水平，代替人工送、取料。

（3）采用手用工具送取料，避免人的手部伸入模口区。

（4）在操作区采用安全装置，保障滑块的下行程期间，人手处于危险模口区之外。

二、冲压设备本质安全设计措施

通过设计减少冲压设备的危险属于本质安全措施，也是应首先考虑的措施。对于冲压作业而言，本质安全设计措施主要包括两方面：一是操作控制系统的设计，二是对磨具的安全设计。

1. 操作控制系统构成

操作控制系统由离合器、制动器和手动或脚动操作装置构成。

（1）离合器分为刚性离合器和摩擦离合器

1）刚性离合器以刚性金属键作为接合零件，构造简单，不需要额外动力源，但不能使滑块停止在行程的任意位置，只能使滑块停止在上死点。

2）摩擦离合器借助摩擦副的摩擦力来传递扭矩，接合平稳，冲击和噪声小，可使滑块停止在行程的任意位置。

（2）制动器。常用的制动器有带式制动器、块式制动器、盘式制动器等。

（3）操作装置分为手动、脚动操作装置。

2. 操作控制系统关键要求

（1）离合器与制动器二者联锁要求

1）离合器脱开，同时制动器立即接合。

2）开机时制动器先松开，离合器稍滞后再接合。

3）必须保证离合器与制动器相互协调与联锁，为此，一般采用离合器—制动器组合结构，以减少二者同时接合的可能性。

（2）采用规格尺寸、质量、刚度上一致的压缩弹簧接合制动器和脱开离合器。

（3）制动器和离合器设计时应保证任一零件（如能量传递或螺栓）的失效，不能使其他零件快速产生危险的联锁失效。

（4）在气动、液压和电气失灵的情况下，离合器立即脱开，制动器立即制动。

（5）禁止在机械压力机上使用带式制动器来停止滑块。

（6）脚踏操作与手动操作装置应联锁。选择其中之一操作方式时，另外一种操作方式自动失效。

（7）急停要求

1）在离合器、制动器控制系统中，须有急停按钮。

2）在执行停机控制的瞬时动作时，必须保证离合器立即脱开，制动器立即接合。

3）急停按钮停止动作应优先于其他控制装置。

3. 冲压模具安全设计

（1）减少上、下模非工作部分的接触面，将上模座正面和侧面制成斜面、倒钝外廓和非工作部件的尖角。

（2）当冲模闭合时，下模座上平面至上模座下平面的最小间距应大于60 mm。

（3）手工上、下料时，在冲模的相应部位应开设避免压手的空手槽。

三、冲压设备安全防护装置

1. 冲压防护装置

通过在危险区周围设置实体隔离，确保人体任何部位无法进入危险区。

（1）防护装置应牢固固定安装在机床、周围其他固定的结构件或安装在地面上，不用专门工具不能拆除。

（2）固定式防护装置的送料开口、栅栏式防护装置的栅栏间隙和隔离实体到危险线的安全距离，应符合防止上下肢触及危险区的安全距离的标准要求。

（3）联锁式防护装置只有在活动护栏门关闭后才能启动工作行程。

2. 双手操作式控制装置

（1）双手操作的原则。必须双手同时推按操纵器，离合器才能接合滑块下行程。在滑块下行过程中，松开任一按钮，滑块立即停止下行程或超过下死点。

（2）重新启动的原则。对于被中断的操作控制需要恢复以前，应先松开全部按钮，然后再次双手按压后才能恢复运行。

（3）最小安全距离的原则。安全距离是指操纵器的按钮或手柄到压力机危险线的最短直线距离。安全距离应根据压力机离合器、制动器的性能及人手的动作速度计算，主要取决两方面因素：冲压设备紧急制动时间、人手的动作速度。

（4）操纵器的装配要求。两个操纵器（按钮或操纵手柄的手握部位）的内缘装配距离至少为260 mm。为防止意外触动，按钮不得凸出台面或加以遮盖。

（5）多人协调操作要求。对需多人协同配合操作的压力机，应为每位操作者都配置双手操纵装置，并且只有全部操作者协同操作双手操纵装置时，滑块才能启动运行。

3. 光电感应式保护装置

（1）光幕保护范围要求。由保护高度和保护长度构成矩形光幕。保护高度不低于滑块最大行程与装模高度调节量之和，保护长度应能覆盖操作危险区。

（2）自保功能（重新启动原则）。在保护幕被遮挡，滑块停止运动后，即使人体撤出恢复通光时，装置仍保持遮光状态，滑块不能恢复运行，必须按动“复位”按钮，滑块才能再次启动。

（3）回程不保护功能。滑块回程时装置不起作用，在此期间即使保护幕被破坏，滑块也不停止运行，以利操作者的手出入操作。

（4）自检功能。光电保护装置可对自身发生的故障进行检查和控制，使滑块处于停止状态，在故障排除以前不能恢复运行。

（5）响应时间与安全距离。装置响应时间不得超过20 ms。从保护幕到模口危险区的最小安全距离，应根据压力机离合器、制动器的性能来计算，具体由两方面决定：总停止响应时间、操作者的手接近危险区域的速度。

4. 拉手、推手和拨手安全装置

该类保护装置属于机械式安全装置，可防止操作者双手误入危险区。若手已进入危险区，通过该安全装置将手随冲模的闭合而拉（推或拨）出危险区，如图 1-18 所示。

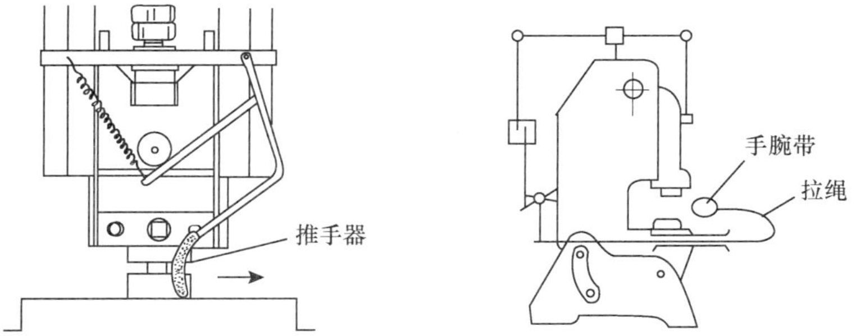

a）推手式　　b）拉手式

图 1-18　冲压设备机械式保护装置

四、剪切设备安全措施

剪板机与冲床的工作原理相似，剪切事故与冲压事故有相同的机理，在操作区防护措施方面，有很多共同之处。剪板机的操作危险区是刀口和压料装置（压料脚）及其关联区域。

1. 一般安全要求

（1）剪板机应有单次循环模式。选择单次循环模式后，即使控制装置持续有效，刀架和压料脚也只能工作一个行程。

（2）压料装置（压料脚）应确保剪切前将剪切材料压紧，压紧后的板料在剪切时不能移动。

（3）安装在刀架上的刀片应固定可靠，不能仅靠摩擦安装固定。

（4）剪板机后部落料危险区域一般应设置阻挡装置。后挡料（电动或非电动）和前托料（如果配备）装置不可调至刀口下方。

（5）剪板机上必须设置紧急停止按钮，一般应在剪板机的前面和后面分别设置。

2. 剪板机安全防护装置

（1）防护装置具体要求

1）当剪板机剪刀间隙不超过 6 mm 时，不需要安全防护装置，否则应设置防护装置。

2）剪板机的防护装置有固定式、联锁防护装置或固定与联锁组合式防护装置。

（2）光电感应保护装置具体要求

1）光电感应保护装置的复位装置应放置在可以清楚观察危险区域的位置。

2）每个光电感应区域应安装一个复位装置，严禁安装多个复位装置。

【练习提高】

一、单项选择题（每题 1 分，每题的备选项中，只有 1 个最符合题意）

1. 使用冲压剪切机械进行生产活动时，存在多种危险因素并可能导致生产安全事故发生。在冲压剪切作业中，常见的危险有害因素有（　　）。

A. 噪声危害、电气危险、热危险、职业中毒、振动危害

B. 机械危险、电气危险、热危险、噪声危害、振动危害

C. 机械危险、电气危险、辐射危险、噪声危害、振动危害

D. 振动危害、机械危险、粉尘危害、辐射危险、噪声危害

2. 冲压机是危险性较大的设备，从劳动安全卫生角度看，冲压加工过程的危险有害因素来自机电、噪声、振动等方面。下列冲压机的危险有害因素中，危险性最大的是（　　）。

A. 噪声伤害　　B. 振动伤害　　C. 机械伤害　　D. 电击伤害

3. 压力机危险性较大，其作业区应安装安全防护装置，以保护暴露于危险区的人员安全。下列安全防护装置中，属于压力机安全保护控制装置的是（　　）。

A. 推手式安全装置　　B. 拉手式安全装置

C. 光电式安全装置　　D. 栅栏式安全装置

4. 冲压机常采用的安全防护控制类型有双手操作式、光电感应保护装置。对于双手操作式安全防护控制有具体的要求，下列关于该要求的说法中，正确的是（　　）。

A. 必须双手同时推按操纵器，离合器才能接合滑块下行程。只有同时松开两个按钮，滑块才会立即停止下行程或超过下死点

B. 对于被中断的操作，需要恢复工作时，松开一个按钮，然后再次按压后才能恢复运行

C. 两个操纵器中心装配距离至少相隔 260 mm，防止意外触动，按钮不得凸出台面或加以遮盖

D. 双手操作式安全控制可以保护该装置操作者，不能保护其他相关人员安全

5. 冲压机常采用的安全防护控制类型有双手操作式、光电感应保护装置。对于光电感应式安全防护控制有具体的要求，下列关于该要求的说法中，错误的是（　　）。

A. 保护高度不低于滑块最大行程与装模高度调节量之和，保护长度要求能覆盖危险区

B. 光电保护幕被遮挡，滑块停止运行后，恢复通光，滑块恢复运行

C. 当冲压模具滑块在回程时，挡住光幕，滑块将不停止运行

D. 光电感应装置可对自身故障进行检查控制，自身失效会报警并停止设备运行

6. 为了减少模具对手的伤害，当冲模闭合时，下模座上平面至上模座下平面的最小间距应大于（　　）mm。

A. 6　　B. 12　　C. 60　　D. 260

7. 剪板机具有较大危险性，因此必须设置紧急停止按钮，其安装位置应便于操作人员及时操作。紧急停止按钮一般应设置在（　　）。

A. 剪板机的前面和后面　　B. 剪板机的前面和右侧面
C. 剪板机的左侧面和后面　　D. 剪板机的左侧面和右侧面

二、多项选择题（每题2分，每题的备选项中，有2个或2个以上符合题意，至少有1个错项。错选，本题不得分；少选，所选的每个选项得0.5分）

1. 下列关于冲压设备光电保护装置的说法中，正确的有（　　）。
A. 上模块下行时，用手挡住光就停止运行，手移开后设备自动恢复运行
B. 在模具块上行时用手遮住光幕，上行动作不停止
C. 光电装置保护的动作响应时间不超过30 ms
D. 光电保护装置失效后，仍可以启动设备
E. 光幕保护高度不低于滑块最大行程与装模高度调节量之和，保护长度应能覆盖操作危险区

2. 有关冲压作业的基本安全措施包括（　　）。
A. 设计安全化模具，缩小模口危险区，设置滑块小行程，使人手无法伸进模口区
B. 提高送、取料的机械化和自动化水平，代替人工送、取料
C. 安装摄像监视装置，监视并纠正违章操作
D. 采用手用工具送取料，避免人的手部伸入模口区
E. 在操作区采用安全装置，保障滑块的下行程期间，人手处于危险模口区之外

第四节　木工机械安全技术

【本节重点】

一级知识点	二级知识点
木工加工危险因素	（1）机械危害（切割、木料反弹、锯条断裂、木屑抛射） （2）触电危害（Ⅰ类电气设备，金属外壳） （3）火灾和爆炸的危险 （4）木粉尘伤害 （5）化学危害（防腐剂） （6）木材的生物效应危险（木材生物病菌病毒） （7）噪声和振动危害
木工平刨床安全技术	（1）工作台技术要求（调整结构锁紧、开口量、降噪措施） （2）刨刀轴技术要求（圆刀轴、梯形刀槽、刀片伸出量） （3）加工区安全防护装置（护指键、防护罩相关要求）
带锯机安全技术	（1）带锯条的安全要求（齿深、接头数量、接头间距、裂纹处置） （2）操控机构的安全要求（启动钮位置、上锯轮升降机构联锁、制动、急停） （3）带锯机安全防护装置（锯轮、锯条的固定、联锁及可调防护装置）

续表

一级知识点	二级知识点
圆锯机安全技术	（1）圆锯的主要伤害类型（切割、木料反弹伤害） （2）圆锯的主要安全防护装置（防护罩、分料刀、止逆器、防反弹挡板等） （3）锯片与锯轴技术要求（控制转速、连续断2齿或出现裂纹报废） （4）分料刀技术要求（厚度、半径、安装高度、距离圆锯的最近和最远距离）

一、木材加工危险因素

（1）机械危害。机械危害主要包括刀具的切割伤害、木料的反弹冲击伤害、锯条断裂或刨刀片飞出以及木屑碎片抛射飞出物伤人等。

（2）触电危害。木工机械属于Ⅰ类电气设备，可接触部分一般均为金属，一旦漏电就有可能造成触电事故。

（3）火灾和爆炸的危险。木材原料、半成品或成品、切削废料等都是易燃物，悬浮状态的木粉尘和某些化学品是易爆物。火灾危险存在于木材加工全过程的各个环节。

（4）木粉尘伤害。木粉尘可导致呼吸道疾病，严重的可表现为肺叶纤维化症状，家具加工行业鼻癌和鼻窦腺癌比例较高。

（5）化学危害。木材的存储防腐、加工和成品的表面修饰粘接都需要采取化学手段，其中有些会引起中毒、皮炎或损害呼吸道黏膜。

（6）木材的生物效应危险。此类危险取决于木材种类、接触时间或操作者自身的体质条件，可引起皮肤症状、视力失调、对呼吸道黏膜的刺激和病变、过敏病状等。

（7）噪声和振动危害。木工机械是高噪声和高振动机械，可造成噪声聋和手臂振动病。

二、木工平刨床安全技术

木工平刨床的机构构造如图1-19所示。

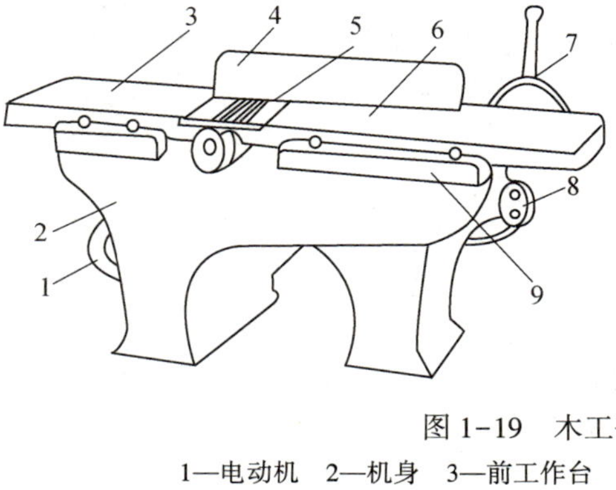

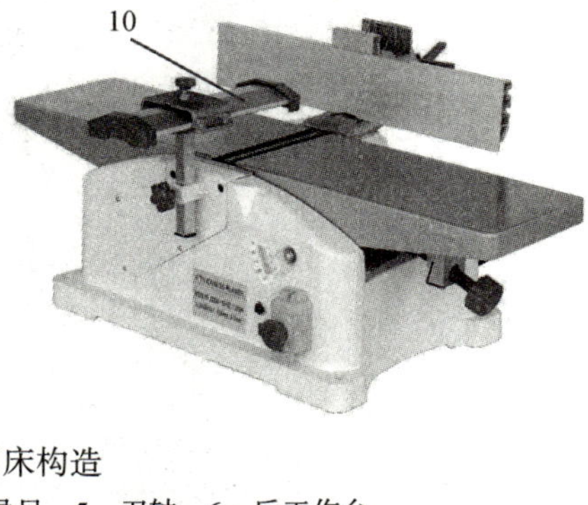

图1-19　木工平刨床构造

1—电动机　2—机身　3—前工作台　4—导尺　5—刀轴　6—后工作台
7—工作台调整手柄　8—电钮　9—偏心轴架护罩　10—可调防护罩

1. 工作台技术要求

工作台是木材刨削的操作平台，前、后工作台板安装在刨刀轴两侧形成开口，露出刨刀轴，该部位称作唇口或刨口。工作台主要技术要求如下：

（1）安装后的工作台面离地面高度应为 750~800 mm。

（2）导向板和升降机构应能自锁或被锁紧，以防松动后位置自行变化发生危险。

（3）唇口应尽量小，使刀轴外露区域小，但还要兼顾加工安全、排屑和降噪的需要，开口量应符合规定要求。在零切削位置时，工作台前端（唇板）与切削圆之间的径向距离应保持为（3±2）mm，如图 1-20 所示。

（4）为了降低噪声，工作台唇板应开槽或打孔，如图 1-21 所示。

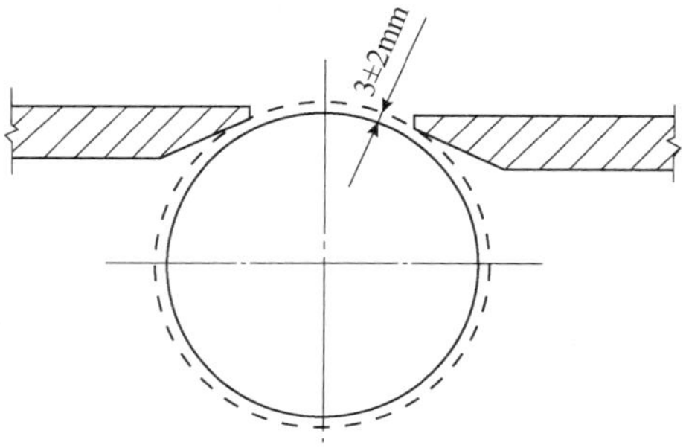

图 1-20　工作台前端与切削圆之间的径向距离

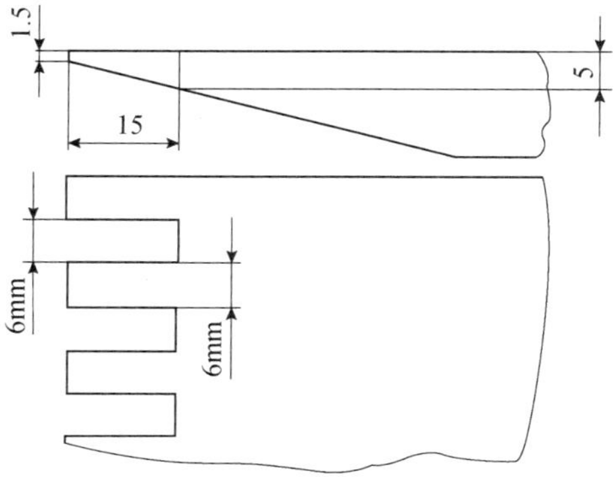

图 1-21　工作台唇板开槽

2. 刨刀轴技术要求

刀轴由刨刀体、刀轴主轴、刨刀片和压刀组成，装入刀片后的总成称为刨刀轴或刀轴。刀轴的各组成部分及其装配应满足以下安全要求：

（1）刀轴必须是装配式圆柱形结构，严禁使用方形刀轴。刀体上的装刀梯形槽应上底在外，下底靠近圆心，组装后的刀槽应为封闭型或半封闭型。

（2）组装后的刨刀片径向伸出量不得大于 1. 1 mm。

（3）刀轴驱动装置的所有外露旋转件都必须有牢固可靠的防护罩，并在罩上标出单向转动的明显标志。

（4）须设有制动装置，在切断电源后，保证刀轴在规定的时间内停止转动。

3. 加工区安全防护装置

平刨床操作危险区必须设置安全防护装置，其基本功能是遮盖刀轴防止切手。安全防护装置可采用护指键式、护罩或护板等。木工平刨床护指键机结构如图 1-22 所示。

平刨床遮盖式安全装置的安全技术要求如下：

（1）非工作状态下，护指键（或防护罩）必须在工作台面全宽度上盖住刀轴。

（2）刨削时仅打开与工件等宽的相应刀轴部分，其余的刀轴部分仍被遮盖。未打开的护指键或护罩部分必须能自锁或被锁紧。

（3）应有足够的强度与刚度。整体护罩或全部护指键应承受 1 kN 径向压力，发生径向位移时，位移后与刀刃的剩余间隙要大于 0. 5 mm。

（4）安全装置闭合灵敏，从接到闭合指令开始到护指键或防护罩关闭为止，闭合

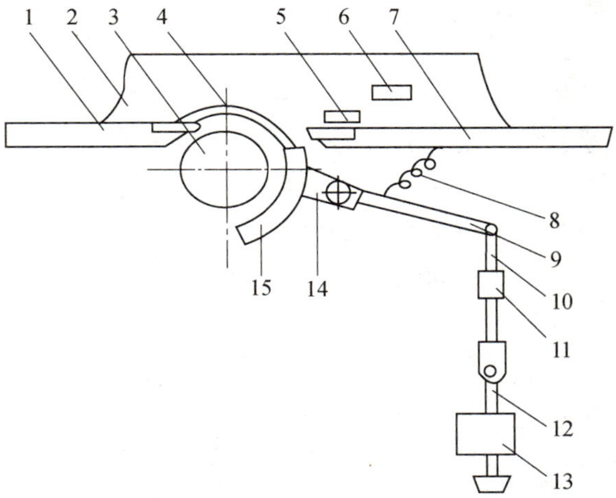

图 1-22　木工平刨床护指键机结构

1—后工作台　2—导板　3—刀头　4—护指键　5，6—微动开关　7—前工作台
8—弹簧　9—拨杆　10—拉杆　11—拉杆调节螺母　12—电磁铁夹板
13—牵引电磁铁　14—拨叉　15—护指键弧形滑道

时间不得大于 80 ms。爪形护指键的相邻键间距应小于 8 mm。

（5）装置不得涂耀眼颜色，不得反射光泽。

三、带锯机安全技术

带锯机及带锯条如图 1-23 所示。

图 1-23　带锯及锯条

1. 带锯条的安全要求

（1）带锯条的锯齿应锋利，齿深不得超过锯宽的 1/4，带锯条厚度应与匹配的带锯轮相适应。避免小轮选用大厚度锯条，造成带锯条断裂伤人。

（2）带锯条焊接应牢固平整，接头不得超过 3 个，两接头之间的长度应为总长的 1/5 以上，接头厚度应与带锯条厚度基本一致。

（3）严格控制带锯条的横向裂纹，裂纹超长应切断重新焊接。

2. 操控机构的安全要求

（1）启动按钮应设置在能够确认带锯条位置状态、便于调整带锯条的位置。

（2）启动按钮应灵敏、可靠，不应因接触振动等原因而产生误动作。

（3）上锯轮机动升降机构应与带锯机启动操纵机构联锁，下锯轮应装有能对运转进行有效制动的装置。

（4）必须设置急停控制按钮。

3. 带锯机安全防护装置

有可能造成伤害的危险部分，如带锯轮、带锯条、带传动等部位必须设置安全防护装置。

（1）带锯轮防护。带锯轮防护罩的结构和所用材料应保证足够的强度和刚度，上锯轮内衬应有缓冲材料。上锯轮处于任何位置，防护罩均应能罩住带锯轮 3/4 以上表面，并在靠锯齿边的适当处设置锯条承受器。上锯轮处于最高位置时，其上端与防护罩内衬表面应有不小于 100 mm 的间隔。带锯轮、主运动的带锯轮应进行平衡试验。

（2）锯齿防护罩。切削边的锯齿防护罩应保证非工作锯齿不外露，可采用多种形式的防护罩。

1）固定式防护罩。将不参加工作的带锯条封闭起来。

2）活动式防护罩。罩体可以侧向打开，方便调节带锯条。

3）高度可调式防护罩。可根据锯切木料的厚度，调节防护罩的防护高度。防护罩的结构和所用材料应保证有足够的强度和刚度。

四、圆锯机安全技术

圆锯机如图 1-24 所示。

a）台式圆锯机　　b）手持圆锯机

图 1-24　圆锯机

1. 圆锯的主要伤害类型

（1）锯片的切割伤害。

（2）木材反弹抛射造成打击伤害。

2. 圆锯的主要安全防护装置

（1）锯片防护罩。圆锯上部分用局部防护罩罩住，既不影响木料通过，又能保护人体。台式圆锯机可调防护罩与分料刀如图 1-25 所示。

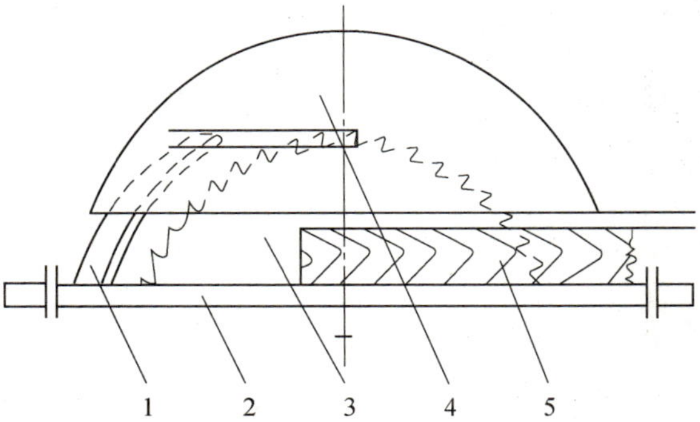

图 1-25　台式圆锯机可调防护罩与分料刀

1—分料刀　2—工作台　3—锯片　4—安全防护罩　5—工件

（2）送料辊及其他动力传动装置防护罩。自动进料圆锯机的送料辊以及动力传动装置都应加防护罩。

（3）分料刀。手动进料圆锯机必须装有分料刀。分料刀是厚度略大于圆锯片的月牙形刀具，置于圆锯片的后面，其用途是将锯开的木料进一步分开，防止圆锯被木料夹紧后将木料推向与进料相反的方向，即防止木料反弹。

（4）止逆器。顾名思义，止逆器是防止木料反向移动的装置，即用于防止木料反弹或抛射，如图 1-26 所示。自动进料圆锯机须装有止逆器、压料装置和侧向防护挡板。

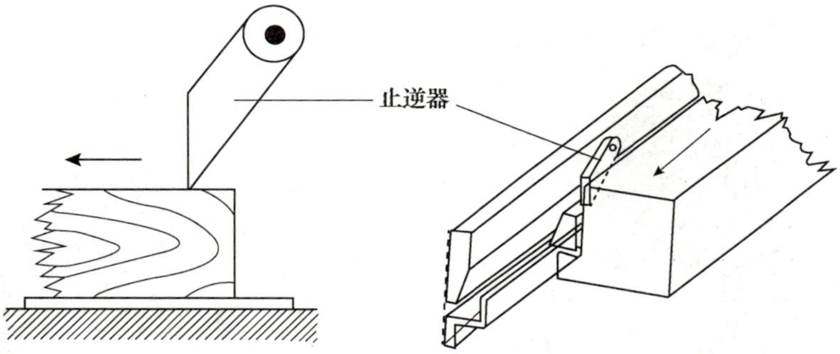

图 1-26　止逆器

3. 锯片与锯轴技术要求

（1）锯轴的额定转速不得超过圆锯片的最大允许转速。

（2）锯片夹紧法兰盘与锯片应有足够的接触面积，夹紧面必须平整。转动时，锯片与法兰盘之间不得出现相对滑动。

（3）圆锯片连续断裂 2 齿或出现裂纹时应停止使用，圆锯片有裂纹不允许修复使用。若更换锯片时必须锁定主轴，应提供主轴锁定装置。

4. 分料刀技术要求

（1）不同尺寸的锯片应采用相应规格的分料刀。

(2) 分料刀宽度（即厚度）应介于锯身宽度（厚度）与锯齿宽度（锯缝宽度）之间，如图 1-27 所示。分料刀在全长上厚度要一致。

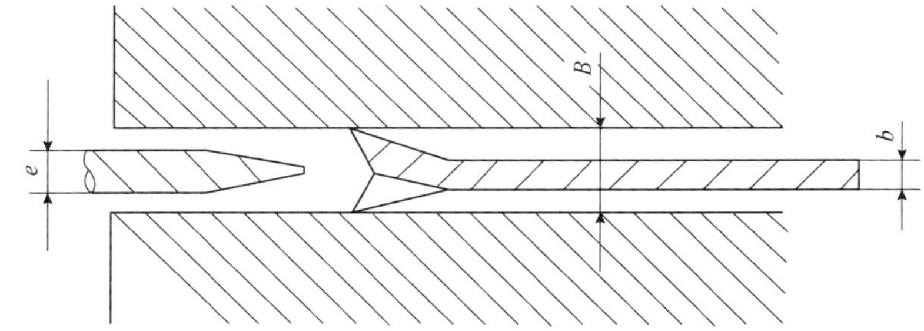

图 1-27　分料刀宽度（厚度）要求

e—分料刀宽度（厚度）　b—圆锯宽度（厚度）　B—锯齿宽度（木料锯缝宽度）

(3) 分料刀形状要求。分料刀的引导边应是楔形的，以便于导入。其圆弧半径不应小于圆锯片半径。

(4) 分料刀的安装高度。分料刀应能在锯片平面上做上下和前后方向的调整，分料刀顶部应不低于锯片圆周上的最高点。

(5) 分料刀安装间距。分料刀与锯片最靠近点与锯片的距离不超过 3 mm，其他各点与锯片的距离不得超过 8 mm，如图 1-28 所示。

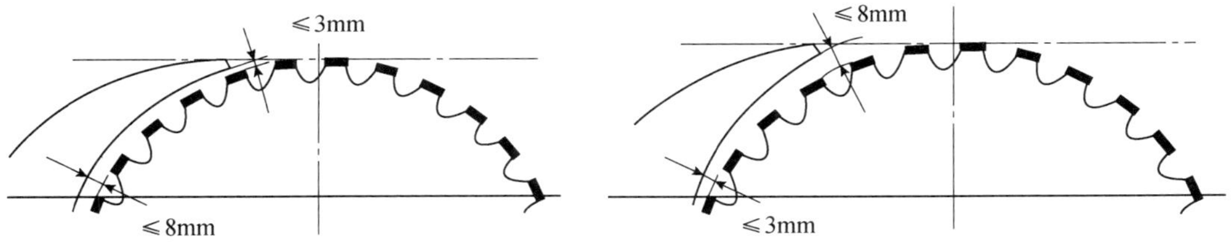

图 1-28　分离刀与圆锯间距

【练习提高】

一、单项选择题（每题 1 分，每题的备选项中，只有 1 个最符合题意）

1. 木材加工过程中，因加工工艺、加工对象、作业场所环境等因素，不仅存在切割、冲击、粉尘、火灾、爆炸等危险，还存在生物效应危险。下列木材加工人员呈现的症状中，不属于生物效应危险造成的是（　　）。

A. 皮肤症状　　B. 听力损伤　　C. 视力失调　　D. 过敏症状

2. 木工平刨床的刀轴由刀轴主轴、刨刀片、刨刀体和压刀组成，装入刀片后的总成称为刨刀轴或刀轴。下列关于刀轴安全要求的说法中，正确的是（　　）。

A. 组装后的侧刀片径向伸出量大于 1.1 mm

B. 刀轴可以是装配式圆柱形或方形结构

C. 组装后的刀轴须进行强度试验和离心试验

D. 刀体上的装刀槽应为矩形或方形结构

3. 木工机械加工过程中常发生加工件因受到应力抛射击中操作人员造成严重伤害的事故，因此对于存在工件抛射风险的机床，应设有相应的安全防护装置。下列对于防范工件抛射风险的安全措施中，不合理的是（　　）。

A. 在圆锯机上安装止逆器

B. 木工平刨床的唇板上打孔或开梳状槽

C. 在圆锯机安装楔形分离刀

D. 在圆锯机和带锯机上均安装防反弹安全屏护

4. 下列对带锯机操纵机构的安全要求中，错误的是（　　）。

A. 启动按钮应设置在能够确认锯条位置状态、便于调节锯条的位置

B. 启动按钮应灵敏、可靠，不应因接触振动等原因而产生误动作

C. 上锯轮机动升降机构与带锯机启动操纵机构不应进行联锁

D. 带锯机控制装置系统必须设置急停按钮

5. 带锯机是由高速回转的上、下锯轮带动开出锯齿的无端头的锯条直线纵向剖解木材的木工机械。锯条的切割伤害是带锯机的主要危险因素。某企业对四条锯条进行检查，结果如下表所示，根据检查结果判定，能够继续使用的锯条是（　　）。

带锯机锯条检查记录

锯条编号	检查内容与结果			
	齿深/锯条宽	两接头之间长度/总长	接头厚度/锯条厚度	接头数
Ⅰ	1/4	1/4	1/1	3
Ⅱ	1/3	1/5	1/1	2
Ⅲ	1/5	1/6	1/1	2
Ⅳ	1/5	1/4	1/1	4

A. 锯条Ⅱ　　B. 锯条Ⅲ　　C. 锯条Ⅰ　　D. 锯条Ⅳ

6. 圆锯机是常用的木材加工机械设备。下列关于圆锯机安全技术要求的说法中，错误的是（　　）。

A. 锯片与法兰盘应与锯轴的中心线垂直，防止锯片摆动

B. 圆锯片连续断裂 3 齿或出现裂纹时应停止使用，更换锯片必须锁定主轴

C. 分料刀引导边应是楔形的，圆弧半径不小于圆锯片半径

D. 分料刀顶部应不低于锯片圆周上的最高点，与锯片最近点的距离不超过 3 mm，其他各点与锯片的距离不得超过 8 mm

7. 手动进料圆盘锯作业过程中可能存在因木材反弹抛射而导致的打击伤害。对于此类打击伤害，下列安全防护装置中，手动进料圆盘锯必须装设的是（　　）。

A. 止逆器　　B. 压料装置　　C. 侧向挡板　　D. 分料刀

二、多项选择题（每题 2 分，每题的备选项中，有 2 个或 2 个以上符合题意，至少有 1 个错项。错选，本题不得分；少选，所选的每个选项得 0.5 分）

1. 木工平刨床操作危险区必须设置可以遮盖刀轴防止切手的安全防护装置，可采用护指键式、护罩或护板等形式，控制方式有机械式、光电式、电磁式、电感应式等。下列对平刨床遮盖式安全装置的安全要求中，正确的有（　　）。

A. 安全装置应涂耀眼颜色，以引起操作者的注意

B. 非工作状态下，护指键（或防护罩）必须在工作台面全宽度上盖住刀轴

C. 安全装置闭合时间不得小于规定的时间

D. 刨削时仅打开与工件等宽的相应刀轴部分，其余的刀轴部分仍被遮盖

E. 护指键的相邻键间距应小于 10 mm

2. 木工平刨床可能产生危险的地方有作业平台、刨刀轴和加工区域。下列关于木工平刨床刀轴安全技术措施的说法中，正确的有（　　）。

A. 平刨床刀轴处开口量应尽量小，使刀轴外露区域小，但开口应兼顾加工安全、排屑、降噪需要。在零切削位置时，工作台前端（唇板）与切削圆之间的径向距离应为 1~5 mm

B. 刀轴驱动装置的所有外露旋转件都必须有牢固可靠的防护罩，并在罩上标出单向转动的明显标志

C. 木工平刨床的刀轴必须使用方刀轴，严禁使用圆刀轴

D. 组装后的刀轴需经强度试验和离心试验，试验后的刀片不得有卷刃、崩刀或显著磨钝现象

E. 导向板和升降机构应能自锁或被锁紧，以防松动后位置自行变化引起危险

第五节　铸造安全技术

【本节重点】

一级知识点	二级知识点
铸造主要工艺及危险有害因素	（1）铸造工艺（混砂、砂型及砂芯制造、熔炼浇注、落砂、打磨加工） （2）铸造危险有害因素（火灾及爆炸、灼烫、机械伤害、高处坠落、尘毒危害、噪声与振动、高温与热辐射）
铸造危害防护	（1）浇注作业防灼烫（吊具检查、浇包、工具预热） （2）工艺布局（污染小、污染大的工艺布置） （3）建筑要求（铸造车间选址、车间通风） （4）除尘要求

一、铸造主要工艺及危险有害因素

1. 铸造工艺

铸造工艺流程如图 1-29 所示。

2. 铸造危险有害因素

铸造危险有害因素及主要来源见表 1-9。

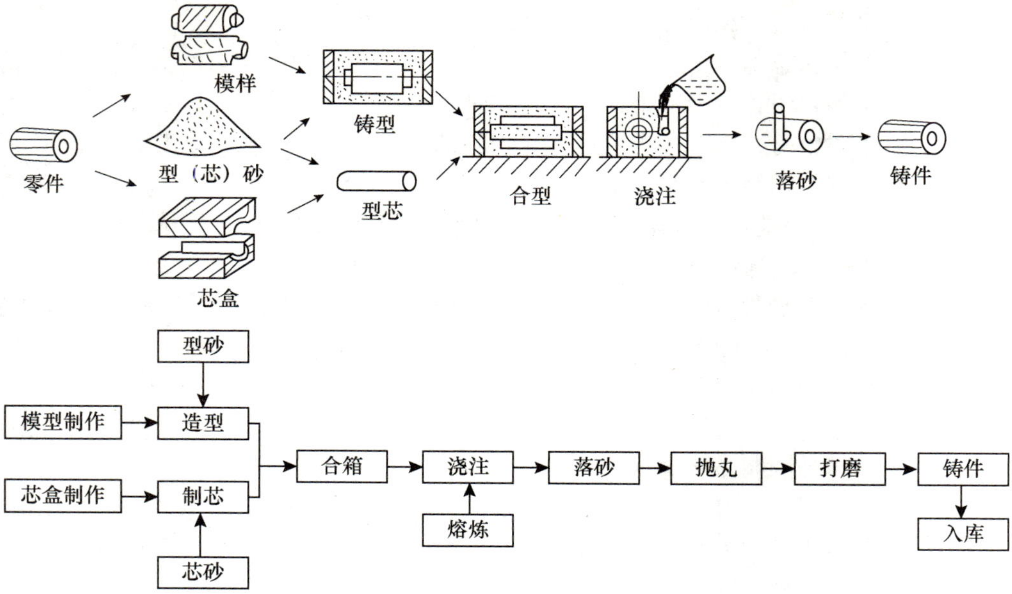

图 1-29　铸造工艺流程

表 1-9　**铸造危险有害因素及主要来源**

危险有害因素	主要来源
火灾及爆炸	熔炼加热、高温铁水、高温铸件会引燃引爆易燃易爆物
灼烫	熔炼、浇注、高温铸件落砂
机械伤害	制模型、配砂、造型、合箱、落砂、整理
高处坠落	高处作业（检修、维修）
粉尘与毒物	（1）混砂、造型、制芯、落砂以及整理打磨铸件会产生粉尘 （2）熔化金属、烘烤砂型和砂芯以及浇注过程会产生一氧化碳、二氧化碳、二氧化硫等毒物
噪声与振动	（1）振实造型机、铸件打箱时使用的振动器 （2）落砂及利用风动工具清铲毛刺 （3）利用滚筒清理铸件等
高温与热辐射	金属熔化、浇注、落砂等工艺

二、铸造危害防护

1. 浇注作业防灼烫

灼烫主要发生在浇注作业过程中。浇注作业一般包括烘包、浇注和冷却三个工序。浇注作业安全措施如下：

（1）检查浇包是否符合要求，升降机构、倾转机构、自锁机构及抬架是否完好、灵活、可靠。

（2）浇包盛铁水不得太满，不得超过容积的 80%，以免洒出伤人。

（3）浇注时，所有与金属溶液接触的工具，如扒渣棒、火钳等均应预热，防止与冷工具接触产生飞溅。

2. 工艺布局

（1）污染小的工艺布置。污染较小的造型、制芯工段在集中采暖地区应布置在非采暖季节最小频率风向的下风侧，在非集中采暖地区应位于全年最小频率风向的下风侧。

（2）污染大的工艺布置

1）砂处理、清理等工段宜用轻质材料或实体墙等设施与其他部分隔开。

2）大型铸造车间的砂处理、清理工段可布置在单独的厂房内。

3）造型、落砂、清砂、打磨、切割、焊补等工序宜固定作业工位或场地，以方便采取防尘措施。

4）在布置工艺设备和工作流程时，应为除尘系统的合理布置提供必要条件。

3. 建筑要求

（1）铸造车间厂区选址要求

1）铸造车间应安排在高温车间、动力车间的建筑群内。

2）铸造车间应建在厂区其他不释放有害物质的生产建筑的下风侧。

（2）车间通风要求

1）铸造车间除设计有局部通风装置外，还应利用天窗排风或设置屋顶通风器。

2）熔化、浇注区和落砂、清理区应设避风天窗。

3）有桥式起重设备的边跨，宜在适当高度位置设置能启闭的窗扇。

4. 除尘要求

（1）破碎与碾磨设备除尘要求

1）颚式破碎机上部直接给料，落差小于 1 m 时，可只做密闭罩而不排风。

2）不论上部有无排风，当下部落差大于或等于 1 m 时，下部均应设置排风密封罩。

3）球磨机的旋转滚筒应设在全密闭罩内。

（2）砂处理设备、筛选设备、输送设备除尘要求。以上所列设备及制芯、造型、落砂及清理、铸件表面清理等均应通风除尘。

【练习提高】

一、单项选择题（每题 1 分，每题的备选项中，只有 1 个最符合题意）

1. 冲天炉、电炉是铸造作业中的常用金属冶炼设备，在冶炼过程会产生大量危险有害气体。下列危险有害气体中，属于电炉运行过程中产生的是（　　）。

A. 氢气　　B. 一氧化碳　　C. 甲烷　　D. 二氧化硫

2. 铸造车间的厂房建筑设计应符合专业标准要求。下列关于铸造车间建筑要求的说法中，错误的是（　　）。

A. 熔化、浇铸区不得设置任何天窗

B. 铸造车间应建在厂区中不释放有害物质的生产建筑物的下风侧

C. 厂房平面布置在满足产量和工艺流程的前提下，应综合考虑建筑结构和防尘等要求

D. 铸造车间除设计有局部通风装置外，还应利用天窗排风或设置屋顶通风器

3. 下列关于铸造工艺布局的说法中，错误的是（　　）。

A. 污染较小的造型、制芯工段设在全年最小频率风向的上风侧

B. 砂处理、清理等工段宜用轻质材料或实体墙等设施与其他部分隔开

C. 大型铸造车间的砂处理、清理工段可布置在单独的厂房内

D. 造型、落砂、清砂、打磨、切割、焊补等工序宜固定作业工位或场地，以便采取防尘措施

4. 铸造作业过程存在诸多危险有害因素，发生事故的概率较大。为预防事故，通常会从工艺布置、工艺设备、工艺操作、建筑要求等方面采取相应的安全技术措施。下列铸造作业的安全技术措施中，错误的是（　　）。

A. 大型铸造车间的砂处理、清理工段布置在单独厂房内

B. 铸造车间熔化、浇注区和落砂、清理区设避风天窗

C. 浇包盛装铁水的体积不超过浇包容积的 85%

D. 浇注时，所有与金属溶液接触的工具均需预热

二、多项选择题（每题 2 分，每题的备选项中，有 2 个或 2 个以上符合题意，至少有 1 个错项。错选，本题不得分；少选，所选的每个选项得 0.5 分）

1. 下列关于浇注作业的安全措施中，正确的有（　　）。

A. 浇注前检查浇包、升降机构、自锁机构、抬架是否完好

B. 所有与铁水接触的工具使用前烘干

C. 浇包盛铁水不得超过容积的 90%

D. 操作工穿戴好防护用品

E. 现场有人统一指挥

2. 区别于 3D（三维）打印造型，金属铸造是一种传统的金属热加工造型工艺，主要包括砂处理、造型、金属熔炼、浇铸、铸件处理等工序。下列关于铸造工艺安全健康措施的说法中，正确的有（　　）。

A. 铸造工艺用球磨机的旋转滚筒应设在全密闭罩内

B. 铸造车间应布置在厂区不释放有害物质的生产建筑物的上风侧

C. 铸造用熔炼炉的烟气净化设备宜采用干式高效除尘器

D. 铸造工艺用压缩空气的气罐、气路系统应设置限位、联锁和保险装置

E. 铸造工艺用颚式破碎机的上部直接给料，落差小于 1 m 时，可只做密闭罩而不排风

第六节　锻造安全技术

【本节重点】

一级知识点	二级知识点
锻造设备与工艺类型	（1）锻造设备（机械压力机、液压机、锻锤、螺旋压力机） （2）锻造工艺（自由锻、模锻）
锻造危险有害因素	火灾爆炸、灼烫、机械伤害、职业危害
锻造安全技术	（1）启动与停车装置安全要求（操控脚踏板、操控按钮） （2）压力机构安全要求（安全阀、凝结罐、重锤、荷重位置指示器）

一、锻造设备与工艺类型

锻造是一种利用锻压机械对金属坯料施加压力，使其产生塑性变形以获得具有一定机械性能、一定形状和尺寸锻件的加工方法。

1. 锻造设备

锻造设备类型见表 1-10。

表 1-10　　锻造设备类型

设备类型	锻造压力产生与传递方式	种类
机械压力机	通过曲柄或偏向轴等产生压力	曲柄压力机、楔式压力机、偏心压力机、肘杆式压力机
液压机	通过水或油产生和传递锻造压力	水压机、油压机
锻锤	通过蒸汽、空气、重力等产生和传递锻造压力	蒸汽锤、空气锤、重力锻锤等
螺旋压力机	通过螺旋机构产生锻造压力	摩擦螺旋压力机、电动螺旋压力机、液压螺旋压力机

2. 锻造工艺

（1）自由锻。自由锻是指用简单的通用性工具，或在锻造设备的上、下砧铁之间直接对坯料施加外力，使坯料产生变形而获得所需的几何形状及内部质量的锻件的加工方法。采用自由锻方法生产的锻件称为自由锻件。自由锻是以生产批量不大的锻件为主，采用锻锤、液压机等锻造设备对坯料进行成形加工，获得合格锻件。自由锻的基本工序包括镦粗、拔长、冲孔、切割、弯曲、扭转、错移及锻接等。自由锻采取的都是热锻方式。

（2）模锻。模锻又分为开式模锻和闭式模锻。金属坯料在具有一定形状的锻模膛内受压变形而获得锻件，模锻一般用于生产质量不大、批量较大的零件。根据锻造温度，模锻可以分为热锻、温锻和冷锻。

二、锻造危险有害因素

锻造危险有害因素及主要来源见表 1-11。

表 1-11　　铸造主要危险有害因素及主要来源

危险有害因素	主要来源
火灾及爆炸	红热的坯料、锻件及飞溅的氧化皮等一旦遇到易燃易爆物品，极易引发火灾和爆炸事故
烫伤	操作者接触红热的坯料、锻件及飞溅的氧化皮会被烫伤
机械伤害	（1）锻锤锤头击伤 （2）打飞锻件伤人 （3）辅助工具打飞击伤 （4）模具、冲头打崩、损坏伤人 （5）原料、锻件等在运输过程中造成砸伤 （6）操作杆打伤、锤杆断裂击伤等
职业危害	（1）粉尘与毒物 （2）噪声与振动 （3）高温与热辐射

三、锻造安全技术措施

1. 启动与停车装置安全要求

（1）较大型的空气锤或蒸汽—空气自由锤一般是用手柄操纵的，应该设置简易的操作室或屏蔽装置。

（2）模锻锤的脚踏板应置于某种挡板之下，操作者需将脚伸入挡板内进行操纵。

（3）电动启动装置的按钮盒，其按钮上需标有“启动”“停车”等字样。停车按钮为红色，其位置应比启动按钮高 10～12 mm。

2. 压力机构安全要求

（1）高压蒸汽管道上必须装有安全阀和凝结罐，以消除水击现象，降低突然升高的压力。

（2）蓄力器通往水压机的主管上必须装有当水耗量突然增高时能自动关闭水管的装置。

（3）任何类型的蓄力器都应有安全阀。安全阀必须由技术检查员加铅封，并定期进行检查。

（4）安全阀的重锤必须封在带锁的锤盒内，如图 1-30 所示。

（5）装设在独立室内的重力式蓄力器必须装有荷重位置指示器，使操作人员能在水压机的工作地点观察荷重的位置。

（6）新安装和经过大修理的锻压设备应该根据设备图样和技术说明书进行验收和试验。

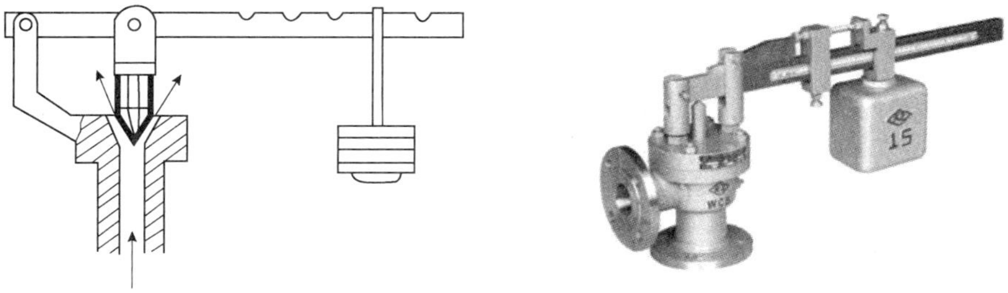

图 1-30　安全阀及其重锤

【练习提高】

一、单项选择题（每题 1 分，每题的备选项中，只有 1 个最符合题意）

1. 锻造机的结构不仅应保障设备运行中的安全，而且还应保障安装、拆除和检修等工作的安全。下列关于锻造机安全要求的说法中，错误的是（　　）。

A. 安全阀的重锤必须封在带锁的锤盒内

B. 锻压机的机架和突出部分不得有棱角和毛刺

C. 启动装置的结构应能防止锻压机械意外开动或自动开动

D. 较大型的空气锤或蒸汽—空气自由锤一般是自动操控的

2. 锻造是一种利用锻压机械对金属坯料施加压力，使其产生塑性变形，以获得具有一定机械性能、一定形状和尺寸的锻件的加工方法。下列关于锻造生产危险有害因素的说法中，错误的是（　　）。

A. 噪声、振动、热辐射带来职业危害，但无中毒危险

B. 红热的锻件遇可燃物可能导致严重的火灾

C. 红热的锻件及飞溅的氧化皮可造成人员烫伤

D. 锻锤撞击、锻件或工具被打飞、模具或冲头打崩可导致人员受伤

3. 锻造加工过程中，当红热的坯料、机械设备、工具等出现不正常情况时，易造成人身伤害。因此，在作业过程中必须对设备采取安全措施加以控制。下列关于锻造作业安全措施的说法中，错误的是（　　）。

A. 外露传动装置必须有防护罩　　B. 机械的突出部分不得有毛刺

C. 锻造过程必须采用湿法作业　　D. 各类型蓄力器必须配安全阀

二、多项选择题（每题 2 分，每题的备选项中，有 2 个或 2 个以上符合题意，至少有 1 个错项。错选，本题不得分；少选，所选的每个选项得 0.5 分）

1. 锻造是金属压力加工的方法之一，是机械制造的一个重要环节，可分为热锻、温锻和冷锻。锻造机械在加工过程中危险有害因素较多。下列危险有害因素中，属于热锻加工过程的有（　　）。

A. 火灾　　B. 机械伤害　　C. 刀具伤害　　D. 爆炸

E. 灼烫

2. 锻造机械的结构不但应保障设备运行中的安全，而且应能确保安装、拆卸和检

修等环节的人身安全。因此，在锻造机械上采取了很多安全措施，保障操作人员的安全。下列关于锻造机械安全技术措施的说法中，正确的有（　　）。

A. 启动装置的结构应能防止锻造机械意外动作

B. 大修后的锻造设备可以直接使用

C. 高压蒸汽管道上必须装有安全阀和凝结罐

D. 模锻锤的脚踏板应置于挡板之上

E. 安全阀的重锤必须封在带锁的锤盒内

3. 锻造是一种利用锻压机械对金属坯料施加压力，使其产生塑性变形，以获得具有一定机械性能、一定形状和尺寸的锻件的加工方法。锻造的主要设备有锻锤、压力机、加热炉等。下列关于锻造设备安全技术措施的说法中，正确的有（　　）。

A. 锻压机械的机架和突出部位不得有棱角

B. 蓄力器应装有安全阀，且安全阀的重锤应位于明处

C. 控制按钮应有按钮盒，启动按钮为红色按钮，停车按钮为绿色按钮

D. 启动装置的结构和安装应能防止锻造设备意外开启或自动开启

E. 外露的齿轮传动、摩擦传动、曲柄传递、皮带传动机构应有防护罩

第七节　安全人机工程

【本节重点】

一级知识点	二级知识点
人与机械安全相关特性	（1）人体与机械安全相关的特性参数（基本尺寸、动态参数、生理参数、生物力学参数） （2）人体能量代谢分类（基础代谢、安静代谢、活动代谢） （3）劳动强度分级（四级） （4）劳动强度与作业环境要求 （5）疲劳（分类、原因、消除途径） （6）单调作业（单调作业特点、改善单调作业措施） （7）人的心理特性（能力、性格、需要与动机、情绪与情感、意志）
机器的特性	信息接收、信息处理、信息的交流输出、学习与归纳能力、可靠性和适应性、环境适应性、成本
人机作业环境	（1）照明环境（光学计量单位、视觉疲劳、光环境控制） （2）色彩环境（色彩对生理、心理影响、色彩控制）
人与机器特性的比较（人机功能合理分配）	（1）人优于机器的功能 （2）机器优于人的功能

续表

一级知识点	二级知识点
人机系统分类	（1）按自动化程度分类（人工操作、半自动化系统和自动化系统） （2）按有无反馈分类（开环人机系统、闭环人机系统） （3）按人机结合方式（人机串联，人机并联，人机串、并联混合系统）
人机系统可靠度计算	（1）人机串联系统可靠度计算 （2）两人监控人机系统的可靠度计算

安全人机工程是从人、机、环三方面系统研究机械安全的一门学科。安全人机工程的研究内容主要包括机械的不安全因素与安全对策、人与机械安全相关的因素、环境与机械安全相关因素、人机互动安全（人机功能分配、人机互动界面设计）、人机系统可靠性等。

一、人与机械安全相关特性

1. 人体特性参数

（1）基本尺寸（静态参数）。人体在静止状态下测得的形态参数，也称人体基本尺度，如人体高度及各部位长度尺寸等。

（2）动态参数。人体在运动状态下，人体的动作范围参数，主要包括肢体的活动角度和肢体所能达到的距离两方面的参数，如手臂、腿脚活动时测得的参数等。

（3）生理参数。生理参数主要指有关人体各种活动和工作时的参数及其变化，反映人活动和工作时负荷的参数大小，如人体耗氧量、心跳频率、呼吸频率及人体表面积和体积等。

（4）生物力学参数。生物力学参数主要指人体各部分如手掌、前臂、上臂、躯干（包括头、颈）、大腿和小腿、脚等出力大小的参数，如握力、拉力、推力、推举力、转动惯量等。

2. 人体能量代谢

（1）人体能量代谢分类

1）基础代谢。人在空腹、静卧时的代谢，此种代谢强度最小。

2）安静代谢。人保持站立或坐姿，但不从事任何活动时的代谢。

3）活动代谢。又称工作代谢、劳动代谢，指人在工作状态时的代谢。活动代谢是决定劳动强度的最主要因素。

（2）影响能量代谢的因素。影响人体作业时能量代谢的因素很多，如作业类型、作业方法、作业姿势、作业速度等。

3. 劳动强度分级

（1）劳动强度指数。劳动强度是由劳动强度指数决定的，体力劳动强度指数的计算方法如下：

$$I=T \cdot M \cdot S \cdot W \cdot 10$$

式中 I——劳动强度指数；

T——劳动时间率，劳动时间率 = 工作日净劳动时间（min）/工作日总工时（min），%；

M——8 h 工作日能量代谢率，kJ/（min · m^2）；

S——性别系数，男性=1，女性= 1.3；

W——体力劳动方式系数，搬=1，扛=0.40，推/拉=0.05。

由此看出，决定体力劳动强度的因素有 4 个：劳动时间率、能量代谢率、性别、劳动方式。

（2）体力劳动强度分级。根据体力劳动强度指数，体力劳动强度分为 4 级，其中Ⅳ级体力劳动强度最大，见表 1-12。

表 1-12　体力劳动强度分级

体力劳动强度级别	体力劳动强度指数	劳动强度
Ⅰ	$I \leqslant 15$	轻
Ⅱ	$15 < I \leqslant 20$	中
Ⅲ	$20 < I \leqslant 25$	重
Ⅳ	$I > 25$	过重

（3）体力劳动强度分级定性描述。有关标准对常见职业体力劳动强度分级作了定性描述，见表 1-13。

表 1-13　常见职业体力劳动强度分级的描述

体力劳动强度分级	职业描述
Ⅰ	坐姿：手工作业或腿的轻度活动（正常情况下，如打字、缝纫、脚踏开关等） 立姿：操作仪器，控制、查看设备，上臂用力为主的装配工作
Ⅱ	手和臂持续动作（如锯木头等）、臂和腿的工作（如卡车、拖拉机或建筑设备等运输操作）、臂和躯干的工作（如锻造、风动工具操作、粉刷、间断搬运中等重物、除草、锄田、摘水果和蔬菜等）
Ⅲ	臂和躯干负荷工作（如搬重物、铲、锤锻、锯刨或凿硬木、割草、挖掘等）
Ⅳ	大强度的挖掘、搬运，快到极限节律的极强活动

4. 劳动强度与作业环境要求

（1）WBGT（湿球黑球温度）温度指数。WBGT 温度指数又称综合温度指数，是综合评价人体接触作业环境热负荷的一个基本参量，单位为 ℃。WBGT 温度指数测量仪器如图 1-31 所示，由 3 个温度测量传感器构成，其中黑球中的温度传感器可体现环境的热辐射对人体热负荷的影响，用湿纱布包裹的温度传感器（湿球）可体现环境湿度和气流速度对人体热负荷的影响，置于空气中的温度传感器（干球）可体现空气温度对人体热负荷的影响。WBGT 温度指数是对三个温度传感器的测量温度赋予不同权重后的代数和。

图 1-31　WBGT 温度指数测量仪器

（2）各种劳动强度的高温作业 WBGT 指数限值。高温作业是指工作地点平均 WBGT 指数≥25 ℃的作业。国家标准

《工作场所有害因素职业接触限值 第2部分：物理因素》（GBZ 2.2—2017）给出了不同劳动强度和高温作业接触时间率的 WBGT 指数限值，见表1-14。

表1-14 工作场所不同体力劳动强度 WBGT 指数限值 ℃

接触时间率/%	体力劳动强度			
	Ⅰ	Ⅱ	Ⅲ	Ⅳ
100	30	28	26	25
75	31	29	28	26
50	32	30	29	28
25	33	32	31	30

（3）冬季作业环境温度要求。《工业企业设计卫生标准》（GBZ 1—2010）指出了寒冷环境下作业时，一定的体力劳动强度对应的环境温度要求。冬季工作地点的采暖温度（干球温度）见表1-15。

表1-15 冬季工作地点的采暖温度（干球温度） ℃

体力劳动强度级别	采暖温度	体力劳动强度级别	采暖温度
Ⅰ	≥18	Ⅲ	≥14
Ⅱ	≥16	Ⅳ	≥12

5. 疲劳

疲劳是人出现不安全行为并最终导致事故的主要原因。

（1）疲劳分类

1）肌肉疲劳（或称体力疲劳）。肌肉疲劳是指过度紧张的肌肉局部出现酸痛现象，一般只涉及大脑皮层的局部区域。

2）精神疲劳（或称脑力疲劳）。精神疲劳与中枢神经活动有关，是一种弥散的、不愿意再做任何活动的懒惰感觉，同时意味着肌体迫切需要得到休息。

（2）疲劳产生的原因

1）工作条件因素

①劳动制度和生产组织不合理，如作业时间过久、强度过大、速度过快、体位欠佳等。

②机器设备和工具条件差，设计不良，如控制器、显示器不适合于人的心理及生理要求。

③工作环境很差，如照明欠佳，噪声太大，振动、高温、高湿以及空气污染等。

2）劳动者本身的因素

①劳动者工作适应性，如劳动者的熟练程度、操作技巧掌握水平。

②劳动者肌体状况，如身体素质、营养、年龄、休息。

③劳动者心理状况，如劳动情绪、劳动效果、劳动内容单调感、劳动环境安全感。

（3）消除疲劳的途径

1）设备工具改进。在进行显示器和控制器设计时，应充分考虑人的生理、心理因素。

2）降低作业的单调性。通过改变操作内容、播放音乐等手段，克服单调乏味的作业。

3）改善工作环境。科学地安排环境色彩、环境装饰及作业场所布局，保证合理的温湿度、充足的光照等。

4）科学制定劳动制度。避免超负荷的体力或脑力劳动，合理安排作息时间，注意劳逸结合，科学安排轮班作业等。

6. 单调作业

单调作业是指内容单一、节奏较快、高度重复的作业。单调作业所产生的枯燥、乏味和不愉快的心理状态，又称为单调感。

（1）单调作业的特点

1）作业简单、变化少、刺激少，引不起兴趣。

2）受制约多，缺乏自主性，容易丧失工作热情。

3）对劳动者技能、学识等要求不高，易造成劳动者情绪消极。

4）只完成工作的一小部分，劳动者体验不到整个工作的目的、意义，自我价值实现程度低。

5）作业只有少量单项动作，周期短，频率高，易引起身体局部疲劳乃至心理厌烦。

（2）改进单调作业的措施

1）培养多面手。变换工种，基础作业劳动者兼做辅助或维修作业，或兼做基层管理工作。

2）工作延伸。按进程扩展工作内容，如参与研究、开发、制造，激发热情和创造力。

3）操作再设计。根据人的生理和心理特点重组工序，如合并动作、工序，使作业多样化。

4）显示作业终极目标。设立作业的阶段目标，使劳动者意识到单项操作是最终产品的基本组成。中间目标的到达，会给人以鼓舞，增强信心。

5）动态信息报告。在工作地放置标识板，每隔相同时间向劳动者报告作业信息，让劳动者了解工作成果。

6）推行消遣工作法。在保证任务完成前提下，劳动者可自由支配时间，如实行弹性工作制等。这样会使时间浪费减少，劳动者可充分利用节约的时间去休息、学习、研究，提高工作与生活质量。

7）改善工作环境。可利用照明、颜色、音乐等条件，使工作环境尽可能宜人。

7. 人的心理特性

安全心理学的主要研究内容和范畴包括以下几个方面：

（1）能力。能力是指一个人完成一定任务的本领，或者说，能力是人们顺利完成某种任务的心理特征。能力标志着人的认识活动在反映外界事物时所达到的水平。能力主要体现在以下 3 方面：

1）接收信息的能力。主要有感觉、知觉、观察力、注意力。

2）储存和处理信息的能力。记忆力、思维想象力等。

3）执行能力。操作能力等。

（2）性格。性格主要表现形式可归纳为冷静型、活泼型、急躁型、轻浮型和迟钝型5种。

1）急躁型、轻浮型人员往往容易诱发事故。

2）迟钝型往往在事故应急处置方面表现不佳。

（3）需要与动机。强烈的安全需要与动机有利于从根本上提高安全意识，有利于提高人们遵守和执行安全操作规程和安全制度的自觉性。

（4）情绪与情感。情绪与人的不安全行为和事故的发生关系最为直接；不良情绪发展到一定程度时，使人的意识范围变得狭窄，判断力降低，极易导致不安全行为的发生。

在生产实践中常会出现以下2种不安全情绪：

1）急躁情绪。表现特征是干活利索但毛躁，求成心切但欠谨慎，工作不够仔细，有章不循，手与心不一致等。

2）烦躁情绪。特征表现为沉闷、不愉快、精神不集中，严重时自身器官及生理机能往往不能很好地协调，难以与外界条件协调一致。

（5）意志。意志是人自觉地确定目标并调节自己的行动，以克服困难、实现预定目标的心理过程，它是意识的能动作用与表现。具有顽强意志的人，往往在安全生产工作中能够顶住各方面压力和困难，严格执行安全操作规程。

二、机器的特性

1. 信息接收

机器可接收声、光、电等各种信息，既可以接收人能听到、看到的信息，也能接收人听不到、看不到、感觉不到的信息。

2. 信息处理

机器可以更快的速度处理大量程序化信息。

3. 信息的交流与输出

机器能给出各种运行状态参数和安全提示信息。

4. 学习与归纳能力

随着机器的智能化，其学习归纳能力不断提高。

5. 可靠性和适应性

机器的可靠性和适应性是指机器在适当的维修保护条件下，可连续、稳定、长期地运转，但对意外事件则无能为力。换言之，机器的特性固定不变，不易出错，但是一旦出错则不易修正。

6. 环境适应性

在环境适应性方面，机器能非常好地适应不良的环境条件，可在具有放射性、有毒气体、粉尘、噪声、黑暗、强风暴雨等恶劣的环境、甚至危险的环境下可靠地工作。

7. 成本

在成本方面，机器设备一次性投资可能较高，包括购置费、运转和保养维修费；但是在寿命期限内的运行成本较人工成本低。不足之处是，万一机器不能使用，本身将完全失去价值。

三、人机作业环境

人机作业环境包括的因素很多，如照明环境、色彩环境、声环境、气候环境、空气中的气体成分环境等。

1. 照明环境

照明环境即光环境，又称为光照环境。

（1）光学计量单位

1）光通量

①光通量是指发光、传光或受光功率，简言之就是光能功率。

②计量单位可以是瓦，而一般用作光学专用计量单位的是流明（lm）。

整个发光表面发出的光通量就是光源的发光功率，通过一个玻璃窗的光通量就是整个玻璃窗的发光功率，照射到桌面的光通量就是桌面所接受光的功率。因此，光通量是最基本的光学计量指标。

2）发光强度

①发光强度简称光强，是光源在给定方向上单位立体角内的光通量。发光强度代表了光源所发出的光能在某一个方向上的集中程度。

②单位是坎德拉（cd），1 坎德拉的含义在单位立体角内的光通量为 1 流明。

3）亮度

①亮度是指一个表面的明亮程度，即发光（或被照射）表面在指定方向的发光（或反射）光强度与垂直且指定方向的发光面（或反射面）的面积之比，也就是单位面积光源表面发射出来的光通量，或者单位面积被照射表面反射出来的光通量（单位面积上的光通量）。

②单位：1 尼特（nits）= 1 坎德拉/米^2（cd/m^2）。

4）照度

①照度即光照强度，是单位面积上接受可见光的光通量。

②单位是勒克司（lx），即流明/米^2（lm/m^2）。

③对于作业环境或作业面光照要求，一般通过照度表示。

（2）照明条件与视觉疲劳

1）适当的照明条件能提高近视力和远视力。

2）在亮光下，瞳孔缩小，视网膜上成像更为清晰，视物清楚。

3）当照明不良时，因反复努力辨认，易使视觉产生疲劳。

4）眼睛疲劳的自觉症状有眼球干涩、怕光、视物模糊、眼充血、流泪等。

5）视觉疲劳会引起视力下降、眼球发胀、头痛以及其他疾病而影响健康，并会引起工作失误甚至导致事故发生。

6）视觉疲劳可通过闪光融合频率和反应时间等方法进行测定。

（3）眩光与视觉疲劳

1）所观察的目标亮度与背景的亮度对比过大，或者所观察物体周围背景发出刺目耀眼的光线，称为眩光。

2）眩光条件下，人们会因瞳孔缩小而影响视网膜的视物，导致视物模糊。

3）眩光在眼球介质内可散射，进而减弱物体与背景间的对比，造成不舒适的视觉条件，并迅速导致视觉疲劳。

（4）光环境控制应注意的问题

1）自然采光与人工照明结合。

2）照明均应满足正常状态和紧急情况两类情况下的需要，一般应设应急照明装置。

3）在配置比较暗淡的一般照明的同时，控制台或操作部位需配置局部照明。

4）避免眩光和强烈颜色对比。

5）避免有光泽的或反射性的涂料等。

6）使用的各种视觉显示器之间的亮度差应避免大于 10∶1。

7）确保显示器使用时无闪烁。

2. 色彩环境

（1）色彩对人的影响

1）色彩对生理的影响

①色彩的生理作用主要表现在对视觉疲劳的影响。

②对引起眼睛疲劳而言，蓝、紫色最甚，红、橙色次之，黄绿、绿、绿蓝等色调不易引起视觉疲劳且认读速度快、准确度高。

③由于人眼对明度和彩度的分辨力较差，在选择色彩对比时，常以色调对比为主。

④色彩对人体其他系统的机能和生理过程也有一定的影响。例如，红色色调会使人的各种器官机能兴奋和不稳定，有促使血压升高及脉搏加快的作用；而蓝色、绿色等色调则会抑制各种器官的兴奋并使机能稳定，可起到一定的降低血压及减缓脉搏的作用。

2）色彩对心理的影响。色彩对人的心理影响主要体现在 6 个方面：冷暖感、轻重感、尺度感、距离感、软硬感、情绪感。

（2）颜色设计具体应遵循的原则

1）面对作业人员的墙壁，避免采用强烈的颜色对比。

2）避免过多地使用黑色、暗色或深色。

3）避免有光泽的或具有反射性的涂料（包括地板在内）。

4）避免过度使用反射性强的颜色，如白色。

5）控制台或工作台应为低的颜色对比。

6）避免环境中有高饱和色等，但警示标志还是要采用高饱和色。

四、人与机器特性的比较（人机功能合理分配）

1. 人优于机器的功能

（1）在感知方面，人的某些感官的感受能力比机器优越。例如，人的听觉器官对音色的分辨力以及嗅觉器官对某些化学物质的感受性等，都显著地优于机器。

（2）人能够运用多种通道接收信息。当一种信息通道发生障碍时，可运用其他的通道进行补偿；而机器只能按设计的固定结构和方法输入信息。

(3) 人具有高度的灵活性和可塑性，能随机应变，采取灵活的程序和策略处理问题。人能根据情境改变工作方法，能学习和适应环境，能应付意外事件和排除故障，有良好的优化决策能力。而机器应付偶然事件的程序则非常复杂，均需要预先设定，任何高度复杂的自动系统都离不开人的参与。

(4) 人能长期大量储存信息并能综合利用记忆的信息进行分析和判断。

(5) 人具有总结和利用经验，除旧创新，改进工作的能力。而机器无论多么复杂，只能按照人预先编排好的程序进行工作。

(6) 人能进行归纳、推理，在获得实际观察资料的基础上，归纳出一般结论，形成概念，并能创造、发明。

(7) 人的最重要特点是有感情、意识和个性，具有能动性，能继承历史、文化和精神遗产。人在社会生活中，接受社会的影响，有明显的社会性。

2. 机器优于人的功能

(1) 机器能平稳而准确地输出巨大的动力，输出值域宽广；而人受身体结构和生理特性的限制，可使用的力量小，输出功率较小。

(2) 机器的动作速度极快，信息传递、加工和反应的速度也极快。

(3) 机器运行的精度高，现代机器能做极高精度的精细工作，且产生的误差随机器精度提高而减小。而人的操作精度远不如机器，对刺激的感受阈也有限。

(4) 机器的稳定性好，做重复性工作不存在疲劳和单调等问题。人的工作易受身心因素和环境条件等的影响，因此在感受外界作用和操作的稳定性方面不如机器。

(5) 机器对特定信息的感受和反应能力一般比人高。例如，机器可以接受超声、电离辐射、微波、电磁波和磁场等信号，还可以做出人难以做到的反应，如发射电信信号、发出激光等。

(6) 机器能同时完成多种操作，且可保持较高的效率和准确度。人一般只能同时完成 1~2 项操作，而且两项操作容易相互干扰，而难以持久地进行。

(7) 机器能在恶劣的环境条件下工作，如机器在高压、低压、高温、低温、超重、缺氧、辐射、振动等条件下都可以很好地工作，而人则无法耐受恶劣的环境。

五、人机系统类型

1. 按自动化程度分类

(1) 人工操作系统、半自动化系统。在人工操作系统、半自动化系统中，人机共体，或机为主体，系统的动力源由机器提供，人在系统中主要充当生产过程的操作者与控制者，即控制器主要由人来进行操作。其系统的安全性主要取决于以下 3 方面：

1) 机器的本质安全性。

2) 人机功能分配的合理性。

3) 人为失误状况。

(2) 自动化系统。在自动化系统中，则以机为主体，机器的正常运转完全依赖于闭环系统的机器自身的控制，人只是一个监视者和管理者，监视自动化机器的工作。只有在自动控制系统出现差错时，人才进行干预，采取相应的措施。该系统的安全性主要取决于以下 3 点：

1）机器的本质安全性。

2）机器的冗余系统是否失灵。

3）人处于低负荷时的应急反应能力等情形。

2. 按有无反馈分类

（1）闭环人机系统。闭环人机系统也叫反馈控制人机系统，其特点是系统中有反馈回路，系统的输出量与系统输入量结合后重新对系统发生作用。

（2）开环人机系统。开环人机系统的特征是系统中没有反馈回路，系统输出不对系统的控制发生作用，所提供的反馈信息不能控制下一步的操作，即系统的输出对系统的控制作用没有直接影响。

3. 按人机结合方式分类

（1）人机串联系统。

（2）人机并联系统。

（3）人机串、并联混合系统。

六、人机系统可靠度计算

1. 人机串联系统可靠度计算

人在操控机器设备时，人与机器属于人机串联关系。在这种情况下，人机系统的可靠度为：

$$R_S = R_H \times R_M$$

式中　R_S——人机系统的可靠度；

R_H——人的操作可靠度；

R_M——机器设备可靠度。

在人机串联系统中，系统最终可靠度既低于人的操作可靠度，也低于机器设备可靠度。

2. 两人监控人机系统的可靠度计算

两个人监控一台设备，在设备正常时，无论其中哪一位判断失误都会导致错误的结果，所以，这种情况二人相当于串联关系，总体可靠度会下降。反之，当机器出现故障时，如果其中一个人没有及时发现，还有第二人去发现并采取措施，所以这种情况下二人相当并联关系，其总体可靠度会提高。

（1）两个人可靠度的计算

1）正常情况时两个人的总可靠度：

$$R_{Hc} = R_1 \times R_2$$

2）异常情况时两个人的总可靠度：

$$R_{Hb} = 1 - (1 - R_1)(1 - R_2)$$

（2）两个人监控人机系统的可靠度的计算

1）正常情况时人机系统的可靠度：

$$R_{SO} = R_1 \times R_2 \times R_M$$

2）异常情况时人机系统的可靠度：

$$R_{SF} = [1 - (1 - R_1)(1 - R_2)] \times R_M$$

例如，某系统由甲、乙两人监控，甲的操作可靠度为 0.90，乙的操作可靠度为 0.80，机器设备的可靠度为 0.95。当两人并联工作，并发生异常情况时，该人机系统的可靠度为：

$$R_{SF}=[1-(1-R_1)(1-R_2)]\times R_M=[1-(1-0.90)(1-0.80)]\times 0.95=0.931$$

【练习提高】

一、单项选择题（每题 1 分，每题的备选项中，只有 1 个最符合题意）

1. 造成劳动者疲劳的原因主要来自工作条件和作业者本身两方面的因素。下列情况中，属于作业者本身因素的是（　　）。

A. 生产组织不合理　　B. 技术熟练程度

C. 机器设备条件差　　D. 工作环境照明欠佳

2. 人的心理特性是安全心理学的主要研究内容。安全心理学的主要研究内容和范畴不包括（　　）。

A. 能力　　B. 需要与动机　　C. 情绪与情感　　D. 体力

3. 劳动者在劳动过程中，因工作因素产生的精神压力和身体负担不断积累可能导致精神疲劳和肌肉疲劳。下列关于疲劳的说法中，错误的是（　　）。

A. 肌肉疲劳是指过度紧张的肌肉局部出现酸疼现象

B. 肌肉疲劳和精神疲劳可能同时发生

C. 劳动效果不佳是诱发精神疲劳的因素之一

D. 精神疲劳仅与大脑皮层局部区域活动有关

4. 常见职业的体力劳动强度分级与该作业人体代谢率密切相关，根据人体的能耗量、氧耗量、心率、相对代谢率等指标，将体力劳动强度分为四级。下列关于体力劳动强度分级的说法中，正确的是（　　）。

A. 手或者臂持续动作，如锯木头，属于Ⅰ级（轻劳动）

B. 臂或躯干工作，如操作风动工具，属于Ⅲ级（重劳动）

C. 臂或躯干负荷工作，如搬重物，属于Ⅳ级（极重劳动）

D. 臂或腿的工作，如间断搬运中等重物，属于Ⅱ级（中等劳动）

5. 安全人机工程是运用人机工程学的理论和方法研究人、机、环系统，并使三者在安全的基础上达到最佳匹配。人的心理特性是决定人的安全性的一个重要因素，下列人的特性中，不属于心理特征的是（　　）。

A. 能力　　B. 动机　　C. 心率　　D. 情感

6. 基于传统安全人机工程学理论，下列关于人与机器特性比较的说法中，正确的是（　　）。

A. 在做精细调整方面，多数情况下机器会比人做得更好

B. 机器虽可连续、长期地工作，但是稳定性方面不如人

C. 在环境适应性方面，机器能更好地适应不良环境条件

D. 使用机器的一次性投资较低，但在寿命期限内的运行成本较高

7. 自动化系统的安全性主要取决于（　　）。

A. 人机功能分配的合理性、机器的本质安全及人为失误
B. 机器的本质安全、机器的冗余系统是否失灵及人处于低负荷时应急反应能力
C. 机器的本质安全、机器的冗余系统是否失灵及人为失误
D. 人机功能分配的合理性、机器的本质安全及人处于低负荷时应急反应能力

8. 色彩对人的生理作用主要表现在对视觉疲劳的影响，下列颜色中，最容易引起眼睛疲劳的是（　　）。

A. 黄色　　B. 蓝色　　C. 绿色　　D. 红色

9. 事故统计表明，不良的照明条件是发生事故的重要影响因素之一，事故发生的频率与工作环境照明条件存在着密切的关系。下列关于工作环境照明条件影响效应的说法中，正确的是（　　）。

A. 合适的照明能提高近视力，但不能提高远视力
B. 视觉疲劳可通过闪光融合频率和反应时间来测定
C. 环境照明强度越大，人观察物体越清楚
D. 遇眩光时，眼睛瞳孔放大，视网膜上的照度增加

10. 某机械系统由甲、乙两人监控，他们的操作可靠度均为 0.900 0，机械系统的可靠度为 0.980 0。当两人并联工作并同时发生异常时，该人机系统的可靠度为（　　）。

A. 0.970 2　　B. 0.960 4　　C. 0.793 8　　D. 0.882 0

二、多项选择题（每题 2 分，每题的备选项中，有 2 个或 2 个以上符合题意，至少有 1 个错项。错选，本题不得分；少选，所选的每个选项得 0.5 分）

1. 从安全人机工程学的角度而言，人体与安全相关的特征参数包括（　　）。

A. 基本尺寸，如身高、坐高、臂长
B. 动态参数，如伸臂范围、伸腿范围等
C. 生理参数，如视力、听力、代谢速度（耗氧量）
D. 心理特征指标，如智商、情商
E. 生物力学参数，如手的握力、推举力等

2. 下列人体参数中，属于生理参数的有（　　）。

A. 心跳频率　　B. 臂长　　C. 转动惯量　　D. 人体表面积
E. 人体体积

3. 劳动强度是衡量体力劳动强度的指标，按照劳动强度指数分为 4 级。计算劳动强度指数时直接涉及的指标有（　　）。

A. 能量代谢率　　B. 劳动时间率　　C. 用力的大小　　D. 性别系数
E. 体力劳动方式

4. 劳动强度是以作业过程中人体的能耗量、氧耗量、心率、排汗率等指标为根据，其从轻到重分为Ⅰ、Ⅱ、Ⅲ、Ⅳ级。根据我国对常见职业体力劳动强度的分级，下列操作中，属于Ⅱ级劳动强度的有（　　）。

A. 摘水果　　B. 驾驶卡车　　C. 操作风动工具　　D. 搬重物
E. 操作仪器

5. 单调作业是引起精神疲劳的主要原因之一，下列措施能够降低作业单调性的有

(　　)。

A. 培养多面手，变换工种，基础作业劳动者兼做辅助或维修作业，或兼做基层管理工作

B. 工作延伸，按进程扩展工作内容，如参与研究、开发、制造

C. 轮班作业，采用两班制、三班制等，定期轮换每天的工作时间

D. 显示作业终极目标。设立作业的阶段目标，使劳动者意识到单项操作是最终产品的基本组成

E. 改善工作环境，可利用照明、颜色、音乐等条件，使工作环境尽可能宜人

6. 下列关于视觉疲劳及其预防的说法中，正确的有（　　）。

A. 视觉疲劳原因是照明不良、环境中存在眩光等

B. 可通过闪光融合频率和反应时间等方法进行测定

C. 应确保显示器使用时无闪烁

D. 使用的各种视觉显示器之间的亮度差应避免大于 8∶1

E. 在配置比较暗淡的一般照明的同时，控制台或操作部位应配置局部照明

综合练习

一、单项选择题（每题 1 分，每题的备选项中，只有 1 个最符合题意）

1. 按照机械的用途可将其大致分为 10 种类型。下列关于机械类型的说法中，正确的是（　　）。

A. 铣床、拉床和锯床属于金属成型机械

B. 锻压机械和铸造机械属于金属切削机械

C. 泵、风机和压缩机属于工程机械

D. 内燃机和蒸汽机属于动力机械

2. 某些机床使用激光装置进行测试或加工时安装了安全防护装置。安全防护装置采用可移动或可拆卸的形式时，为防止作业人员接触激光辐射，对该机床与其防护装置应采用（　　）。

A. 联锁装置　　　　B. 限位装置

C. 压敏装置　　　　D. 安全标志和安全色

3. 下列关于机械危害防护措施说法中，正确的是（　　）。

A. 对机械危害进行防护时，优先考虑安全防护装置，其次考虑本质安全设计，最后考虑使用安全信息

B. 急停装置属于保护装置

C. 设备危险部位的防护罩属于保护装置

D. 设计机械时，合理分配人机功能属于本质安全措施

4. 下列关于安全色和安全标志使用方法的说法中，正确的是（　　）。

A. 设备的启动钮涂成黄色，停车按钮为红色

B. 为了让轮胎起重机的支腿更醒目，将其刷成黄白相间的颜色

C. 某作业现场从左到右依次设置了警告、禁止、指令、提示四类标志

D. 为了让人第一时间看到安全提示信息，将安全标志挂在进入车间的大门上

5. 为了防止手持电动圆锯伤害，在用于加工的下半部分加了防护装置，当加工木料时，通过被加工木料将防护罩顶开，木料加工完后防护罩自动关闭。该装置属于（　　）。

A. 联锁装置　　B. 联锁防护装置　C. 活动防护装置　　D. 限制装置

6. 下列措施不属于冲压设备本质安全措施的是（　　）。

A. 将上模座正面和侧面制成斜面、倒钝外廓和非工作部件的尖角

B. 在设计冲压设备时，采用光电式保护装置

C. 安装冲压设备时，在设备需要送料的前侧采用联锁式活动防护网，在其后侧及两侧采用固定防护网

D. 在冲模的手工送料部位开设空手槽

7. 作业过程中，导致疲劳发生的原因较多，可能为体力疲劳，也可能是精神疲劳。下列关于消减疲劳的说法中，错误的是（　　）。

A. 对于作业速度过快、体位不合理而导致的疲劳，可适当降低作业节奏，改善其体位

B. 对于劳动强度过大、环境温度过高而导致的疲劳，可适当减少劳动时间，降低环境温度

C. 对于作业速度过慢、照度过高而导致的疲劳，可适当加快作业节奏，并提高作业平面照度

D. 对于作业时间过久、环境温度过低而导致的疲劳，可适当减少作业时间，提高环境温度

8. 消除或减少相关风险是实现机械安全的主要对策和措施，一般通过本质安全技术、安全防护措施、安全信息来实现。下列实现机械安全的对策和措施中，属于安全防护措施的是（　　）。

A. 采用易熔塞、限压阀　　　　B. 设置信号和警告装置

C. 采用安全可靠的电源　　　　D. 设置双手操纵装置

9. 某企业实行根据劳动强度划分绩效工资的工资考核办法，因此，需对工人的劳动强度进行划分。根据指数划分以及作业位置不同，可以将体力劳动强度分为四级。下列关于体力劳动强度分级的说法，正确的是（　　）。

A. 手工作业或腿的轻度活动，如打字员，属于Ⅰ级（轻劳动）

B. 臂和腿的工作，如卡车司机，属于Ⅲ级（重劳动）

C. 立姿，如仪器操作人员，属于Ⅱ级（中等劳动）

D. 臂或者躯干负荷工作，如风动工具操作员，属于Ⅳ级（极重劳动）

10. 下列关于平刨床安全技术要求说法错误的是（　　）。

A. 平刨床刀轴的外切圆与工作台唇板间距应保持在（3±2）mm

B. 刀轴上安装刀片的梯形槽的上边（刀轴外圆侧）长度要大于下边（靠近刀轴轴线侧）长度

C. 刨床应安装活动式防护装置

D. 刨床爪形护指键式的相邻键间距应小于 8 mm

11. 带锯机是以一条开出锯齿的无端头的带状锯条为刀具，锯条由高速回转的上、下锯轮带动，实现直线纵向剖解木料的木工机械。为安全起见，应严格规范带锯机的操控机构。下列对带锯机的操控机构的安全要求中，错误的是（　　）。

A. 上锯轮机动升降机构与带锯机启动操作机构不应联锁

B. 启动按钮应设置在能够确认锯条位置状态、便于调整锯条的位置

C. 启动按钮应灵敏、可靠，不应因接触振动等原因而产生误动作

D. 带锯机控制装置系统必须设置急停按钮

12. 对某企业木工机械进行安全检查，在以下检查记录中，不符合规定的是（　　）。

A. 某企业现场有一台带锯机，其上锯条焊接平整，焊接接头不超过 3 个

B. 某企业现场有数台木工平刨机床，其刀轴的驱动装置所有外露旋转件有牢固可靠的防护罩，并在罩上标出了单向转动的明显标志

C. 某企业的木工平刨床上按要求装设了数个安全防护装置，并为了醒目，将安全防护装置外壳涂上了耀眼的黄色作为提示色

D. 某企业现场有一台带锯机，上锯轮内衬内设有缓冲装置

13. 根据人机特性的比较，为了充分发挥各自的优点，需要进行人机功能的合理分配。下列关于人机功能合理分配的说法中，正确的是（　　）。

A. 指令和程序的编排适合于机器来做

B. 故障处理适合于机器来做

C. 研究、决策适合于人来承担

D. 操作复杂的工作适合于人来承担

14. 某职工在啤酒厂负责给回收的啤酒瓶进行翻洗工作，工作时间从 8 时到 17 时，工作一段时间后，该职工认为作业单一、乏味，没有兴趣，经常将啤酒瓶打碎。根据安全人机工程原理，造成该职工经常将酒瓶打碎的主要原因是（　　）。

A. 肌肉疲劳　　B 体力疲劳　　C. 精神疲劳　　D. 行为疲劳

15. 色彩可以从生理和心理两方面引起人的情绪反应，进而影响人的行为。下列关于色彩对人的心理和生理影响的说法中，错误的是（　　）。

A. 黄绿色和绿蓝色易导致视觉疲劳，但认读速度快

B. 色彩的生理作用主要体现在对人视觉疲劳的影响

C. 蓝色和紫色最容易引起人眼睛的疲劳

D. 蓝色和绿色有一定降低血压和减缓脉搏的作用

二、多项选择题（每题 2 分，每题的备选项中，有 2 个或 2 个以上符合题意，至少有 1 个错项。错选，本题不得分；少选，所选的每个选项得 0.5 分）

1. 人机组合系统主要分为两类，一类是机械化、半机械化控制的人机系统，另一类是全自动化控制的人机系统。在半自动化控制的人机系统中，系统的安全性主要取决于（　　）。

A. 人机功能分配的合理性　　B. 机器的本质安全性

C. 机器的冗余系统失灵　　D. 人处于低负荷状态的应急反应

E. 人为失误状况

2. 人机功能分配指根据人和机器各自的长处和局限性，把人机系统中的任务分解，合理分配给人和机器去承担，使人与机器能够取长补短，相互匹配和协调，使系统安全、经济、高效地完成人和机器往往不能单独完成的工作任务。根据人机特性和人机功能分配的原则，下列人机系统的工作中，适合人来承担的有（　　）。

A. 系统运行的监督控制　　B. 机器设备的维修与保养

C. 长期连续不停的工作　　D. 操作复杂的重复工作

E. 意外事件的应急处理

3. 本质安全设计是防止机械事故的首选措施，下列措施中，属于本质安全措施的有（　　）。

A. 采用安全特低电压作为动力电源

B. 同时采用屏幕显示和声音提示给出机械状态信息

C. 在冲压设备周边增设防护栏

D. 定期对设备进行维护保养

E. 设备零部件均用不燃或阻燃材料

4. 安全防护装置分为防护装置和保护装置两类，下列属于保护装置的有（　　）。

A. 机械的急停装置

B. 起重机的起重量限制器

C. 尽量减少带锯裸露部分的可调防护罩

D. 冲压设备的双手按键启动装置

E. 安装在导轨尽头，防止起重机失控出轨的触碰式自动停车开关

5. 下列关于安全信息使用的说法中，正确的有（　　）。

A. 根据风险的大小可依次采用安全色、安全标志、警报信号、警告信号

B. 紧急听觉信号标示险情即将发生，需采取适当措施消除或控制危险

C. 警告视觉信号指明危险情形即将发生，要求采取适当措施消除或控制险情

D. 在使用上，图形符号和安全标志应优先于文字信息

E. 文字信息应采用使用机器的国家语言，而不是生产国家的语言

6. 下列属于金属切削机床的机械性危险的有（　　）。

A. 旋转运动部件产生的卷绕和缠绕

B. 直线运动部件产生的挤压、剪切和冲击

C. 相互配合的运动副或接触面产生的引入、卷入、碾压危险

D. 噪声与振动引起的听力危害与手臂振动病危害

E. 高处物体坠落造成的打击危险

7. 下列关于冲压设备双手操作保护装置的说法中，正确的有（　　）。

A. 必须双手将两个操作按钮都按下时才开始动作，但只要有一只手离开操作按钮，设备就会停机

B. 一只手离开操作器（另一只手不离开）导致设备停机后，离开的手重新按动操作器后，设备将恢复运行

C. 双手操作器距离冲压区危险线的最短距离必须符合安全要求

D. 两操作按钮的中心距离不小于 260 mm

E. 操作器的按钮要高于工作台面

8. 下列关于砂轮安全技术的说法中，正确的有（　　）。

A. 砂轮防护罩开口处边缘与砂轮卡盘外侧面的间距一般应不小于 15 mm

B. 任何情况下，砂轮卡盘直径不得小于砂轮直径的 1/3

C. 安装砂轮罩时，要保证砂轮轴所在水平面以上开口角度不超过 65°

D. 砂轮安装好后，要保证砂轮轴端与螺母的间距不小于 1 cm

E. 托架台面与砂轮轴中心线等高

9. 下列关于平刨床安全技术的说法中，正确的有（　　）。

A. 平刨床应当安装止逆器防止木料反弹

B. 工作台及木料导板的调整机构应有锁紧装置

C. 刀轴上刀片的径向伸出量控制在（3±2）mm

D. 平刨床停止工作时，护指键应全部收缩至工作台面以下，工作时伸出部分护指键，伸出部分的宽度与被加工木料等宽

E. 为了降低噪声，在工作台的唇板部分开孔或梳状槽

参考答案

第一节

一、单项选择题

1. D　2. D　3. C　4. C　5. B　6. D　7. C　8. B　9. D　10. B　11. B　12. D　13. A　14. D　15. C　16. D　17. D　18. B

二、多项选择题

1. ABD　2. ACDE　3. ABCD　4. ACE

第二节

一、单项选择题

1. D　2. C　3. C　4. C　5. A　6. A

二、多项选择题

1. ABCD　2. ABCD　3. BCD　4. ABDE　5. BCD　6. ADE

第三节

一、单项选择题

1. B　2. C　3. C　4. D　5. B　6. C　7. A

二、多项选择题

1. BE　2. ABDE

第四节

一、单项选择题

1. B　2. C　3. B　4. C　5. C　6. B　7. D

二、多项选择题

1. BCD　2. ABDE

第五节

一、单项选择题

1. B　2. A　3. A　4. C

二、多项选择题

1. ADE　2. ACDE

第六节

一、单项选择题

1. D　2. A　3. C

二、多项选择题

1. ABDE　2. ACE　3. ADE

第七节

一、单项选择题

1. B　2. D　3. D　4. D　5. C　6. C　7. B　8. B　9. B　10. A

二、多项选择题

1. ABCE　2. ADE　3. ABDE　4. ABC　5. ABDE　6. ABCE

综合练习

一、单项选择题

1. D　2. A　3. D　4. C　5. C　6. C　7. C　8. D　9. A　10. B　11. A　12. C　13. C　14. C　15. A

二、多项选择题

1. ABE　2. ABE　3. ABE　4. BDE　5. CDE　6. ABCE　7. AC　8. CE　9. ABE

第二章　电气安全技术

第一节　电气事故及危害

【本节重点】

一级知识点	二级知识点
电气事故类型	触电事故、电气火灾爆炸事故、雷击事故、静电事故、电磁辐射事故、电路事故
触电事故分类	（1）按照导致触电的带电体性质或触电设备的状态进行分类（直接接触电击、间接接触电击） （2）按照人体触及导体种类或电流流过人体的途径分类（单线电击、两线电击、跨步电压电击） （3）按照产生危害的机理或伤害机理或后果分类（电击、电伤）
电流对人体的作用	（1）电流对人体作用的生理反应（组织变异、直接作用、通过中枢神经作用、室颤） （2）影响电流对人体作用的因素（电流大小、时间、途径、种类、频率、个体差异） （3）人体电流效应的典型阈值（感知电流、摆脱电流、室颤电流） （4）电流流经人体途径的影响（左手触电比右手危险） （5）电流种类与频率的影响（直流比交流安全、工频最危险） （6）个体差征的影响（女性是男性摆脱电流的2/3、心脏及中枢神经疾病触电危害更大）
电压对触电危险的影响	（1）安全电压（交流≤50 V、直流≤120 V） （2）根据触电危险性对电压的分级（高压、低压、特低电压）
人体阻抗	（1）人体阻抗构成（两处皮肤+体内阻抗） （2）影响人体阻抗的因素（接触电压、面积、压力、湿度、电流频率、时间、个体差异） （3）人体阻抗范围（2 000~3 000 Ω） （4）评估触电危险人体阻抗取值（1 000 Ω）
触电事故分析	操作、人员、设备、部位、环境、时间

一、电气事故类型

按照电能的形态，电气事故分为触电事故、电气火灾爆炸事故、雷击事故、静电事故、电磁辐射事故和电路事故等。

1. 触电事故

触电事故是由电流形态的能量造成的事故，分为电击和电伤。

（1）电击是电流直接通过人体造成的伤害。

（2）电伤是电流转换成热能、机械能等其他形态的能量作用于人体造成的伤害。

2. 电气火灾爆炸事故

电气火灾爆炸事故主要是电气能量产生的高温造成的。电气能量产生的高温主要包含以下两类：

（1）电气装置本身产生的高温。

（2）电弧或电火花（小型电弧）。

3. 雷击事故

雷击是云中储存的静电能量强烈释放时造成的事故。雷击既可以引起火灾爆炸，也可引起触电伤亡事故。

4. 静电事故

静电主要来自生产工艺过程、停电的电气设备装置以及人体。静电的主要危害是引起气体、粉尘火灾爆炸，此外还可以破坏电子产品，造成二次事故等。

5. 电磁辐射事故

电磁辐射事故是由电磁波形态的能量造成的事故。辐射电磁波指频率在 100 kHz 以上的电磁波。除无线电设备外，高频金属加热设备（如高频淬火设备、高频焊接设备）、高频介质加热设备（如高频热合机、绝缘物料干燥设备）也都是有辐射危险的设备。

6. 电路事故

电路事故是由电能传递、分配、转换失去控制或电气元件损坏等电路故障发展所造成的事故。断线、短路、接地、漏电、突然停电、误合闸送电、电气设备损坏等都属于电路故障。电路故障得不到控制即可发展成为事故。

二、触电事故分类

根据不同的分类依据，触电事故有 3 种分类方法。

1. 按照导致触电的带电体性质或触电设备的状态进行分类

（1）直接接触电击（触电）。设备和线路在正常状态下，人触及正常带电体（如火线或零线）造成的触电，如图 2-1a 所示。

（2）间接接触电击（触电）。设备或线路故障状态下，不带电导体变为带电体，即触及非正常带电体造成的触电，如图 2-1b 所示。

区分这两类触电的关键是设备或线路是不是存在故障，或者说是不是由正常带电体导致的触电事故。例如，经过工具触及设备的正常带电部分，经过脚手架触及架空线路均属于直接接触电击，而不是间接接触电击。

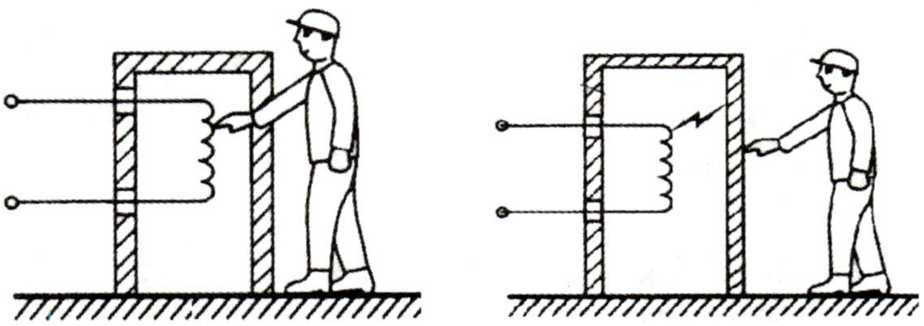

a）直接接触电击　　　　b）间接接触电击

图 2-1　直接接触电击和间接接触电击

2. 按照人体触及导体种类或电流流过人体的途径分类

据此电击可分为单线电击、两线电击和跨步电压电击，见表 2-1。

表 2-1　　触电事故按照人体触及导体种类或电流流过人体的途径分类

类别	具体种类	触电涉及导体	人体电压形成方式	危险性
单线电击	单相触电	火线+大地	火线与大地之间电压	接近 220 V，危险性高
	接触电压触电	故障设备外壳+大地	故障设备外壳与大地之间的电压	危险中等
	零线触电	零线+大地	零线与大地间电压	危险性小
两线电击	双相触电	火线 1+火线 2	两根火线之间的电压	380 V，危险性最高
	相电压触电	火线+零线	火线与零线间电压	220 V，危险性高
跨步电压电击		带电的大地	两脚地面间的电位差	跨步间距越大、离接地极越近越危险

（1）单线电击（触电）。单线电击是人体站在导电性地面或接地导体上，人体某一部位触及带电导体时，由带电体的对地电压造成触电。据此定义，单线触电具有 3 种具体触电方式，如图 2-2a、b、c 所示。

单线电击是发生最多的触电事故。其危险程度与带电体电压、人体电阻、鞋袜条件、地面状态等因素有关。

（2）两线电击（触电）。两线电击是指不处于接地状态的人体某两个部位同时触及不同电位的两个导体时线路内部电压造成的电击。其危险程度主要决定于接触电压和人体电阻。两线电击又可分为以下 2 种具体触电方式，如图 2-2d、e 所示。

（3）跨步电压电击（触电）。跨步电压电击是人体进入地面带电的区域时，两脚之间承受的跨步电压造成的电击，如图 2-2f 所示。故障接地点附近（特别是高压故障接地点附近）、有大电流流过的接地装置附近、防雷接地装置附近以及可能落雷的高大树木或高大设施所在的地面均可能发生跨步电压电击。

3. 按照产生危害的机理或危害后果分类

（1）电击

1）电击是电流直接作用于人体产生的危害，具体而言就是触电电流直接干扰人体神经生物电流，导致呼吸、心跳停止而死亡。

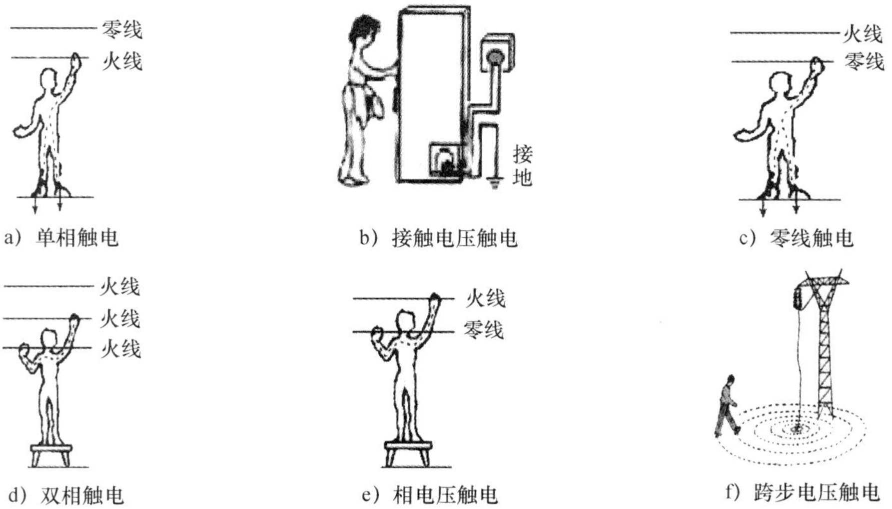

图 2-2　触电事故按照人体触及导体种类或电流流过人体的途径分类

2）电击的特征是导致人体死亡的电流很小（几十毫安），人体没有明显的大面积外伤。

（2）电伤

1）电伤是电流转换为热能、光能、机械能等对人造成的伤害。例如，电烧伤是电能转换成热能对人造成的伤害，电光眼是电能转换成光能对人产生的伤害。

2）电伤的特点是需要的电流较大，一般要在数百毫安以上，此外有明显的外伤。

按照电流转换成作用于人体的能量形式不同，电伤可分为电弧烧伤、电流灼伤、皮肤金属化、电烙印、电气机械性伤害、电光眼等伤害，见表 2-2。

表 2-2　　电伤种类

电伤种类	伤害能量形式	伤害机理与特征
电弧烧伤	电流在空气中产生的热量	由表及里对皮肤或肌肉组织造成烧伤或炭化
电流灼伤	电流在体内产生的热量	在皮肤表面或肌肉内部直接产生烧伤或炭化
皮肤金属化	电流在空气中产生的热量	电弧使金属熔化、气化，金属微粒渗入皮肤造成的伤害
电烙印	电流在体内产生的热量	是一种较轻的电流灼伤，电流通过人体后在人体与带电体接触的部位留下的永久性斑痕
电气机械性伤害	机械能量	电流作用于人体时，由于中枢神经强烈反射和肌肉强烈收缩等作用造成的机体组织断裂、骨折等伤害
电光眼	电弧产生的强光	红外线、可见光、紫外线对眼睛的伤害

三、电流对人体的作用

1. 电流对人体作用的生理反应

电流是导致各种生理效应和致命的根本原因。小电流对人体的作用主要表现为生物学效应，给人以不同程度的刺激，使人体组织发生变异。

电流对机体除直接起作用外，还可能通过中枢神经系统起作用。

电流通过人体，会引起麻感、针刺感、打击感、痉挛、疼痛、呼吸困难、血压异常、昏迷、心律不齐、窒息、心室纤维性颤动等症状。

数十至数百毫安的小电流通过人体，短时间使人致命的最危险的原因是引起心室纤维性颤动。呼吸麻痹和中止、电休克虽然也可能导致死亡，但其危险性比心室纤维性颤动的危险性小得多。

发生心室纤维性颤动时，心脏每分钟颤动 1 000 次以上，但幅值很小，而且没有规则，血液实际上中止循环，如抢救不及时，数秒至数分钟将由诊断性死亡转为生物性死亡。心室纤维性颤动如图 2-3 所示。

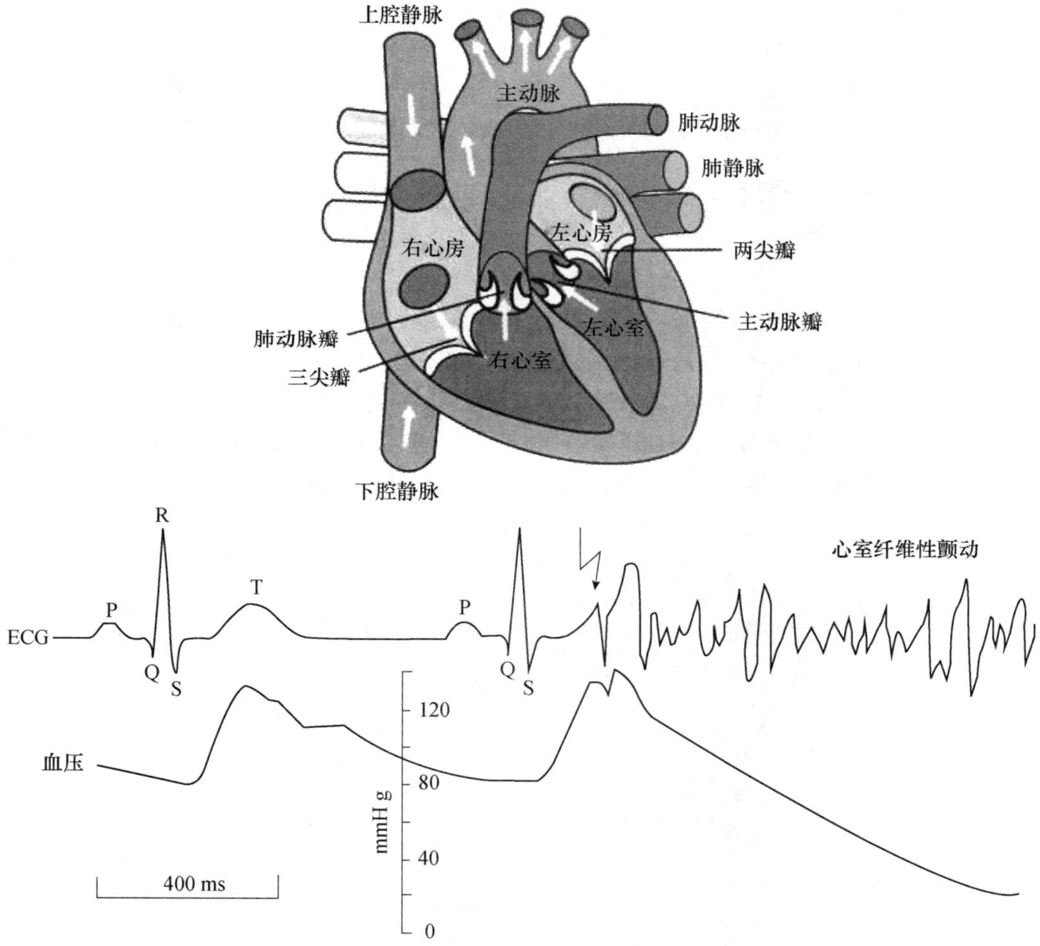

图 2-3　心室纤维性颤动

2. 影响电流对人体作用的因素

（1）电流大小。

（2）电流持续时间。

（3）电流经过人体的途径。

（4）电流的种类与频率。

（5）个体状态差异。

3. 人体电流效应的典型阈值

按照人体所呈现的不同状态，将通过人体的电流划分为以下 3 个阈值：

（1）感知电流。感知电流指在一定概率下，通过人体的使人有感觉的最小电流。人对电流最初的感觉是轻微麻感和微弱针刺感。

1）感知概率为 50% 的平均感知电流，成年男子约为 1. 1 mA，成年女子约为 0. 7 mA。

2）最小感知电流约为 0. 5 mA，且与时间无关。

3）感知电流一般不会对人体构成生理伤害，但当电流增大时，感觉增强，反应加剧，可能导致摔倒、坠落等二次事故。

（2）摆脱电流。在一定概率下，人触电后能自行摆脱带电体的最大电流称为该概率下的摆脱电流。摆脱电流与个体生理特征、电极形状、电极尺寸等因素有关。

1）摆脱概率为 50%的摆脱电流，成年男子约为 16 mA，成年女子约为 10. 5 mA。

2）摆脱概率为 99. 5%的摆脱电流，成年男子约为 9 mA，成年女子约为 6 mA。

（3）室颤电流。通过人体引起心脏发生心室纤维性颤动的最小电流为室颤电流。室颤电流与电流持续时间有关，如图 2-4 所示。

1）在触电时间小于 1 个心跳周期时，室颤电流为 500 mA。

2）当电流持续时间超过 1 个心跳周期时，室颤电流为 50 mA。

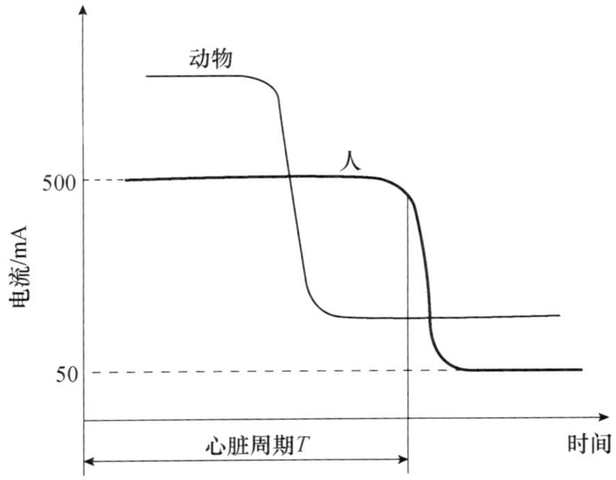

图 2-4　触电时间对室颤电流的影响

4. 电流流经人体途径的影响

心脏是最薄弱的环节。流过心脏的电流越多，且电流路线越短的途径是电击危险性越大的途径。

（1）一般而言，左手或右手至胸部途径是最危险的电流途径。

（2）在同样触电情况下，左手触电比右手触电危险。

5. 电流种类与频率的影响

不同种类、不同频率的电流对人的危险程度不同，但各种电流都有致命的危险。

（1）不同频率交流电的危险性

1）对各类频率的交流电，人体对 50 Hz 左右的交流电感知电流、摆脱电流和室颤电流比其他频率电流小。

2）50 Hz 的工频电流在同样触电条件下最危险。

（2）直流电与交流电危险性比较

1）直流电比交流电安全。

2）直流电流感知阈值约为 2 mA。

3）300 mA 以下的直流电流，没有确定的摆脱阈值；300 mA 以上的直流电流，将导致不能摆脱或数秒至数分钟以后才能摆脱带电体，并能使人昏迷。

4）电流持续时间超过心脏跳动周期时，直流室颤电流为交流的数倍。

5）电流持续时间在 200 ms 以下时，直流室颤电流与交流大致相同。

（3）冲击电流的作用

1）冲击电流系指作用时间为 0.1~10 ms 的电流。

2）冲击电流有感知阈值、疼痛界限和室颤阈值，没有摆脱阈值。

3）疼痛界限和室颤阈值常用比能量 I^2t 表示。冲击电流室颤阈值为 0.01~0.02 $A^2 \cdot s$。

6. 个体特征的影响

（1）身体健康、肌肉发达者摆脱电流能力较大。

（2）患有心脏病、中枢神经系统疾病、肺病的人受电击后的危险性较大。

（3）精神状态和心理因素对电击后果也有影响。

（4）女性的感知电流和摆脱电流约为男性的 2/3。

（5）儿童遭受电击后的危险性较大。

四、电压对触电危险的影响

决定触电危险的最根本因素是电流而不是电压，然而，在同样情况下，触电接触电压越高，触电电流也就越大，也就越危险。

1. 安全电压

安全电压是相对安全的电压，指交流电压≤50 V 或直流电压≤120 V 的电压。安全电压并不是绝对安全的，包括 36 V 的交流电也有致命可能。为了避免由于误解导致的触电危险，“安全电压”已不建议使用，取而代之的是“特低电压”。

2. 根据触电危险性对电压的分级

根据触电危险性对电压的分级如图 2-5 所示。

五、人体阻抗

1. 人体阻抗构成

人体阻抗由电流流进和流出两处皮肤的阻抗和体内阻抗构成。皮肤阻抗由皮肤的容抗与电阻构成；体内阻抗主要为电阻，容抗很小。

- 电压
  - 高压
    - 交流电压＞1000V
    - 直流电压＞1500V
  - 低压
    - 一般低压（LV）
      - 交流电压≤1000V
      - 直流电压≤1500V
    - 特低电压（ELV）
      - 交流特低电压≤50V
      - 直流特低电压≤120V

图 2-5　根据触电危险性对电压的分级

2. 影响人体阻抗的因素

（1）接触电压

1）接触电压是人体阻抗最主要的影响因素。随着接触电压升高，阻抗迅速下降。

2）皮肤角质层可被数十伏特电压击穿。

（2）接触面积和接触压力和温度。接触面积、接触压力增大以及温度升高，人体阻抗降低。

（3）皮肤状态。皮肤湿度增大、皮肤受金属粉尘等污染、表皮受损，人体阻抗降低。

（4）电流频率。电流频率越高，皮肤的容抗越小，人体总阻抗越小。

（5）接触时间。电流持续时间延长，人体电阻由于出汗等原因而下降。

（6）个体差异。人体阻抗还与人的体重、身高、年龄等个体特征有关。

3. 人体阻抗范围

在电流途径从左手到右手、大接触面积（50~100 cm^2）、干燥条件下、接触电压为100~220 V 时，人群中约有 5%的人的阻抗为 2 000~3 000 Ω。

六、触电事故分析

根据对触电事故的分析，从发生率上看，可找到触电事故有以下规律：

（1）操作。错误操作和违章作业造成的触电事故多。

（2）人员

1）中、青年工人及非专业电工、合同工和临时工触电事故多。

2）农村人员触电事故多。

（3）设备

1）低压设备触电事故多。

2）在专业电工中，高压触电事故多于低压触电事故。

3）移动式设备和临时性设备触电事故多。

（4）部位。电气连接部位触电事故多。

（5）环境。潮湿、高温、混乱、多移动式设备、多金属设备环境中的事故多。

（6）时间

1）每年第二季度、第三季度事故多。

2）每年 6—9 月事故最为集中。

应当注意，很多触电事故都不是由单一原因，而是由多重原因造成的。

【练习提高】

一、单项选择题（每题 1 分，每题的备选项中，只有 1 个最符合题意）

1. 施工现场几名工人手推金属脚手架意外碰到 6 000 V 架空线路，造成触电事故。该事故属于（　　）。

A. 低压直接接触触电　　B. 低压间接接触触电

C. 高压直接接触触电　　D. 高压间接接触触电

2. 一天傍晚，大风刮断了 10 kV 架空线其中的一根导线。断线正好落在一垛麦秸附近，这时正好有两名村民从附近经过，看到断线闪着火花，村民怕把麦秸垛引燃，就急忙向麦秸垛跑去，两人跑到断落导线附近时双双倒地，经抢救无效死亡。这起事故经调查认定为触电事故。下列关于该事故原因的说法中，正确的是（　　）。

A. 10 kV 高压线断线落地造成，属于高压电击造成触电

B. 两名村民直接跑过去造成，属于直接接触电击造成的触电

C. 两名村民跑过去形成了跨步电压，属于跨步电压电击造成的触电

D. 两名村民跑过去没有触碰到 10 kV 断线摔倒，属于间接接触电击造成的触电

3. 下列关于电流对人体伤害的说法中，正确的是（　　）。

A. 小电流给人以不同程度的刺激，但人体组织不会发生变异

B. 数百毫安的电流通过人体时，使人致命的原因是引起呼吸麻痹

C. 发生心室纤维性颤动时，心脏每分钟颤动上万次

D. 电流除对机体直接作用外，还可能对中枢神经系统起作用

4. 电流是导致触电危险的根本因素。下列关于人体电流效应的说法中，正确的是（　　）。

A. 人可以感觉到 0.5 mA 以下的交流电

B. 绝大多数（99.5%以上）人能摆脱的电流可达 10 mA

C. 50 mA 是绝大多少人会发生室颤的电流

D. 在触电时间短于一个心跳周期时，500 mA 电流才会发生室颤

5. 人体发生带电事故，通常分为电击和电伤两种。下列关于电击和电伤的说法中，错误的是（　　）。

A. 电击是电流直接通过人体对人体的器官造成伤害，严重时可能致人死亡

B. 电伤是因电能转换成的热能引起的伤害，通常伤害程度较电击更轻，不能导致死亡

C. 绝大多数触电事故造成的伤害中，既有电击，又有电伤

D. 电击事故中，对人体造成伤害的最主要因素是电流

6. 摆脱电流是确定电流通过人体的一个重要界限。频率为 50~60 Hz 的电流称为工频电流，工频电流也称为对人体最危险的电流。对于工频电流，人体能够摆脱的电流大约为（　　）mA。

A. 0.5~1　　B. 5~10　　C. 50　　D. 100

7. 对于工频电流，人的感知电流为 0.5~1 mA，摆脱电流为 5~10 mA，室颤电流

约为 50 mA。某事故现场电动机接地装置的接地电阻为 3Ω。该电动机漏电，流过其接地装置的电流为 5 A。地面十分潮湿。如果电阻 1 000 Ω 的人站在地面接触该电动机，最有可能发生的情况是（　　）。

A. 使该人有电击感觉　　B. 使该人不能脱离带电体

C. 使该人发生心室纤维性颤动　　D. 使该人受到严重烧伤

8. 根据人体阻抗统计结果，人体阻抗为 2 000～3 000 Ω。下列对这一说法的理解中，错误的是（　　）。

A. 这一说法是针对干燥条件下大面积接触而言的

B. 这一说法基于接触电压为 100～220 V

C. 这一说法适合大多数人

D. 这一说法适合少数人

二、多项选择题（每题 2 分，每题的备选项中，有 2 个或 2 个以上符合题意，至少有 1 个错项。错选，本题不得分；少选，所选的每个选项得 0.5 分）

1. 按照电流转换成作用于人体的能量形式不同，电伤分为电弧烧伤、电流灼伤、皮肤金属化、电烙印、电气机械性伤害、电光眼等类别。下列关于电伤情景及电伤类别的说法中，正确的有（　　）。

A. 钱某在维修时发生相间短路，短路电流达到 2 000 A，导线熔化烫伤手臂，属电流灼伤

B. 赵某在维修时发生相间短路，产生的弧光烧伤了手臂，属电弧烧伤

C. 孙某在维修时发生相间短路，产生的弧光造成皮肤内有许多钢颗粒，属皮肤金属化

D. 李某在维修时发生手部触电，手接触的部位被烫出印记，属电烙印

E. 张某在维修时发生手部触电，手臂被弹开碰伤，属电气机械性伤害

2. 电流的热效应、化学效应、机械效应对人体的伤害有电烧伤、电烙印、皮肤金属化等。下列关于电流伤害的说法中，正确的有（　　）。

A. 不到 10 A 的电流也可能造成灼伤

B. 电弧烧伤也可能发生在低压系统

C. 短路时，开启式熔断器熔断，炽热的金属微粒飞溅出来不至于造成灼伤

D. 强烈的短路弧光可引起电光性眼炎

E. 电流作用于人体使肌肉非自主地剧烈收缩可能产生伤害

3. 人体阻抗与人体电流直接相关，是影响触电危险的直接因素之一。下列关于人体阻抗的说法中，正确的有（　　）。

A. 人体阻抗由接触带电体的一处皮肤阻抗和体内阻抗构成

B. 人体阻抗受接触电压影响很大，当接触电压超过 220 V 时，皮肤被击穿，人体阻抗主要是体内阻抗

C. 通常触电接触面积、接触压力越大，人体阻抗越大

D. 电流频率越大，人体阻抗越小

E. 接触时间越长，人体阻抗会下降

第二节　触电防护基础知识

【本节重点】

一级知识点	二级知识点
常用保护装置	（1）过流保护装置，包括过流保护断路器、熔断器（功能、工作原理、动作参数、灭弧装置） （2）漏电保护装置，也称剩余电流动作保护装置（功能、工作原理、可保护的触电类型） （3）隔离保护装置（功能、构造、操作禁止）
供电系统分类	（1）IT 系统 （2）TT 系统 （3）TN 系统（TN-S、TN-C、TN-C-S）
触电防护措施分类	（1）直接接触防护措施（基本防护措施） （2）间接接触防护措施（故障防护措施） （3）兼有直接和间接接触的防护措施

一、常用保护装置

常用的保护装置有过流保护、漏电保护和停电检修时用的隔离保护装置三类，如图 2-6 所示。

- 保护装置
  - 过流保护（过载、短路）
    - 过流保护断路器（空气开关）
    - 熔断器
  - 漏电保护：剩余电流动作保护装置（漏电保护断路器）
  - 隔离保护：隔离开关、刀闸

图 2-6　常用保护装置类别

1. 过流保护断路器

小型过流保护断路器如图 2-7 所示。

（1）过流保护断路器的功能

1）在电流过载或短路情况下自动切断电源。

2）在正常情况下用于人为接通或断开电流（负荷）。

（2）工作原理。由短路电流直接产生的电磁力触发脱扣装置，由复位弹簧自动断开电源。

（3）动作电流。短路保护的动作电流大，一般在 100 A 以上。如图 2-7 所示，断路器的额定工作电流为 32 A，其短路保护动作电流为额定工作电流的 5~10 倍，即达到

160~320 A 时才会跳闸。

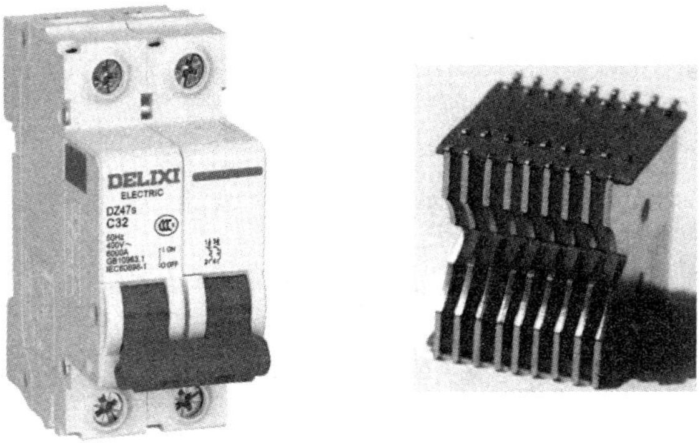

图 2-7 过流保护断路器及其内部灭弧格栅

（4）灭弧装置。断路器用于切断或接通负荷电流，而这一过程势必会产生电弧，因此断路器内部必须有“灭弧”装置或措施。低压断路器可用金属格栅分隔冷却灭弧，高压断路器采用矿物油、抽真空或不易产生电弧的气体（如六氟化硫）灭弧。

2. 熔断器

熔断器是一种在过流情况下，通过熔断自身来保护线路或电气设备的装置，如图 2-8 所示。熔断器的特点如下：

图 2-8 熔断器及其符号

（1）热容量小，更适合短路保护。用于过载保护时，对象往往是线路而不是设备。

（2）熔断器所标参数为额定电流，即正常工作电流。其熔断电流一般为额定电流的 1.6 倍或更高。

（3）熔断器具有反时限熔断特性，即电流越大，断开的时间越短。

（4）熔断器熔体一般放在密封管内，所以熔断器不在外部环境产生电弧，不会引发爆炸。

3. 漏电保护装置

漏电保护装置的名称有多个，剩余电流动作保护装置、漏电保护断路器、漏电保护器、RCD（剩余漏电动作保护器）都指的是一类装置，如图 2-9 所示。

（1）漏电保护器的功能

1）在线路或设备发生漏电时自动切断电源。

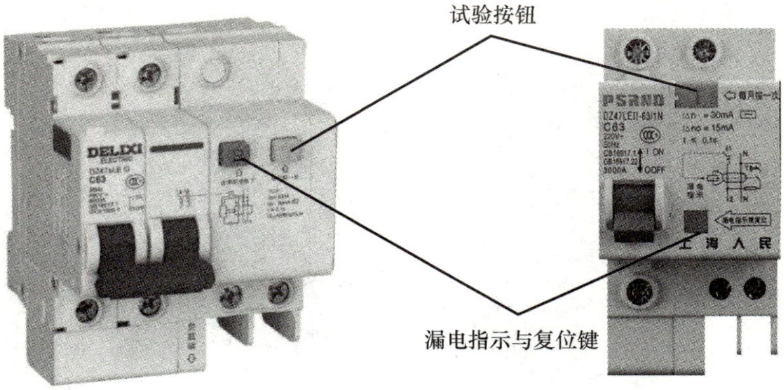

图 2-9 剩余电流动作保护装置

2）在线路或设备发生过载、短路时不动作。

（2）漏电保护装置外观及功能键

1）试验按钮。该按钮一般标有字母“T”，用于试验该保护装置是否正常。按下该按钮，保护装置跳闸就是正常的；否则就是不正常的，要及时更换。

2）漏电指示与复位键。当发生漏电时，该键弹出或升高。当再次合闸时，要把该键按下（复位），否则合闸后会马上跳闸，不能恢复供电。

（3）漏电保护装置工作原理。剩余电流动作保护装置的核心部件是零序电流互感器。当有电流流到火线与零线回路以外的地方（发生漏电）时，火线与零线电流的代数和不为零，即出现所谓的“剩余电流”或“零序电流”，零序电流互感器会产生感应电流，最终由该感应电流直接或放大后驱动断电机构（脱扣器）断开电源。漏电保护器工作原理如图 2-10 所示。

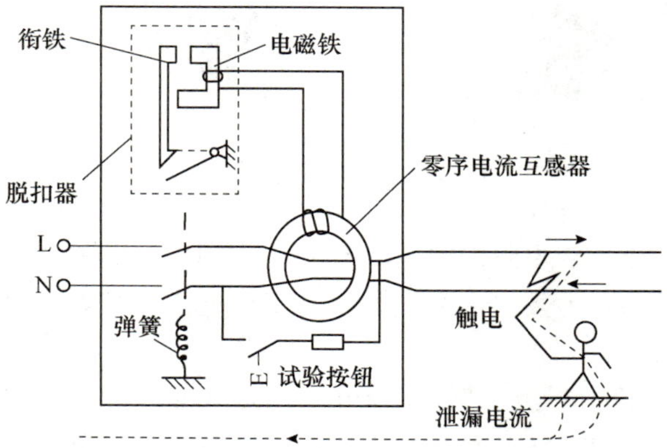

图 2-10 漏电保护器工作原理

（4）漏电保护器所能保护的触电事故类型。剩余电流保护装置不能对所有触电进行保护。根据漏电保护器工作原理，其能够保护的触电方式如下：

1）有电流流出火线与零线构成的回路以外。

2）有电流进入大地或与大地相连的导体。

漏电保护器能够与不能保护的具体触电方式如图 2-11 所示。

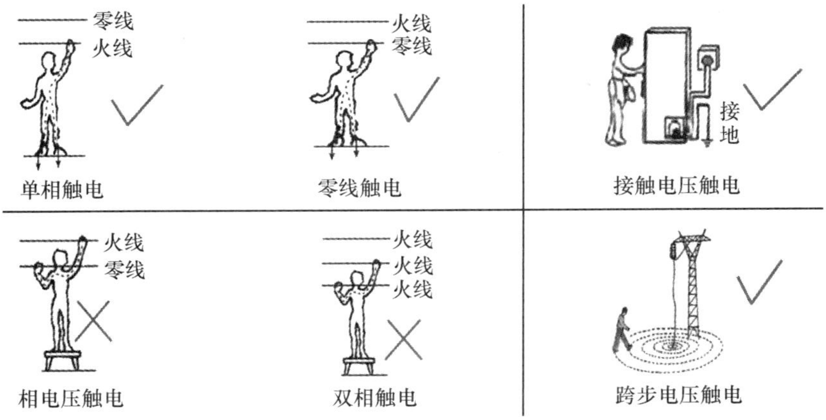

图 2-11 漏电保护器能够与不能保护的具体触电方式

①单相触电（人站在地上触摸火线）。
②零线触电（人站在地上触摸零线）。
③接触电压触电（人站在地上触摸漏电设备外壳）。
④跨步电压触电（人站在有电流经过的接地导体附近地面）。
漏电保护器不能保护的具体触电方式如下：
①双相触电（同时触摸两根火线）。
②相电压触电（触摸火线和零线）。
漏电保护器能够保护或不能保护的触电类型如下：
①对间接接触触电具有保护作用，但不能防所有间接接触触电方式。
②对直接接触触电具有保护作用，但不能防所有直接触电方式。
③能够防止单线和跨步电压触电，但不能防双线触电。

3. 隔离保护装置（隔离开关）

隔离保护装置又称隔离开关或刀闸。低压隔离开关如图 2-12 所示。

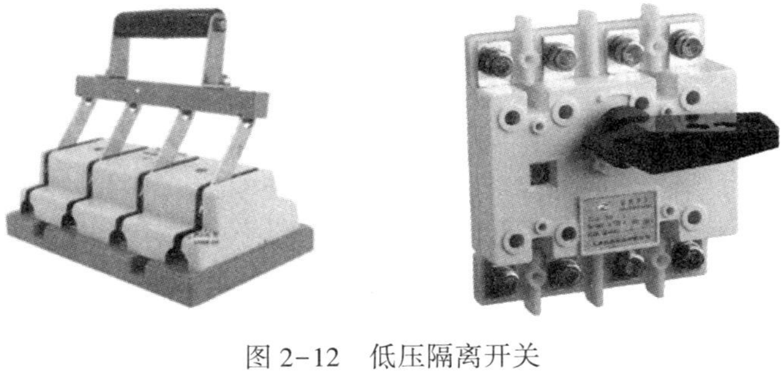

图 2-12 低压隔离开关

（1）隔离开关的功能用途

1）用于检修时彻底隔离电源，属于停电检修保护装置。

2）在断路器断开线路的基础上，隔离开关再次“大距离明显断开”线路，形成维修线路的“二次断开点”，从而保证维修的安全性。

（2）构造的特点

1）纯机械开关，只能手动操作，没有自动跳闸功能。

2）没有灭弧装置，不能用于断开或接通负荷电流。

（3）操作禁止事项

1）严禁用其断开带有负荷（有电流）的线路，即不准用其“断电”。

2）严禁用其接通负荷电流，即不准用其“送电”。

二、供电系统分类

1. 供电系统分类依据

供电系统的分类依据有以下两个：

（1）变压器中性点（变压器高压或低压侧 3 个电源线圈共同端点）是否接地。

（2）设备外壳的保护方式。设备外壳的保护方式有以下两种：

1）接地保护。将设备外壳接地。

2）接零保护。将设备外壳与供电系统的保护零线相连。

2. 供电系统按变压器中性点是否接地和用电设备保护方式分类

按照变压器中性点是否接地和设备外壳的保护方式分类，供电系统可分为 IT、TT 和 TN 系统三类，而 TN 系统又可进一步分为 TN-S、TN-C 和 TN-C-S 系统，如图 2-13 所示。这是供电系统的基本分类方法。

供电系统
- IT系统
- TT系统
- TN系统
  - TN-S系统
  - TN-C系统
  - TN-C-S系统

图 2-13　供电系统按变压器中性点是否接地和用电设备保护方式分类

供电系统名称中字母的含义如下：

第一个字母表示变压器中性点接地状态：T——接地，I——不接地。

第二个字母表示设备的保护方式：T——接地保护，N——接零保护。

第三、第四个字母表示工作零线（N 线）与保护零线（PE 线）是否合用：S——保护零线与工作零线分别设置，C——保护零线与工作零线合二为一，称为 PEN 线。

（1）IT 供电系统特点

1）IT 系统的变压器中性点不接地（I），设备外壳采用接地保护（T），如图 2-14 所示。

2）该系统只有 3 根相线（火线），不设中性线（零线），属于三相三线制。

（2）TT 供电系统特点

1）TT 系统变压器中性点接地（T），设备外壳采用接地保护（T），如图 2-15 所示。

2）该系统设有 3 根相线、1 根中性线，属于三相四线制。

（3）TN 供电系统特点

1）TN-S 供电系统特点

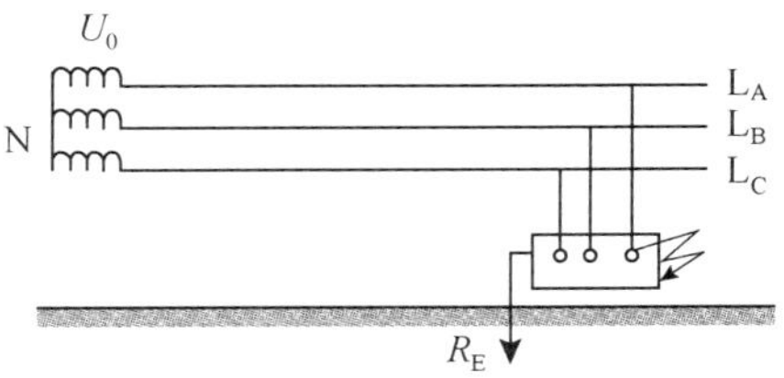

图 2-14　IT 供电系统

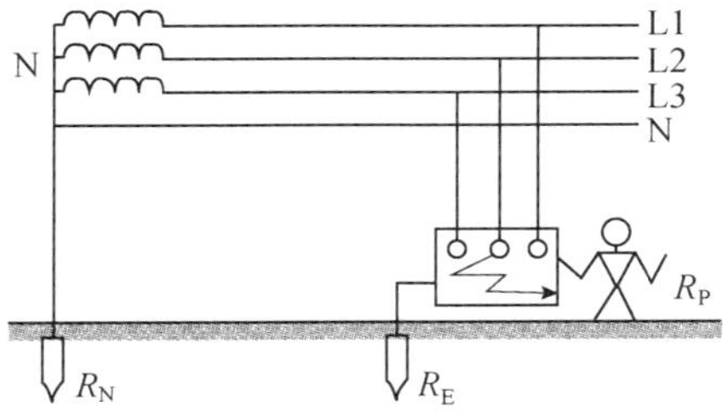

图 2-15　TT 供电系统

①变压器中性点接地（T），设备外壳与保护零线相连，即采用接零保护（N），如图 2-16 所示。

②系统设有 3 根相线、1 根工作零线（正常工作用线，用字母“N”标识）、1 根保护零线（用于故障保护，用字母“PE”标识），两根零线从变压器处就分开设置（S）。

2）TN-C 供电系统特点

①该系统将 TN-S 系统工作零线与保护零线合二为一（C），成为 PEN 线，如图 2-17 所示。

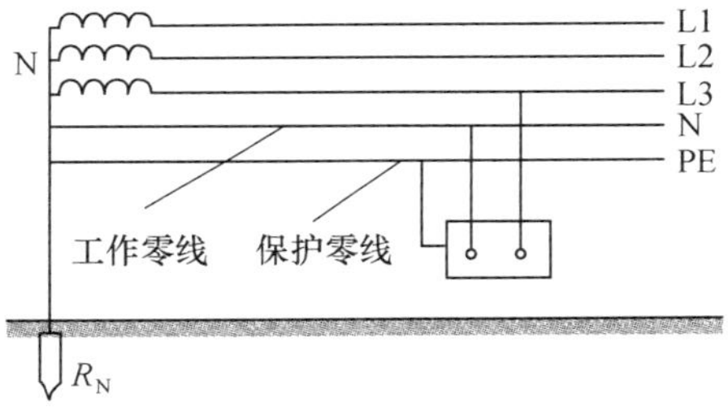

图 2-16　TN-S 供电系统

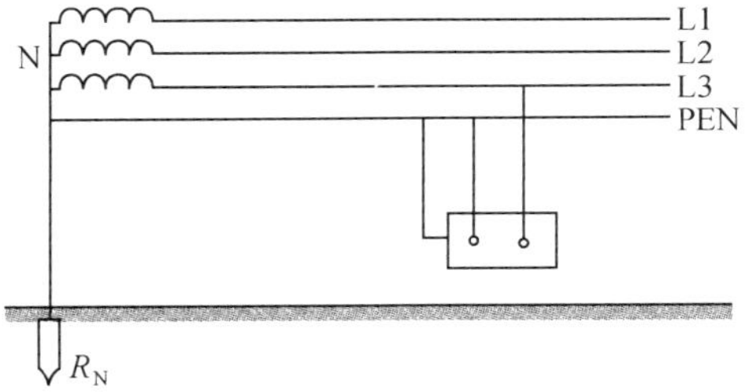

图 2-17　TN-C 供电系统

②PEN 线一方面接入设备内部用于工作，另一方面与设备外壳相连用于接零保护。

3）TN-C-S 供电系统。该供电系统在变压器中性点只引出 1 根零线（PEN 线），随后将其一分为二，一根用于工作零线（用字母“N”标识），一根用于接零保护（用字母“PE”标识），如图 2-18 所示。

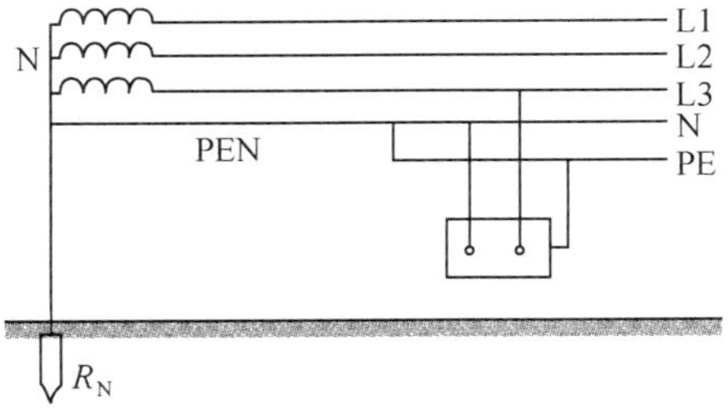

图 2-18　TN-C-S 供电系统

3. 供电系统只按变压器中性点是否接地分类

只按变压器中性点是否接地分类，供电系统可分为接地供电系统和不接地供电系统，如图 2-19 所示。

4. 供电系统只按设备的保护方式分类

按设备的保护方式分类，供电系统可分为接地保护系统和接零保护系统，如图 2-20 所示。

- 供电系统
  - 接地供电系统
    - TT系统
    - TN系统
  - 不接地供电系统：IT系统

图 2-19　供电系统按变压器中性点是否接地分类

- 供电系统
  - 接地保护系统
    - TT系统
    - IT系统
  - 接零保护系统：TN系统

图 2-20　供电系统按设备保护方式分类

5. 供电系统按照相线导线数目分类

按照供电系统中“参与正常工作”导线数目分类，供电系统可分为三相三线制系统、三相四线制系统以及局部供电（如电气隔离系统）用单相二线制系统、二相三线制系统等，如图 2-21 所示。

- 供电系统
  - 三相三线制系统：IT系统
  - 三相四线制系统
    - TT系统
    - TN系统
  - 其他供电系统
    - 单相二线制系统
    - 二相三线制系统

图 2-21　供电系统按相线及工作导线数目分类

需要说明的是，以上分类中导线的数目不包括保护线（接地保护线或接零保护线），这是有关标准的分类方法。此外，还有一种大家普遍接受的分类方法，就是把保护线包括进来，如此分类就会出现所谓的三相五线制系统，如 TN-S 系统。

三、触电防护措施分类

触电防护措施根据触电事故分类分为直接接触防护措施（基本防护措施）、间接接触防护措施（故障防护措施）和兼有直接和间接接触的防护措施 3 类，见表 2-3。

表 2-3　　触电防护措施分类

类别	防护措施名称	措施简要说明
直接接触防护措施	基本绝缘	又称工作绝缘，即贴近带电体的绝缘，如直接敷在导线上的绝缘橡胶
	屏护	采用护罩（设备外壳）、护盖、栅栏、箱体、遮拦等将带电体同外界隔绝开来
	安全间距	把带电部件置于人所能触及的范围之外（伸臂范围之外）
间接接触防护措施	保护绝缘	又称附加绝缘，即在基本绝缘外额外增加的独立绝缘
	自动切断电源	发生漏电故障时，自动断开电源
	接地保护	把设备外壳与大地连接
	接零保护	把设备外壳与供电系统中的保护零线相连

续表

类别	防护措施名称	措施简要说明
间接接触防护措施	等电位联结	将所有在正常情况下不带电的导体相互连接在一起，缩小某一导体意外带电后与其他导体的电位差
	电气隔离	即电气分隔，借助隔离变压器形成一个与其他电气回路及大地完全隔离的局部供电系统
	不导电环境	地面和墙与大地之间有足够的绝缘电阻和绝缘强度，此外还要通过间距和屏护使人无法同时触及两个有可能具有不同电位的导体
兼有直接和间接接触的防护措施	双重绝缘和加强绝缘	双重绝缘：基本绝缘+附加绝缘 加强绝缘：虽然只有一层绝缘结构，但防护效果相当于双重绝缘
	安全电压（系统）	特低电压+电气隔离，即采用电气隔离的特低电压局部供电系统
	剩余电流保护	也称漏电保护，利用漏电保护器进行保护

需要说明的事项如下：

（1）能够防止直接接触的措施有：直接接触防护措施+兼有直接和间接接触的防护措施。

（2）能够防止间接接触的措施有：间接接触防护措施+兼有直接和间接接触的防护措施。

【练习提高】

一、单项选择题（每题 1 分，每题的备选项中，只有 1 个最符合题意）

1. 下列关于过流保护断路器的说法中，错误的是（　　）。

A. 能在过载或短路时自动切断电源，也可手动送电或断电

B. 内部必须设有灭弧装置

C. 其工作原理是由感应电流触发脱扣装置动作，切断电源

D. 其短路动作电流一般为其额定工作电流的 5~10 倍

2. 下列关于漏电保护器的说法中，错误的是（　　）。

A. 线路或设备发生短路时不动作

B. 其工作原理是由剩余电流（零序电流）产生的感应电流驱动脱扣装置断开电源

C. 其最小额定动作电流在毫安数量级

D. 其额定不动作电流一般为额定工作电流的 1/2

3. 漏电保护又称为剩余电流保护。漏电保护是一种防止电击导致严重后果的重要技术手段。但是，漏电保护不是万能的。下列触电状态中，漏电保护不能起保护作用的是（　　）。

A. 人站在木桌上同时触及相线和中性线

B. 人站在地上触及一根带电导线

C. 人站在地上触及漏电设备的金属外壳

D. 人坐在接地的金属台上触及一根带电导线

4. 剩余电流动作保护装置由检测元件、中间环节、执行机构三个基本环节及辅助电源和试验装置构成。下列关于剩余电流动作保护装置功能的说法中，错误的是（　　）。

A. 剩余电流动作保护装置的主要功能是预防间接接触电击保护，也可作为直接接触电击的补充保护

B. 剩余电流动作保护装置的保护功能包括对相与相、相与 N 线局部形成的直接接触电击事故的防护

C. 间接接触电击事故防护时，需要依赖剩余电流动作保护装置的动作来切断电源，实现保护

D. 剩余电流动作保护装置用于间接接触电击事故防护时，应与电网的系统接地形式相配合

5. 下列关于隔离开关（刀闸）功能及操作的说法中，错误的是（　　）。

A. 可用刀闸给设备断电或送电

B. 刀闸没有灭弧装置，因此不能用其接通或断开设备电流

C. 设备停机检修时，要先用断路器断电，然后再断开隔离开关方可检修

D. 隔离开关用于停电检修保护，对带电情况下的触电危险不具有保护作用

6. 下列关于供电系统分类的说法中，错误的是（　　）。

A. TT 供电系统变压器中性点接地，设备外壳采用重复接地保护

B. 设备采用接地保护的供电系统包括 TT 和 IT 供电系统

C. IT 系统属于不接地的供电系统，采用三相三线制

D. TN 供电系统属于接零保护系统，即设备外壳采用接零保护

7. 兼防直接接触和间接接触电击的措施包括双重绝缘、安全电压、剩余电流动作保护。其中，剩余电流动作保护的工作原理是（　　）。

A. 通过电气设备上的保护接零线把剩余电流引入大地

B. 保护接地经剩余电流构成接地电阻从而导致熔断器熔断以后切断电源

C. 由零序电流互感器获取漏电信号，经转换后使线路开关跳闸

D. 剩余电流直接促使电气线路上的保护元件迅速动作断开电源

8. 所有电气装置都必须具备防止电气伤害的直接接触防护和间接接触防护。下列防护措施中，属于防止直接接触电击的防护措施是（　　）。

A. 利用避雷器防止雷电伤害

B. 利用绝缘体对带电体进行封闭和隔离

C. TT 系统中设备的接地保护

D. TN 系统中的设备接零保护

9. 下列关于触电防护措施及分类的说法中，正确的是（　　）。

A. 剩余电流保护措施能够防止直接接触触电，而且能防止所有方式的直接接触触电

B. 剩余电流保护措施能够防止间接接触触电，而且能防止所有方式的间接接触

触电

C. 绝缘属于直接接触防护措施，只能用于防止直接接触触电，不能防止间接接触触电

D. 电气隔离、等电位联结、不导电场所都属于间接接触触电防护措施

二、多项选择题（每题2分，每题的备选项中，有2个或2个以上符合题意，至少有1个错项。错选，本题不得分；少选，所选的每个选项得0.5分）

1. 下列供电系统设备采用接地保护有（　　）。

A. TT系统　B. TN-S系统　C. TN-C系统　D. IT系统

E. TN-C-S系统

2. 下列措施中可以防止间接接触电击的措施有（　　）。

A. 屏护　B. 自动切断电源

C. 附加绝缘　D. 剩余电流保护

E. 等电位联结

第三节　触电防护技术

【本节重点】

一级知识点	二级知识点
绝缘（含双重绝缘）	（1）绝缘遭受破坏方式（绝缘击穿、绝缘损坏、绝缘老化） （2）绝缘基本指标（电性能、热性能、力学性能、化学性能、吸潮性能、抗生物性能） （3）绝缘触电防护措施（基本绝缘、附加绝缘、双重绝缘与加强绝缘） （4）绝缘技术要求（基本绝缘、附加绝缘、双重绝缘和加强绝缘电阻要求）
屏护	（1）屏护的概念 （2）屏护的类别（完全防护、不完全防护） （3）屏护的基本要求
安全间距	（1）人或工具与带电体的间距 （2）起重作业安全间距 （3）架空线路与建筑物间距
接地保护	（1）TT系统接地保护 （2）IT系统接地保护
接零保护	（1）接零保护安全原理（接零保护的作用） （2）TN系统速断要求（手持及移动设备、固定设备断开时间） （3）接零保护（TN系统）应用领域 （4）TN系统重复接地作用 （5）接零保护、接地保护、重复接地关系

续表

一级知识点	二级知识点
等电位联结	（1）等电位联结的概念及安全原理 （2）等电位联结的对象 （3）等电位联结分类 （4）等电位联结导线截面积要求
保护导体和接地装置	（1）保护导体分类（保护接地线、保护接零线、等电位联结线） （2）保护导体截面积要求 （3）保护导体连接与连续性要求 （4）接地装置（自然接地体、人工接地体、接地线）
不导电环境	（1）不导电环境安全原理 （2）不导电环境外部隔离要求 （3）不导电环境内部触电防护要求 （4）不导电环境持久性要求
电气分隔（电气隔离）	（1）电气隔离的概念与安全原理 （2）电气隔离技术要求（电源、线路、设备）
安全电压	（1）特低电压（安全电压）相关概念 （2）特低电压供电系统类别及技术要求 （3）特低电压等级的选择
剩余电流保护（漏电保护）	（1）漏电保护断路器技术参数 （2）漏电保护装置分类 （3）防止人触电漏电保护器参数选择 （4）漏电保护装置的安装要求

一、绝缘

1. 绝缘遭受破坏方式

（1）绝缘击穿。当施加于绝缘材料上的电场强度高于临界值时，绝缘材料发生破裂或分解，电流急剧增加，绝缘材料完全失去绝缘性能，就是绝缘击穿。各种绝缘材料的击穿机理和特点见表 2-4。

（2）绝缘损坏。绝缘损坏是指绝缘材料受到外界腐蚀性液体、气体、蒸汽、潮气、粉尘的污染和侵蚀，以及受到外界热源、机械力、生物因素的作用，失去电气性能、力学性能的现象。

（3）绝缘老化。绝缘老化是绝缘材料在运行过程中受到热、电、光、氧、机械力、微生物等因素的长期作用，发生一系列不可逆的物理化学变化，导致电气性能和机械性能的劣化。

表 2-4　　各种绝缘材料的击穿机理和特点

材料	击穿机理	影响因素	击穿恢复
气体	碰撞电离	气体的平均击穿场强随着电场不均匀程度的增加而下降	很快恢复
液体	碰撞电离和杂质引起热击穿	杂质影响大	一定程度上可恢复
固体	电击穿（碰撞电离）	高电压	不可恢复
	热击穿（介质发热导致局部烧焦、开裂等）	所需时间长，击穿电压或击穿场强较低	
	电化学击穿（介质发热导致的化学反应）	电化学击穿所需时间长，所需击穿电压或击穿场强很低	
	放电击穿（气泡内碰撞电离）	气泡、杂质	

2. 绝缘基本指标

绝缘材料有电性能、热性能、力学性能、化学性能、吸潮性能、抗生物性能等多项性能指标。

（1）电性能指标

1）绝缘电阻。相当于漏导电流遇到的电阻，是直流电阻，是判断绝缘质量最基本、最简易的指标。

2）电阻率。相应于漏导电流，即在稳定直流状态下材料所表现的电阻率。固体绝缘材料的漏导电流有两条途径：体积途径和表面途径。与体积途径对应的是体积电阻率，单位是 $\Omega \cdot m$；与表面途径对应的是表面电阻率，单位是 Ω。

3）绝缘耐压。绝缘材料的抗电压、电场能力。

4）泄漏电流。体现绝缘的最终效果。

5）介电常数。表明绝缘极化特征的性能参数。介电常数越大，极化过程越慢。

6）介质损耗。与发热、老化有关。

（2）热性能指标

1）耐热性能指标。在正常运行时绝缘材料可以承受的温度等级，过去曾用字母 Y、A、E、B 等表示，最新标准直接用温度表示其耐热等级，如 90 ℃、105 ℃、120 ℃等。

2）耐弧性能。绝缘材料接触电弧时表面抗炭化的能力。无机绝缘材料的耐弧性能优于有机绝缘材料的耐弧性能。

3）阻燃性能。用氧指数表示，是在规定的条件下，材料在氧、氮混合气体中恰好能保持燃烧状态所需要的最低氧浓度。氧指数在 27%以上的为阻燃性材料。

4）软化温度。固体绝缘在较高温度下维持不变形的能力。

5）黏度。绝缘液体的流动性。例如，10 号变压器油只能用于环境温度-10 ℃以上的场合。

（3）吸潮性能。吸潮性能包括吸水性能和亲水性能。

1）木材属于吸水性材料，而玻璃属于非吸水性材料。

2）玻璃表面能凝结水膜，属于亲水性材料；而蜡和聚四氟乙烯表面不能凝结水膜，属于非亲水性材料。

3. 绝缘触电防护措施

绝缘既可以用于直接接触电击防护，也可用于间接接触电击防护。绝缘触电防护措施分为以下几类：

（1）基本绝缘。贴近带电体的绝缘，属于直接接触防护措施，也称工作绝缘。

（2）保护绝缘（附加绝缘）。属于间接接触防护措施，是指除了贴近带电部件的基本绝缘外，额外增加的独立绝缘（一般是设备的绝缘外壳）。

（3）双重绝缘。基本绝缘+附加绝缘，同时能防止直接接触和间接接触触电事故。

（4）加强绝缘。采用单一绝缘结构，但其绝缘电阻、机械强度等与双重绝缘相当。

（5）双重绝缘与加强绝缘的应用。

1）采用双重绝缘或加强绝缘的设备属于Ⅱ类电气设备，带有“回”字形标识。

2）采用双重绝缘或加强绝缘的Ⅱ类电气设备禁止采取接地保护或接零保护。

4. 绝缘电阻技术要求

（1）基本要求。设备每伏特工作电压相应的绝缘电阻不低于 1 000 Ω。例如，对于 220 V 的设备，其绝缘电阻不低于 220 kΩ。

（2）各类绝缘电阻要求

1）基本绝缘（工作绝缘）的绝缘电阻≥2 MΩ。

2）保护绝缘（附加绝缘）的绝缘电阻≥5 MΩ。

3）双重绝缘或加强绝缘的绝缘电阻≥7 MΩ。

二、屏护

1. 屏护的概念

屏护是采用护罩（设备外壳）、护盖、栅栏、箱体、遮拦等将带电体同外界隔绝开来。屏护除了防止直接接触触电外，还可以防止外来物对电气部件的机械破坏，以及外来物造成的短路火灾等。

2. 屏护的分类

（1）完全防护型。该类型屏护包括封闭型外护物、遮拦，既能防止人无意识接触带电部件，也能防止人有意识接触带电部件。完全防护型屏护要求必须借用工具才能打开或移除。例如，电气设备的外壳、上锁的配电箱体等都属于完全防护型屏护。

（2）不完全防护型。该类型屏护包括阻挡物等，只能防止人无意识接触带电部件，不能防止人有意识接近带电部件。例如，人可以翻越的固定围栏、检修时临时设置的可移动围栏等都应视为不完全防护型屏护。

3. 屏护的基本要求

（1）完全防护型屏护的基本要求

1）必须用工具或钥匙才能打开或移除。

2）如果设有不需要工具或钥匙就能打开的部分，该部分必须与电源联锁，一旦打开就自动断电。

3）屏护与裸露带电部件之间有足够的间距。

4）屏护的孔洞尺寸要满足有关标准要求，能够防止手指接触带电部件。

（2）不完全防护型屏护的基本要求。屏护的位置与带电部件的间距应符合相关要求，其他一般没有特别要求。

（3）屏护高度要求

1）遮拦高度应不小于 1.7 m，下部边缘离地面高度应不大于 0.1 m。

2）户内栅栏高度应不小于 1.2 m，户外栅栏高度应不小于 1.5 m。

（4）屏护间接要求

1）低压设备遮拦与裸导体的距离应不小于 0.8m，栏条间距离应不大于 0.2 m。

2）网眼遮拦与裸导体之间的距离不宜小于 0.15 m。

（5）接地保护或接零保护。凡用金属材料制成的屏护装置，为了防止屏护装置意外带电造成触电事故，必须接地（或接零）。

（6）标志。遮拦、栅栏等屏护装置上应根据被屏护对象挂上“止步！高压危险！”“禁止攀登！”等标志牌。

（7）联锁。遮拦出入口的门上应根据需要安装信号装置和联锁装置。

三、安全间距

1. 人或工具与带电体的间距

（1）与低压带电体间距≥0.1m。

（2）与 10 kV 带电体间距（无遮拦）≥0.7 m。

（3）与 10 kV 带电体间距（有遮拦）≥0.35 m。

2. 起重作业安全间距

在架空线路进行起重工作时，起重机具（包括被吊物）与线路导线之间的最小距离见表 2-5。

表 2-5　起重机具与线路导线的最小距离

线路电压/kV	1	10	35
最小距离/m	1.5	2	4

3. 架空线路与建筑物间距

架空线路应避免跨越建筑物，架空线路不应跨越可燃材料屋顶的建筑物。架空线路必须跨越建筑物时，应与有关部门协商并取得该部门的同意。架空线路导线与建筑物的距离不应小于表 2-6 所列数值。

表 2-6　架空线路导线与建筑物的最小距离

线路电压/kV	≤1	10	35
垂直距离/m	2.5	3.0	4.0
水平距离/m	1.0	1.5	3.0

四、接地保护

在 TT 供电系统和 IT 供电系统中，设备要采用接地保护。接地保护在两类供电系统的作用大不相同。

1. TT 系统接地保护

（1）TT 系统漏电流计算。TT 系统发生漏电故障时，漏电流由发生漏电故障的相线，经设备外壳、保护接地电阻 R_E、大地和变压器中性点接地电阻 R_N 回到变压器（其他没有发生故障的相线和中性线不参与故障过程），如图 2-22 所示。

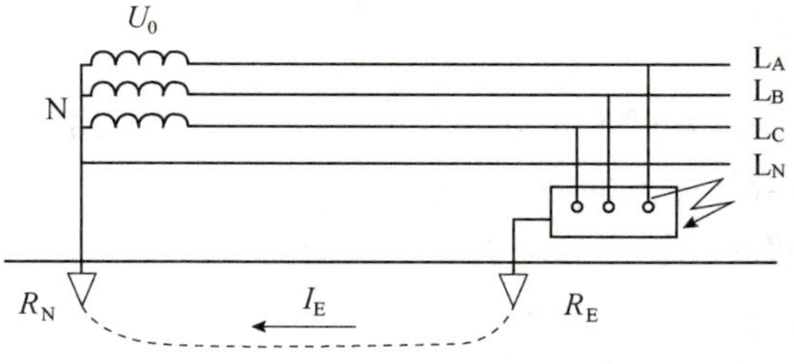

图 2-22　TT 系统漏电流回路

TT 系统保护接地电阻 R_E 和变压器中性点接地（工作接地）电阻 R_N 要求不超过 4 Ω，一般而言会远大于线路电阻，计算漏电流时可忽略线路电阻，漏电流主要取决于供电系统的两个接地电阻，系统漏电流计算如下：

$$I_E \approx \frac{U_0}{R_N + R_E}$$

如果供电系统相电压 U_0 为 220 V，变压器中性点接地电阻 $R_N = 2$ Ω，设备保护接地电阻 $R_E = 3$ Ω，则系统漏电流：

$$I_E = \frac{220\ \text{V}}{2\ \Omega + 3\ \Omega} = 44\ \text{A}$$

（2）设备外壳对地电压计算。设备外壳对地电压就是人触摸漏电设备外壳时加到人体的预期接触电压。设备外壳对地电压就是与之相连的保护接地电阻的电压降。如前所述，泄漏电流 $I_E = 44$ A，保护接地电阻 $R_E = 3$ Ω，则设备外壳对地电压：

$$U_E = I_E \cdot R_E = 44\ \text{A} \times 3\ \Omega = 132\ \text{V}$$

（3）人体电流计算。注册安全工程师职业资格考试有可能涉及判断触电危险性，此时需要计算人体电流。一般而言，判断触电危险时，人体阻抗按 1 000 Ω 计算。如上述故障设备外壳对地电压为 132 V，那么人体预期接触电压也是 132 V，预期人体触电电流为：

$$I_B = \frac{132\ \text{V}}{1\ 000\ \Omega} = 132\ \text{mA}$$

该人体触电电流超过了人的室颤电流 50 mA，有死亡危险。

（4）TT 系统接地保护作用。通过前面对 TT 系统故障电流、设备外壳对地电压及触电危险的评估，可得出如下结论：

1）TT 系统接地保护能降低触电电压，但不能降至安全水平。

2）TT 系统漏电故障电流一般只有几十安，不足以可靠驱动过流保护断路器，因此 TT 系统必须装漏电保护断路器（RCD）。

3）TT 系统接地保护的最主要作用是及时形成漏电流，配合漏电保护器完成自动断电保护。

（5）TT 系统适用范围。TT 系统主要用于低压用户，即用于未装备配电变压器，从外面直接引进低压电源的小型用户。

2. IT 系统接地保护

（1）IT 系统漏电故障电流。IT 系统变压器中性点不接地，因此设备发生漏电故障后无法形成“导电性”漏电回路，然而，该系统可借助于线路对地电容形成一定的漏电流。低压 IT 系统的漏电流很小，从几毫安到几十毫安，一般在 100 mA 以内，如图 2-23 所示。

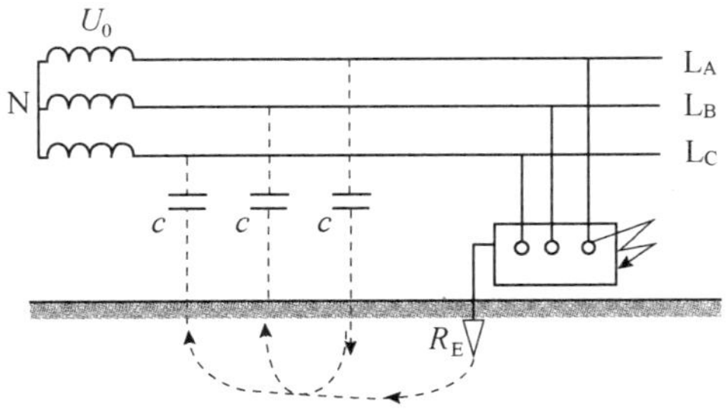

图 2-23　IT 系统漏电流回路

（2）IT 系统设备外壳对地电压与触电危险。IT 系统保护接地电阻 R_E 要求不超过 4 Ω。假设某 IT 系统产生的漏电流为 100 mA，保护接地电阻 $R_E=4\ \Omega$，漏电设备外壳对地电压为：

$$U_E=I_E\cdot R_E=100\ \text{mA}\times 4\ \Omega=0.44\ \text{V}$$

人体阻抗按 1 000 Ω 计算，人触摸故障设备外壳产生的人体电流为：

$$I_B=\frac{0.4\ \text{V}}{1\ 000\ \Omega}=0.4\ \text{mA}$$

该电流小于人的感知电流，对人没有任何危险。

（3）IT 系统保护接地的作用

1）IT 系统的漏电流有可能超过 50 mA，如果设备外壳不采取接地保护进行分流，有致命危险。

2）IT 系统漏电故障电流小，通过保护接地就能把设备外壳对地电压降至安全水平。

（4）IT 系统保护接地电阻要求

1）IT 系统保护接地电阻 R_E 要求不超过 4 Ω。

2）当配电变压器或发电机的容量不超过 100 kV·A 时，可以放宽到 10 Ω。

（5）IT 系统适用领域。IT 系统由于漏电故障电流小，供电可靠性高（IT 系统发生第一次漏电故障后无须马上停电），因此，IT 系统最适合用在危险及用电可靠性比较高的情况。

1）煤矿井下必须采用不接地的 IT 供电系统供电。

2）高层建筑的消防用电可采用 IT 供电系统。

五、接零保护

1. 接零保护安全原理（接零保护的作用）

接零保护是TN供电系统设备采用的保护方式。所谓接零保护，就是把设备的外壳与供电系统中的保护零线相连接。

接零保护安全原理：当发生碰壳漏电故障时，漏电相线通过设备外壳与保护零线形成短路电流（如图2-24所示），由该短路电流驱动过流保护装置（过流保护断路器）自动切断电源。

有关接零保护的作用与特点可以概况为以下两点：

（1）接零保护与接地保护一样，虽然能降低设备外壳对地电压，但降不到安全水平。换言之，接零保护本身不能防止或消除触电危险。

（2）接零保护的目的是为了配合过流保护装置自动切断电源，必须强调接零保护本身不能切断电源。进一步而言，接零保护的目的是想借助过流保护装置完成漏电保护功能。

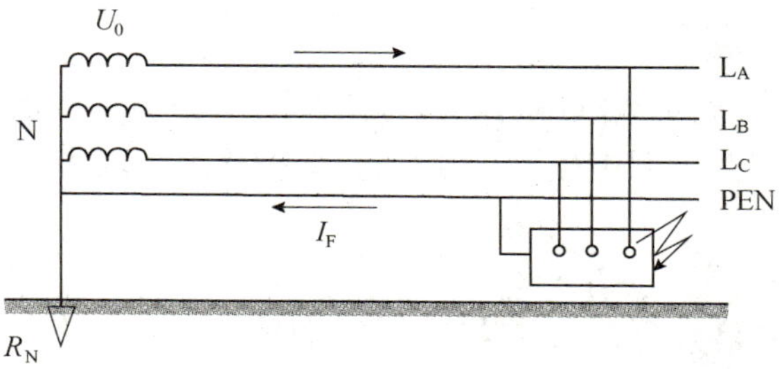

图2-24　TN系统漏电流回路

2. TN系统速断要求

（1）手持式电动工具、移动设备及插座回路。220 V设备：断开时间≤0.4 s；380 V设备：断开时间≤0.2 s。

（2）配电线路及固定设备。断开时间≤0.4 s。

3. 接零保护（TN系统）应用领域

在我国电气安全界，主流观点认为TN系统是安全性较高的系统，尤其是TN-S系统，是我国目前应用较为广泛的一种供电系统，特别是在危险场所，国家标准和规范都极力推荐。

（1）有爆炸危险或火灾危险性较大的、安全要求较高的场所采用TN-S系统，如我国行业标准规定，建筑施工场所必须采用独立变压器供电的TN-S系统。

（2）TN-C-S系统宜用于厂内设有总变电站，厂内低压配电的场所及非生产性楼房。

（3）TN-C系统可用于无爆炸危险、火灾危险性不大、用电设备较少、用电线路简单且安全条件较好的场所。

4. TN系统重复接地作用

重复接地是TN系统的“专利”，是指将TN系统的保护零线（PE线或PEN线）

除了在变压器处接地外，沿着线路再次或多次接地，如图 2-25 所示。

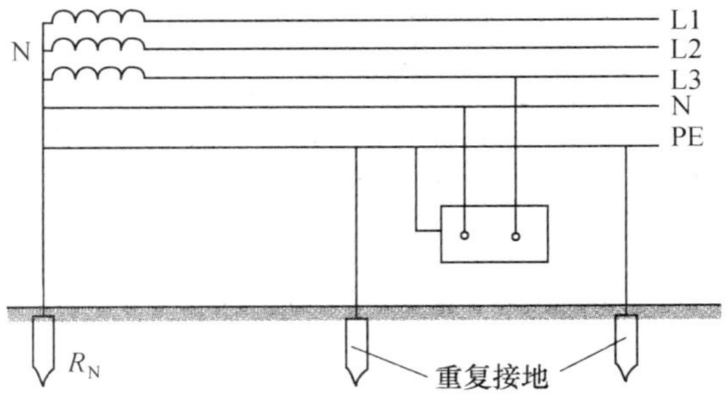

图 2-25　TN 系统保护零线重复接地

重复接地作用如下：

（1）减轻保护零线断开或接触不良时电击的危险性。

（2）进一步降低漏电设备的对地电压。接零保护具有降低故障设备对地电压的作用，采用重复接地后则故障设备对地电压进一步降低。

（3）改善架空线路的防雷性能。架空线路零线上的重复接地对雷电流有分流作用，有利于限制雷电过电压。

（4）缩短漏电故障持续时间。因为重复接地和工作接地构成零线的并联分支，所以，当发生短路时能增大单相短路电流，而且线路越长，效果越显著。这就加速了线路保护装置的动作，缩短了漏电故障持续时间。

5. 接零保护、接地保护、重复接地关系

（1）TN 系统的设备一般不允许只采取接地保护而不采用接零保护的做法。

（2）TN 系统的部分设备如果设有剩余电流保护装置（漏电保护）时，可采用接地保护而不采用接零保护。

（3）TN 系统的设备可同时采用接零保护和接地保护。这种情况下的接地保护实际上属于重复接地，会增加安全性。

六、等电位联结

等电位联结属于故障防护措施，即间接接触防护措施。

1. 等电位联结的概念及安全原理

等电位联结就是将在正常情况下不带电的导体相互连接在一起，从而缩小某一导体意外带电后与其他导体的电位差，如图 2-26 所示。

等电位联结强调导体之间的“相互连接”，故称之“联结”，“等电位联结”才是标准的名词术语。

2. 等电位联结的连接对象

等电位联结的连接对象包括所有正常情况下不带电的导体，具体如下：

（1）接地保护线或接零保护线。

（2）电气设备外露可导电部分，即电气设备外壳。

（3）装置外可导电部分，如各种金属管道、金属门窗。

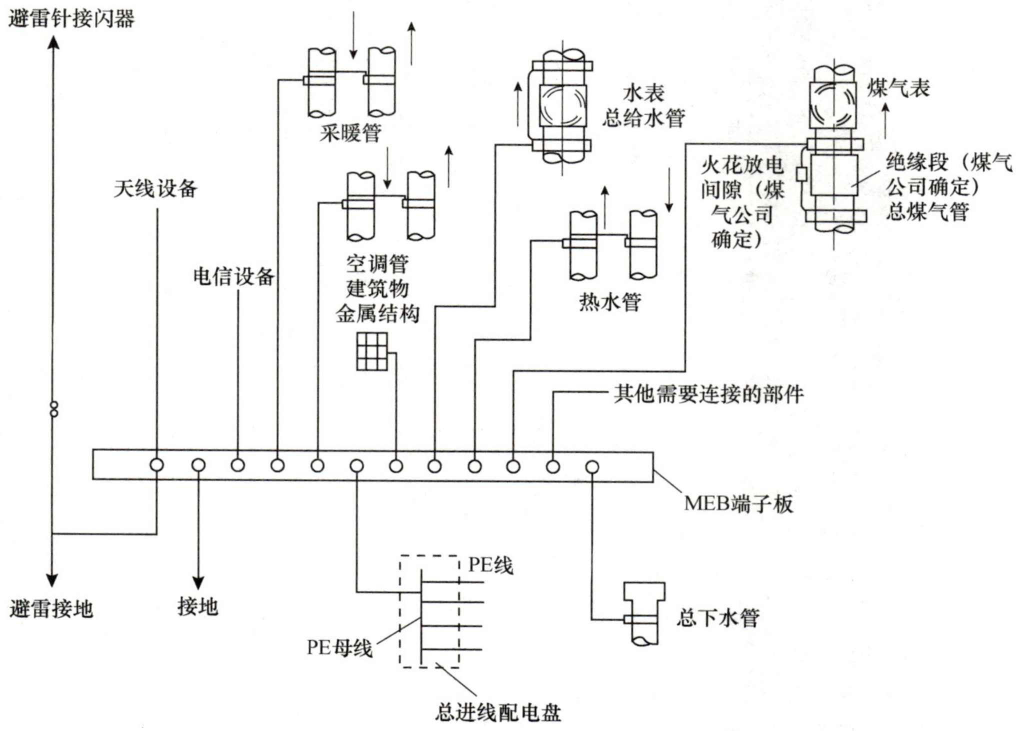

图 2-26　总等电位联结

（4）建筑物钢筋结构。

3. 等电位联结分类

（1）主等电位联结。又称总等电位联结，总配电箱保护导体（接地保护线或接零保护线）与自然导体（如暖气管道、自来水管线、建筑物钢筋）之间的联结。

（2）辅助等电位联结。为了提高安全性，将已经与保护导体相连的自然导体之间再次进行联结。

4. 等电位联结导体截面积要求

（1）主等电位联结导体的最小截面积不得小于最大保护导体截面积的 1/2，且不得小于 6 mm^2。

（2）两台设备之间局部等电位联结导体的最小截面积不得小于两台设备保护导体中较小者的截面积。

（3）设备与设备外导体之间的局部等电位联结线的截面积不得小于该设备保护零支线截面积的 1/2。

七、保护导体和接地装置

1. 保护导体分类

保护导体是用于保护目的的导体，在正常情况下不带电，发生故障时会带电。保护导体用黄、绿双色标识（黄绿双色线）。

（1）按照用途分类

1）保护接地线。与大地相连的保护线，如 TT 系统、IT 系统的接地保护线以及 TN 系统的重复接地线。

2）保护接零线。与变压器中性点相连的保护线，如 TN 系统的保护零线（PE 线或 PEN 线）。

3）等电位联结线。将正常情况下不带电的导体相互连接在一起的导线。

（2）按照导体设置方式分类

1）自然保护导体。借用其他导体作为保护导体，如建筑物金属结构、起重机导轨、配线的穿线管等。

2）人工保护导体。人工设置的保护导体，可以是多芯电缆的芯线之一、在同一护套（穿线管）内设置的绝缘线、固定敷设的绝缘线或裸露导体等。

2. 保护导体截面积要求

（1）保护零线截面积。当保护零线与相线材料相同时，保护零线可以按表 2-7 选取；如果保护零线与相线材料不同，可按相应的阻抗关系折算。

表 2-7　　保护零线截面积　　mm^2

相线截面积 S_L	保护零线最小截面积 S_{PE}
$S_L \leqslant 16$	S_L
$16 < S_L \leqslant 35$	16
$S_L > 35$	$S_L/2$

（2）单芯绝缘导线（非电缆芯线）保护零线截面积。除应用电缆芯线或金属护套作保护线外，采用单芯绝缘导线作保护零线时，截面积要求如下：

1）有机械防护的，不得小于 2.5 mm^2。

2）没有机械防护的，不得小于 4 mm^2。

（3）兼作中性线、保护零线的 PEN 线的最小截面积要求如下：

1）铜质 PEN 线截面积不得小于 10 mm^2。

2）铝质的不得小于 16 mm^2。

3）如系电缆芯线，则不得小于 4 mm^2。

3. 保护导体连接与连续性要求

（1）连接要求

1）保护干线必须与电源中性点和接地体（工作接地、保护接地、重复接地）相连。

2）保护干线至少应经 2 条连接线与接地体相连（保证干线接地可靠性）。

3）被保护设备要经过并联的保护支线与干线相连，即多台设备不可串联在一根保护支线上。

（2）连续性要求

1）所有保护导体（尤其是 PEN 线）均不得安装单极开关和熔断器（可安装多极联动开关与相线一同断开）。

2）保护导体接头必须用工具才能拆开。

3）各设备不得经保护线串联连接，即不得利用设备的外露可导电部分作为保护导体延续的一部分。

4. 接地装置

接地装置由接地体（极）和接地线构成。

（1）自然接地体

1）自然接地体是主要用于其他目的，但与大地土壤保持紧密接触的金属导体，如埋在地下的金属管道（可燃爆炸介质管道除外）、金属管井等。

2）自然接地体的接地电阻符合要求时可不敷设人工接地体（发电厂除外）。

3）自然接地体至少应有两根导体在不同地点与接地网（接地干线）相连（线路塔杆除外）。

（2）人工接地体

1）接地体上端离地面深度不小于 0.6 m。

2）接地体引出导体应引出地面 0.3 m 以上。

3）接地体与建筑物墙基水平距离不小于 1.5 m。

4）接地体与独立避雷针接地体水平距离 3 m 以上。

（3）接地线

1）交流电气设备应优先采用自然导体作为接地线。

2）在非爆炸环境，如果自然接地线有足够的截面积，可不再敷设人工接地线。

3）不得利用蛇皮管、管道保温层的金属外皮、电缆的金属护层作为保护线。

4）利用起重机轨道、工业管道等自然导体作为保护线时，其伸缩缝或管道法兰、阀门连接处要用跨接线跨接。

八、电气隔离

电气隔离也称电气分隔，属于防止间接接触电击的安全技术措施。

1. 电气隔离的概念与安全原理

所谓电气隔离，就是采用局部隔离回路对少量设备供电，该局部回路与原供电系统、其他供电系统以及大地通过绝缘完全隔离，如图 2-27 中虚线框内部分所示。

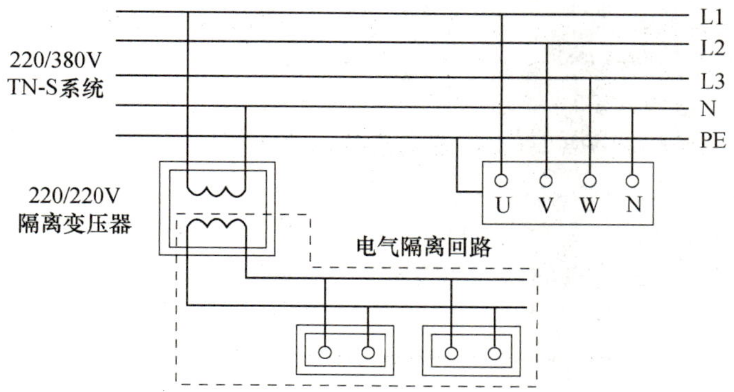

图 2-27　电气隔离（电气分隔）

电气隔离的安全原理：当电气隔离系统某一部位出现漏电故障时，由于电气隔离回路原先与其他回路或大地没有任何连接点，隔离回路的电流无法流到隔离回路以外形成漏电流。

2. 电气隔离技术要求

（1）隔离电源（隔离变压器）要求

1）与普通变压器不同，隔离变压器主、副线圈具有双重绝缘结构。

2）有电压限制。输入、输出电压均为低压，即不超过 1 000 V。

3）有功率限制。单相隔离变压器的额定容量不应超过 25 kW，三相隔离变压器的额定容量不应超过 40 kW。

（2）线路隔离及长度限制要求

1）电气隔离回路不得与其他回路及大地有任何连接。对于二次边隔离回路线路较长者，应装设绝缘监视装置。

2）限制电气隔离回路长度。应保证电压与长度的乘积≤100 000 V · m。当回路电压 U≤500 V 时，线路长度 L≤200 m。

（3）设备隔离与隔离系统内部触电防护要求

1）隔离系统内的设备应与其他线路及大地隔离（禁止采取接地保护或接零保护）。

2）隔离系统内部设备外壳之间做等电位联结，以防系统内部设备漏电造成的触电，但禁止与系统外的设备或导体做等电位联结。

九、不导电环境

不导电环境也叫不导电场所，是一种环境触电防护措施，也是一种间接接触防护措施。

1. 不导电环境安全原理

通过以下两方面措施防止触电危险：

（1）针对不导电环境外来触电危险。采取绝缘等措施让不导电环境与大地及其他电气回路完全隔离。

（2）针对不导电环境内部触电危险。通过加大设备间距或采用屏障避免同时触及两个具有不同电位的设备，或将不导电环境内设备之间做等电位联结，缩小其电位差。

2. 不导电环境对外隔离要求

（1）不导电环境地板、墙面对地电阻要求

1）交流电压为 500 V 以下时。对地电阻≥50 kΩ。

2）交流电压为 500 V 及以上时。对地电阻≥100 kΩ（交流不超过 1 000 V，直流不超过 1 500 V）。

（2）延伸至环境外导体要求。对延伸至不导电环境外的导体装置（如出、入不导电环境的各种管道），通过加绝缘段等手段，以防环境内高电位引出环境范围外或环境外低电位引入环境范围内。

（3）保护线要求。不导电环境内不设接地或接零保护线，因而设备外壳不采取接地保护或接零保护，以防止接地保护线或接零保护线将不导电环境外的带电危险引入不导电环境内。

3. 不导电环境内部触电防护要求

对于不导电环境内的设备，采取下列措施之一避免环境内部触电：

（1）安全间距与屏障

1）设备间距保持在 2.5 m 以上，避免同时触及两台设备外壳。

2）如果设备间距不足 2.5 m，设备之间要设置屏障，避免同时触及。

（2）等电位联结。将不导电环境内部的设备外壳之间进行等电位联结，但不要与不导电环境外的导体或设备进行等电位联结。

4. 不导电环境持久性要求

不导电环境要具有永久性特征，不会因受潮而失去不导电性能，不会因引进其他设备而降低安全水平。

十、安全电压

1. 安全电压相关概念

（1）安全电压（特低电压）。正如前文所述，"安全电压"是一个过时的概念，取代它的是"特低电压"。特低电压是指交流不超过 50 V，直流不超过 120 V 的电压。

（2）安全特低电压。"安全特低电压"与"安全电压"不是一个概念。

1）安全电压（特低电压）只是一个电压概念，用于触电防护时属于基本防护措施，即直接接触防护措施，它只对直接接触触电具有防护作用。

2）安全特低电压不是电压概念，而是一个采用了电气隔离和特低电压两种防护措施的局部供电系统。换言之，安全特低电压全称是"安全特低电压系统"，它才同时具有直接接触和间接接触电击防护作用。

2. 特低电压供电系统类别及技术要求

以特低电压进行局部供电的系统由于其采用变压器的隔离水平、特低电压回路的隔离水平（回路是否接地）不同而分为 3 类，其安全水平也不相同，见表 2-8。其中安全特低电压系统是最安全的，其次是保护特低电压系统，最不安全的是功能特低电压系统。

表 2-8　　特低电压供电系统分类

特低电压系统	名称缩写	系统技术要求	备 注
安全特低电压系统	SELV	（1）采用安全隔离变压器、蓄电池等电源，高电压侧和特低电压侧完全隔离 （2）特低电压回路与其他回路及大地隔离 （3）设备与系统外设备、导体及大地隔离	最安全，属于触电防护措施
保护特低电压系统	PELV	（1）采用安全隔离变压器或类似电源，高电压侧和特低电压侧完全隔离 （2）特低电压回路接地 （3）设备与系统外导体或设备做等电位联结	安全性低于 SELV，属于触电防护措施
功能特低电压系统	FELV	电源只是提供特低电压来满足设备功能需要。电源高电压侧与特低电压侧没有完全分开（如自耦变压器）	不属于触电防护措施，特低电压侧视为高电压侧的延伸部分

功能特低电压（PELV）由于二次侧与一次侧低压线路没有进行电气分隔，所以二次侧特低电压回路应视为一次侧电压回路的延伸，该回路与一次侧电压回路采取同样的防护措施，如采取接地、接零保护，设置漏电保护器等。

3. 特低电压等级的选择

即便采用安全特低电压，还要根据用电环境的危险性选择不同的电压等级。具体来说有以下两种选择方法：

（1）完全从保障人的安全的角度给出电压限值。

1）对于电动儿童玩具及类似电器，干燥环境中工频安全电压有效值为 33 V，直流安全电压的现值为 70 V。

2）潮湿环境中，工频安全电压有效值为 16 V，直流安全电压取 35 V。

（2）根据产品的标准特低电压选择适当等级。我国规定工频有效值的额定值有 42 V、36 V、24 V、12 V 和 6 V。

1）凡特别危险环境使用的手持电动工具，应采用 42 V 安全电压的Ⅲ类工具。

2）凡有电击危险环境使用的手持照明灯和局部照明灯，应采用 36 V 或 24 V 安全电压。

3）金属容器内、隧道内、水井内以及周围有大面积接地导体等工作地点狭窄、行动不便的环境，应采用 12 V 安全电压。

4）6 V 安全电压用于特殊场所。

5）当电气设备采用 24 V 以上安全电压时，必须采取直接接触电击的防护措施。

十一、漏电保护（剩余电流保护）

漏电保护装置的工作原理见本章第二节。

1. 漏电保护装置技术参数

（1）额定动作电流 $I_{\Delta n}$。额定动作电流指漏电保护装置必须动作的漏电流。漏电保护装置额定动作电流可以非常小，标准额定动作电流有 6 mA、10 mA、15 mA、30 mA、100 mA、200 mA 等。

（2）额定不动作电流 $I_{\Delta no}$

1）为保证供电可靠性而设置的参数，漏电流小于此参数时，漏电保护装置能保证不动作。

2）一般而言，额定不动作电流为额定动作电流的 1/2。例如，额定动作电流为 30 mA 的漏电保护装置，其额定不动作电流为 15 mA。

2. 漏电保护装置分类

（1）按额定动作电流分类，漏电保护装置可分为以下几类：

1）高灵敏度漏电保护装置。额定动作电流为 30 mA 及 30 mA 以下，主要用于防止触电事故。

2）中灵敏度漏电保护装置。额定动作电流为 30 mA 以上、1 000 mA 及 1 000 mA 以下，用于防止触电事故和漏电火灾。

3）低灵敏度漏电保护装置。额定动作电流为 1 000 mA 以上，用于防止漏电火灾和监视一相接地故障。

（2）按照动作时间分类，漏电保护装置有快速型、延时型（定时限型和反时限型）之分。延时型只能用于动作电流 30 mA 以上的漏电保护装置，其动作时间可选为 0.2 s、0.8 s、1 s、1.5 s 和 2 s。

（3）按结构分类，漏电保护装置可分为以下几类：

1）电磁式漏电保护装置。结构简单、承受过电流或过电压冲击的能力较强，但其灵敏度不高，而且工艺难度较大。

2）电子式漏电保护装置。灵敏度很高、动作参数容易调节，但其可靠性较低，承受电磁冲击的能力较弱。

3. 防止人触电漏电保护装置参数选择

选择额定动作电流 $I_{\Delta n} \leqslant 30$ mA、快速动作型。

4. 漏电保护装置的安装要求

（1）必须安装漏电保护装置的设备或场所。属于 I 类的移动式电气设备及手持式电动工具，生产用的电气设备，施工工地的电气机械设备；安装在户外的电气装置，临时用电的电气设备，机关、学校、宾馆、饭店、企事业单位和住宅等除壁挂式空调电源插座外的其他电源插座或插座回路，游泳池、喷水池、浴池的电气设备，安装在水中的供电线路和设备，医院中可能直接接触人体的电气医用设备等均必须安装漏电保护装置。

（2）应装设不切断电源的报警式漏电保护装置的场所。公共场所的通道照明电源和应急照明电源、消防电梯及确保公共场所安全的电气设备、用于消防设备的电源（如火灾报警装置、消防水泵、消防通道照明等）、用于防盗报警的电源，以及其他不允许突然停电的场所或电气装置的电源，漏电时立即切断电源将会造成其他事故或重大经济损失。

（3）可以不安装漏电保护装置的设备。使用安全特低电压供电的电气设备、一般环境条件下使用的具有双重绝缘或加强绝缘结构的电气设备（危险环境除外）、使用隔离变压器且二次侧为不接地系统供电的电气设备（即采用电气隔离防护措施的设备），以及其他没有漏电危险和触电危险的电气设备。

【练习提高】

一、单项选择题（每题 1 分，每题的备选项中，只有 1 个最符合题意）

1. 绝缘材料的电性能是衡量绝缘材料的重要指标，表示用电介质在施加电压条件下所发生的性能变化和绝缘的质量情况。下列选项中，属于绝缘材料电性能的是（　　）。

A. 介电常数　　B. 耐弧性能　　C. 耐热性能　　D. 阻燃性

2. 良好的绝缘是保证电气设备和线路正常运行的必要条件。绝缘材料上的电场强度高于临界值时，绝缘材料发生破裂或分解，电流急剧增加，完全失去绝缘性能，导致绝缘击穿。下列关于绝缘击穿的说法中，正确的是（　　）。

A. 液体绝缘的击穿特性与其纯净度无关

B. 固体绝缘的电击穿时间较长、击穿电压较低

C. 气体绝缘击穿后绝缘性能会很快恢复

D. 固体绝缘的热击穿时间较短、击穿电压较高

3. 下列关于屏护的说法中，错误的是（　　）。

A. 在线路上进行带电作业时，临时设置的非固定护栏，由于不能防止人有意识接近带电线路，所以不属于屏护防护措施

B. 对于防止人们有意识接近带电体的屏护装置，需要工具或钥匙才能打开

C. 屏护装置（如配电箱箱体、箱门）要采取接地保护

D. 遮拦出入口门上应根据需要安装信号装置和联锁装置

4. 触电防护技术包括屏护、间距、绝缘、接地等，屏护是采用护罩、护盖、栅栏、箱体、遮拦等将带电体与外界隔绝。下列针对用于触电防护的户外栅栏的高度要求中，正确的是（　　）。

A. 户外栅栏的高度应不小于 1.2 m

B. 户外栅栏的高度应不小于 1.8 m

C. 户外栅栏的高度应不小于 2.0 m

D. 户外栅栏的高度应不小于 1.5 m

5. 下列关于安全间距的说法中，错误的是（　　）。

A. 人或工具与低压带电体至少保持 10 cm 间距

B. 人或工具与无遮拦 10 kV 带电体至少保持 70 cm 间距

C. 起重作业时，起重机与低压线路至少保持 2 m 间距

D. 起重作业时，起重机与 10 kV 配电线路至少保持 2 m 间距

6. 变压器的中性点不接地系统采取的保护接地系统简称 IT 系统，适用于各种不接地配电网，如某些 1~10 kV 配电网、煤矿井下低压配电网等。在 380 V 不接地低压系统中，保护接地电阻最大不应超过（　　）Ω。

A. 10　　B. 4　　C. 2　　D. 1

7. TT 供电系统变压器中性点接地电阻 $R_N=2\ \Omega$，设备外壳保护接地电阻 $R_E=3\ \Omega$，供电系统相电压 $U=220$ V。当用电设备发生金属性漏电（即接触电阻接近于零）时，该设备外壳对地电压为（　　）V。

A. 220　　B. 132　　C. 88　　D. 62

8. 采用不同的接地、接零保护方式的配电系统，如 IT 系统（保护接地）、TT 系统和 TN 系统（保护接零），属于间接接触电击防护措施。下列关于上述三种系统的说法中，正确的是（　　）。

A. TT 系统能够将故障电压限制在安全范围内，但漏电状态并未消失

B. TT 系统必须装设剩余电流保护装置或过电流保护装置

C. TN 系统能够将故障设备的电源断开，消除电击危险

D. TN 系统能够将漏电设备上的故障电压降低到安全范围内

9. 保护接零是为了防止电击事故而采取的安全措施，在变压器的中性点接地系统中，当某相带电体碰连设备外壳时，可能造成电击事故。下列关于保护接零的说法中，正确的是（　　）。

A. 保护接零能将漏电设备上的故障电压降低到安全范围以内，但不能迅速切断

电源

B. 保护接零既能将漏电设备上的故障电压降低到安全范围以内，又能迅速切断电源

C. 保护接零既不能将漏电设备上的故障电压降低到安全范围以内，也不能迅速切断电源

D. 保护接零一般不能将漏电设备上的故障电压降低到安全范围以内，但可以迅速切断电源

10. 在接零保护系统中，当发生对PE线的单相短路时，要求能够迅速切断电源。对于相线对地电压220 V的TN系统，手持式电气设备的短路保护元件应保证故障持续时间不超过（　　）s。

A. 0.2　　B. 0.4　　C. 1　　D. 5

11. 保护接地是将低压用电设备金属外壳直接接地，适用于IT和TT系统的低压配电网。下列关于IT和TT系统保护接地的说法中，正确的是（　　）。

A. IT系统低压配电网中，由于单相接地电流很大，只有通过保护接地才能把漏电设备对地电压限制在安全范围内

B. IT系统低压配电网中，电气设备金属外壳直接接地，当电气设备发生漏电时，造成该系统零点漂移，使中性线带电

C. TT系统中应装设能自动切断漏电故障的漏电保护装置，所以装有漏电保护装置的电气设备的金属外壳可以不接保护接地线

D. TT系统低压配电网中，电气设备金属外壳直接接地，当电气设备发生漏电时，造成控制电气设备空气开关跳闸

12. 为了增加安全性，TN系统一般采取重复接地。下列关于TN系统接零保护和重复接地的说法中，错误的是（　　）。

A. TN系统中设备采取接零保护后，可以采取接地保护

B. TN系统中设备装设漏电保护器后，可以不做接零保护，而只做接地保护

C. TN系统中设备外壳只做接地保护，不与保护零线连接

D. TN系统重复接地可以加快保护装置动作，缩短故障持续时间

13. 在建筑物的进线处将PE干线、设备PE干线、进水管、采暖和空调竖管、建筑物构筑物金属构件和其他金属管道、装置外露可导电部分等相联结，此措施称为（　　）。

A. 主等电位联结　　B. 主等电位连接

C. 局部等电位联结　　D. 辅助等电位联结

14. 下列关于等电位联结导线截面积要求的说法中，错误的是（　　）。

A. 等电位联结保护导体的主要目的和作用是传递电流，所以其截面积不能小于接地保护或接零保护导体

B. 主等电位联结导体的最小截面积不得小于最大保护导体截面积的1/2，且不得小于6 mm^2

C. 两台设备之间局部等电位联结导体的最小截面积不得小于两台设备保护导体中较小者的截面积

D. 设备与设备外导体之间的局部等电位联结线的截面积不得小于该设备保护零支线截面积的 1/2

15. 下列关于保护导体的说法中，正确的是（　　）。

A. 保护干线至少应经 3 条连接线与接地体相连

B. 多台设备外壳用保护线串联连接

C. 任何情况下保护导体不准装开关

D. 保护导体的接头必须用工具才能拆开

16. 保护导体包括保护接地线、保护接零线和等电位联结线。下列关于保护导体截面积的说法中，正确的是（　　）。

A. 没有机械防护的 PE 线截面积不得小于 10. 0 mm^2

B. 有机械防护的 PE 线截面积不得小于 2. 5 mm^2

C. 铜质 PEN 线截面积不得小于 16. 0 mm^2

D. 铝质 PEN 线截面积不得小于 25. 0 mm^2

17. 接地装置是接地体和接地线的总称，运行中的电气设备的接地装置要保持在良好状态。下列关于接地装置技术要求的说法中，正确的是（　　）。

A. 自然接地体应由 3 根以上导体在不同地点与接地网相连

B. 三相交流电网的接地装置采用角钢作接地体，埋于地下不超过 50 mm

C. 当自然接地体的接地电阻符合要求时，可不敷设人工接地体

D. 为了减小自然因素对接地电阻的影响，接地体上端离地面深度不应小于 10 mm

18. 电气隔离是指工作回路与其他回路实现电气上的隔离。其安全原理是在隔离变压器的二次侧构成一个不接地的电网，防止在二次侧工作的人员被电击。下列关于电气隔离技术的说法中，正确的是（　　）。

A. 隔离变压器一次侧应保持独立，隔离回路应与大地有连接

B. 隔离变压器二次侧线路电压高低不影响电气隔离的可靠性

C. 为防止隔离回路中各设备相线漏电，各设备金属外壳采用等电位接地

D. 隔离变压器的输入绕组与输出绕组没有电气连接，并具有双重绝缘的结构

19. 下列关于不导电场所的说法中，错误的是（　　）。

A. 不导电场所的地板、墙面与大地之间必须有足够的绝缘电阻

B. 不导电场所的设备应禁止采取接地保护或接零保护

C. 对于延伸至场所外的管道，要么在场所内采取屏护措施，要么加绝缘段

D. 不导电场所内的设备之间必须采用等电位联结

20. 漏电保护装置主要用于间接接触电击和直接接触电击防护。下列关于漏电保护装置要求的说法中，正确的是（　　）。

A. 使用安全特低电压供电的电气设备，应安装漏电保护装置

B. 医院中可能直接接触人体的电气医用设备，应装设漏电保护装置

C. 一般环境条件下使用的Ⅲ类移动式电气设备，应装漏电保护装置

D. 隔离变压器且二次侧为不接地系统供电的电气设备，应装漏电保护装置

21. 安全电压是在一定条件下、一定时间内不危及生命安全的安全电压额定值。下

列关于安全电压限值和安全电压额定值的说法中，正确的是（　　）。

A. 潮湿环境中工频安全电压有效值的限值为 16 V

B. 隧道内工频安全电压有效值的限值为 36 V

C. 金属容器内的狭窄环境应采用 24 V 安全电压

D. 存在电击危险的环境照明灯应采用 42 V 安全电压

22. 下列关于安全特低电压系统技术要求和使用方法的说法中，错误的是（　　）。

A. 安全特低电压电源必须是安全隔离变压器或类似隔离效果的电源

B. 安全特低电压回路也必须隔离，不能接地或与其他回路导通

C. 安全特低电压系统设备必须隔离，不能做接地或接零保护，也不与系统外导体做等电位联结

D. 安全特低电压系统设备应装漏电保护器以防安全隔离变压器隔离失效

二、多项选择题（每题 2 分，每题的备选项中，有 2 个或 2 个以上符合题意，至少有 1 个错项。错选，本题不得分；少选，所选的每个选项得 0.5 分）

1. 良好的绝缘是保证电气设备和线路正常运行的必要条件，选择绝缘材料应视其环境适应性。下列情形中，可能造成绝缘破坏的有（　　）。

A. 石英绝缘在常温环境中使用

B. 矿物油绝缘中杂质过多

C. 陶瓷绝缘长期在风吹日晒环境中使用

D. 聚酯漆绝缘在高电压作用环境中使用

E. 压层布板绝缘在霉菌侵蚀的环境中使用

2. 当施加于绝缘材料上的电场强度高于临界值时，绝缘材料发生破裂或分解，电流急剧增加，完全失去绝缘性能，这种现象称为绝缘击穿。下列关于绝缘击穿的说法中，正确的有（　　）。

A. 热击穿的特点是电压作用时间短、击穿电压低

B. 气体绝缘击穿是由碰撞电离导致的电击穿

C. 电化学击穿的特点是电压作用时间很短、击穿电压高

D. 液体绝缘的击穿特性与其纯净程度有关

E. 电击穿的特点是作用时间短、击穿电压高

3. 接地、接零保护方式不同的配电系统，如 IT 系统（保护接地）、TT 系统和 TN 系统（保护接零），工作原理不一致，能提供的保护也不一致。下列关于上述三种系统的工作原理和保护原理的说法中，正确的是（　　）。

A. 根据戴维南定理，接地保护系统在有低电阻接地时，加在人体的电压是安全电压

B. 接零保护系统中，发生故障时故障电流不会很大，可能不足以使漏电保护器动作

C. 保护接零的原理是当某相带电部分触及设备外壳时，马上形成短路，促使保护元件动作，能够把设备电源断开

D. 接地保护系统是通过低电阻接地，把故障电压控制在安全范围以内

E. TN 系统由于故障得不到迅速切除，故只有在采用其他间接接触电击的措施有困难的条件下才考虑采用

4. 应用等电位联结进行触电防护时，应连接的导体包括（　　）。

A. 相线

B. 接地保护线或接零保护线

C. 设备的外露可导电部分

D. 金属管道（含煤气管道）

E. 建筑的钢筋结构

5. 下列关于不导电场所触电防护措施的说法或做法中，正确的有（　　）。

A. 对外部进入不导电场所的水管，对其在不导电场所内的部分设置屏护以避免接触

B. 对延伸至不导电场所外的金属通风管道，增设一小段绝缘管道

C. 将不导电场所内的设备进行接地保护

D. 在间距不足 2.5 m 设备之间设置屏障

E. 将不导电场所内、外的设备外壳做等电位联结

第四节　电气防火防爆技术

【本节重点】

一级知识点	二级知识点
电气引燃源	（1）危险温度（短路、过载、漏电、接触不良、电压异常、机械故障、铁芯过热、散热不良、电热器具） （2）电火花和电弧（工作火花、事故火花）
环境爆炸性危险物质分类	（1）环境爆炸性危险物质按形态分类：Ⅰ类、Ⅱ类、Ⅲ类物质 （2）环境爆炸性危险物质按危险性分级：A、B、C （3）环境爆炸性危险物质按引燃温度分组：T1～T6
气体、蒸气爆炸危险环境分区	（1）气体、蒸气爆炸危险环境分区定义：0 区、1 区、2 区 （2）影响气体、蒸气爆炸危险环境分区的因素（释放源、气体类别、通风、气体密度、障碍物等） （3）气体、蒸气爆炸危险环境划分原则
粉尘、纤维爆炸危险区域划分	（1）粉尘、纤维爆炸危险环境分区定义：20 区、21 区、22 区 （2）粉尘、纤维爆炸危险区域划分方法
防爆电气设备分类	（1）防爆电气设备按爆炸性危险物质分类：Ⅰ类、Ⅱ类、Ⅲ类 （2）防爆电气设备的保护级别：a（很高）、b（高）、c（一般） （3）防爆电气设备按防爆方式分类：隔爆 d、增安 e、正压 p、充油 o 等
防爆电气设备标志与选用原则	（1）防爆电气设备标志 （2）防爆电气设备选择原则
防爆电气线路	（1）线路敷设要求 （2）线路的隔离密封要求
电气防火防爆技术要求	

一、电气引燃源

电气引燃源包括电气装置的危险温度和发生在可燃物上的电火花和电弧。

1. 危险温度

（1）短路。人的错误操作或设备故障都会导致短路，短路是最常见的导致电气火灾的原因。

（2）过载。严重过载或长时间过载都会产生危险温度。

（3）漏电。当漏电电流集中在某一点时，可能引起比较严重的局部发热，产生危险温度。

（4）接触不良。可能产生接触不良而导致危险温度的情况如下：

1）不可拆卸的接头连接不牢、焊接不良或接头处夹有杂物。

2）可拆卸的接头连接不紧密或由于振动而松动，如设备的接线端子松动。

3）插头、插座接触不良

4）各种开关的触头没有足够的接触压力或表面粗糙不平。

5）滑动接触处没有足够的压力或接触不良。

6）不同种类导体连接处，如铜和铝线连接处，产生电化腐蚀造成接触不良。

（5）铁芯过热

1）有铁芯的设备。电动机、变压器、接触器等带有铁芯的电气设备。

2）铁芯过热原因。铁芯短路、线圈电压过高或通电后铁芯不能吸合，由于涡流损耗和磁滞损耗增加都将造成铁芯过热并产生危险温度。

（6）散热不良。电气设备的散热或通风措施遭到破坏，如散热油管堵塞、通风道堵塞、安装位置不当、环境温度过高或距离外界热源太近，均可能导致电气设备和线路产生危险温度。

（7）机械故障。机械故障导致的卡死往往会让电动机的电流大幅上升而产生危险温度。

（8）电压过高或过低

1）电压过高，电流增大，导致增加发热。

2）电压过低，对于恒定功率负载，还会使电流增大，增加发热。如果由于输出扭矩不够导致电动机卡死，则会产生短路效应，更危险。

（9）电热器具和照明灯具。这两类电气设备本身就是以发热为主的设备，温度可达数百摄氏度甚至上千摄氏度。

2. 电火花和电弧

（1）工作火花

1）人正常操作产生的火花，如接通或断开控制开关、断路器、接触器产生的火花。

2）设备正常运行产生的火花，如直流电动机的电刷与换向器的滑动接触处产生的火花。

（2）事故火花

1）内部原因火花，如短路、闪络火花。

2）外部原因产生的火花，如雷电火花、静电火花和电磁感应火花。

3）机械碰撞火花，如电动机的转动部件与其他部件相碰产生的火花。

二、环境爆炸性危险物质分类

环境爆炸性危险物质是指能够形成爆炸性危险环境的物质，根据其形态、被引爆的危险性及引燃温度，可将其分成如图 2-28 所示类别。

环境爆炸性危险物质
- Ⅰ类　T1
- Ⅱ类
  - ⅡA：T1、T2、T3、T4、T5、T6
  - ⅡB：T1、T2、T3、T4、T5、T6
  - ⅡC：T1、T2、T3、T4、T5、T6
- Ⅲ类
  - ⅢA：T1、T2、T3、T4、T5、T6
  - ⅢB：T1、T2、T3、T4、T5、T6
  - ⅢC：T1、T2、T3、T4、T5、T6

图 2-28　环境爆炸性危险物质分类

1. 环境爆炸性危险物质按形态分类

（1）Ⅰ类。矿井甲烷。

（2）Ⅱ类。爆炸性气体、蒸气、薄雾。

（3）Ⅲ类。爆炸性粉尘、纤维。

2. 环境爆炸性物质按危险性分级

（1）爆炸性气体危险性分级。按照爆炸性气体最大试验安全间隙和最小点燃电流比（引爆危险性）分类如下：

1）ⅡA 类。最大试验安全间隙和最小点燃电流比最大，危险性最小。

2）ⅡB 类。最大试验安全间隙和最小点燃电流比中等，危险性中等。

3）ⅡC 类。最大试验安全间隙和最小点燃电流比最小，危险性最大，最易被引爆。

（2）爆炸性粉尘分级

1）ⅢA 类。可燃性飞絮，危险最小。

2）ⅢB 类。非导电性粉尘，危险性中等。

3）ⅢC 类。导电性粉尘，危险性最大。

3. 环境爆炸性危险物质按引燃温度分组

爆炸气体、蒸气、薄雾和粉尘、飞絮按照引燃温度可以分为 6 个组别，其中 T1 组引燃温度最高，T6 组引燃温度最低，见表 2-9。

表 2-9　爆炸气体、蒸气、薄雾和粉尘、飞絮按照引燃温度分组

组别	引燃温度/ ℃	组别	引燃温度/ ℃
T1	>450	T4	$200 \geq T > 135$
T2	$450 \geq T > 300$	T5	$135 \geq T > 100$
T3	$300 \geq T > 200$	T6	$100 \geq T > 85$

三、气体、蒸气爆炸危险环境分区

1. 气体、蒸气爆炸危险环境分区定义

根据爆炸性气体、蒸气混合物出现的频繁程度和持续时间，将此类危险场所分为0区、1区和2区。

（1）0区。正常运行时持续出现或长时间出现或短时间频繁出现爆炸性气体、蒸气或薄雾，能形成爆炸性混合物的区域。除了装有危险物质的封闭空间，如密闭的容器、储油罐等内部气体空间外，很少存在0区。

（2）1区。正常运行时可能出现（预计周期性出现或偶然出现）爆炸性气体、蒸气或薄雾，能形成爆炸性混合物的区域。

（3）2区。正常运行时不出现，即使出现也只可能是短时间偶然出现爆炸性气体、蒸气或薄雾，能形成爆炸性混合物的区域。

2. 影响气体、蒸气爆炸危险环境分区的因素

（1）释放源特征，如释放速度、频率等。

（2）通风条件，如通风的连续有效性等。

（3）危险气体的爆炸危险，如爆炸极限、危险等级（最大试验安全间隙）等。

（4）危险气体的物理特性，如密度是否大于空气等。

（5）其他因素，如释放源位置、障碍物等。

3. 释放源等级划分

（1）连续级释放源。连续释放、长时间释放或短时间频繁释放。

（2）一级释放源。正常运行周期性或偶然释放。

（3）二级释放源。异常释放、短时间释放。

许多释放源包含两种或两种以上释放源特征。

4. 通风分类

（1）自然通风。

（2）机械通风。一般机械通风（全面通风）、局部机械通风。

良好的通风标志是混合物中危险物质的浓度被稀释到爆炸下限的1/4以下。

5. 气体、蒸气爆炸危险环境划分原则

（1）存在连续级释放源的区域可划为0区，存在一级释放源的区域可划为1区，存在二级释放源的区域可划为2区。

（2）如通风良好，应降低爆炸危险区域等级；如通风不良，应提高爆炸危险区域等级。

（3）局部机械通风在降低爆炸性气体混合物浓度方面比自然通风和一般机械通风更为有效时，可采用局部机械通风降低爆炸危险区域等级。

（4）在障碍物、凹坑和死角处，应局部提高爆炸危险区域等级。

（5）利用堤或墙等障碍物，限制比空气重的爆炸性气体混合物的扩散，可缩小爆炸危险区域的范围。

6. 气体、蒸气爆炸危险区域的范围

（1）当危险物质释放量越大、浓度越高、爆炸下限越低、闪点越低、温度越高、

通风越差时，爆炸危险区域越大。

（2）在建筑物内部，宜以厂房为单位划定爆炸危险区域的范围；如果厂房内空间大，释放源释放的易燃物质量少，可按厂房内部分空间划定爆炸危险区域的范围。

7. 气体、蒸气爆炸危险区域划分示例

（1）密度大于空气的气体爆炸危险区域划分示例如图 2-29 和图 2-30 所示。

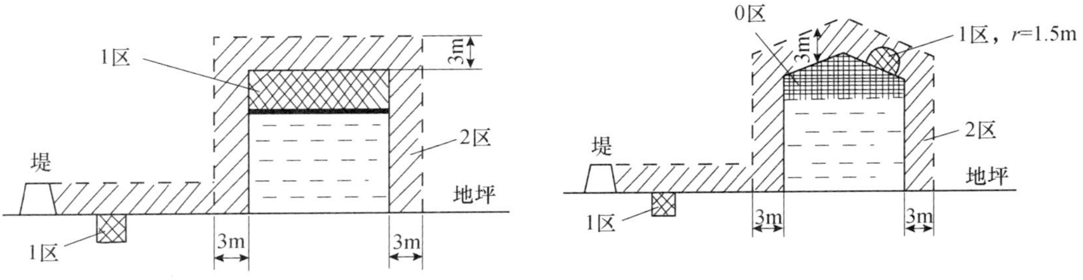

a）浮顶式油罐　　b）顶部固定式油罐

图 2-29　蒸气密度大于空气户外油罐爆炸危险区域划分

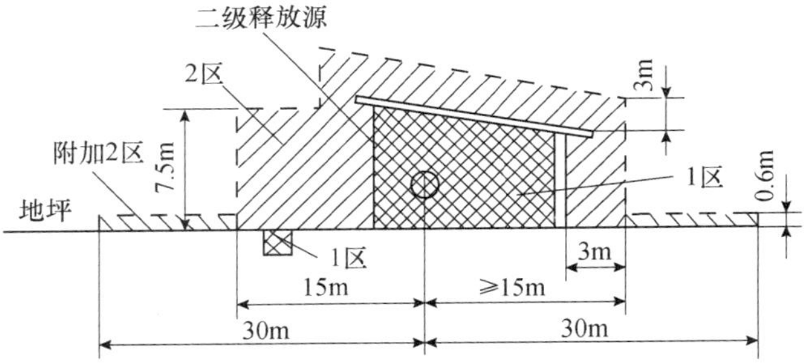

图 2-30　蒸气密度大于空气通风不良室内爆炸危险区域划分

（2）密度小于空气的气体爆炸危险区域划分示例如图 2-31 所示。

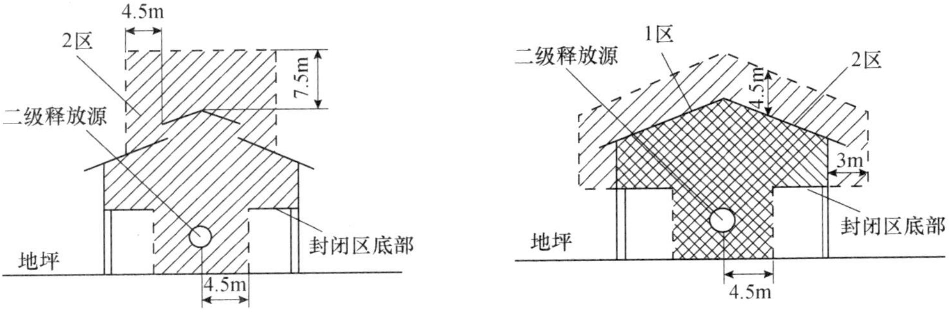

a）通风良好（有天窗）　　b）通风不良（无天窗）

图 2-31　气体密度小于空气机房爆炸危险区域划分

四、粉尘、纤维爆炸危险区域划分

1. 粉尘、纤维爆炸危险环境分区定义

根据爆炸性粉尘、纤维混合物出现的频繁程度和持续时间，将此类危险场所分为3类区域。

（1）20区。空气中的可燃性粉尘云持续或长期或频繁地出现于爆炸性环境中的区域。

（2）21区。在正常运行时，空气中的可燃性粉尘云很可能偶尔出现于爆炸性环境中的区域。

（3）22区。在正常运行时，空气中的可燃粉尘云一般不可能出现于爆炸性粉尘环境中的区域，即使出现，持续时间也是短暂的。

2. 粉尘、纤维爆炸危险区域划分方法

粉尘、纤维爆炸危险区域的级别和范围大小受粉尘量、粉尘爆炸极限和通风条件等因素影响。

（1）20区划分。粉尘容器、旋风除尘器、搅拌器等设备内部的区域应划分为20区。

（2）21区划分。频繁打开的粉尘容器出口附近、传送带附近等设备外部邻近区域应划分为21区。

（3）22区划分。粉尘袋、取样点等周围的区域。

爆炸性粉尘环境的范围，应根据爆炸性粉尘的量、释放率、浓度和物理特性，以及同类企业相似厂房的实践经验等确定。

建筑物内无抽气通风设施的倒袋站爆炸危险区域的划分如图2-32所示。

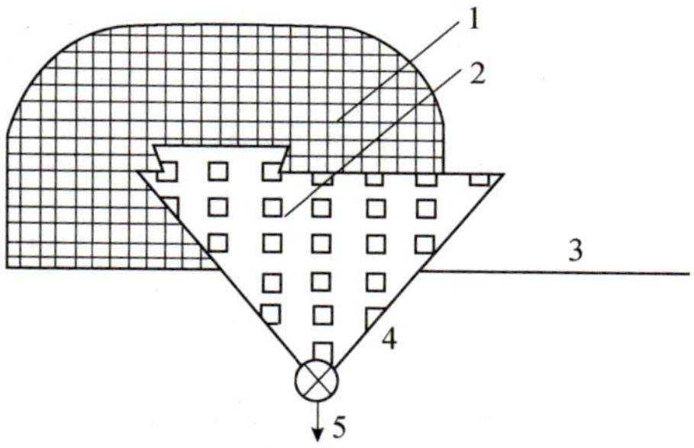

a）倒料斗侧视图

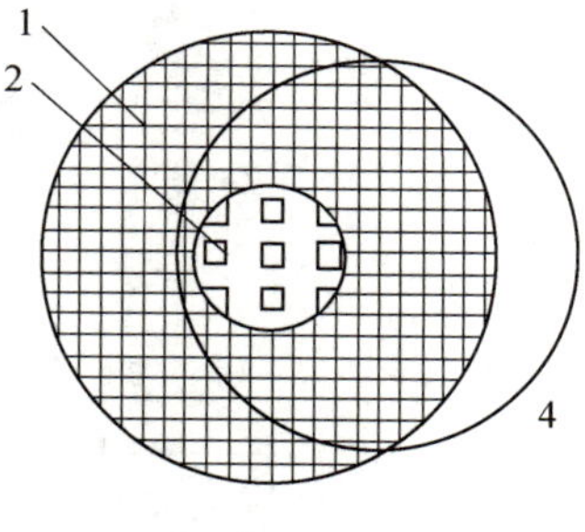

b）倒料斗俯视图

图2-32 无通风建筑内倒袋站粉尘危险区域划分

1—21区 2—20区 3—地板 4—排料斗 5—出料加工

五、防爆电气设备分类

1. 防爆电气设备按爆炸性危险物质分类

总体而言，防爆电气设备根据其适用的爆炸性危险物质可分为以下三大类：

（1）Ⅰ类。用于煤矿防止矿井甲烷（瓦斯）爆炸。

（2）Ⅱ类。用于非煤矿企业防止爆炸性气体、蒸气、薄雾爆炸。

（3）Ⅲ类。用于煤矿以外的爆炸性粉尘环境。

2. 防爆电气设备的保护级别（EPL）

保护级别是指防爆电气设备的安全防护水平，具体可分为以下 3 级：

（1）“a”级。防护级别“很高”。该等级具有足够的安全程度，在以下 3 种情况下不会成为点燃源：

1）正常运行过程中。

2）在预期的故障条件下。

3）在罕见的故障条件下。

对于甲烷而言，甚至在气体突出时设备带电的情况下也不可能成为点燃源。

（2）“b”级。防护级别“高”。该等级在以下两种情况下不会成为点燃源：

1）正常运行过程中。

2）在预期的故障条件下。

对于甲烷而言，从气体突出到设备断电的时间范围内预期的故障条件下不可能成为点燃源。

（3）“c”级。防护级别“一般”。该等级在以下情况下不会成为点燃源：

1）正常运行过程中。

2）采取一些附加保护措施，保证在点燃源预期经常出现的情况下（如灯具的故障）不会形成有效点燃。

用于煤矿有甲烷的爆炸性环境的Ⅰ类设备的 EPL 分为 Ma、Mb 两级。

用于气体环境的Ⅱ类设备的 EPL 分为 Ga、Gb、Gc 三级。

用于爆炸性粉尘环境的Ⅲ类设备的 EPL 分为 Da、Db、Dc 三级。

3. 防爆电气设备按防爆方式分类

按照防爆方式，防爆电气设备分为隔爆型、增安型、本质安全型、正压型、油浸型、充砂型、无火花型、浇封型 8 种类型。

（1）隔爆型（d 型）。隔爆型设备是能承受内部的爆炸性混合物发生爆炸而不致受到破坏，而且通过外壳任何结合面或结构间隙，不致由内部爆炸引起外部爆炸性混合物爆炸的电气设备。

（2）增安型（e 型）。增安型设备是在正常时不产生火花、电弧或高温的设备上采取加强措施以提高安全水平的电气设备。

（3）本质安全型（i 型）。本质安全型设备是正常状态下和故障状态下产生的火花或热效应均不能点燃爆炸性混合物的电气设备。

（4）正压型（p 型）。正压型设备是向外壳内充入带正压的清洁空气、惰性气体或连续通入清洁空气以阻止爆炸性混合物进入外壳内的电气设备。

（5）油浸型（o 型）。油浸型设备是将可能产生电火花、电弧或危险温度的带电零、部件浸在绝缘油里，使之不能点燃油面上方爆炸性混合物的电气设备。

（6）充砂型（q 型）。充砂型设备是将细粒状物料充入设备外壳内，令壳内出现的电弧、火焰传播、壳壁温度及粒料表面温度不能点燃周围爆炸性混合物的电气设备。

（7）无火花型（n 型）。无火花型设备是在防止产生危险温度、防冲击、防机械火花、防电缆事故、外壳防护等方面采取措施，以防止火花、电弧或危险温度的产生来提高安全程度的电气设备。无火花型设备在正常条件下不会点燃周围爆炸性混合物，而且一般不会发生有点燃作用的故障。

（8）浇封型（m 型）。浇封型设备是将可能产生能点燃混合物的电弧、火花及高温部件浇封在环氧树脂等浇封剂里面，使其不能点燃周围爆炸性混合物的设备。

有的防爆电气设备，其本体属于某种防爆类型，但允许安装有其他防爆类型的部件。

六、防爆电气设备标识及选择原则

1. 防爆电气设备标识

防爆电气设备的基本标识方法如图 2-33 所示。

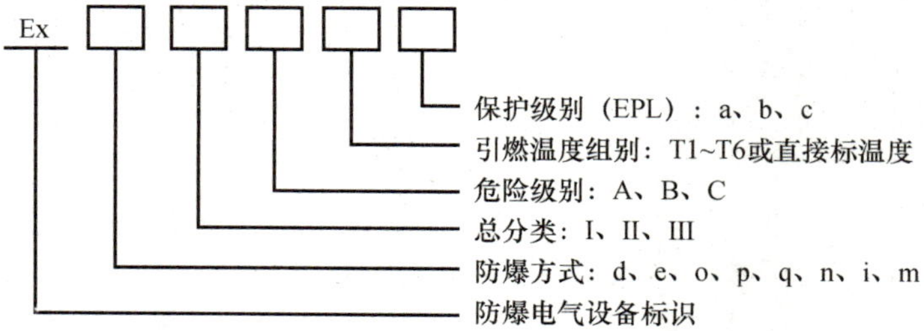

图 2-33　防爆电器的基本标识方法

（1）煤矿用防爆电气设备标识示例。“Ex d Ⅰ Mb”标识含义：隔爆型煤矿用防爆电气设备，保护级别“高”，在正常情况下和瓦斯突出到设备断电的时间范围内预期的故障条件下不可能成为点燃源。

（2）非煤矿用气体爆炸环境防爆电气设备示例。“Ex e Ⅱ B T3 Gc”标识含义：适用于ⅡB 类气体（非煤矿）环境、增安型防爆电气设备，其引燃温度为 T3 组，保护级别为“一般”，即在正常情况下不会引燃引爆环境气体，如出现故障则有可能引爆环境气体。

（3）单一气体环境防爆电气设备标识。如果某种防爆电气设备是针对单一气体环境设计的，则直接标出气体名称，而不是用ⅡA、ⅡB 或ⅡC 表示。“Ex p Ⅱ氨气（NH_3）Ga”标识含义：适用于环境爆炸气体成分只有氨气的正压型防爆电气设备，保护级别为“很高”，即在正确情况下、预期故障情况下以及在罕见故障情况下都不会引爆环境气体。

（4）针对两类气体设计的防爆电气设备标识。2000 年版本标准（已作废）的标识方法举例如下：

Ex ia Ⅰ/Ⅱ B T3

上述标识含义：该防爆电器既适用于煤矿又适用于非煤矿气体环境，类型为本质安全型，保护等级为“很高”，在正常工作情况下、出现 1 个计数故障和出现 2 个计数故障情况下均不引爆环境，其适用气体的温度组别为 T3。

针对两类气体设计的防爆电器，2010 年版标准标识示例：

Ex ia Ⅰ
Ex ia Ⅱ B T3

2. 防爆电气设备选择原则

（1）基于爆炸性危险物质类别、危险级别和引燃温度选择适当类型的防爆电气设备。

1）煤矿选用Ⅰ类防爆电气设备。

2）非煤矿山气体环境选用Ⅱ类防爆电气设备。

3）爆炸性粉尘环境选用Ⅲ类防爆电气设备。

（2）根据危险环境分区选择防爆电气设备的保护级别。

1）0 区或 20 区只能选择保护等级为“a”的产品。

2）1 区和 21 区可选保护等级为“a”和“b”的产品。

3）2 区和 22 区可以选择各种保护等级的产品。

（3）所选防爆电气设备级别或（和）组别不低于该环境内爆炸性危险物质的级别和组别。

1）例如，乙烯的危险级别为“ⅡB”，引燃温度组别为 T2 组，那么标识为“ⅡB”和“ⅡC”及引燃温度为 T2、T3、T4、T5、T6 的防爆电气设备均可采用。

2）相反，一个标识为“Ex d ⅡB T3”的防爆电气设备可用于引燃温度为 T1、T2、T3 的ⅡA 类和ⅡB 类爆炸气体环境。

七、防爆电气线路

1. 线路敷设要求

（1）电气线路宜在爆炸危险性较小的环境或远离释放源的地方敷设。

（2）当可燃物质密度比空气大时，电气线路宜在较高处敷设或直接埋地。

（3）电缆沟敷设时，沟内应充砂，并宜设置排水措施。

（4）电气线路宜在有爆炸危险的建（构）筑物的墙外敷设。在爆炸粉尘环境，电缆应沿粉尘不易堆积并且易于清除粉尘的位置敷设。

（5）在 1 区内电缆线路严禁有中间接头，在 2 区、20 区、21 区内不应有中间接头。

2. 线路的隔离密封要求

（1）在爆炸性气体环境的穿线用钢管要做好隔离密封（两端及中间开孔要封堵）。尤其是穿线管进入设备时，穿线管内部和外部都要做好封堵；非穿线管配线的电缆进入设备处也要进行封堵。

（2）敷设电气线路的沟道、电缆桥架或导管，所穿过不同区域之间的墙或楼板处的孔洞，应采用非燃性材料严密堵塞。

八、电气防火防爆技术要求

1. 隔离和间距

（1）室内电压为 10 kV 以上的充油设备隔离要求如下：

1）总油量为 60 kg 以下的充油设备，可安装在两侧有隔板的间隔内。

2）总油量为 60~600 kg 的充油设备，应安装在有防爆隔墙的间隔内。

3）总油量为 600 kg 以上的充油设备，应安装在单独的防爆间隔内。

（2）10 kV 以上变、配电室要求如下：

1）不得设在爆炸危险环境的正上方或正下方。

2）变、配电室与爆炸危险环境或火灾危险环境毗连时，隔墙应用非燃材料制成。

3）配电室允许通过走廊或套间与火灾危险环境相通，但走廊或套间应由非燃材料制成。

4）隔墙上有与变、配电室有关的管子和沟道时，孔洞、沟道应用非燃性材料严密堵塞。

5）毗连变、配电室的门、窗应向外开，通向无爆炸或火灾危险的环境。

2. 爆炸危险环境接地和接零

（1）从防止触电的角度考虑不要求接地（或接零）的部位，如交流 127 V 及以下、直流 110 V 及以下的电气设备也应接地（或接零），并实施等电位联结。

（2）将所有设备的金属部分、金属管道，以及建筑物的金属结构全部接地（或接零），并连接成连续整体。

（3）采用 TN-S 系统，并装设双极开关同时操作相线和中性线。保护导体的最小截面，铜导体不得小于 4 mm^2，钢导体不得小于 6 mm^2。

（4）在不接地配电网中，必须装设一相接地时或严重漏电时能自动切断电源的保护装置或能发出声、光双重信号的报警装置。

3. 带电灭火安全要求

（1）灭火器选择

1）二氧化碳灭火器、干粉灭火器可用于带电灭火。

2）泡沫灭火器的灭火剂有一定的导电性，而且对电气设备的绝缘有影响，不宜用于电气灭火。

（2）人体与带电体之间的安全距离

1）用水灭火时，水枪喷嘴至带电体的距离，电压 10 kV 及以下者应不小于 3 m。

2）用二氧化碳等不导电灭火剂的灭火器灭火时，机体、喷嘴至带电体的最小距离，电压 10 kV 者应不小于 0.4 m。

（3）灭火操作角度。对架空线路等空中设备进行灭火时，人体位置与带电体之间的仰角应不超过 45 °。

【练习提高】

一、单项选择题（每题 1 分，每题的备选项中，只有 1 个最符合题意）

1. 电气设备运行过程中如果散热不良或发生故障，可能导致发热量增加、温度升高而达到危险温度。下列关于电动机产生危险温度的说法中，正确的是（　　）。

A. 电动机卡死导致电动机不转，造成无转矩输出，不会产生危险温度

B. 电动机长时间运转导致铁芯涡流损耗和磁滞损耗增加，产生危险温度

C. 电动机长时间运转由于风扇损坏、风道堵塞会导致电动机产生危险温度

D. 电动机运转时连轴节脱离，会造成负载转矩过大，电动机产生危险温度

2. 爆炸性气体、蒸气按最小点燃电流比和最大试验安全间隙（MESG）分为ⅡA级、ⅡB级、ⅡC级。下列关于这三个级别的危险气体危险性排序中，正确的是（　　）。

A. ⅡA>ⅡB>ⅡC　　B. ⅡA<ⅡB<ⅡC

C. ⅡA<ⅡC<ⅡB　　D. ⅡB>ⅡA>ⅡC

3. 爆炸性气体环境是指在一定条件下，可燃性气体或蒸气与空气形成的混合物被点燃后，能够保持燃烧自行传播的环境。根据爆炸性气体混合物出现的频繁程度和持续时间，对爆炸性气体环境危险场所进行区分，油罐外 3 m 内应划为（　　）。

A. 0 区　　B. 1 区　　C. 2 区　　D. 3 区

4. 对爆炸性粉尘环境，需要根据粉尘与空气形成的混合物出现的频率和持续时间及粉尘层厚度进行分类。若正常运行时空气中的可燃性粉尘云偶尔出现，此类爆炸性环境应确定为（　　）。

A. 1 区　　B. 2 区　　C. 21 区　　D. 22 区

5. 对于有爆炸性危险的环境要使用与其危险相对应的防爆电气设备。下列关于防爆电气设备分类的说法中，错误的是（　　）。

A. Ⅰ类电气设备适用于煤矿瓦斯气体环境，Ⅱ类电气设备用于煤矿瓦斯以外的爆炸性气体环境

B. Ⅲ类电气设备用于爆炸性粉尘环境

C. 对于Ⅱ类电气设备分级中，保护等级的排序为 Ga<Gb<Gc

D. 对于Ⅲ类电气设备分级中，保护等级的排序为 Da>Db>Dc

6. 下列关于防爆电气设备保护级别的说法中，正确的是（　　）。

A. 保护级别分为“a”“b”“c”三级，其中“c”的安全级别最高，意思是“很高”

B. 保护级别“b”含义为“高”，具体含义是在正常、预期故障及非预期故障情况下均不会引爆环境

C. Ⅰ类防爆电气设备保护级别分别是“Ma”“Mb”和“Mc”

D. Ⅱ类防爆电气设备的保护级别分别是“Ga”“Gb”和“Gc”

7. 在电气设备发生爆炸时，其外壳能承受爆炸性混合物在壳内爆炸时产生的压力，并能阻止爆炸火焰传播到外壳的周围，不致引起外部爆炸性混合物爆炸的防爆电气设备是（　　）防爆电气设备。

A. 隔爆型　　B. 油浸型　　C. 本质安全型　　D. 充砂型

8. 下列不属于增安型（e）防爆电气设备特征的是（　　）。

A. 在正常情况下不产生火花

B. 在正常工作时不会产生危险温度

C. 具有特别牢固的外壳，即使内部发生爆炸也不会将其炸开

D. 具有一定防护功能和强度的外壳，但不能保证不被炸开

9. 下列不属于本质安全型（i）防爆电气设备特征的是（　　）。

A. 正常工作时不出现火花

B. 正常工作时可能出现火花，但火花能量不足以引爆环境

C. 故障情况下可能出现火花，但火花能量不足以引爆环境

D. 只有少数防爆电气设备可以设计成本质安全型

10. 防爆电气设备的标识包含型式、等级、类别和组别，应设置在设备外部主体明显的地方，且应在设备安装后能清楚看到，标识“Ex d ⅡB T3 Gb”的正确含义是（　　）。

A. 隔爆型“d”，防护等级 Gb，用于ⅡB 类 T3 组的爆炸性气体环境的防爆电气设备

B. 增安型“d”，防护等级 Gb，用于 T3 类ⅡB 组的爆炸性气体环境的防爆电气设备

C. 浇封型“d”，防护等级 T3，用于 Gb 类ⅡB 组的爆炸性气体环境的防爆电气设备

D. 本安型“d”，防护等级ⅡB，用于 T3 类 Gb 组的爆炸性气体环境的防爆电气设备

11. 防爆电气设备应有具体的标识，并且应设置在设备外部主体明显的地方。设备为正压型，保护等级为 Gb，用于ⅡB 类 T3 组爆炸性气体环境的防爆电气设备，下列标识正确的是（　　）。

A. Ex d ⅡB T3 Gb　　B. Ex p ⅡB T3 Gb

C. Ex o T3 Gb ⅡB　　D. Ex d T3 Gb ⅡB

12. 电气防火防爆技术包括消除或减少爆炸性混合物，消除可燃源、隔离和间距、爆炸危险环境接地和接零等。下列关于爆炸危险环境防火防爆技术要求的说法中，正确的是（　　）。

A. 在危险空间充填清洁的空气，防止形成爆炸性混合物

B. 隔墙上与变、配电室连通的沟道、孔洞等，应使用难燃性材料严密封堵

C. 设备的金属部分，金属管道以及建筑物的金属结构必须分别接地

D. 低压侧断电时，应先断开闸刀开关，再断开电磁启动器或低压断路器

二、多项选择题（每题 2 分，每题的备选项中，有 2 个或 2 个以上符合题意，至少有 1 个错项。错选，本题不得分；少选，所选的每个选项得 0.5 分）

1. 异步电动机的火灾危险性源于其内部或外部因素，诸如制造缺陷、运行故障、管理不善等。下列因素中，可能导致异步电动机火灾的有（　　）。

A. 电源电压波动、频率过低　　B. 电动机电流保护整定值偏小

C. 电机运行中发生过载、堵转　　D. 电机绝缘破坏，发生相间短路

E. 绕组断线或接触不良

2. 电气火灾爆炸是由电气引燃源引起的火灾爆炸，电气装置运行中产生的危险温度、电火花和电弧是导致电气火灾爆炸的重要因素。下列电气引燃源中，属于危险温度的有（　　）。

A. 电气设备正常工作或正常操作过程中产生的电火花

B. 家用电冰箱、电风扇等电气设备发生漏电，并且电流集中在一点

C. 交流异步电动机转动部分被卡死或轴承损坏，造成堵转或负载转矩过大

D. 交流异步电动机在额定电压和功率下运转

E. 电动机、发电机等电气设备短路或过载引起电流过大

3. 电火花是电极间的击穿放电，是电气引燃源的主要形式之一。电火花分为工作火花和事故火花两类。下列情况产生的电火花中，属于事故火花的有（　　）。

A. 导线断线或连接松动导致短路或接地时产生的火花

B. 刀开关、断路器、接触器、控制器接通和断开线路时产生的火花

C. 绕线式异步电动机的电刷与滑环的接触处产生的火花

D. 沿绝缘表面发生的闪络

E. 雷电直接放电及二次放电火花

4. 为便于对不同的危险物质采取有针对性的防范措施，将危险物质分成三类。下列物质中，属于Ⅲ类爆炸危险物质的有（　　）。

A. 煤矿甲烷以外的爆炸性气体环境　　B. 爆炸性粉尘

C. 煤矿甲烷　　D. 爆炸性纤维

E. 爆炸性飞絮

5. 爆炸危险环境的电气设备和电气线路不应产生能构成引燃源的火花、电弧或危险温度。下列对防爆电气线路的安全要求中，正确的有（　　）。

A. 当可燃物质密度比空气大时，电气线路宜在较高处敷设或在电缆沟内敷设

B. 在爆炸性气体环境内 PVC 管配线的电气线路必须做好隔离封堵

C. 在 1 区内电缆线路严禁中间有接头

D. 钢管配线可采用无护套的绝缘单芯导线

E. 电气线路宜在有爆炸危险的建（构）筑物的墙外敷设

6. 某防爆电气设备的标识为“Exd Ⅱ B T4 Gb”。以下气体中，可以选用该防爆电气设备的有（　　）。

A. Ⅱ B 类、T4 组气体　　B. Ⅱ A 类、T4 组气体

C. Ⅱ C 类、T4 组气体　　D. Ⅱ A 类、T5 组气体

E. Ⅱ A 类、T2 组气体

第五节　雷电防护技术

【本节重点】

一级知识点	二级知识点
雷电种类及参数（雷电入侵方式）	（1）雷电种类（直击雷、感应雷、传播雷、球雷） （2）雷电参数（雷暴日、雷电流幅值、雷电流陡度、雷电冲击过电压）
雷电危害	（1）按能量形式分类（电性质、热性质、机械性质危害） （2）按产生后果分类（火灾和爆炸、电击、设备和设施损坏、大面积停电）

续表

一级知识点	二级知识点
建筑物防雷分类	（1）第一类防雷建筑物（能爆炸且损失巨大） （2）第二类防雷建筑物（国家级重要建筑物、能爆炸但不是巨大损失、被雷电击中概率高的建筑） （3）第三类防雷建筑物（省级重要建筑物、被雷电击中概率较高建筑物）
直击雷防护技术	（1）直击雷防护装置 （2）接闪器保护范围确定（滚球法、滚球半径） （3）直击雷防护装置配备要求 （4）避雷装置安装技术要求
感应雷防护要求	（1）雷电的静电感应防护 （2）雷电的电磁感应防护
雷电冲击波（传播雷）防护	（1）防护装置——避雷器和浪涌保护器 （2）雷电冲击波防护措施

一、雷电种类与参数

1. 雷电种类（按雷电能量入侵方式分类）

（1）直击雷。云与大地直接放电，其危害和破坏性最大。

（2）感应雷。感应雷也称作闪电感应，分为静电感应和电磁感应。

1）静电感应。由于带电积云接近地面，在架空线路导线或其他导电凸出物顶部感应出大量电荷引起的，如图 2-34 所示。

2）电磁感应。雷电直击放电时，巨大的冲击雷电流在周围导体感应出很高的电动势，并在开环处形成放电，如图 2-35 所示。

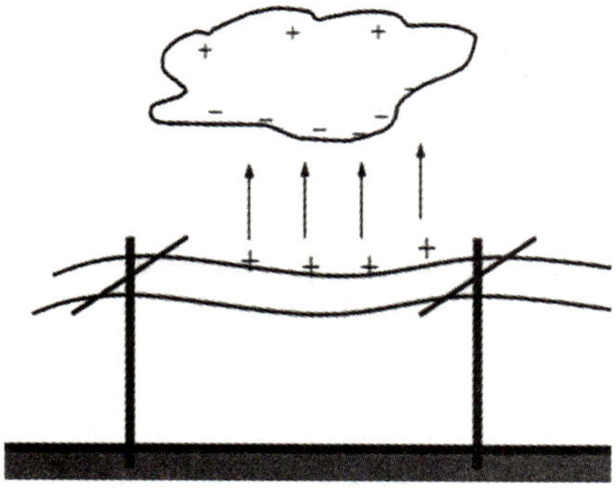

图 2-34　静电感应

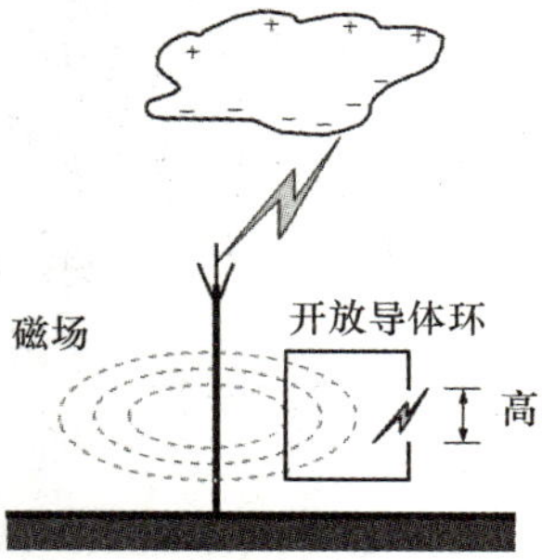

图 2-35　电磁感应

（3）传播雷。直击雷和感应雷都能在架空线路或在空中金属管道上产生沿线路或管道两个方向迅速传播的闪电冲击波（闪电电涌）。此外，直击雷和感应雷都能在空间产生辐射电磁波。

（4）球雷。球雷是雷电放电时形成的发红光、橙光、白光或其他颜色光的火球。球雷是一团处在特殊状态下的带电气体。在雷雨季节，球雷可能从门、窗、烟囱等通道侵入室内。

2. 雷电参数

（1）雷暴日。一天之内能听到雷声的就算一个雷暴日。通常说的雷暴日是指年平均雷暴日，单位为 d/a。雷暴日数越大，说明雷电活动越频繁。

（2）雷电流幅值。雷电流幅值指主放电时冲击电流的最大值。雷电流幅值可达数万到数十万安，这是雷电容易引起火灾的重要原因。

（3）雷电流陡度

1）雷电流陡度指雷电流随时间上升的速度。雷电流冲击波波头陡度可达 50 kA/μs。

2）雷电流陡度与电磁感应电压成正比，所以高陡度会产生非常高的电磁感应电压。

（4）雷电冲击过电压

1）直击雷冲击过电压高达数百万伏。

2）感应雷过电压也高达数十万伏。

3）雷电的高冲击过电压容易使设备绝缘损坏和产生二次放电。

二、雷电危害

1. 雷电危害按能量形式分类

（1）电性质危害。电性质危害往往是指雷电的冲击过电压直接产生的危害，具体如下：

1）高电压破坏设备的绝缘。

2）高电压产生二次放电，对人产生“反击或侧击”（如人站在大树下）。

3）电流的高陡度会产生高电磁感应电压，形成感应电压放电。

（2）热性质危害。雷电流（几万到数十万安培）通过雷击点，发热量可达 500~20 000 MJ，往往会烧毁设备，引起火灾。

（3）机械性质危害

1）雷电产生的热量可以使液体迅速气化，产生爆炸。例如，雷电击中大树后，使大树体内水分迅速气化，最终将大树“劈裂”。

2）雷电通道空气或有限空间空气被雷电能量加热后迅速膨胀产生爆炸，产生强大的机械力。

3）雷电流产生的电磁力也可造成破坏。

2. 雷电危害按产生后果分类

（1）火灾和爆炸

1）直击雷放电的高温电弧能直接引燃邻近的可燃物造成火灾。

2）高电压造成的二次放电可能引起爆炸性混合物爆炸。

3）巨大的雷电流通过导体，可能烧毁导体、熔化导体，导致易燃品的燃烧，从而引起火灾乃至爆炸。

4）数百万伏乃至更高的冲击电压击穿电气设备绝缘导致的短路亦可能引起火灾。

5）球雷侵入可引起火灾。

（2）电击

1）雷电直接对人放电会使人遭到致命电击。

2）二次放电也能造成电击。

3）雷击点及其连接的金属部分产生极高的对地电压，可能直接导致接触电压电击和跨步电压电击。

4）电气设备绝缘损坏后，可能导致高压窜入低压，在大范围内带来触电危险。

5）球雷打击也能使人致命。

（3）设备和设施毁坏

1）数百万伏乃至更高的冲击电压可能毁坏发电机、电力变压器、断路器、绝缘子等电气设备的绝缘，烧断电线或劈裂电杆。

2）巨大的雷电流瞬间产生的大量热量使雷电流通道中的液体急剧蒸发，体积急剧膨胀，造成被击物破坏甚至爆碎。

3）静电力和电磁力也有很强的破坏作用。

（4）大规模停电。电力设备或电力线路被破坏后可能导致大规模停电。

三、建筑物防雷分类

建筑物按其火灾和爆炸的危险性、人身伤亡的危险性、政治经济价值分为三类。

1. 第一类防雷建筑物

只有雷击后会产生火灾爆炸并造成巨大伤亡或损失的建筑物才属于第一类防雷建筑物，具体如下：

（1）制造、使用或储存火炸药及其制品，遇电火花会引起爆炸、爆轰，从而造成巨大破坏或人身伤亡的建筑物。

（2）具有 0 区、20 区爆炸危险场所的建筑物。

（3）具有 1 区、21 区爆炸危险场所，且因电火花引起爆炸会造成巨大破坏和人身伤亡的建筑物。

2. 第二类防雷建筑物

该类建筑物包括国家级重要建筑、雷击后产生爆炸但不至于造成巨大伤亡和损失以及被雷电击中概率很高的一般建筑物，具体如下：

（1）国家级重点文物保护的建筑物。

（2）国家级的会堂、办公楼、档案馆，大型展览馆，大型机场航站楼，大型火车站，大型港客运站，大型旅游建筑，国宾馆，大型城市的重要动力设施。

（3）国家级计算中心、国际通信枢纽。

（4）国际特级和甲级大型体育馆。

（5）制造、使用或储存火炸药及其制品，但电火花不易引起爆炸，或不致造成巨大破坏和人身伤亡的建筑物。

（6）具有 1 区、21 区爆炸危险场所，但电火花引起爆炸而不会造成巨大破坏和人身伤亡的建筑物。

（7）具有 2 区、22 区爆炸危险场所的建筑物。

（8）有爆炸危险的露天气罐和油罐。

（9）预计雷击次数大于 0.05 次/年的省、部级办公建筑物和其他重要或人员集中的公共建筑物以及火灾危险场所。

（10）预计雷击次数大于 0.25 次/年的住宅、办公楼等一般性民用建筑物或一般工业建筑物。

3. 第三类防雷建筑物

该类建筑物包括省级重要建筑物、被雷电击中概率较高的一般建筑物，具体如下：

（1）省级重点文物保护的建筑物和省级档案馆。

（2）预计雷击次数大于或等于 0.01 次/年、小于或等于 0.05 次/年的省、部级办公建筑物和其他重要或人员集中的公共建筑物以及火灾危险场所。

（3）预计雷击次数大于或等于 0.05 次/年、小于或等于 0.25 次/年的住宅、办公楼等一般性民用建筑物或一般工业建筑物。

（4）年平均雷暴日>15 d/a 的地区，高度 15 m 及 15 m 以上的烟囱、水塔等孤立高耸的建筑物；年平均雷暴日≤15 d/a 的地区，高度 20 m 及 20 m 以上的烟囱、水塔等孤立高耸的建筑物。

四、直击雷防护

1. 直击雷防护装置

直击雷防护装置由接闪器、引下线、接地装置构成。接闪器是迎接雷电流的部位，往往是避雷装置最高的部位，有针、避雷线、避雷带、避雷网多种形式。直击雷防护装置分为两类，如图 2-36 所示。

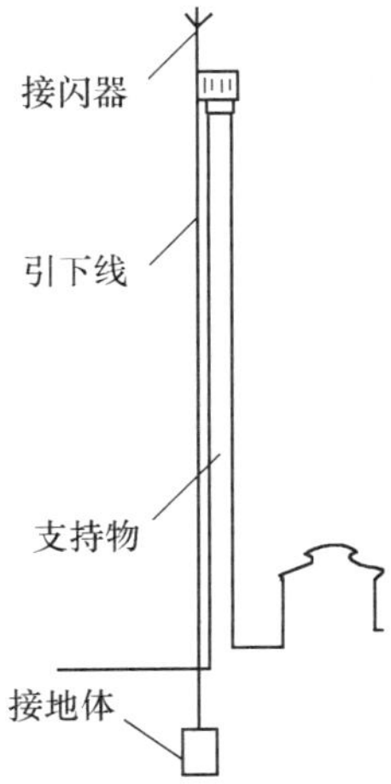

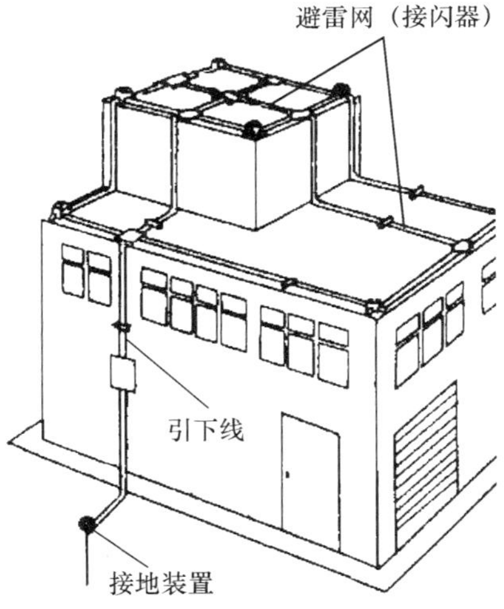

图 2-36　直击雷防护装置

（1）独立避雷装置。独立避雷装置要求在建筑外独立设置，其接地装置不得与建筑接地共用。

（2）附设避雷装置。与建筑物或被防护对象结合在一起的避雷装置。接闪器、引下线固定在建筑物上，接地装置与建筑物共用或通过等电位联结连接在一起。

2. 接闪器保护范围确定

接闪器的保护范围有两种计算方法。对于建筑物，接闪器的保护范围按滚球法计算；对于电力装置，接闪器的保护范围可按折线法计算，如图 2-37 所示。

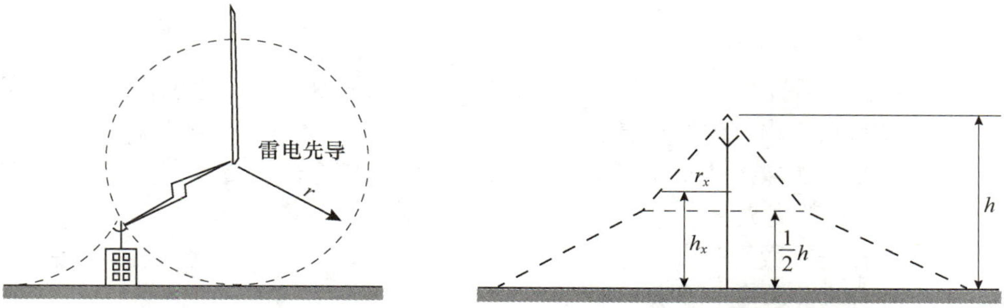

a）滚球法　　b）折线法

图 2-37　接闪器保护范围确定方法

（1）滚球法。滚球法是设想一定直径的球体沿地面由远及近向被保护设施滚动，当该球体触及接闪器时，球面线即保护范围的轮廓线。

滚球半径和避雷网网格大小见表 2-10。

表 2-10　　滚球半径和避雷网网格大小

建筑物防雷类别	滚球半径/m	避雷网网格/（m×m）
第一类防雷建筑物	30	≤5×5 或 6×4
第二类防雷建筑物	45	≤10×10 或 12×8
第三类防雷建筑物	60	≤ 20×20 或 24×16

（2）折线法。折线法是将避雷针或避雷线保护范围的轮廓看作是折线，折点在避雷针或避雷线高度的 1/2 处。折线法主要用于变电站电力设施防雷设计。

1）对于高度在 30 m 以下的避雷针，上部折线与垂线的夹角不超过 45 °，下部折线与地面的交点至垂足的距离不超过避雷针高度的 1.5 倍。

2）对于高度在 30 m 以下的避雷线，上部折线与垂线的夹角一般应不超过 20 °或 30 °，下部折线与地面的交点至垂足的距离不超过避雷线的高度。

3. 直击雷防护装置配备要求

（1）应设直击雷防护装置的设施

1）第一类防雷建筑物、第二类防雷建筑物以及第三类防雷建筑物。

2）一旦遭受雷击后果比较严重的设施或堆料（如装卸油台、露天油罐、露天储气罐等）应采取直击雷防护措施。

3）35 kV 及以上的高压架空电力线路、发电厂、变电站等应采取直击雷防护措施。

（2）露天装设的有爆炸危险的金属储罐和工艺装置避雷装置配备要求

1）当金属储罐和工艺装置壁厚不小于 4 mm 时，允许不再装设接闪器，但必须接地；接地点不应少于两处，其间距离不应大于 30 m，冲击接地电阻不应大于 30 Ω。

2）如果金属储罐和工艺装置击穿后不对周围环境构成危险，则允许其壁厚不小于

2.5 mm 时不再装设接闪器。

（3）第一类防雷建筑物避雷装置配备要求。第一类防雷建筑物必须有独立避雷装置，即不能将避雷装置设置在建筑上。

4. 避雷装置安装技术要求

（1）二次放电防护要求。为了防止二次放电，不论是空气中或地下，都必须保证接闪器、引下线、接地装置与邻近导体之间有足够的安全距离。在任何情况下，应满足以下要求：

1）第一类防雷建筑物防止二次放电的最小距离不得小于 3 m。

2）第二类防雷建筑物防止二次放电的最小距离不得小于 2 m。

3）不能满足间距要求时应跨接，即进行等电位联结。

（2）防雷接地要求

1）除独立避雷针外，在接地电阻满足要求的前提下，防雷接地装置可以和其他接地装置共用。

2）防雷接地电阻一般指冲击接地电阻。独立避雷针的冲击接地电阻一般不应大于 10 Ω。

3）附设接闪器单一引下线的冲击接地电阻一般也不应大于 10 Ω，但对于不太重要的第三类防雷建筑物可放宽至 30 Ω。

4）防感应雷装置的工频接地电阻不应大于 10 Ω。

5）防雷电冲击波的接地电阻，视其类别和防雷级别，冲击接地电阻应不大于 5～30 Ω。其中，阀型避雷器的接地电阻一般不应大于 5 Ω。

（3）独立避雷针设置要求

1）独立避雷针是离开建筑物单独装设的，其接地装置应当单设。

2）严禁在装有避雷针的构筑物上架设通信线、广播线或低压线。

3）利用照明灯塔作独立避雷针支柱时，照明电源线必须采用铅皮电缆或穿入铁管，并将铅皮电缆或铁管埋入地下经 10 m 以上（水平距离，埋深 0.5～0.8 m）才能引进室内。

4）独立避雷针不应设在人经常通行的地方。

（4）附设避雷针设置要求。附设避雷针是装设在建筑物或构筑物屋面上的避雷针，要求如下：

1）如系多支附设避雷针或其他接闪器，应相互连接，并与建筑物或构筑物的金属结构连接起来。

2）其接地装置可以与其他接地装置共用，宜沿建筑物或构筑物四周敷设。

3）其接地装置的接地电阻不宜超过 1～2 Ω。

五、感应雷防护要求

1. 雷电的静电感应防护

为了防止静电感应产生的高电压，应做好以下防护工作：

（1）应将建筑物内的金属设备、金属管道、金属构架、钢屋架、钢窗、电缆金属外皮以及凸出屋面的放散管、风管等金属物件与防雷电感应的接地装置相连。

（2）屋面结构钢筋宜绑扎或焊接成闭合回路。对于金属屋顶，应将屋顶妥善接地；对于钢筋混凝土屋顶，应将屋面钢筋焊成 5~12 m 的网格，连成通路并予以接地。

（3）对于非金属屋顶，宜在屋顶上加装边长为 5~12 m 的金属网格，并予以接地。

2. 雷电的电磁感应防护

（1）平行敷设的管道、构架、电缆相距不到 100 mm 时，须用金属线跨接，跨接点之间的距离不应超过 30 m。

（2）交叉相距不到 100 mm 时，交叉处应用金属线跨接。

（3）管道接头、弯头、阀门等连接处的过渡电阻大于 0.03 Ω 时，连接处应用金属线跨接。

六、雷电冲击波（传播雷）防护

1. 防护装置——避雷器和浪涌保护器

（1）避雷器工作原理。避雷器与浪涌保护器具有相同的工作原理和用途，用于高压线路时称作“避雷器”，用作低压和弱电线路时称作“浪涌保护器”，或简称“SPD”。

火花间隙避雷器工作原理间隙如图 2-38 所示。正常情况与电压下，火花间隙断开；出现雷击过电压时，火花击穿放电，将雷电能量引入大地，降低过电压；雷电过电压终止后，迅速恢复断开状态，从而不影响线路正常工作。

（2）避雷器（SPD）类型

1）火花间隙型。完全靠火花间隙完成保护。

2）压敏型。如氧化锌避雷器，在正常电压下高电阻（不导通），出现过电压时低电阻（导通）。

3）阀型避雷器。一种将火花间隙与非线性电阻阀片结合在一起的避雷器，如图 2-39 所示。

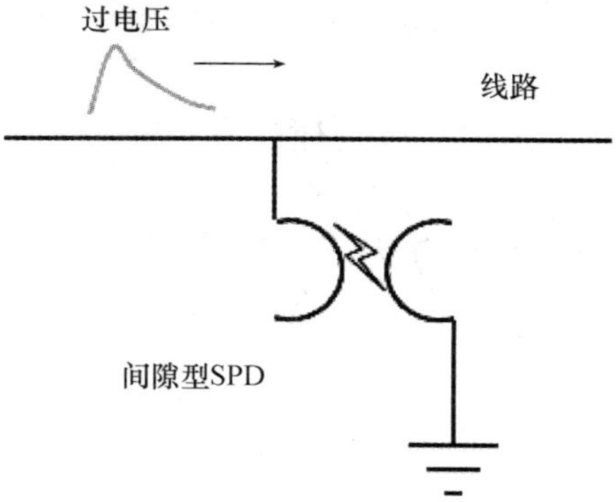

图 2-38　火花间隙避雷器工作原理

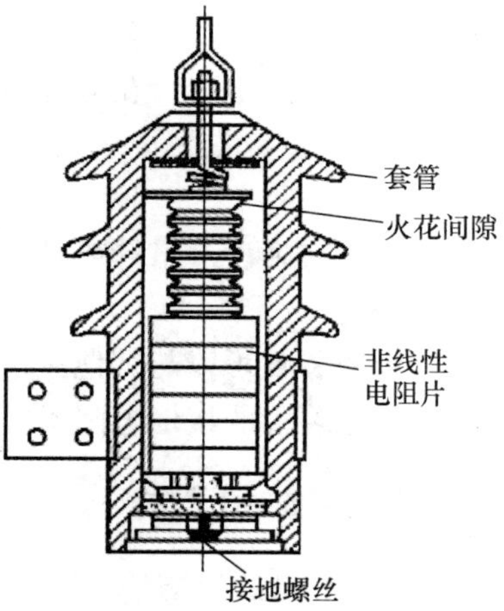

图 2-39　阀型避雷器

（3）避雷器用途与用法。避雷器或浪涌保护器是一种防止雷电冲击波沿带电线路传播的装置，进一步而言，它是给带电线路进行防雷接地的装置，其用法如下：

1）避雷器的一端与带电线路（火线、零线）相连，另一端与大地相连。

2）避雷器安装在设备引线的前端。

2. 雷电冲击波防护措施

对于建筑物，为防止雷电冲击波沿低压线进入室内，可采用以下措施：

（1）全长直接埋地电缆供电者，入户处电缆金属外皮接地。

（2）架空线转电缆供电者，架空线与电缆连接处装设阀型避雷器，避雷器与电缆金属外皮、绝缘子铁脚、金具等共同接到一个接地装置上。

（3）架空线供电者，入户处装设阀型避雷器或保护间隙，并与绝缘子铁脚、金具一起接地。

（4）室外天线的馈线临近避雷针或避雷针引下线时，馈线应穿金属管或采用屏蔽线，并将金属管或屏蔽接地。如馈线未穿金属管，又不是屏蔽线，则应在馈线上装设避雷器或放电间隙。

【练习提高】

一、单项选择题（每题 1 分，每题的备选项中，只有 1 个最符合题意）

1. 雷电是大气中的一种放电现象，具有电性质、热性质和机械性质三方面的破坏作用。下列雷击导致的破坏现象中，属于电性质破坏作用的是（　　）。

A. 直击雷引燃可燃物　　B. 雷击导致被击物破坏

C. 毁坏发电机的绝缘　　D. 球雷侵入引起火灾

2. 雷电是大气中的一种放电现象，具有电性质、热性质和机械性质三方面的破坏作用。下列雷电造成的破坏现象中，属于热性质破坏作用的是（　　）。

A. 破坏高压输电系统，毁坏发电机、变压器、断路器等电气设备的绝缘

B. 二次放电的火花引起火灾或爆炸

C. 巨大的雷电流通过被击物时，在被击物缝隙中的气体剧烈膨胀，缝隙中的水分也急剧蒸发气化，致使被击物破坏或爆炸

D. 巨大的雷电流通过导体后烧毁导体，使金属熔化、飞溅，引起火灾或爆炸

3. 建筑物按其重要性、生产性质、遭受雷击的可能性和后果的严重性分成三类防雷建筑物。下列建筑物中，属于第二类防雷建筑物的是（　　）。

A. 汽油提炼车间　　B. 国家特级和甲级大型体育馆

C. 省级重点文物保护的建筑物　　D. 火药制造车间

4. 建筑物防雷分类是指按建筑物的重要性、生产性质、遭受雷击的可能性和后果的严重性所进行的分类。下列关于建筑物防雷分类的说法中，正确的是（　　）。

A. 省级档案馆属于第三类防雷建筑物

B. 电石库属于第三类防雷建筑物

C. 乙炔站属于第二类防雷建筑物

D. 露天钢质封闭气罐属于第一类防雷建筑物

5. 下列关于直击雷防护的说法中，错误的是（　　）。

A. 避雷针的保护范围一般用滚球法确定，且第一类防雷建筑物的滚球半径为60 m

B. 第二类防雷建筑物的屋顶接闪金属网格尺寸≤10 m×10 m 或 12 m×8 m

C. 为了防止引下线二次放电，其与其他导体应保持 2 m 以上间距，否则要跨接在一起

D. 独立避雷针冲击接地电阻≤10 Ω

6. 装设在建筑物的避雷针称为附设避雷针。下列关于附设避雷针的说法中，错误的是（　　）。

A. 在同一建筑上附设多个避雷针时，之间不要相互连接在一起

B. 在同一建筑上附设多个避雷针时，之间不但要连在一起，而且要与建筑物金属构件连接在一起

C. 附设接地装置的接地装置可以与其他接地共用

D. 附设接地装置的接地电阻不宜超过 2 Ω

7. 下列关于防止电磁感应雷击的做法中，错误的是（　　）。

A. 平行敷设的管道、构架、电缆相距不到 10 cm 时，须用金属线跨接，跨接点之间的距离不应超过 30 m

B. 交叉相距不到 10 cm 时，交叉处应用金属线跨接

C. 管道接头、弯头、阀门等连接处的过渡电阻大于 0.03 Ω 时，连接处应用金属线跨接

D. 对架空管道要安装避雷器

8. 为防止雷电对建筑物和雷电产生的过电压随线路侵入对建筑物内电气设备绝缘造成的破坏，应该在建筑物和线路上安装防雷装置。下列关于安装防雷装置的说法中，错误的是（　　）。

A. 阀型避雷器上端接驳在架空线路上，下端接地

B. 第一类防雷建筑物的防护直击雷的接闪杆设置在建筑物上

C. 第一类防雷建筑物应采取闪电感应防护措施

D. 第一类、第二类、第三类防雷建筑物均应采取闪电电流侵入的防护措施

9. 防止雷电伤害的方法包括设置防雷装置和采取人身防雷措施。下列关于防雷装置的说法中，正确的是（　　）。

A. 避雷器在正常时处在导通的状态，出现雷击时切断电路，雷电过后又恢复成导通状态

B. 电涌保护器无冲击波时表现为高阻抗，冲击到来时急剧转变为低阻抗

C. 防雷接地装置严禁和其他接地装置共用

D. 第一类防雷建筑物防止二次放电的最小距离不得小于 5 m

二、多项选择题（每题 2 分，每题的备选项中，有 2 个或 2 个以上符合题意，至少有 1 个错项。错选，本题不得分；少选，所选的每个选项得 0.5 分）

1. 建筑物防雷分类是指建筑物按照其重要性、生产性质、遭受雷击的可能性和后果的严重性进行分类。下列属于第二类防雷建筑物的有（　　）。

A. 火药制造车间及乙炔站

B. 省级档案馆

C. 具有 0 区或 20 区爆炸危险场所的建筑物

D. 具有 1 区或 21 区爆炸危险的场所，且电火花不易引起爆炸

E. 甲级大型体育馆

2. 防雷接地与防雷效果密切相关。下列关于防雷接地的说法中，正确的有（　　）。

A. 独立避雷针防雷接地不得与其他接地共用

B. 独立避雷针的工频接地电阻不超过 10 Ω

C. 附设避雷针接地装置可以与其他接地共用

D. 对于不太重要的建筑物，附设避雷针冲击接地电阻可从不超过 10 Ω 放宽至 30 Ω

E. 防感应雷冲击接地电阻不超过 10 Ω

第六节　静电防护技术

【本节重点】

一级知识点	二级知识点
静电产生与危害	（1）静电产生的主要方式（接触—分离、破断起电、感应带电） （2）容易产生静电的生产工艺 （3）影响静电产生和积累的因素（材质、杂质、工艺设备和工艺参数、环境条件） （4）静电危害（爆炸和火灾、静电电击、妨碍生产）
静电消失与放电形式	（1）静电消失方式（泄漏、放电） （2）静电放电形式（电晕放电、刷形放电、火花放电、传播型刷形放电、云形放电）
静电防护措施	（1）环境危险程度控制（减少消除可燃物、惰性气体） （2）工艺控制（材料、速度控制、防喷溅、静置、工艺过程中禁止采样） （3）跨接与接地（消除导体静电） （4）增湿（不适合高温材料静电消除） （5）抗静电添加剂（增导型、增湿型） （6）静电消除器（消除非导体静电） （7）人体静电防护

一、静电产生与危害

1. 静电产生的主要方式

（1）接触—分离。接触—分离主要包括摩擦与剥离，这是最为常见的产生静电的方法。

（2）破断起电。物体在破断时，一部分带正电，另一部分会带上负电。

（3）感应带电。带电物体接近导体时会在靠近带静电物体一端感应出极性相反的静电。

2. 容易产生静电的生产工艺

下列过程比较容易产生和积累静电：

（1）固体物质大面积的摩擦，固体物质在压力下接触而后分离，固体物质在挤出、过滤时与管道、过滤器摩擦，固体物质的粉碎、研磨。

（2）粉体物料的筛分、过滤、输送、干燥，悬浮粉尘的高速运动。

（3）在混合器中搅拌各种高电阻率物质。

（4）高电阻率液体在管道中高速流动，液体喷出管口，液体注入容器发生冲击、冲刷和飞溅。

（5）液化气体、压缩气体或高压蒸气在管道中高速流动和由管口喷出。

（6）穿化纤布料衣服、穿高绝缘鞋的人员操作、行走、起立等。

3. 影响静电产生和积累的因素

静电的产生和积累受材质、工艺设备和工艺参数、环境条件等因素的影响。

（1）材质的影响。容易得失电子且电阻率很高的材料容易产生和积累静电。生产中常见的乙烯、丙烷、原油、汽油、轻油、橡胶、赛璐珞、塑料等都比较容易产生和积累静电。

（2）杂质的影响。杂质对静电有很大的影响。静电在很大程度上取决于所含杂质的成分。一般情况下，杂质有增强静电的趋势。

（3）工艺设备和工艺参数的影响

1）工艺速度越快，产生的静电越多。

2）接触面积越大，双电层正、负电荷越多，产生的静电越多。

3）接触压力越大或摩擦越强烈，会增加电荷分离强度，产生较多静电。

4）设备的几何形状也对静电有影响。例如，平皮带与皮带轮之间的滑动位移比三角皮带大，产生的静电也较多。

5）过滤器会大大增加接触和分离程度，可能使液体静电电压增加十几倍到 100 倍以上。

（4）环境条件的影响。湿度对静电泄漏的影响很大。当环境相对湿度达到 50% 以上时，可消除大部分静电。

导电性材料接地在很多情况下能加强静电的泄放，减少静电的积累。

4. 静电危害

（1）爆炸和火灾。静电能引起可燃气体和粉尘爆炸。

（2）静电电击。静电电击一般不会使人致命，但人体可能因静电电击而坠落或摔倒，造成二次事故。静电电击还可能引起工作人员紧张而妨碍工作等。

（3）妨碍生产。生产过程中产生的静电，可能妨碍生产或降低产品质量。静电可能引起计算机等设备中电子元件误动作，可能对无线电设备产生干扰，还可能击穿集成电路的绝缘等。

二、静电消失与放电形式

1. 静电消失方式

（1）泄漏。静电沿着带静电物体表面或内部慢慢消失，一般没有危险。

（2）放电。静电经过空气消失，消失速度往往很快，危险性大。

2. 静电放电形式及其危险性

静电放电形式与危险性见表 2-11。静电放电形式如图 2-40 所示。

表 2-11　　静电放电形式与危险性

放电形式	发生条件	放电现象与特点	危险性
电晕放电	具有尖端部位的带静电导体离其他导体较远或周围没有导体	（1）放电在尖端部位附近进行，电流小，可长时间持续 （2）有微弱声音和光 （3）放电能量小，单次脉冲放电<20μJ	危险性很小，不会引燃引爆气体或粉尘
刷形放电	导体靠近带静电的非导体	（1）在非导体表面形成多个放电通道 （2）有声音和光 （3）每次放电能量中等，不超过 4 mJ	危险性中等，能引燃引爆某些气体
火花放电	两个靠近的带静电导体	（1）放电通道单一、不分叉 （2）有声音和光 （3）能量集中	引燃引爆能力很强，高危险性
传播型刷形放电	高速起电的薄板型非导电材料，正反面异性电荷密度高	（1）放电由一点开始，向周围放射状传播 （2）有声音和光 （3）放电能量大	引燃引爆能力很强，高危险性
云形放电	在空气中有大量带静电的颗粒物，环境中有接地凸出物	（1）形成类似云闪电一样的通道 （2）有声音和光 （3）放电能量较大	具有较高的引燃危险

三、静电防护措施

1. 环境危险程度控制

为了防止静电引燃成灾，可采取取代易燃介质、降低爆炸性混合物的浓度、减少氧化剂含量等措施。

2. 工艺控制

（1）选用防静电材料。为了有利于静电的泄漏，可采用导电性工具；为了减轻火花放电和感应带电的危险，可采用阻值为 $10^7 \sim 10^9\ \Omega$ 的静电导电性工具。

（2）控制工艺速度。烃类燃油在管道内流动时，流速与管径应满足以下关系：

$$v^2 D \leqslant 0.64$$

式中　v——流速，m/s；

D——管径，m。

（3）防喷射、溅射。为了避免液体在容器内喷射、溅射，应将注油管延伸至容器

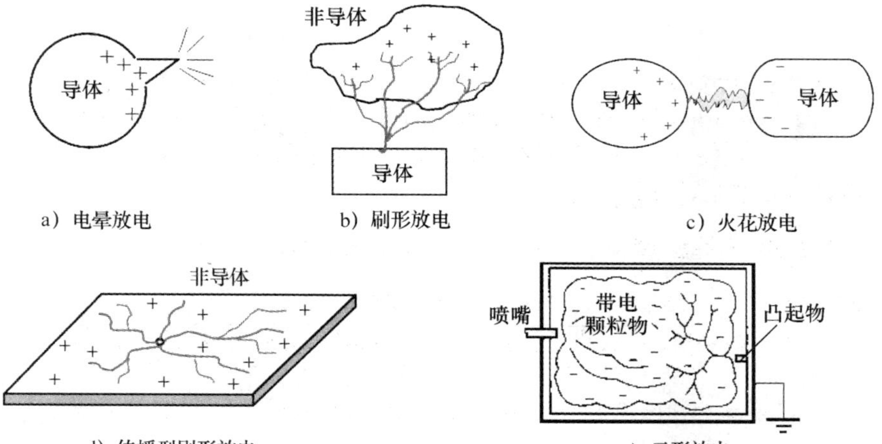

a）电晕放电　b）刷形放电　c）火花放电

d）传播型刷形放电　e）云形放电

图 2-40　静电放电形式

底部；而且，其方向应有利于减轻容器底部积水或沉淀物搅动；装油前清除罐底积水和污物，以减少附加静电。

（4）静置。在进行取样、检测或运输前，应将液体静置一定的时间，使静电得到足够的消散或松弛。

（5）禁止在工艺进行过程中采样与检测。为了防止静电放电，在液体灌装、循环或搅拌过程中不得进行取样、检测或测温操作。

3. 跨接与接地

（1）跨接与接地结合。为了防止火花放电，应将可能发生火花放电的间隙跨接连通起来，然后再进行接地。如图 2-41 所示，如果只做接地，不做跨接，尽管导体 B 的一端静电消失了，另一端的静电仍有可能与导体 A 发生放电，只有跨接后再接地才能彻底消除静电危险。

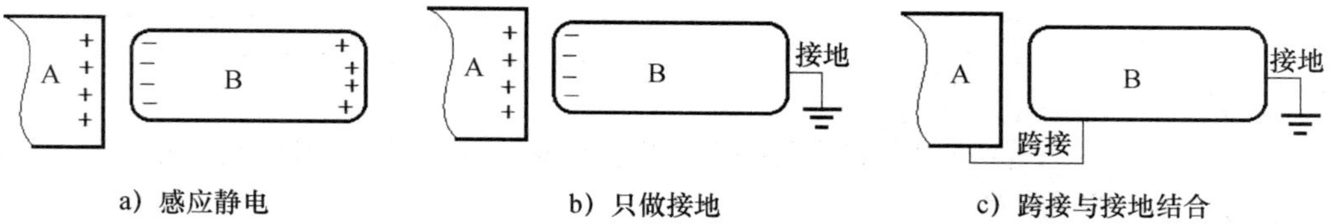

a）感应静电　b）只做接地　c）跨接与接地结合

图 2-41　防静电跨接与接地

（2）防静电接地电阻。与保护接地和防雷接地不同，防静电接地电阻不是越小越好，原则上不超过 1 MΩ 即可。对于金属导体，为了检测方便，可要求接地电阻不超过 100~1 000 Ω。

4. 增湿

（1）为防止大量带电，环境相对湿度应在 50%以上。

（2）增湿的方法不宜用于消除高温绝缘体上的静电。

5. 抗静电添加剂

抗静电添加剂能降低材料的体积电阻率或表面电阻率以加速静电的泄漏，消除静电的危险。抗静电添加剂分为以下两种：

（1）增湿型。

（2）增导型。

6. 静电消除器（静电中和器）

（1）应用对象。静电消除器主要用来消除非导体上的静电。

（2）根据原理和结构的不同，静电消除器分为感应式中和器、高压式中和器、放射线式消除器和离子风式中和器，如图 2-42 所示。在要求较高的场所，还可以采用组合型的静电中和器。

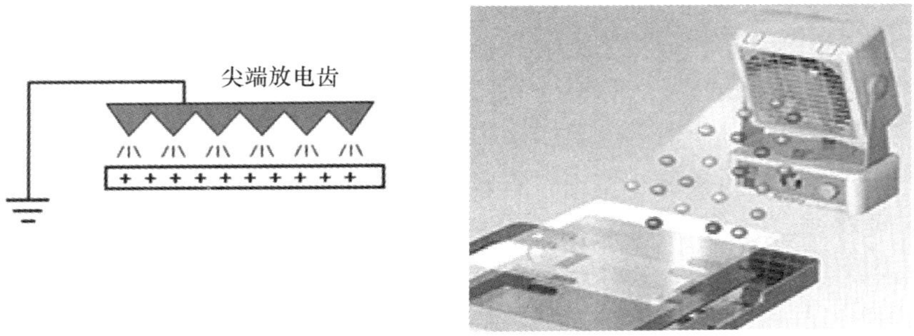

a）感应式中和器　　b）离子风式中和器

图 2-42　静电消除器

7. 人体静电防护

（1）静电防护服。防静电鞋、防静电手套、防静电工作服。

（2）防静电腕带。包括手腕带和脚腕带。

（3）人体静电消除装置。静电消电桩。

（4）易燃易爆环境。禁止脱穿工作服，避免剧烈活动。

【练习提高】

一、单项选择题（每题 1 分，每题的备选项中，只有 1 个最符合题意）

1. 静电危害是由静电电荷或静电场能量引起的，静电电压可高达数十千伏以上，容易产生静电火花。下列关于静电危害的说法中，正确的是（　　）。

A. 静电能量极大，可能会直接导致人死亡

B. 在某些生产过程中，静电的物理现象会妨碍生产，导致产品质量不良

C. 静电刺激会使人产生恐惧心理，但不会影响工作效率

D. 静电会产生过量的辐射，可引起中枢神经系统机能障碍

2. 工艺过程中产生的静电可能引起爆炸、火灾、电击，还可能妨碍生产。下列关于静电防护的说法中，错误的是（　　）。

A. 限制管道内物料的运行速度是静电防护的工艺措施

B. 增湿的方法不宜用于消除高温绝缘体上的静电

C. 静电消除器主要用来消除非导体上的静电

D. 接地的主要作用是消除绝缘体上的静电

3. 工艺过程中产生的静电可能引起爆炸、火灾、电击，还可能妨碍生产。下列关于静电防护的说法中，错误的是（　　）。

A. 用苛性钠、四氯化碳取代汽油等易燃介质作洗涤剂能够起到良好的防爆效果

B. 汽车槽车、铁路槽车在装油之前，应与储油设备跨接并接地

C. 接地的主要作用是消除绝缘体上的静电

D. 静电消除器主要用于消除非导体上的静电

4. 为防止静电危害，在装、卸油现场，应将所有正常时不带电的导体连通成整体并接地。下列关于装油操作步骤的说法中，正确的是（　　）。

A. 先接地后开始装油，结束时先断开接地线后停止装油

B. 先接地后开始装油，结束时先停止装油后断开接地线

C. 先开始装油后接地，结束时先停止装油后断开接地线

D. 先开始装油后接地，结束时先断开接地线后停止装油

二、多项选择题（每题 2 分，每题的备选项中，有 2 个或 2 个以上符合题意，至少有 1 个错项。错选，本题不得分；少选，所选的每个选项得 0.5 分）

1. 静电防护首先是避免静电产生，其次是避免静电积累。下列关于静电产生与积累的影响因素的说法中，正确的有（　　）。

A. 乙烯、原油、汽油、橡胶、塑料都是容易产生和积累静电的材料

B. 杂质对静电的产生影响很大，但一般都具有减少静电产生的趋势

C. 工艺速度越快、接触面积越大，静电产生越多

D. 动力传动的平皮带比卧入皮带轮槽的三角皮带产生静电要少

E. 当环境相对湿度达到 50% 以上时，可消除大部分静电

2. 静电消失有泄漏和放电两种形式，其中放电是在空气中快速进行的，具有更高的危险性。下列关于静电放电的说法中，正确的有（　　）。

A. 火花放电发生在两个靠近的导体之间，放电通道单一，能力集中，具有很高的危险性

B. 刷形放电发生在带静电的非导体与靠近的导体之间，具有多个放电通道，危险性比火花放电要高

C. 电晕放电是具有尖端部位的带静电导体向周边空气放电，放电缓慢平稳，时间长，危险性最小

D. 传播型刷形放电是带有高密度电荷的非导体薄板材料正反面之间的放电，危险性很高

E. 云形放电是空气中带静电的颗粒物借助环境中导体凸出物发出的“闪电”通道进行放电的过程，也很危险

第七节 电气设备与装置安全技术

【本节重点】

一级知识点	二级知识点
电气设备外壳防护等级	（1）设备外壳防护功能及分级（防触电和固体异物、防水） （2）外壳防护等级代码（IP 代码）
用电设备分类及使用基本要求	（1）用电设备分类（0 类、Ⅰ类、Ⅱ类、Ⅲ类设备） （2）各类电气设备使用要求（接地、接零、漏电保护）
手持电动工具和移动式电气设备的安全使用	（1）手持电动工具类别 （2）手持电动工具选型 （3）使用安全技术要求
电动机安全	（1）电动机的危险因素 （2）电动机的安全运行条件
电气照明基本安全要求	（1）照明电压 （2）照明配线 （3）照明开关要求 （4）应急照明的电源与线路 （5）灯具要求
低压控制与保护电器	（1）低压控制与保护电器分类 （2）低压控制与保护电器功能与用法 （3）熔断器及参数选择 （4）热继电器及参数选择 （5）低压配电柜和配电箱
变、配电站安全要求	（1）建筑结构要求 （2）联锁装置
变压器	（1）变压器类型 （2）变压器运行
高压开关及高压开关柜	（1）高压开关类别及功能 （2）高压开关安全要点 （3）高压开关柜“五防”
电气线路安全	（1）导电能力要求（发热、电压损失、短路电流） （2）绝缘要求 （3）导线连接要求

续表

一级知识点	二级知识点
绝缘电阻测量	（1）绝缘电阻测量仪器 （2）测量绝缘电阻接线 （3）兆欧表参数选择 （4）测量绝缘电阻注意事项
接地电阻测量	（1）接地电阻测量仪分类 （2）辅助测量电极设置 （3）接地电阻测量注意事项

一、电气设备外壳防护等级

1. 设备外壳防护功能及分级

（1）外壳第一种防护功能及分级。外壳第一种防护功能是对固体异物进入内部以及对人体触及内部带电部分或运动部分的防护功能，该类防护功能分为 0~6 共 7 个等级，见表 2-12。

表 2-12　　外壳第一种防护功能的防护等级

防护等级	防固体异物进入	防人员接近危险部件
0	无防护	无防护
1	防护直径大于等于 50 mm 的固体	手背
2	防护直径大于等于 12.5 mm 的固体	手指
3	防护直径大于等于 2.5 mm 的固体	工具
4	防护直径大于等于 1.0 mm 的固体	金属线
5	防尘	金属线
6	尘密	金属线

（2）外壳第二种防护功能及分级。外壳第二种防护功能是指对水进入设备内部的防护功能，分为 0~8 共 9 个等级，见表 2-13。

表 2-13　　第二种防护功能的防护等级

防水等级	简称	防护等级含义
0	无防护	没有专门的防护
1	防滴	垂直的滴水不能直接进入产品内部
2	15 °防滴	与垂线成15 °范围内的滴水不能直接进入产品内部
3	防淋水	与垂线成60 °范围内的淋水不能直接进入产品内部
4	防溅	任何方向的溅水对产品应无有害的影响
5	防喷水	任何方向的喷水对产品应无有害的影响
6	防海浪或强力喷水	强烈的海浪或强力喷水对产品应无有害的影响
7	浸水	产品在规定的压力和时间下浸在水中，进水量应无有害影响
8	潜水	产品在规定的压力下长时间浸在水中，进水量应无有害影响

2. 外壳防护等级代码（IP 代码）

外壳防护等级代码的形式如图 2-43 所示（已作废标准将附加字母放在 IP 与第一位特征数字之间，即所谓“前附加字母”）。

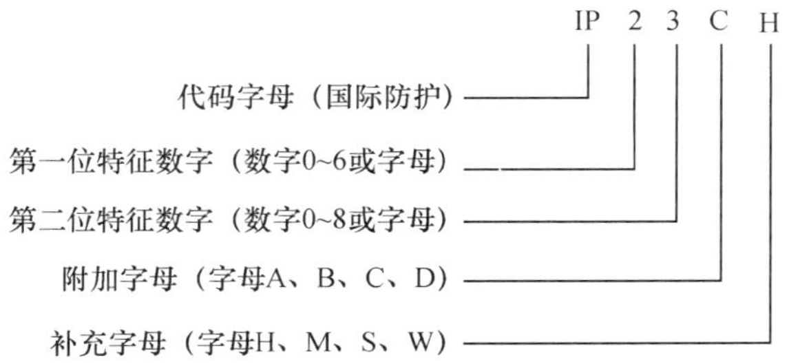

图 2-43 外壳防护等级代码

（1）第一位特征数字。代表第一种防护功能的等级，即防固体异物进入和防止人触及带电部件的等级。

（2）第二位特征数字。代表第二种防护功能的等级，即外壳的防水等级。

（3）附加字母。代表防止触及危险部位的等级，分为 A、B、C、D 四级，分别相当于第一位特征数字的 1、2、3、4 级，代表防止人触及带电部件的等级，见表 2-14。

（4）补充字母。代表其他补充信息，如该外壳适用的设备是高压还是低压，见表 2-14。

表 2-14 IP 代码附加字母和补充字母含义

字母类型	字母	字母含义
附加字母	A	能防手背触及危险部位
	B	能防手指触及危险部位
	C	能防工具触及危险部位
	D	能防金属线触及危险部位
补充字母	H	高压设备
	M	做防水实验时试样运行
	S	做防水实验时试样静止
	W	气候条件

需要说明的是，当 IP 代码的第一位特征数字或第二位特征数字等级不详或无须明确表达时，可应用“X”代替。另外，IP 代码的附加字母和补充字母根据需要给出，也可以不标出。例如，IP23CH、IP23C、IP23、IP2X、IPX3、IPXXC 等都是可以使用的 IP 代码。

二、用电设备分类及使用基本要求

按照设备采用的触电防护方式，用电设备分为 0 类、Ⅰ类、Ⅱ类和Ⅲ类，共 4 类（已作废标准还有所谓“0Ⅰ类”电器）。

1. 0类设备

（1）0类设备本身采用的触电防护方式

1）采用基本绝缘或屏护作为基本防护措施。

2）设备外壳上没有接地端子，没有故障防护措施。

3）内部可以有Ⅱ类、Ⅲ类结构零部件。

（2）使用基本要求。0类设备只能用于不导电场所、电气隔离系统或采取了其他安全措施的情况。

2. Ⅰ类设备

（1） Ⅰ类设备本身采用的触电防护方式

1）采用基本绝缘、屏护等作为基本防护措施。

2）设备外壳设有与保护导体相连的保护线，即设备的电源电缆线中设有绿黄双色保护芯线。

3）内部可以有Ⅱ类、Ⅲ类结构零部件。

（2） Ⅰ类设备的主要特征

1）一般采用金属外壳或者主体为金属外壳（但这不是决定性因素）。

2）单相设备往往具有3个插头（火线、零线和保护线插头）。

3）设备插头上往往设有保护接地标识。

实际生活和生产中，90%以上的电气设备都是Ⅰ类设备。图2-44为Ⅰ类设备及其插头。

图2-44 Ⅰ类设备及其插头

以前所谓“0Ⅰ”类电器在外壳上设有接地端子，与Ⅰ类电器不同，它自身不带接地保护线，使用时需要将接地保护线与接地端子相连。从这个角度而言，“0Ⅰ”类电器与Ⅰ类电器的保护及使用方式相同。

（3） Ⅰ类设备使用基本要求

1）采取接地保护或接零保护，同时还要装设漏电保护器。

2）采用等电位联结。

3. Ⅱ类设备

（1） Ⅱ类设备本身采用的防护方式

1） 双重绝缘。基本绝缘+附加绝缘。

2） 加强绝缘。效果等同于双重绝缘。

（2） Ⅱ类设备的主要特征

1） 外壳为绝缘材料或大部分为绝缘材料（但这不是决定性因素）。

2） 单相设备具有两个插头。

3） 有“回”字标识。

手持电动工具多为Ⅱ类设备。Ⅱ类设备及其插头如图 2–45 所示。

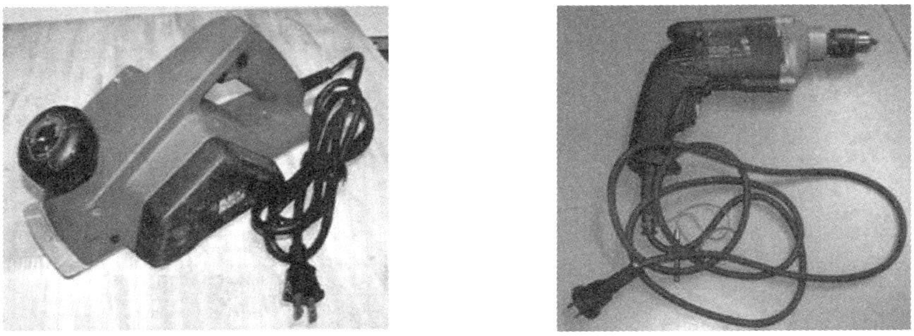

图 2–45　Ⅱ类设备及其插头

（3） Ⅱ类设备的正确使用方法

1） 一般在安全用电环境可直接通电后使用。

2） 在危险用电环境要在线路中装设漏电保护断路器。

4. Ⅲ类设备

（1） Ⅲ类设备本身采用的防护方式

1） 采用安全特低电压供电。

2） 其内部在正常及故障情况下不得产生高于特低电压的电压。

笔记本电脑、建筑工人手持照明灯具及一些手持电动工具属于Ⅲ类设备，如图 2–46 所示。

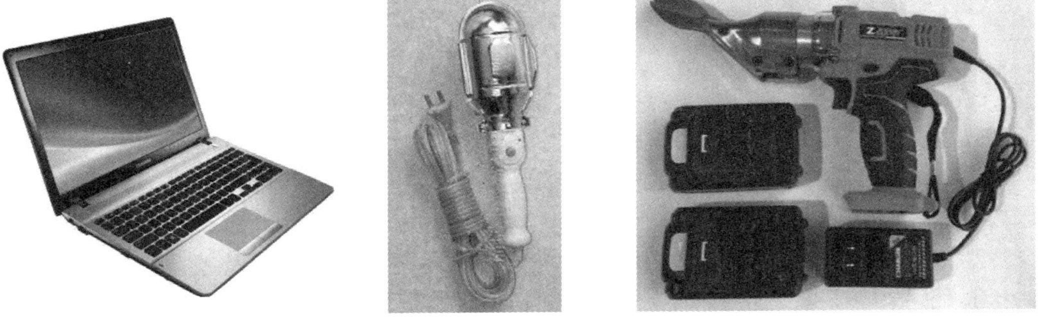

图 2–46　Ⅲ类设备

（2）Ⅲ类设备使用的基本要求

1）采用安全特低电压系统（SELV）供电。

2）不做接地保护或接零保护。

3）无须配备漏电保护器（RCD）。

用电设备分类及使用要求见表 2-15。

表 2-15　　　　用电设备分类及使用要求

设备类别	设备本身具有的防护措施	设备标识	接地保护或接零保护	使用要求
0 类	基本防护措施	—	无	1. 在不导电场所使用 2. 采用电气分隔防护措施
Ⅰ类	基本防护、保护线		必须采用	1. 接地保护+漏电保护器 2. 接零保护+过流断路器
Ⅱ类	双重绝缘或加强绝缘		禁止采用	1. 一般环境直接使用 2. 危险环境加漏电保护器
Ⅲ类	电压限制（特低电压）		禁止采用	1. 安全特低电压系统（SELV）供电 2. 保护特低电压系统（PELV）供电

三、手持电动工具和移动式电气设备的安全使用

1. 手持电动工具类别

（1）手持电动工具只有Ⅰ类、Ⅱ类和Ⅲ类，且大多数为Ⅱ类。没有 0 类和 0 Ⅰ类手持电动工具。

（2）移动式电气设备大部分是Ⅰ类设备。

2. 手持电动工具选型

（1）一般场所选型

1）手持电动工具应采用Ⅱ类设备。

2）采用Ⅰ类手持电动工具要采取接地或接零保护，同时配备漏电保护器。

（2）危险场所选型

1）在潮湿或金属构架上等导电性能良好的作业场所，必须使用Ⅱ类或Ⅲ类设备。

2）在锅炉、金属容器、管道内等狭窄的特别危险场所，应使用Ⅲ类设备。

3）如果使用Ⅱ类设备，则必须装设额定漏电动作电流不大于 15 mA、动作时间不大于 0.1 s 的漏电保护装置。

4）Ⅲ类设备的安全隔离变压器、Ⅱ类设备的漏电保护装置以及Ⅱ、Ⅲ类设备的控制箱和电源连接器件等必须放在外部。

3. 使用安全技术要求

（1）保护接地或接零要求。Ⅱ类、Ⅲ类设备没有保护接地或保护接零的要求，Ⅰ

类设备必须采取保护接地或保护接零措施。

（2）在有爆炸和火灾危险的环境中，除中性线外，应另设保护零线。

（3）单相设备的相线和中性线上都应该装有熔断器，并装有双极开关。

（4）移动式电气设备使用安全技术

1）保护线不应单独敷设，而应当与电源线有同样的防护措施，即采用带有保护芯线的橡皮套软线作为电源线。

2）电源插座和插销应有专用的保护线插孔和插头。

3）电源插座和插销的结构应能保证插入时保护插头在导电插头之前接通，拔出时保护插头在导电插头之后拔出。

4）电源插座和插销的结构应能保证保护插头与导电插头不得互相插错。

（5）可采用电气隔离防护措施。装设一台隔离变压器，并由该隔离变压器给设备供电。

（6）个体防护。操作时使用绝缘手套、绝缘鞋、绝缘垫等安全用具也是一种防止触电的安全措施。

四、电动机安全

1. 电动机的危险因素

（1）触电危险因素

1）电动机漏电。

2）电动机接线错误导致外壳带电。

3）电动机未连接保护线，导致外壳带故障电压、传导电压或感应电压。

（2）火灾爆炸危险因素

1）工作火花，如直流电动机和绕线型异步电动机滑环处的火花。

2）故障火花，如各种绝缘击穿时产生的电火花。

3）危险温度。各种异常状态下产生的危险温度构成点火源。

（3）其他危险因素

1）电动机故障停车，影响系统正常运行。

2）排放有毒气体、可燃气体、烟尘的风机电动机故障停车将带来严重的次生灾害。

3）电动机突然启动或转速失控，可能造成严重的机械伤害。

2. 电动机安全运行条件

（1）电压、电流要求

1）电压波动不得超过-5%~10%，电压不平衡不得超过5%。

2）电流不平衡不得超过10%。

（2）熔断器保护要求

1）减压启动或轻载启动。熔体额定电流应取异步电动机额定电流的1~5倍。

2）全压启动或重载启动。熔体额定电流应取异步电动机额定电流的2.5倍。

（3）热继电器保护要求。热元件的电流不应大于电动机额定电流的1~1.5倍。

（4）失压缺相保护要求

1）电动机最好有失压（欠压）保护装置。

2）重要的电动机应装设缺相保护单元。

（5）接地、接零保护要求。电动机的外壳应根据配电网的运行方式可靠接零或接地。

五、电气照明基本安全要求

1. 照明电压

（1）一般照明的电源采用 220 V 电压。

（2）在特别潮湿场所、高温场所、有导电灰尘的场所或有导电地面的场所，对于容易触及而又无防触电措施的固定式灯具，其安装高度不足 2.2 m 时，应采用 24 V 安全电压。

2. 照明配线

（1）应采用额定电压为 500 V 的绝缘导线。

（2）凡重要的政治活动场所、易燃易爆场所、重要的仓库，均应采用金属管配线。

（3）凡重要的政治活动场所、重要的控制回路和二次回路、移动的导线和剧烈振动处的导线、特别潮湿场所和严重腐蚀场所，均应采用铜导线。

3. 照明开关要求

（1）建筑物照明电源线路的进户处，应装设带有保护装置的总开关。

（2）配电箱内单相照明线路的开关必须采用双极开关。

（3）照明器具的单极开关必须装在相线上。

4. 应急照明的电源与线路

（1）应急照明线路不能与动力线路或正常照明线路合用，必须有自己独立的供电线路。

（2）应急照明应根据需要选择切换装置。

5. 灯具要求

（1）白炽灯的功率不应超过 1 000 W。

（2）灯饰所用材料应为难燃型材料；除敞开式灯具外，凡 100 W 及以上的照明器，应采用瓷灯座。

（3）库房内不应装设碘钨灯、卤钨灯、60 W 以上的白炽灯等高温灯具。

（4）灯具金属件、金属吊管和吊链应连接保护线。

（5）保护线应与中性线分开。

六、低压控制与保护电器

1. 低压控制与保护电器分类

（1）低压控制电器。主要有隔离开关、断路器、接触器、控制器（控制开关、控制按钮）。

（2）保护电器。熔断器、热继电器。

2. 低压控制与保护电器功能与用法

低压控制与保护电器功能与用法见表 2-16。低压电器用途用法如图 2-47 所示。

表 2-16　　低压控制与保护电器功能与用法

类别	种类	主要特点及功能	用途用法
控制电器	刀开关 （隔离开关）	（1）用于彻底隔离电源 （2）没有或只有简单灭弧装置，不能切断大负荷电流和短路电流 （3）只能手动操作	（1）安装在主电路最靠近电源处 （2）与熔断器串联组合 （3）只能断电后操作
	低压断路器	（1）有强灭弧装置，能接通和切断大负荷电流和短路电流 （2）可手动切断电流或送电 （3）在过载、短路情况下自动断开	（1）一般与隔离开关安装在配电箱主电路 （2）用于过流保护 （3）用于接通或断开设备供电电源，但不直接用于设备的频繁启动与停机
	接触器	（1）有强灭弧装置，能接通和切断大负荷电流和短路电流 （2）通过控制电路人为接通或断开主电路 （3）过载时，由热继电器触发，自动断开主电路	（1）安装在主电路，同时与控制电路和热继电器信号输出电路相连 （2）可频繁接通和断开负载
	控制器	通过旋转到不同位置、打开不同开关或通过按下按钮时间长短来控制设备的运行与停止状态	（1）安装在控制电路 （2）可实现点动、长时间运行及停车等控制功能
保护电器	熔断器	（1）在出现过电流情况下，通过熔断自身起到断电保护作用 （2）热容量小、断开时间短，主要用于短路保护	（1）主回路上通常与隔离开关串接组合在一起 （2）串接在控制回路
	热继电器	（1）由发热元件、双金属片和控制开关构成 （2）通过热效应使双金属片变形，驱动其内部控制开关动作，最终通过接触器完成对主回路断电 （3）热继电器热容量大、动作时间长，适用于过载保护，不适合短路保护	（1）发热元件接入主回路 （2）其控制开关与接触器的控制接线端子相连

3. 熔断器及参数选择

（1）熔断器参数

1）额定电流。熔断器正常工作时不允许超过的电流。

2）临界电流。易熔元件刚刚不会熔断的电流称为临界电流。临界电流多为额定电流的 1.3~1.5 倍。

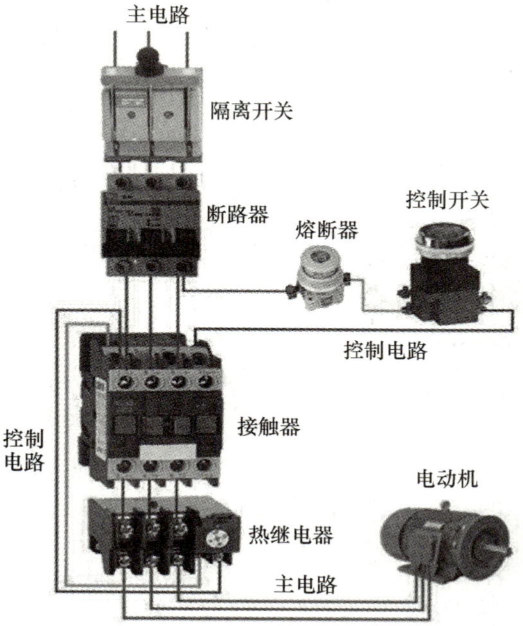

图 2-47　低压电器用途用法

3）熔断器参数按额定电流选择。达到熔断器额定电流，其熔体并不会熔断。

（2）有冲击电流时熔断器参数选择。对于笼式电动机等启动时会有冲击电流出现的线路，熔断器不可用作过载保护元件。鉴于易熔元件的热容量小，动作很快，熔断器可用作短路保护元件。

出于保护笼型电动机短路（而不是过载）目的，熔体额定电流按下式选取：

$$I_{FU}=(1.5\sim2.5)\ I_M$$

式中　I_{FU}——熔体额定电流，A；

　　　I_M——电动机额定电流，A。

（3）没有冲击电流时熔断器参数选择。对于没有大功率电动机一类产生冲击电流的线路，出于保护线路（而不是保护设备）目的，熔体额定电流可按下式选取：

$$I_{FU}=(0.8\sim1.0)\ I_W$$

式中　I_W——线路导线许用电流，A。

用于保护线路目的的熔断器，可对线路过载、短路均有保护作用。

4. 热继电器及参数选择

（1）工作原理。热继电器的核心元件是发热元件，利用电流的热效应实施保护作用。当热元件温度达到设定值时迅速动作，触动其内部的控制开关，最终借助接触器触头断开主电路，如图 2-48 所示。热继电器本身不能直接断开主电路。

有些热继电器在一次电路缺相时也能动作，起缺相保护作用。

（2）特点。热继电器和热脱扣器的热容量较大，动作延时也较大，只宜用于过载保护，不能用于短路保护。

（3）参数选择

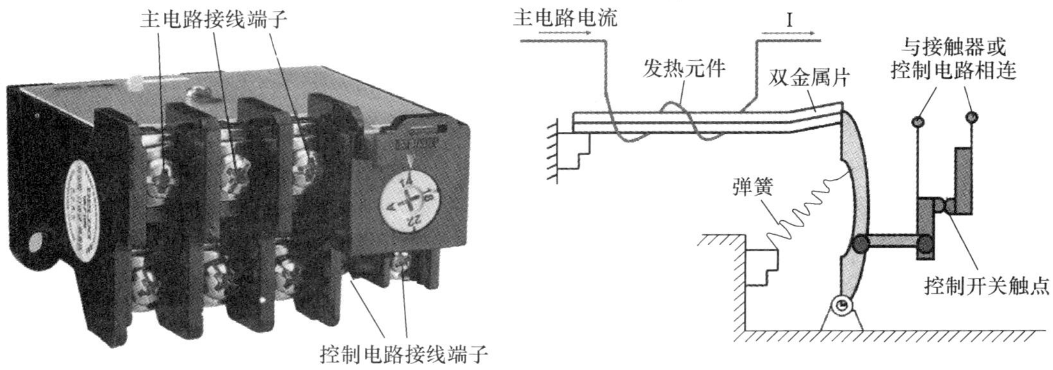

图 2-48 热继电器及其工作原理

1）保护电动机。热元件的额定电流原则上按电动机的额定电流选取。

2）保护照明线路。可按负荷电流的 85%~100%选取，即（0.85~1.0）I_W。

5. 低压配电柜和配电箱

低压配电箱和配电柜是低压成套电器。配电箱和配电柜的安全要求如下：

（1）配电箱选型

1）触电危险性较小场所。除触电危险性小的生产场所和办公室外，不得采用开启式的配电板。

2）触电危险性大或作业环境较差的场所。应安装封闭式箱柜。

3）有导电性粉尘或产生易燃易爆气体的危险作业场所。必须安装密闭式或防爆型箱柜。

（2）安装要求

1）落地安装的箱柜底面应高出地面 50~100 mm。

2）操作手柄中心高度一般为 1.2~1.5 m。

3）箱柜前方 0.8~1.2 m 的范围内无障碍物。

（3）箱柜门要求。箱柜门应完好，门锁应由专人负责。

七、变、配电站安全要求

变、配电站由高压配电室、低压配电室、变压器室等组成。

1. 建筑结构要求

（1）建筑耐火等级

1）高压配电室和高压电容器室耐火等级不应低于二级。

2）低压配电室耐火等级不应低于三级。

3）油浸电力变压器室应为一级耐火建筑。对于不易取得钢材和水泥的地区，可以采用三级耐火等级的独立单层建筑。

（2）门

1）变、配电站各间隔的门应向外开启。

2）门的两面都有配电装置时，门应能向两个方向开启。

3）门应为非燃烧或难燃烧材料制作的实体门。

4）长度超过 7 m 的高压配电室和长度超过 10 m 的低压配电室至少应有两个门。

5）长度大于 8 m 的配电装置室应设两个出口，并宜布置在配电室的两端。若两个出口之间的距离超过 60 m，还应增加出口。

（3）隔离与封堵

1）蓄电池室应隔离安装。

2）有充油设备的房间与爆炸危险环境或有腐蚀性气体存在的环境毗邻时，墙上、天花板上以及地板上的孔洞应予封堵。

（4）泄险要求

1）屋内单台电气设备总油量在 100 kg 以上时，屋外单台电气设备的油量在 1 000 kg 以上时，应设置储油设施或挡油设施。

2）挡油设施应按容纳 20%油量设计，并应有将事故油排至安全处的设施。

3）当事故油无法排至安全处时，应设置能容纳 100%油量的储油设施。

4）储油设施内应铺设卵石层。

2. 联锁装置配置

（1）油断路器与隔离开关操动机构之间应有联锁装置。

（2）电力电容器的开关与其放电负荷之间应有联锁装置。

（3）禁区门上应有联锁装置等。

（4）为了避免注意力不集中造成事故，还可以安装指示灯等信号装置。

3. 保护装置与措施

1）10 kV 变、配电站应装有电流速断保护、过电流保护、熔断器保护和防雷保护。

2）10 kV 不接地系统（IT 系统）应装有绝缘监视。

3）10 kV 接地系统应装有零序电流保护。

4）油浸式变压器应装有气体保护，干式变压器应装有温控保护等。

八、变压器

1. 变压器类型

（1）油浸式变压器。油浸式变压器不但火灾危险性较大，而且还有爆炸危险。

（2）干式变压器。干式变压器没有油箱和变压器油，在很大程度上排除了火灾、爆炸隐患。

2. 变压器运行

（1）电压。高压边电压偏差不得超过额定值的±5%。

（2）温度

1）油浸式变压器的绝缘材料最高工作温度不得超过 105 ℃。

2）油箱上层油温最高不得超过 95 ℃，但为了减缓变压器油变质，上层油温最高一般不应超过 85 ℃。

九、高压开关及高压开关柜

1. 高压开关类别及功能

各类高压开关如图 2-49 所示。高压开关类别及功能见表 2-17。

a）高压断路器（多油型）

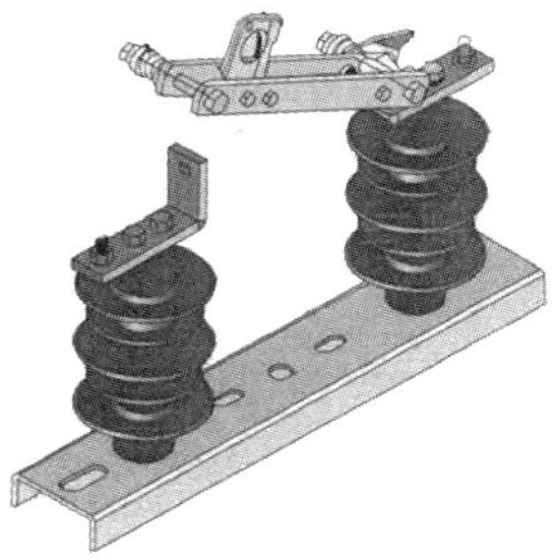

b）高压隔离开关

c）高压负荷开关

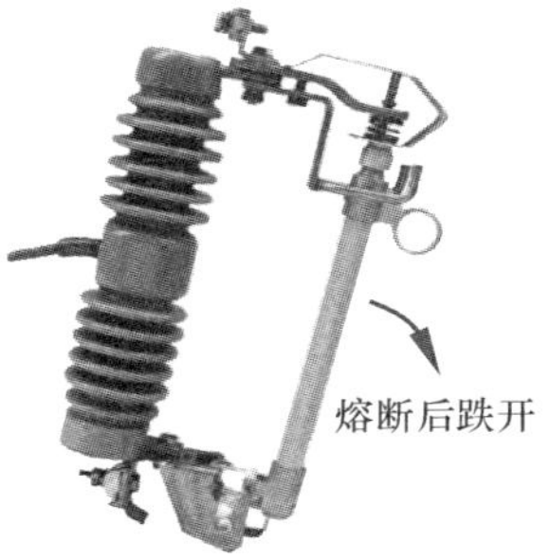

d）跌开式熔断器

图 2-49　各类高压开关

表 2-17　高压开关类别及功能

类别	灭弧方式及能力	主要结构及功能	操作方式
高压断路器	（1）采用真空、六氟化硫气体、矿物油等灭弧 （2）灭弧能力强	（1）人为接通或断开负荷 （2）过载或短路时自动断电	断电及送电操作
高压隔离开关	无灭弧装置	（1）用于负荷电流断开后进一步彻底隔离电源 （2）纯机械开关，只能人工操作	必须是断路器处于断开状态下操作，即禁止带负荷操作
负荷开关	（1）采用真空、压缩气体、六氟化硫气体灭弧 （2）灭弧能力有限	（1）能接通和分断负荷电流 （2）不能分断短路电流	（1）人工操作 （2）与熔断器串联使用
跌开式熔断器	气吹、拉长电弧	接通、分断不大的负荷电流	（1）空载时人工接通、断开 （2）短路时熔断、跌开

2. 高压开关安全要点

（1）断路器与隔离开关配合使用要点

1）高压断路器必须与高压隔离开关或隔离插头串联使用，由断路器接通和分断电流，由隔离开关或隔离插头隔断电源。

2）切断电路时必须先拉开断路器，后拉开隔离开关。

3）接通电路时必须先合上隔离开关，后合上断路器。

4）如果断路器两侧都有隔离开关，分断电路时拉开断路器后，应先拉开负荷侧隔离开关，后拉开电源侧隔离开关；接通电路时顺序相反。

5）为确保断路器与隔离开关之间的操作顺序正确，10 kV 系统中常安装机械式或电磁式联锁装置。

（2）高压负荷开关使用要点

1）高压负荷开关必须串联有高压熔断器，如图 2-49c 所示。

2）负荷开关只用来操作负荷电流。

3）由熔断器切断短路电流。

（3）跌开式熔断器使用要点

1）正常情况下，跌开式熔断器只用来操作空载线路或空载变压器。

2）跌开式熔断器断开时先拉开中间相，再拉开下风侧边相，最后拉开上风侧边相。

3）闭合时先合上风侧边相，再合下风侧边相，最后合上中间相。

3. 高压开关柜“五防”

（1）高压开关柜“五防”功能

1）保证只有断路器处在断开位置时才能操作隔离开关，防止带负荷操作隔离开关。

2）防止未拆除临时接地线之前或未拉开接地隔离开关之前合闸送电。

3）防止未断开电源前挂临时接地线或合上接地隔离开关。

4）防止断路器在合闸状态移动手车，防止断路器未处在工作位置或试验位置误合闸。

5）保证断路器、隔离开关未断开前，开关柜的门不能打开，防止工作人员误入带电间隔。

（2）实现“五防”功能的手段

1）“五防”功能都是由高压开关柜的联锁装置保障的。联锁装置是用强制性的技术方法防止错误操作的自动化装置。

2）联锁装置可分为机械式联锁装置和电磁式联锁装置。

十、电气线路安全

1. 导电能力要求

导体的导电能力应满足发热、电压损失和短路电流三方面的要求。

（1）发热条件。橡皮绝缘线最高运行温度为 65 ℃，塑料绝缘线最高运行温度为 70 ℃，裸线最高运行温度为 70 ℃，铅包或铝包电缆最高运行温度为 80 ℃，塑料电缆最高运行温度为 65 ℃。

（2）短路电流条件。在设计规定的短路电流的冲击下，线路应保持热稳定和动稳定。此外，在 TN 系统中，如果线路导线太细，则单相短路电流可能无法推动短路保护动作。

2. 绝缘要求

运行中低压电力线路的绝缘电阻一般不得低于每伏工作电压 1 000 Ω，新安装和大修后的低压电力线路一般不得低于 0.5 MΩ。

3. 导线连接要求

原则上导线连接处的力学强度不得低于原导线力学强度的 80%，绝缘强度不得低于原导线的绝缘强度，接头部位电阻不得大于原导线电阻的 1.2 倍。

铜导线与铝导线之间的连接应尽量采用铜—铝过渡接头，特别是在潮湿环境或在户外，或遇大截面导线，必须采用铜—铝过渡接头。

十一、绝缘电阻测量

1. 绝缘电阻测量仪器

采用兆欧表，不能使用万用表欧姆挡测量绝缘电阻。兆欧表分类如下：

（1）指针式。俗称“摇表”，通过手摇产生较高的直流测量电压。

（2）数字式。数字式兆欧表由脉冲宽带调制器、升压变压器、倍压整流器等将电池电压转换为直流高电压加到被测绝缘电阻上进行测量。

从兆欧表测量原理来看，其给出的绝缘电阻是直流电阻。

2. 测量绝缘电阻接线

兆欧表有 E（接地端）、L（线路端）、G（屏蔽端）三个端子。

（1）线路接线柱 L。与被测量设备内部线路相连。

（2）接地接线柱 E。与被测设备外壳或大地相连。

（3）屏蔽接线柱 G。与被测绝缘体表面电流拦截环相连，以消除绝缘体表面电流对测量结果的影响。测量电缆的绝缘电阻时，须将 G 端连接到被测缆芯的绝缘层上，其他情况一般不用此接线柱。

3. 兆欧表参数选择

应根据被测对象选用不同电压的兆欧表。

（1）测量额定电压 500 V 以下的线路或设备，应采用 500 V 或 1 000 V 的兆欧表。

（2）测量额定电压 500 V 以上的线路或设备，应采用 1 000 V 或 2 500 V 的兆欧表。

（3）测量额定电压 10 kV 及 10 kV 以上的线路或设备，应采用 2 500 V 的兆欧表。

4. 测量绝缘电阻注意事项

（1）被测设备必须停电。

（2）停电后还必须充分放电。对于有较大电容的线路和设备，测量结束也应进行放电。

（3）为了避免表面电流带来的测量误差，测量接线要采用单股线，且各单股线不要搅在一起，不得采用双股绝缘。

（4）开始测量 1 min 后，待指针稳定后读数。

（5）使用指针式兆欧表测量过程中，如果指针指向“0”位，表明被测绝缘已经失效，应立即停止转动摇把，防止烧坏兆欧表。

（6）测量应尽可能在设备刚停止运转时进行，以使测量结果符合运转时的实际温度。

十二、接地电阻测量

1. 接地电阻测量仪分类

接地电阻测量仪是测量接地电阻的专门仪器，分为两类，如图 2-50 所示。

（1）机械式（指针式）。俗称接地摇表，主要由手摇交流发电机和电位差计式测量机构组成。

（2）数字式。采用中大规模集成电路，应用 DC/AC（交流转直流）等转换技术进行测量和显示。

无论是机械式还是数字式接地电阻测量仪，都随主机带有 2 个可以插入地下的辅助测量电极和 3~4 根测量用线。

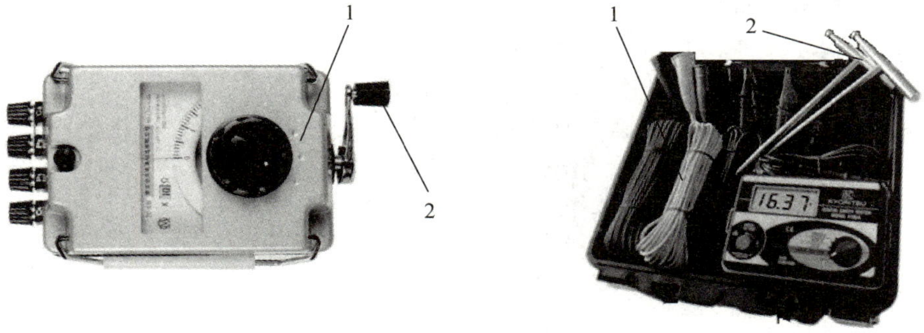

a）机械式（指针式）

1—电位调节器　2—电源摇把

b）数字式

1—测量用线　2—辅助测量电极

图 2-50　接地电阻测量仪

2. 辅助测量电极设置

（1）辅助测量电极包括电压极和电流极。接地电阻测量接线如图 2-51 所示。

1）电压极。测量时在距被测接地极接地较近的地方插入地下的辅助测量电极。

2）电流极。在离被测接地极较远的地方插入地下的辅助测量电极。

（2）辅助测量电极距离

对于占地面积不大的简单接地体，辅助测量电极的距离要求如下：

1）电压极与被测极距离 $S_P = 20$ m。

2）电流极与被测极距离 $S_C = 40$ m。

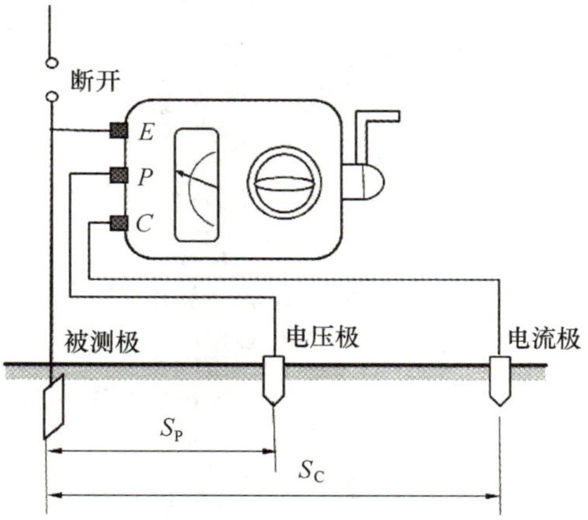

图 2-51　接地电阻测量接线

3. 接地电阻测量注意事项

（1）一般应当在雨季前或其他土壤最干燥的季节测量。雨天一般不测量接地电阻。

（2）正确选定辅助测量电极的位置。如果辅助测量电极位置选择不当，会产生很大的测量误差，而且土壤电阻率越高，测量误差越大。

（3）尽可能将被测接地体与电力网分开。这样既有利于测量的安全，也有利于消除杂散电流引起的误差，还能防止将测量电压反馈到与被测接地体连接的其他导体上引起事故。

（4）测量电极间的连线应避免与邻近的高压架空线路平行，以防止感应电压的危险。

【练习提高】

一、单项选择题（每题 1 分，每题的备选项中，只有 1 个最符合题意）

1. 电气设备的外壳防护等级用“IP+数字+数字”表示。下列对代码含义的解释中，正确的是（　　）。

A. “IP45”表示“防止工具接近危险部件，防止直径不小于 2.5 mm 的固体异物，防喷水”

B. “IP34”表示“防止工具接近危险部件，防止直径不小于 2.5 mm 的固体异物，防淋水”

C. “IP65”表示“防止直径不小于 1.0 mm 的金属线接近危险部件，尘密，防短时间浸水”

D. “IP51”表示“防止直径不小于 1.0 mm 的金属线接近危险部件，防尘，防止垂直方向滴水”

2. 下列特征不属于Ⅰ类电气设备的是（　　）。

A. 设备外壳以金属为主　　B. 具有接地标识

C. 单相设备电源线只有 2 个插头　　D. 采用接地保护或接零保护

3. 下列特征不属于Ⅱ类电气设备的是（　　）。

A. 设备采用双重绝缘或加强绝缘　　B. 设备不需要采取接地保护或接零保护

C. 单相设备电源线具有 3 个插头　　D. 带有“回”形标识

4. 下列特征不属于Ⅲ类电气设备的是（　　）。

A. 采用安全特低电压供电

B. 内部在正常情况下不出现超过 50 V 的交流电压

C. 内部在异常情况下不产生超过 50 V 的交流电压

D. 使用时外壳采取接地或接零保护，并配备漏电保护器

5. 电气设备按触电防护方式可分成四类，各类设备使用时对附加安全措施的装接要求不同。下列关于电气设备装接保护接地的说法中，正确的是（　　）。

A. Ⅰ类设备必须装接保护接地

B. Ⅰ类设备可以装接，也允许不装接保护接地

C. Ⅱ类设备必须装接保护接地

D. Ⅲ类设备应装接保护接地

6. 下列关于使用手持电动工具和移动式电气设备的说法中，错误的是（　　）。

A. Ⅰ类设备必须采取保护接地或保护接零措施

B. 一般场所，手持电动工具应采用Ⅱ类设备

C. Ⅱ类设备带电部分与其他及导体之间的绝缘电阻不低于 2 MΩ

D. 在潮湿或金属构架上等导电性能良好的专业场所，应使用Ⅱ类或Ⅲ类设备

7. 低压电器可分为控制电器和保护电器。保护电器主要用来获取、转换和传递信号，并通过其他电器实现对电路的控制。下列关于低压保护电器工作原理的说法中，正确的是（　　）。

A. 热继电器作用是当热元件温度达到设定值时迅速动作，并通过控制触头断开控制电路

B. 由于热继电器和热脱扣器的热容量较大，动作延时也较大，只宜用于短路保护

C. 在产生冲击电流的线路上，串联在线路上的熔断器可用作过载保护元件

D. 熔断器是串联在线路上的易熔元件，遇到短路电流时迅速熔断来实施保护

8. 变电站的位置选择应考虑供电、建筑、安全等方面的要求。从安全的角度考虑，下列关于变电站选址的说法中，正确的是（　　）。

A. 建在地势低洼处　　B. 避开易燃易爆环境

C. 建在企业的下风侧　　D. 设在人员密集场所

9. 兆欧表是测量绝缘电阻的一种仪表。下列关于使用兆欧表测量绝缘电阻的说法中，错误的是（　　）。

A. 被测量设备必须断电

B. 对于有较大电容的设备，断电后还必须充分放电

C. 对于有较大电容的设备，测量后应进行放电

D. 测量应尽可能在设备停止运行且冷却后进行

10. 下列关于接地电阻测量的说法中，错误的是（　　）。

A. 测量接地电阻使用的仪器叫作“兆欧表”

B. 测量占地面积不大的简单接地体，电压极与被测接地极间距 20 m

C. 测量占地面积不大的简单接地体，电流极与被测接地极间距 40 m

D. 测量接地电阻一般在土壤干燥季节测量，雨天一般不测接地电阻

二、多项选择题（每题 2 分，每题的备选项中，有 2 个或 2 个以上符合题意，至少有 1 个错项。错选，本题不得分；少选，所选的每个选项得 0.5 分）

1. 下列关于各类电气设备使用方法的说法中，正确的有（　　）。

A. 0 类电气设备要在不导电环境或电气隔离系统中使用

B. Ⅰ类电气设备须采取接地保护或接零保护，并配备漏电保护器

C. Ⅱ类电气设备可在任何情况下直接使用，不采取接地保护或接零保护，也无须使用漏电保护器

D. Ⅲ类电气设备的安全性主要取决于安全特低电压供电系统，而不是自身具备的防护措施

E. Ⅰ类电气设备绝缘电阻不低于 2 MΩ，Ⅱ类电气设备绝缘电阻不低于 5 MΩ

2. 低压电气保护装置有热继电器、熔断器、配电箱和配电柜，高压电气保护装置有电力变压器、高压断路器、高压隔离开关、高压负荷开关等。下列关于低压电气保护和高压电气保护的说法中，正确的有（　　）。

A. 在低压电气保护装置中，有冲击电流出现的线路上，熔断器可以用作过载保护元件

B. 在高压电气保护装置中，高压断路器有强有力的灭弧装置，既能在正常情况下接通和分断负荷电流，又能借助继电保护装置在故障情况下切断过载和短路电流

C. 高压隔离开关简称刀闸，没有灭弧装置，因此不能够带负载操作

D. 高压负荷开关有简单的灭弧装置，但必须与有高分断能力的高压熔断器配合使用

E. 在高压电气保护中，如须断电，应先断开高压隔离开关，然后断开高压断路器

3. 隔离开关和跌开式熔断器是配合高压开关工作的电器元件。下列关于隔离开关和跌开式熔断器的说法中，正确的有（　　）。

A. 正常情况下，跌开式熔断器只用来操作空载线路或空载变压器

B. 如果断路器两侧都有隔离开关，分断电路时拉开断路器后，应先拉负荷侧隔离开关，后拉电源侧隔离开关

C. 跌开式熔断器正确的操作顺序是拉闸时先拉开中间相，再拉开下风侧边相，最后拉开上风侧边相

D. 跌开式熔断器正确的操作顺序是拉闸时先拉开下风侧边相，再拉开中间相，最后拉开上风侧边相

E. 高压开关喷出电弧方向不得有可燃物

4. 绝缘电阻是电气设备最基本的性能指标，测量绝缘电阻的仪器称为兆欧表。下列关于使用兆欧表测量绝缘电阻注意事项的说法中，正确的有（　　）。

A. 被测设备必须停电

B. 对于有较大电容的设备，停电后还应充分放电

C. 测量导线应使用双股绝缘线

D. 指针式兆欧表测量过程中，如果指针指向“0”位，说明被测物电阻过大，应加大量程

E. 对于有较大电容的设备，测量结束应进行放电

综合练习

一、单项选择题（每题 1 分，每题的备选项中，只有 1 个最符合题意）

1. 漏电保护装置在触电防护中使用非常普遍，漏电保护装置主要用于防止直接接触电击和间接接触电击。关于漏电保护器动作跳闸的说法中，错误的是（　　）。

A. 手电钻漏电导致漏电保护器动作跳闸，属于直接接触电击跳闸

B. 电吹风漏电导致漏电保护器动作跳闸，属于间接接触电击跳闸

C. 手指触碰配电箱接线柱导致漏电保护器动作跳闸，属于直接接触电击跳闸

D. 手指误塞入插座导致漏电保护器动作跳闸，属于直接接触电击跳闸

2. 间接接触触电是在故障状态下或外带电的带电体时发生的触电。下列触电事故

中，属于间接接触触电的是（　　）。

A. 小张在带电更换空气开关时，由于使用旋具不规范造成触电事故

B. 小李清扫配电柜的电闸时，使用绝缘的毛刷清扫精力不集中造成触电事故

C. 小赵在配电作业时，无意中触碰带电导线的裸露部分发生触电事故

D. 小王使用手持电动工具时，由于使用时间过长绝缘破坏造成触电事故

3. 所有电气装置都必须具备防止电气伤害的直接接触防护和间接接触防护。下列防护措施中，属于防止直接接触电击的防护措施的是（　　）。

A. 利用避雷器防止雷电伤害

B. 利用绝缘体对带电体进行封闭和隔离

C. 接地保护

D. 接零保护

4. 直接接触电击是人体触及正常状态下带电的带电体时发生的电击。预防直接接触电击的正确措施是（　　）。

A. 绝缘、屏护和间距　　　　B. 保护接地、屏护

C. 保护接地、保护接零　　　D. 绝缘、保护接零

5. 当绝缘体受潮或受到过高的温度、过高的电压时，可能完全失去绝缘能力而导电，称为绝缘击穿或绝缘破坏。下列关于绝缘击穿的说法中，正确的是（　　）。

A. 气体击穿是碰撞电离导致的电击穿，击穿后绝缘性能不可恢复

B. 液体绝缘的击穿特性与其纯净度有关，纯净液体击穿也是电击穿，密度越大越难击穿

C. 液体绝缘击穿后绝缘性能能够很快完全恢复

D. 固体绝缘击穿后只能在一定程度上恢复其绝缘性能

6. 保护接零系统中要求有合格的工作接地和合格的保护导体面积。下列关于保护接零系统中接地装置和保护导体的说法中，正确的是（　　）。

A. 铜制 PEN 线截面积不得小于 16 mm^2

B. 没有机械防护的 PE 线截面积不得小于 2. 5 mm^2

C. TN 系统相线截面积为 10 mm^2，同材质保护零线截面积也为 10 mm^2

D. 接地导体与独立避雷针之间的距离不小 1 m，离建筑物的距离不小于 0. 5 m

7. 采用不同的接地、接零保护方式的配电系统，如 IT 系统（保护接地）、TT 系统和 TN 系统（保护接零），属于间接接触电击防护措施。下列关于上述系统的说法中，错误的是（　　）。

A. TN 系统接零保护作用是配合过流保护断路器完成漏电保护

B. TT 系统接地保护的主要作用是配合漏电保护器完成漏电保护，因此如果设备外壳不接地，漏电保护器就完全失去了保护作用

C. IT 系统由于单相接地电流较小，才有可能通过保护接地把漏电设备故障电压限制在安全范围内

D. IT 系统能够将故障电压限制在安全范围内，但漏电状态并未消失

8. 对爆炸性粉尘环境，需要根据粉尘与空气形成的混合物出现的频率和持续时间及粉尘层厚度进行分类。若在正常运行中，可燃性粉尘连续出现或经常出现其数量足

以形成可燃性粉尘与空气混合物或形成无法控制和极厚的粉尘层的场所及容器内部，此类爆炸性环境应确定为（　　）。

A. 1 区　　B. 2 区　　C. 20 区　　D. 21 区

9. 防雷装置包括外部防雷装置和内部防雷装置，外部防雷装置由接闪器和接地装置组成，内部防雷装置由避雷器、引下线和接地装置组成。下列安全技术要求中，正确的是（　　）。

A. 金属屋面不能作为外部防雷装置的接闪器

B. 独立避雷针的冲击接地电阻应小于 100 Ω

C. 独立避雷针可与其他接地装置共用

D. 避雷器应装设在被保护设施的引入端

二、多项选择题（每题 2 分，每题的备选项中，有 2 个或 2 个以上符合题意，至少有 1 个错项。错选，本题不得分；少选，所选的每个选项得 0.5 分）

1. 触电事故分为电击和电伤，电击是电流直接作用于人体所造成的伤害；电伤是电流转化为热能、机械能等其他形式的能量对人体产生的伤害。人体触电时可同时遭受电击和电伤，电击的主要特征有（　　）。

A. 致命电流小

B. 人体表面受伤后有大面积明显痕迹

C. 主要伤害是人的皮肤和肌肉

D. 受伤害的严重程度与电流的种类有关

E. 受伤害程度与电流大小有关

2. 电击分为直接接触电击和间接接触电击。下列说法中，属于直接接触电击的有（　　）。

A. 电动机漏电，手指直接碰到电机的金属外壳

B. 起重机碰高压线，挂钩工人遭到电击

C. 电动机接线盒盖脱落，手持金属工具碰到接线盒内的接线端子

D. 电风扇漏电，手背直接碰到电风扇的金属保护罩

E. 检修工人手持电工刀割带电的导线

3. 电气装置运行中产生的危险温度、电火花和电弧是导致电气火灾爆炸的重要因素。下列关于电气引燃源的说法中，正确的有（　　）。

A. 变压器、电动机等电气设备铁心涡流损耗异常增加，将造成铁心温度升高，产生危险温度

B. 短路电流流过电气设备时，主要产生很大的电动力，造成设备损坏，而不会产生危险温度

C. 三相四线制电路中，节能灯、微波炉、电焊机等电气设备产生的三次谐波容易造成中性线过载，带来火灾隐患

D. 铜、铝接头经过长期带电运行，接触状态会逐渐恶化，导致接头过热，形成引燃源

E. 雷电过电压、操作过电压会击穿电气设备绝缘，并产生电弧

4. 绝缘材料有多项性能指标，其中电性能是重要指标之一。下列性能指标中，属

于电性能指标的有（　　）。

A. 绝缘电阻　　B. 耐压强度　　C. 耐弧性能　　D. 介质损耗

E. 泄漏电流

5. 有关静电防护措施说法正确的有（　　）

A. 静电接地电阻越小越好

B. 静电接地电阻原则上不超过 1 MΩ 即可，金属导体的静电接地控制在 100~1 000 Ω

C. 电晕放电针、离子风发生器等静电消除器主要用于消除导体所带静电

D. 增湿不适合消除高温绝缘体上的静电

E. 跨接和接地主要用于消除导体静电

参考答案

第一节

一、单项选择题

1. C　2. C　3. D　4. D　5. B　6. B　7. B　8. C

二、多项选择题

1. BCE　2. ABDE　3. BDE

第二节

一、单项选择题

1. C　2. D　3. A　4. B　5. A　6. A　7. C　8. B　9. D

二、多项选择题

1. AD　2. BCDE

第三节

一、单项选择题

1. A　2. C　3. A　4. D　5. C　6. B　7. B　8. C　9. C　10. B　11. D　12. C　13. A　14. A　15. D　16. B　17. C　18. D　19. D　20. B　21. A　22. D

二、多项选择题

1. BDE　2. BDE　3. AC　4. BCDE　5. ABD

第四节

一、单项选择题

1. C　2. B　3. C　4. C　5. C　6. D　7. A　8. C　9. A　10. A　11. B　12. B

二、多项选择题

1. ACDE　2. BCE　3. ADE　4. BDE　5. CDE　6. ABE

第五节

一、单项选择题

1. C　2. D　3. B　4. A　5. A　6. A　7. D　8. B　9. B

二、多项选择题

1. DE　2. ACD

第六节

一、单项选择题

1. B　2. D　3. C　4. B

二、多项选择题

1. ACE　2. ACDE

第七节

一、单项选择题

1. D　2. C　3. C　4. D　5. A　6. C　7. D　8. B　9. D　10. A

二、多项选择题

1. ABD　2. BCD　3. ABCE　4. ABE

综合练习

一、单项选择题

1. A　2. D　3. B　4. A　5. B　6. C　7. B　8. C　9. D

二、多项选择题

1. ADE　2. BCE　3. ACDE　4. ABDE　5. BDE

第三章　特种设备安全技术

第一节　特种设备分类与界定

【本节重点】

一级知识点	二级知识点
特种设备分类	（1）承压类特种设备（3类） （2）机电类特种设备（5类）
锅炉特种设备界定	（1）锅炉特种设备的种类 （2）锅炉的介质、压力、容积、功率要求
压力容器特种设备界定	（1）压力容器特种设备的种类 （2）压力容器的介质、压力、容积要求
压力管道特种设备界定	（1）压力管道特种设备的种类 （2）压力管道的介质、压力、容积、功率要求
电梯特种设备界定	电梯特种设备的种类
起重机械特种设备界定	（1）起重机械特种设备的种类 （2）起重量、力矩、生产率要求 （3）提升高度要求 （4）层数要求（机械式停车设备）
客运索道特种设备界定	客运索道特种设备的种类
大型游乐设施特种设备界定	（1）大型游乐设施特种设备的种类（有动力和无动力） （2）大型游乐设施距地面高度、运行速度的要求
场（厂）内专用车辆特种设备界定	（1）叉车 （2）非公路用旅游观光车辆

一、特种设备分类

特种设备是指对人身和财产安全有较大危险性的设备。特种设备分类如图3-1所示。

- 特种设备
  - 承压类
    - 锅炉
    - 压力容器（含气瓶）
    - 压力管道
  - 机电类
    - 起重机械
    - 电梯
    - 大型游乐设施
    - 客运索道
    - 场（厂）内机动车辆

图 3-1　特种设备分类

二、锅炉特种设备界定

锅炉特种设备的种类与界定参数见表 3-1。

表 3-1　　锅炉特种设备的种类与界定参数

<table>
<tr><th>类别</th><th>品种</th><th>界定参数</th></tr>
<tr><td>承压蒸汽锅炉</td><td>—</td><td>设计正常水位容积≥30 L，额定蒸汽压力≥0.1 MPa（表压）</td></tr>
<tr><td>承压热水锅炉</td><td>—</td><td>出口水压≥0.1 MPa（表压），额定功率≥0.1 MW</td></tr>
<tr><td rowspan="2">有机热载体锅炉</td><td>有机热载体气相炉</td><td rowspan="2">额定功率≥0.1 MW</td></tr>
<tr><td>有机热载体液相炉</td></tr>
</table>

三、压力容器特种设备界定

压力容器特种设备的种类与界定参数见表 3-2。压力容器如图 3-2 所示。

表 3-2　　锅炉特种设备的种类与界定参数

<table>
<tr><th>类别</th><th>品种</th><th>界定参数</th></tr>
<tr><td>固定式压力容器</td><td>超高压、第三类、第二类、第一类</td><td rowspan="2">盛装气体、液化气体或最高工作温度大于等于标准沸点的液体
最高工作压力≥0.1 MPa（表压）
尺寸：容积≥30 L，内直径≥150 mm（非圆形截面指截面内边界最大几何尺寸）</td></tr>
<tr><td>移动式压力容器</td><td>铁路罐车、汽车罐车、长管拖车、罐式集装箱、管束式集装箱</td></tr>
<tr><td>气瓶</td><td>无缝气瓶、焊接气瓶、特种气瓶</td><td>盛装气体、液化气体和标准沸点小于等于 60 ℃的液体
公称工作压力≥0.2 MPa（表压）
压力与容积的乘积≥1.0 MPa · L</td></tr>
<tr><td>氧舱</td><td>医用氧舱、高气压舱</td><td>—</td></tr>
</table>

a）固定式压力容器

b）移动式压力容器

c）气瓶

d）氧舱

图 3-2　压力容器

四、压力管道特种设备界定

压力管道特种设备的种类与界定参数见表 3-3。

表 3-3　　压力管道特种设备的种类与界定参数

<table>
<tr><th>类别</th><th>品种</th><th>界定参数</th></tr>
<tr><td>长输管道</td><td>输油管道、输气管道</td><td rowspan="3">介质为气体、液化气体、蒸汽，可燃、易爆、有毒、有腐蚀性、最高工作温度大于等于标准沸点的液体
管道压力>0.1 MPa，公称直径≥50 mm
公称直径<150 mm，且其最高工作压力<1.6 MPa（表压）的输送无毒、不可燃、无腐蚀性气体的管道和设备本体所属管道除外</td></tr>
<tr><td>公用管道</td><td>燃气管道、热力管道</td></tr>
<tr><td>工业管道</td><td>工艺管道、动力管道、制冷管道</td></tr>
</table>

五、电梯特种设备界定

电梯是指由动力驱动，利用沿刚性导轨运行的箱体或者沿固定线路运行的梯级（踏步）进行升降或者平行运送人、货物的机电设备，包括载人（货）电梯、自动扶梯、自动人行道等，非公共场所安装且仅供单一家庭使用的电梯除外。

电梯特种设备的种类见表 3-4。

六、起重机械特种设备界定

起重机械是指用于垂直升降或者垂直升降并水平移动重物的机电设备。起重机械特种设备的种类与界定参数见表 3-5。

表 3-4　　电梯特种设备的种类

类别	品种
曳引与强制驱动电梯	曳引驱动乘客电梯、曳引驱动载货电梯、强制驱动载货电梯
液压驱动电梯	液压乘客电梯、液压载货电梯
自动扶梯与自动人行道	自动扶梯、自动人行道
其他类型电梯	防爆电梯、消防员电梯、杂物电梯

表 3-5　　起重机械特种设备的种类与界定参数

类别			界定参数
起重机	桥架式	桥式起重机、门式起重机、缆索式起重机	起重能力满足下列条件之一：额定起重量≥3 t，额定起重力矩≥40 t · m 的塔式起重机，生产率≥300 t/h 的装卸桥；且 提升高度≥2 m
	臂架式	塔式起重机、流动式起重机、门座式起重机	
	其他	桅杆式起重机	
升降机			额定起重量≥0.5 t 的升降机
机械式停车设备			层数≥2 层

图 3-3 所示为桥架式起重机，图 3-4 所示为臂架式起重机，图 3-5 所示为施工升降机，图 3-6 所示为机械式停车设备。

a）桥式起重机

b）门式起重机

图 3-3　桥架式起重机

七、客运索道特种设备界定

客运索道是指由动力驱动，利用柔性绳索牵引箱体等运载工具运送人员的机电设备，包括客运架空索道、客运缆车、客运拖牵索道等，非公用客运索道和专用于单位内部通勤的客运索道除外。客运索道特种设备的种类见表 3-6。

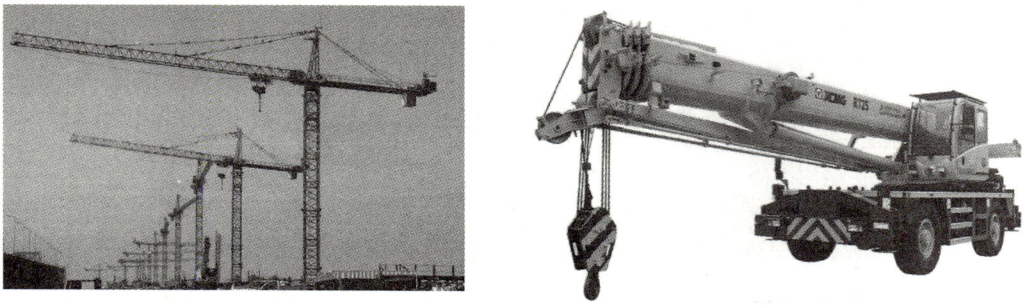

a）塔式起重机　　b）流动式起重机（轮胎起重机）

图 3-4　臂架式起重机

图 3-5　施工升降机

图 3-6　机械式停车设备

表 3-6　　客运索道特种设备的种类

类别	品种
客运架空索道	往复式客运架空索道、循环式客运架空索道
客运缆车	往复式客运缆车、循环式客运缆车
客运拖牵索道	低位客运拖牵索道、高位客运拖牵索道

八、大型游乐设施特种设备界定

大型游乐设施是指用于经营目的，承载乘客游乐的设施。其范围规定为设计最大运行线速度≥2 m/s，或者运行高度距地面≥2 m 的载人大型游乐设施，用于体育运动、文艺演出和非经营活动的大型游乐设施除外。

大型游乐设施特种设备的种类与界定参数见表 3-7。

表 3-7　　大型游乐设施特种设备的种类与界定参数

<table>
<tr><th>类别</th><th>品种</th><th>界定参数</th></tr>
<tr><td>观览车类、滑行车类、架空游览车类、陀螺类、飞行塔类、转马类、自控飞机类、赛车、小火车类、碰碰车类、滑道类、水上游乐设施</td><td>—</td><td rowspan="2">满足下列条件之一的载人大型游乐设施：最大运行线速度≥2 m/s，运行高度距地面≥2 m</td></tr>
<tr><td>无动力游乐设施</td><td>蹦极系列、滑索系列、空中飞人系列、系留式观光气球系列</td></tr>
</table>

九、场（厂）内专用车辆特种设备界定

场（厂）内专用机动车辆是指除道路交通、农用车辆以外仅在工厂厂区、旅游景区、游乐场所等特定区域使用的专用机动车辆。

场（厂）内专用车辆特种设备的种类与界定参数见表 3-8。

表 3-8　　场（厂）内专用车辆的种类与界定参数

类别	品种
机动工业车辆	叉车
非公路用旅游观光车辆	—

【练习提高】

一、单项选择题（每题 1 分，每题的备选项中，只有 1 个最符合题意）

1. 锅炉是指利用各种燃料、电能或其他能源将所盛装的液体加热，并对外输出热能的设备。按载热介质分类，将出口介质为高温水（>120 ℃）的锅炉称为（　　）。

A. 蒸汽锅炉　　B. 热水锅炉　　C. 中温锅炉　　D. 高温锅炉

2. 特种设备分为承压类特种设备和机电类特种设备。其中，承压类特种设备是指承载一定压力的密闭设备或管状设备。下列设备中，属于承压类特种设备的是（　　）。

A. 常压锅炉　　B. 原油储罐　　C. 采暖壁挂炉　　D. 医用氧舱

3. 特种设备中，压力管道是指公称直径>50 mm 并利用一定的压力输送气体或者液体的管道。下列介质中，必须使用压力管道输送的是（　　）。

A. 最高工作温度高于标准沸点、压力小于 0.1 MPa（表压）的气体

B. 有腐蚀性、最高工作温度低于标准沸点的液化气体

C. 最高工作温度低于标准沸点的液体

D. 有腐蚀性、最高工作温度高于或者等于标准沸点的液体

4. 按照《特种设备安全监察条例》的定义，特种设备包括锅炉、压力容器、压力管道等 8 类设备。下列设备中，不属于特种设备的是（　　）。

A. 旅游景区观光车辆　　B. 建筑工地升降机

C. 场（厂）内专用机动车辆　　D. 浮顶式原油储罐

5. 客运架空索道是一种将钢索架设在支撑结构上作为轨道，通过运载工具来输送人员的运输系统。下列不属于客运索道的是（　　）。

A. 客运架空索道　　B. 客运攀登索道

C. 客运缆车　　D. 客运拖牵索道

二、多项选择题（每题 2 分，每题的备选项中，有 2 个或 2 个以上符合题意，至少有 1 个错项。错选，本题不得分；少选，所选的每个选项得 0.5 分）

根据《特种设备目录》分类，下列设备中，属于特种设备的有（　　）。

A. 容积为 20 L，额定蒸汽压力等于 0.1 MPa 的蒸汽锅炉

B. 容积为 10 L，最高工作压力为 0.1 MPa 的液化气体储罐
C. 额定起重量为 0.5 t 的手拉葫芦
D. 公称直径为 50 mm，最高工作压力为 0.2 MPa 的可燃气体输送管道
E. 设计最大运行线速度等于 3 m/s 的过山车

第二节　锅炉事故及安全技术

【本节重点】

一级知识点	二级知识点
锅炉分类	（1）按蒸汽压力分类（超临界压力、亚临界压力、超高压、高压、中压、低压锅炉） （2）按蒸发量分类（大型、中型、小型锅炉） （3）按载热介质分类（蒸汽、热水、有机热载体锅炉） （4）按燃料种类分类（燃煤、燃油、燃气、电热、余热、废料锅炉等） （5）按燃烧方式分类（层燃炉、室燃炉、旋风炉、流化床燃烧锅炉） （6）按制造、安装许可分类（A 级、B 级）
锅炉事故	（1）锅炉事故类别及原因 （2）锅炉爆炸事故原因及类型：水蒸气爆炸、超压爆炸、缺陷、缺水后上水 （3）缺水事故：现象、后果、原因、处理（包括“叫水”） （4）满水事故：现象、后果、原因、处理 （5）汽水共腾事故：现象、后果、原因、处理 （6）水击事故：现象、后果、原因、处理 （7）锅炉爆管事故：现象、原因、处理 （9）省煤器损坏：现象、原因、处理 （10）过热器损坏：现象、原因、处理 （11）炉膛爆炸事故：现象、原因、预防 （12）尾部烟道二次燃烧事故：现象、后果、原因、预防 （13）锅炉结渣事故：现象、后果、原因、预防
锅炉安全附件	（1）压力表：表的量程、安装、直径、检查 （2）水位计：数量、防护、放水出口要求
锅炉启动步骤与安全	（1）启动步骤：检查准备→上水→烘炉→煮炉→点火升压→暖管与并汽 （2）上水安全要求 （3）点火升压安全要求与注意事项 （4）暖管并汽安全要求
正常运行监督与调节	（1）水位监督与调节 （2）锅炉气压监督与调节
停炉安全与停炉保养	（1）正常停炉安全 （2）紧急停炉安全 （3）锅炉保护方法（压力保养、湿法保养、干法保养、充气保护）

一、锅炉构造及水汽循环路径

1. 锅炉的构造

锅炉构成部件及锅炉外观分别如图 3-7 和图 3-8 所示。其中上锅筒是汽水分离的地方；下锅筒具有储水功能，借助对流管束与水冷壁管道与上锅筒完成水的热循环；集箱将水分配到水冷壁各个受热管；水冷壁就是密布的金属管道，其内部空间构成炉膛。

- 锅炉构造
  - 锅炉本体
    - 锅
      - 锅筒（汽包）
      - 水冷壁
      - 对流管束
      - 省煤器
      - 蒸汽过热器
      - 集箱
    - 炉
      - 炉膛
      - 烟道
  - 锅炉附件
    - 锅附件
      - 自控装置
      - 安全阀
      - 水位计
      - 温度计
      - 压力计等
    - 炉附件
      - 燃料加工输送
      - 通风（鼓风、引风）
      - 除尘

图 3-7　锅炉构成部件

图 3-8　锅炉外观

蒸汽过热器是对上锅筒产生的蒸汽进一步加热升温升压的装置，置于炉膛上部或烟道前端。省煤器用于吸收烟道余热。蒸汽过热器和省煤器如图 3-9 所示。

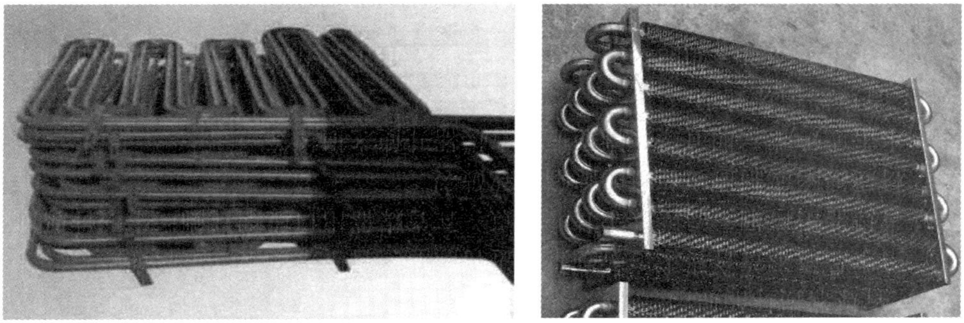

a）蒸汽过热器　　b）省煤器

图 3-9　蒸汽过热器和省煤器

压力表、水位计、安全阀等是锅炉不可缺少的重要安全附件，一般安装在上锅筒。

此外，鼓风机将空气送入炉膛；引风机置于烟道出口，除了用于将烟气排出炉膛外，还起到引风作用，将炉膛内的可燃悬浮物排出炉膛，避免点火阶段或炉膛熄火后造成炉膛爆炸。

2. 锅炉的水汽循环

（1）锅炉的水汽整体循环路径：锅炉水首先通过给水泵→给水口→上锅筒→对流管束→下锅筒→集箱→水冷壁→上锅筒→过热器→热力管道→用汽设备，如图 3-10 所示。

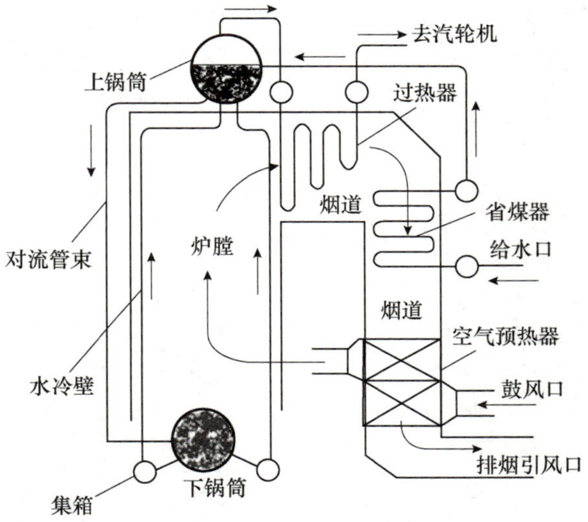

图 3-10　锅炉的水汽及烟气循环路径

（2）省煤器热循环。省煤器上水及热循环过程如图 3-11 所示。上水过程中打开上水阀，同时要关闭省煤器循环阀门，避免造成对流管束等出现逆循环；停止上水期间，为了更好地利用烟道余热，同时为了保护省煤器，避免其温度太高被烧毁，应在关闭上水阀门的同时打开其循环阀门。

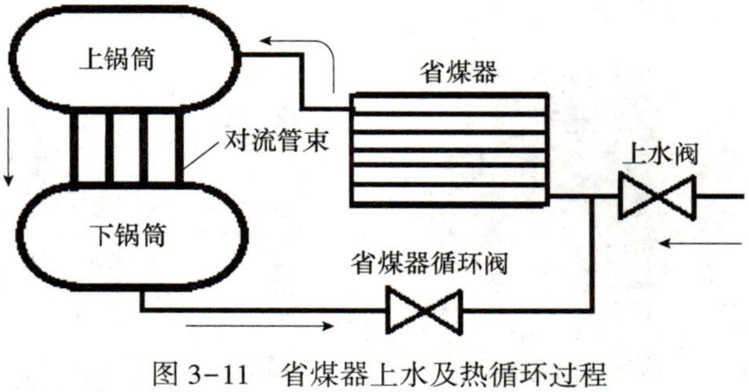

图 3-11　省煤器上水及热循环过程

（3）锅炉的烟气循环。鼓风机将风送入烟道尾部的空气预热器，预热后的空气吹入炉膛，炉膛火焰对水冷壁水管进行加热。炉膛燃烧烟气依次经过过热器、省煤器、空气预热器，最后在引风机的进一步作用下排出。

二、锅炉分类

1. 按蒸汽压力分类

按蒸汽压力分类，锅炉可分为超临界压力锅炉、亚临界压力锅炉、超高压锅炉、

高压锅炉、中压锅炉、低压锅炉。

2. 按蒸发量分类

按蒸发量分类，锅炉可分为大型、中型、小型锅炉。

（1）蒸发量大于 75 t/h 的锅炉为大型锅炉。

（2）蒸发量为 20～75 t/h 的锅炉为中型锅炉。

（3）蒸发量小于 20 t/h 的锅炉为小型锅炉。

3. 按载热介质分类

按载热介质分类，锅炉可分为蒸汽锅炉、热水锅炉和有机热载体锅炉。

（1）锅炉出口介质为饱和蒸汽或者过热蒸汽的锅炉为蒸汽锅炉。

（2）锅炉出口介质为高温水（>120 ℃）或者低温水（120 ℃以下）的锅炉为热水锅炉。

（3）以有机质液体（如高温导热油）作为热载体工质的锅炉为有机热载体锅炉。

4. 按燃料种类分类

按燃料种类分类，锅炉可分为燃煤锅炉、燃油锅炉、燃气锅炉、电热锅炉、余热锅炉、废料锅炉等。

5. 按燃烧方式分类

按燃烧方式分类，锅炉可分为层燃炉、室燃炉、旋风炉和流化床燃烧（沸腾）锅炉。

（1）层燃炉采用火床燃烧，主要用于工业锅炉。火床燃烧是固体燃料以一定厚度分布在炉排上进行燃烧的方式。

（2）室燃炉采用火室燃烧，电站锅炉和部分容量较大的工业锅炉采用火室燃烧方式，燃料为油、气和煤粉。火室燃烧（悬浮燃烧）是燃料以粉状、雾状或气态随同空气喷入炉膛中进行燃烧的方式。

（3）旋风炉采用旋风燃烧，炉型有卧式和立式两种，燃用粗煤粉或煤屑。旋风燃烧是燃料和空气在高温的旋风筒内高速旋转，部分燃料颗粒被甩向筒壁液态渣膜上进行燃烧的方式。

（4）流化床燃烧锅炉中送入炉排的空气流速较高，使大粒燃煤在炉排上面的流化床中翻腾燃烧，小粒燃煤随空气上升并燃烧，宜用于燃用劣质燃料，主要用于工业锅炉。现已经开发了大型循环流化床燃烧锅炉。

6. 按制造、安装许可分类

按制造、安装许可分类，锅炉可分为 A、B 级。

（1）额定出口压力大于 2.5 MPa 的蒸汽和热水锅炉属于 A 级。

（2）额定出口压力小于或等于 2.5 MPa 的蒸汽和热水锅炉，以及有机热载体锅炉属于 B 级。

三、锅炉事故

1. 锅炉事故概述

（1）锅炉事故类别如图 3-12 所示。

（2）锅炉事故原因。

- 锅炉事故
  - 锅
    - 锅炉爆炸（锅筒）
    - 缺水事故（锅筒）
    - 满水事故（锅筒）
    - 汽水共腾（锅筒）
    - 锅炉爆管
    - 省煤器损坏
    - 过热器损坏
    - 水击事故
  - 炉
    - 炉膛爆炸
    - 尾部烟道二次燃烧
    - 锅炉结渣

图 3–12 锅炉事故类别

1）超压运行。如安全阀、压力表等安全装置失灵，或者水循环系统发生故障，造成锅炉压力超过许用压力，严重时会发生锅炉爆炸。

2）超温运行。由于烟气流差或燃烧工况不稳定等原因，锅炉出口气温过高、受热面温度过高，造成金属烧损或发生爆管事故。

3）水位异常。锅炉水位过低会引起严重缺水事故；锅炉水位过高会引起满水事故，长时间高水位运行，还容易使压力表管口结垢而堵塞，使压力表失灵而导致锅炉超压事故。

4）水质管理不善。锅炉水垢太厚，又未定期排污，会使受热面水侧积存泥垢和水垢，热阻增大而使受热面金属烧坏；给水中带有油质或给水呈酸性，会使金属壁过热或腐蚀；给水碱性过高，会使钢板产生苛性脆化。

5）水循环被破坏。结垢会造成水循环被破坏；锅炉水碱度过高，锅筒水面起泡沫、汽水共腾易使水循环遭到破坏。水循环被破坏，锅内的水况紊乱，有的受热面管子将发生倒流或停滞，或者造成“汽塞”，在停滞水流的管子内产生泥垢和水垢堵塞，从而烧坏受热面管子或发生爆炸事故。

6）违章操作。锅炉工的误操作，错误的检修方法和不对锅炉进行定期检查等都可能导致事故发生。

2. 锅炉爆炸事故

（1）水蒸气爆炸。水蒸气爆炸的基本机理是锅筒内高压下处于高温沸点的水，即所谓“饱和水”，由于锅筒等部位突然破裂而突然失压，高温高压饱和水变为过饱和水，过饱和水在其内部迅速汽化膨胀，形成爆炸。

（2）超压爆炸。超压爆炸指由于安全阀、压力表不齐全、损坏或装设错误，操作人员擅离岗位或放弃监视责任，关闭或关小出汽通道，无承压能力的生活锅炉改作承压蒸汽锅炉等原因，锅炉主要承压部件承受的压力超过其承载能力而造成的锅炉爆炸。

（3）缺陷导致爆炸。缺陷导致爆炸指锅炉承受的压力并未超过额定压力，但因锅炉主要承压部件出现裂纹、严重变形、腐蚀、组织变化等情况，导致主要承压部件丧失承载能力，突然大面积破裂爆炸。

（4）严重缺水导致爆炸。给严重缺水的锅炉上水，水接触高温部位后迅速汽化导致爆炸。

3. 锅炉缺水事故

（1）事故界定与现象

1）当锅炉水位低于水位表最低安全水位刻度线时，即形成了锅炉缺水事故。

2）现象是水位表内往往看不到水位，表内发白发亮。

3）低水位警报器动作并发出警报。

4）过热蒸汽温度升高，给水流量不正常地小于蒸汽流量。

（2）缺水事故后果

1）锅炉损坏。严重缺水会使锅炉蒸发受热面管子过热变形甚至烧塌，胀口渗漏，胀管脱落，受热面钢材过热或过烧，降低或丧失承载能力，管子爆破，炉墙损坏。

2）锅炉爆炸。如果锅炉缺水处理不当，甚至会导致锅炉爆炸。

（3）锅炉缺水的原因

1）运行人员疏忽大意，对水位监视不严；操作人员擅离职守。

2）水位表故障造成假水位。

3）水位报警器或给水自动调节器失灵而又未及时发现。

4）给水设备或给水管路故障，无法给水或水量不足。

5）操作人员排污后忘记关排污阀，或者排污阀泄漏。

6）水冷壁、对流管束或省煤器管子爆破漏水。

（4）锅炉缺水事故处理

1）相对容水量小的锅炉。对于相对容水量小的电站锅炉或其他锅炉，以及最高火界在水连管以上的锅壳锅炉，一旦发现缺水，应立即停炉。

2）相对容水量较大的小型锅炉。通过“叫水”判断是轻微缺水还是严重缺水。轻微缺水应立即上水恢复水位，严重缺水必须紧急停炉。

（5）“叫水”步骤。“叫水”操作在安装在锅筒的水位计（如图 3-13 所示）上进行。“叫水”步骤如下：

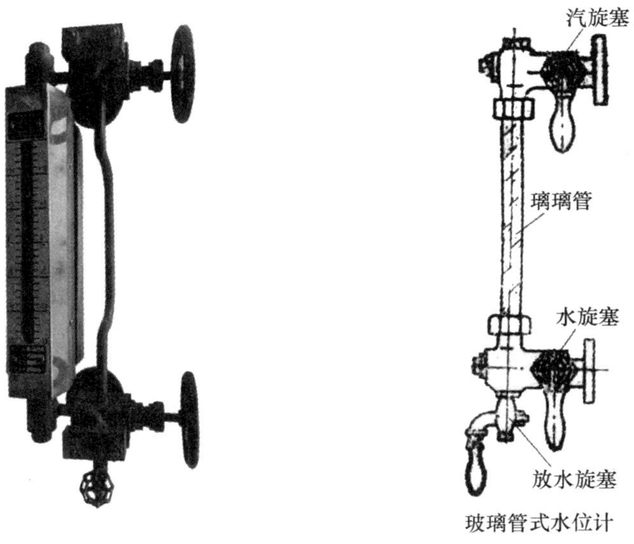

图 3-13　水位计

1）打开放水旋塞。

2）关闭汽旋塞。

3）关闭放水旋塞。

4）等待观察水位计水位是否能看到。

4. 满水事故

（1）事故界定与现象

1）锅炉水位高于水位表最高安全水位刻度线的现象，称为锅炉满水。

2）水位表往往看不到水位，表内发暗。

3）高水位报警器动作并发出警报。

4）过热蒸汽温度降低，给水流量不正常地大于蒸汽流量。

（2）满水事故后果。锅水进入过热器和蒸汽管道，降低蒸汽品质，造成过热器水击事故和结垢，损坏过热器。

（3）满水事故的原因

1）运行人员监管不力。

2）水位表故障，造成假水位。

3）水位报警及水位自动调节装置失灵。

（4）锅炉满水事故处理

1）冲洗水位表，检查有无故障。

2）关闭给水阀停止上水，减弱燃烧。

3）开启排污阀及过热器和蒸汽管道的疏水阀。

4）如出现水击，检查管道、附件等。

5. 汽水共腾事故

（1）事故界定与现象

1）锅炉蒸发表面（水面）汽水共同升起，产生大量泡沫并上下波动翻腾的现象，叫汽水共腾。

2）水位表内也出现泡沫，水位急剧波动，汽水界线难以分清。

3）过热蒸汽温度急剧下降。严重时，蒸汽管道内发生水冲击。

（2）汽水共腾事故后果

1）会使蒸汽带水，降低蒸汽品质。

2）造成过热器结垢及水击振动，损坏过热器。

（3）汽水共腾事故的原因

1）锅水品质太差。

2）负荷增加，压力降低太快。

（4）汽水共腾事故处理

1）减弱燃烧，降低负荷。

2）对蒸汽管道和过热器疏水。

3）全开连续排污阀，并打开定期排污阀放水，同时上水，改善水质。

6. 水击事故

（1）事故界定与现象

1）水在管道中流动，因速度突然变化导致压力突然变化形成压力波并在管道中传播的现象。

2）管道承受的压力骤然升高，发生猛烈振动并发出巨大声响。

（2）水击事故后果。造成管道、法兰、阀门损坏。

（3）水击事故的原因

1）给水管道阀门开启或关闭过快。

2）省煤器内水汽化，遇到温度较低的水时发生冷凝，形成低压区；省煤器管道阀门开启或关闭过快。

3）过热器管道的水击常发生在满水、汽水共腾事故中，在暖管时也可能出现。

4）上锅筒水位低于进水口，造成蒸气直接接触低温水；下锅筒蒸气加热时，进汽太快，迅速冷凝形成低压区。

（4）水击事故处理

1）给水管道及省煤器管道阀门开启或关闭不要过快。

2）控制省煤器出水口温度，使之低于相应水压下饱和温度 40 ℃。

3）防止汽水共腾、满水事故，暖管前疏水。

4）上锅筒进水及下锅筒进汽速度要慢。

7. 锅炉爆管事故

（1）事故界定与现象

1）炉管爆破指锅炉蒸发受热面管子在运行中爆破，包括水冷壁、对流管束管子爆破及烟管爆破。

2）炉管爆破时，往往能听到爆破声。

3）水位降低，蒸汽及给水压力下降，炉膛或烟道中有汽水喷出的声响，负压减小，燃烧不稳定。

4）给水流量明显地大于蒸汽流量。

（2）锅炉爆管事故的原因

1）水质不良、管子结垢并超温爆破。

2）水循环故障。

3）严重缺水。

4）制造、运输、安装中管内落入异物，如钢球、木塞等。

5）烟气磨损导致管壁减薄。

6）运行或停炉的管壁因腐蚀而减薄。

7）管子膨胀受阻碍，由于热应力造成裂纹。

8）吹灰不当造成管壁减薄。

9）管路缺陷或焊接缺陷在运行中发展扩大。

（3）锅炉爆管事故处理。锅炉爆管要紧急停炉。

8. 省煤器损坏

（1）事故界定与现象

1）省煤器损坏指由于省煤器管子破裂或省煤器其他零件损坏所造成的事故。

2）锅炉水位下降。

3）给水流量不正常地大于蒸汽流量。

4）严重时，过热蒸汽温度上升。

5）省煤器烟道内有异常声响，烟道潮湿或漏水，排烟温度下降，烟气阻力增大，引风机电流增大。

（2）省煤器损坏的原因

1）给水品质不符合要求，特别是未进行除氧，管子水侧被严重腐蚀。

2）省煤器出口烟气温度低于其酸露点，在省煤器出口段烟气侧产生酸性腐蚀。

3）材质缺陷或制造安装时的缺陷导致破裂。

4）水击或炉膛、烟道爆炸剧烈振动省煤器并使之损坏等。

（3）省煤器损坏处理

1）省煤器损坏时，如能经上水管直接给锅炉上水，并使烟气经旁通烟道流出，则可不停炉进行省煤器修理，否则必须停炉进行修理。

2）省煤器损坏造成锅炉严重缺水时要紧急停炉。

9. 过热器损坏

（1）过热器损坏界定与现象

1）过热器损坏主要指过热器爆管。

2）蒸汽流量明显下降，且不正常地小于给水流量。

3）过热蒸汽温度上升，压力下降。

4）过热器附近有明显声响，炉膛负压减小，过热器后的烟气温度降低。

（2）过热器损坏的原因

1）锅炉满水、汽水共腾或汽水分离效果差而造成过热器内进水结垢，导致过热爆管。

2）受热偏差或流量偏差使个别过热器管子超温而爆管。

3）启动、停炉时对过热器保护不善而导致过热爆管。

4）工况变动（负荷变化、给水温度变化、燃料变化等）使过热蒸汽温度上升，造成金属超温爆管。

5）材质缺陷或材质错用（如在需要用合金钢的过热器上错用了碳素钢）。

6）制造或安装时存在质量问题，特别是焊接缺陷。

7）管内异物堵塞。

8）被烟气中的飞灰严重磨损。

9）吹灰不当，损坏管壁等。

（3）过热器损坏处理。过热器损坏通常需要停炉修理。

10. 炉膛爆炸事故

（1）事故发生条件

1）燃料游离于炉膛内。

2）燃料与空气混合达到爆炸浓度。

3）有点火源。

（2）发生炉膛爆炸事故的锅炉类型。燃油、燃气、燃粉锅炉。

（3）事故原因

1）在设计上缺乏可靠的点火装置、可靠的熄火保护装置及联锁、报警和跳闸系统，炉膛及刚性梁结构抗爆能力差，制粉系统及燃油雾化系统有缺陷。

2）在运行过程中操作人员误判断、误操作，此类事故占炉膛爆炸事故总数的 90% 以上。有时因采用爆燃法点火而发生爆炸。

3）烟道闸板关闭。

（4）炉膛爆炸事故预防

1）装设可靠的炉膛安全保护装置，如防爆门，炉膛火焰和压力检测装置，联锁、报警、跳闸系统及点火程序、熄火程序控制系统。

2）尽量提高炉膛及刚性梁的抗爆能力。

3）加强使用管理，提高司炉工技术水平。

4）在启动锅炉点火时要认真按操作规程进行点火，严禁采用爆燃法，点火失败后先通风吹扫 5～10 min 后才能重新点火。

5）在燃烧不稳、炉膛负压波动较大时，如除大灰、燃料变更、制粉系统及雾化系统发生故障、低负荷运行时，应精心控制燃烧，严格控制负压。

11. 尾部烟道二次燃烧事故

（1）尾部烟道二次燃烧事故界定。当锅炉运行中燃烧不完全时，部分可燃物随着烟气进入尾部烟道，积存于烟道内或黏附在尾部受热面上，在一定条件下，这些可燃物自行着火燃烧。

（2）事故发生条件。尾部烟道二次燃烧主要发生在燃油锅炉。在锅炉尾部烟道上有可燃物堆积下来，并达到一定的温度，有一定量的空气可供燃烧，这 3 个条件同时满足时，可燃物就有可能自燃或被引燃着火。二次燃烧易在停炉之后不久发生。

（3）尾部烟道二次燃烧事故后果。尾部烟道二次燃烧常将空气预热器、省煤器破坏。

（4）尾部烟道二次燃烧事故的原因

1）可燃物在尾部烟道积存

①锅炉启动或停炉时燃烧不稳定、不完全，可燃物随烟气进入尾部烟道，积存在尾部烟道。

②燃油雾化不良，来不及在炉膛完全燃烧而随烟气进入尾部烟道。

③鼓风机停转后炉膛内负压过大，引风机有可能将尚未燃烧的可燃物吸引到尾部烟道上。

2）形成了可燃物着火的温度条件

①刚停炉时尾部烟道上尚有烟气存在，烟气流速很低甚至不流动，受热面上沉积有可燃物，传热系数差，难以向周围散热。

②在较高温度的情况下，可燃物自氧化加剧放出一定能量，从而使温度更进一步上升。

3）保持了一定空气量。尾部烟道门孔和挡板关闭不严密；空气预热器密封不严，空气泄漏。

（5）尾部烟道二次燃烧的预防

1）提高燃烧效率，尽可能减少不完全燃烧损失，减少锅炉的启停次数。

2）加强尾部受热面的吹灰。

3）保证烟道各种门孔及烟气挡板的密封良好。

4）应在燃油锅炉的尾部烟道上装设灭火装置。

12. 锅炉结渣事故

（1）事故界定及现象

1）锅炉结渣指灰渣在高温下黏结于受热面、炉墙、炉排之上并越积越多的现象。

2）燃煤锅炉结渣是个普遍性的问题，层燃炉、沸腾炉（流化床燃烧炉）、煤粉炉都有可能结渣。由于煤粉炉炉膛温度较高，煤粉燃烧后的细灰呈飞腾状态，因而更易在受热面上结渣。

（2）锅炉结渣事故的原因。煤的灰渣熔点低，燃烧设备设计不合理，运行操作不当等。

（3）锅炉结渣事故后果

1）结渣使受热面吸热能力减弱，降低锅炉的出力和效率。

2）局部水冷壁管结渣会影响和破坏水循环，甚至造成水循环故障。

3）结渣会造成过热蒸汽温度变化，使过热器金属超温。

4）严重的结渣会妨碍燃烧设备的正常运行，甚至造成被迫停炉。

（4）锅炉结渣事故预防

1）在设计上要控制炉膛燃烧热负荷，在炉膛中布置足够的受热面，控制炉膛出口温度，使之不超过灰渣变形温度。

2）合理设计炉膛形状，正确设置燃烧器，在燃烧器结构性能设计中充分考虑结渣问题。

3）控制水冷壁间距不要太大，把炉膛出口处受热面管间距拉开；炉排两侧装设防焦集箱等。

4）避免超负荷运行。

5）控制火焰中心位置，避免火焰偏斜和火焰冲墙。

6）合理控制过量空气系数和减少漏风。

7）对沸腾炉和层燃炉，要控制送煤量，均匀送煤，及时调整燃料层和煤层厚度。

8）发现锅炉结渣要及时清除。

四、锅炉安全附件及其要求

锅炉安全附件及其要求见表3-9。

表3-9　锅炉安全附件及其要求

安全附件名称	技术要求
安全阀	能有效降压，每年检验，每月自动排放，每周手动进行排放试验
压力表	（1）必须有与锅筒（锅壳体）蒸汽空间直接相连的压力表 （2）量程为工作压力的1.5~3倍，且设计有最高工作压力红线标志 （3）表径大于100 mm （4）每半年检验一次，铅封完整

续表

安全附件名称	技术要求
水位计	(1) 至少应装两只独立的水位计，蒸发量小于 0.2 t/h 的可只装 1 只 (2) 设置放水管并接至安全地点 (3) 玻璃管式水位计应有防护装置
温度测量装置	给水、蒸汽、烟气介质均需进行温度监控
保护装置	超温报警装置：安装在热水锅炉的出口处，当锅炉的水温超过规定的水温时，自动报警，提醒司炉人员采取措施减弱燃烧 超温报警和联锁保护装置：在超温报警的同时，自动切断燃料的供应和停止鼓、引风，防止热水锅炉超温而导致锅炉损坏或爆炸 水位警报器：当锅炉内的水位高于最高安全水位或低于最低安全水位时，自动发出警报 低水位联锁保护装置：不仅能自动报警，而且在水位低于低水位极限时，最迟在最低安全水位时，启动给水设备上水，如果水位继续下降可以自动切断燃烧，保障锅炉的安全 超压报警：当锅炉出现超压现象时，能发出警报，并通过联锁装置控制燃烧，如停止供应燃料、停止通风 熄火保护装置：当锅炉炉膛熄火时，锅炉熄火保护装置能切断燃料供应，并发出相应信号
排污阀或放水装置	排放锅水蒸发后残留下的水垢、泥渣及其他有害物质，将锅水的水质控制在允许的范围内，使受热面保持清洁
防爆门	为防止炉膛和尾部烟道再次燃烧造成破坏，常在炉膛和烟道易爆处装设防爆门
自动控制装置	通过工业自动化仪表对温度、压力、流量、水位、成分等参数进行测量和调节，达到监视、控制、调节生产的目的，使锅炉在最安全、经济的条件下运行

五、启动步骤与安全

1. 启动步骤

检查准备→上水→烘炉→煮炉→点火升压→暖管与并汽

(1) 检查。对新装、移装和检修后的锅炉，启动前要进行全面检查。

(2) 上水

1) 上水温度最高不超过 90 ℃，水温与筒壁温差不超过 50 ℃。

2) 对水管锅炉，全部上水时间在夏季不小于 1 h，在冬季不小于 2 h。

3) 冷炉上水至最低安全水位时应停止上水，以防止受热膨胀后水位过高。

(3) 烘炉。新装、移装、大修或长期停用的锅炉，其炉膛和烟道的墙壁非常潮湿，此类锅炉在上水后，启动前要进行烘炉。

(4) 煮炉。对新装、移装、大修或长期停用的锅炉，在正式启动前必须煮炉。煮炉的目的是清除蒸发受热面中的铁锈、油污和其他污物，减少受热面腐蚀，提高锅水和蒸汽品质。

（5）点火升压

1）一般锅炉上水后即可点火升压。

2）点火方法因燃烧方式和燃烧设备而异。

3）层燃炉一般用木材引火，严禁用挥发性强烈的油类或易燃物引火，以免造成爆炸事故。

（6）暖管与并汽

1）并汽前应减弱燃烧，打开蒸汽管道上的所有疏水阀，充分疏水以防水击。

2）冲洗水位表，并使水位维持在正常水位线以下。

3）使锅炉的蒸汽压力稍低于蒸汽母管内气压，缓慢打开主汽阀及隔绝阀，使新启动锅炉与蒸汽母管连通。

2. 点火升压阶段的安全注意事项

（1）防止炉膛爆炸

1）点火前，开动引风机给锅炉通风 5～10 min，没有风机的可自然通风 5～10 min，以清除炉膛及烟道中的可燃物质。

2）点燃气、油、煤粉炉时，应先送风，之后投入点燃火炬，最后送入燃料。

3）一次点火未成功需重新点燃火炬时，一定要在点火前给炉膛烟道重新通风，待充分清除可燃物之后再进行点火操作。

（2）对过热器的保护措施。在升压过程中，开启过热器出口集箱疏水阀、对空排气阀，使一部分蒸汽流经过热器后被排出，从而使过热器得到足够的冷却。

（3）对省煤器的保护措施

1）对钢管省煤器，在省煤器与锅筒间连接再循环管，在点火升压期间，将再循环管上的阀门打开，使省煤器中的水经锅筒、再循环管（不受热）重回省煤器，进行循环流动。

2）在上水时应将再循环管上的阀门关闭。

六、锅炉正常运行中的监督调节

1. 锅炉水位的监督调节

（1）锅炉水位应经常保持在正常水位线处，并允许在正常水位线上下 50 mm 内波动。

（2）锅炉在低负荷运行时，水位应稍高于正常水位，以防负荷增加时水位降得过低。

（3）锅炉在高负荷运行时，水位应稍低于正常水位，以免负荷降低时水位升得过高。

2. 锅炉气压的监督调节

（1）若负荷小于蒸发量，气压就上升；负荷大于蒸发量，气压就下降。所以，调节锅炉气压就是调节其蒸发量，而蒸发量的调节通过燃烧调节和给水调节实现。

（2）对于间断上水的锅炉，为保持气压稳定，要注意上水均匀。上水间隔的时间不宜过长，一次上水不宜过多。

（3）在燃烧减弱时不宜上水，人工烧炉在投煤、扒渣时也不宜上水。

七、停炉安全与停炉保养

1. 正常停炉

(1) 先停燃料供应，随之停止送风，减少引风。对于燃气、燃油锅炉，炉膛停火后，引风机至少要继续引风 5 min 以上。

(2) 与此同时，逐渐降低锅炉负荷，相应地减少锅炉上水，但应维持锅炉水位稍高于正常水位。

(3) 锅炉停止供汽后，应隔断与蒸汽母管的连接，排气降压。

(4) 为保护过热器，防止其金属超温，可打开过热器出口集箱疏水阀适当放气。

(5) 降压过程中，司炉人员应连续监视锅炉，待锅内无气压时，开启空气阀，以免锅内因降温形成真空。

(6) 停炉时注意保护省煤器，具体做法如下：

1) 停炉时应打开省煤器旁通烟道，关闭省煤器烟道挡板，但锅炉进水仍须经省煤器。

2) 对钢管省煤器，锅炉停止进水后，应开启省煤器再循环管。

3) 对无旁通烟道的可分式省煤器，应密切监视其出口水温，并连续经省煤器上水、放水至水箱中，使省煤器出口水温低于锅筒压力下饱和温度 20 ℃。

(7) 停炉降温，应注意以下事项：

1) 为防止锅炉降温过快，在正常停炉的 4~6 h 内，应紧闭炉门和烟道挡板。之后打开烟道挡板，缓慢加强通风，适当放水。

2) 停炉 18~24 h，在锅水温度降至 70 ℃以下时，方可全部放水。

2. 锅炉紧急停炉（锅炉事故的应急处理）

(1) 立即停止添加燃料和送风，减弱引风。

(2) 与此同时，设法熄灭炉膛内的燃料。对于一般层燃炉，可以用沙土或湿灰灭火，链条炉可以开快挡使炉排快速运转，把红火送入灰坑。

(3) 灭火后即把炉门、灰门及烟道挡板打开，以加强通风冷却。

(4) 锅内可以较快降压并更换锅水，锅水冷却至 70 ℃左右允许排水。

(5) 紧急停炉注意事项如下：

1) 紧急停炉是为防止事故扩大而不得不采用的非常规停炉方式，有缺陷的锅炉应尽量避免紧急停炉。

2) 锅炉严重缺水导致的紧急停炉不得上水，并不得开启空气阀和安全阀快速降压。

3. 需要紧急停炉的情况

(1) 锅炉水位低于水位表的下部可见边缘。

(2) 不断加大向锅炉进水及采取其他措施，但水位仍继续下降。

(3) 锅炉水位超过最高可见水位（满水），经放水仍不能见到水位。

(4) 给水泵全部失效或给水系统故障，不能向锅炉进水。

(5) 水位表或安全阀全部失效。

(6) 设置在蒸汽空间的压力表全部失效。

（7）锅炉元件损坏，危及操作人员安全。

（8）燃烧设备损坏、炉墙倒塌或锅炉构件被烧红等，严重威胁锅炉安全运行。

（9）其他异常情况危及锅炉安全运行。

4. 停炉保养

停炉保养主要指锅内保养，即汽水系统内部为避免或减轻腐蚀而进行的防护保养。常用的保养方式如下：

（1）压力保养。通过保持锅炉内液体一定压力，避免空气进入锅炉内，适合小型锅炉时间不超过一周的短期保护。

（2）湿法保养。采用氢氧化钠、氨水等溶液使锅炉表面钝化对锅炉进行保护；加入亚硫酸钠还原剂，使其在碱性溶液中与氧反应，降低溶液含氧量。

（3）干法保养。通过烘干、干燥剂进行保护（短期）；充入氨气，使其与水膜中的氧反应；充入碳酸铵、碳酸氢铵等易挥发气相缓蚀剂，在金属表面形成保护膜。

（4）充气保养。充入氮气，避免氧气对金属表面氧化。

八、锅炉管理安全要求

1. 使用许可厂家的合格产品

锅炉产品的设计、制造、安装单位都要有资质，同时锅炉的设计要经过有资质的机构审查，锅炉安装要经有资质的检验检测机构检验。

2. 登记建档

锅炉在正式使用前，必须到当地特种设备安全监察机构登记，经审查批准登记建档、取得使用证方可使用。使用单位也应建立锅炉设备档案，保存设计、制造、安装、使用、修理、改造和检验等过程的技术资料。

3. 专责管理

使用锅炉的单位，应对设备进行专责管理。应建立起完整的管理机构，单位技术负责人对锅炉的安全管理负责，并指定具有专业知识、熟悉国家相关法规标准的工程技术人员负责锅炉的安全管理工作。

4. 建立制度

使用单位必须建立一套科学、完整、切实可行的锅炉管理制度。管理制度应该包括管理制度和操作规程两方面。

5. 持证上岗

锅炉司炉、水质化验人员，应接受专业安全技术培训并考试合格，持证上岗。

6. 定期检验

定期检验是指在设备的设计使用期限内，每隔一定的时间对锅炉承压部件和安全装置进行检测检查，或做必要的试验。定期检验由有资质的机构进行。

7. 监控水质

水中杂质会使锅炉结垢、腐蚀及产生汽水共腾，降低锅炉效率、寿命及供汽质量。必须严格监督、控制锅炉给水及锅水水质，使之符合锅炉水质标准的规定。

【练习提高】

一、单项选择题（每题 1 分，每题的备选项中，只有 1 个最符合题意）

1. 锅炉按载热介质分为蒸汽锅炉、(　　) 和有机热载体锅炉。

A. 热水锅炉　　B. 高压锅炉　　C. 沸腾炉　　D. 废热锅炉

2. 锅炉缺水是锅炉运行中最常见的事故之一，如果处理不当常造成严重后果。某公司运行 1 台相对容水量较大的小型锅炉，锅炉房值班工作人员巡查时发现，锅炉水位表内看不到水位，表内发白发亮。针对该故障，应采取的措施是（　　）。

A. 立即向锅炉上水，恢复正常水位

B. 立即停炉检查，查明缺水原因

C. 判断缺水程度，酌情进行处置

D. 关闭水位表的放水旋塞，进行“叫水”操作

3. 某单位司炉班班长丁某巡视时发现一台运行锅炉的水位低于表最低水位刻度，同时接报锅炉水泵故障并已停止运转。丁某判断锅炉已缺水，立即按紧急停炉程序进行处置。下列关于紧急停炉处置次序的说法中，正确的是（　　）。

A. 立即停止添加燃料和送风、减弱引风，同时设法熄灭炉膛内的燃料，灭火后即把炉门、灰门及烟道挡板打开，启动备用泵给锅炉上水

B. 立即停止添加燃料和送风、减弱引风，同时设法熄灭炉膛内的燃料，灭火后即把炉门、灰门及烟道挡板打开，以加强通风冷却

C. 立即停止添加燃料和送风，加大引风，同时设法熄灭炉膛内的燃料，灭火后即把炉门、灰门及烟道挡板打开，启动备用泵给锅炉上水

D. 立即停止添加燃料和送风，减弱引风，同时设法熄灭炉膛内的燃料，灭火后即把炉门、灰门及烟道挡板打开，开启空气阀及安全阀快速降压

4. 锅炉蒸发表面（水面）汽水共同升起，产生大量泡沫并上下波动翻腾的现象，叫汽水共腾。汽水共腾的处置措施是（　　）。

A. 全开连续排污阀，并关闭定期排污阀

B. 停止上水，以减少气泡产生

C. 减弱燃烧力度，关小主汽阀

D. 增加负荷，迅速降低压力

5. 锅炉水位高于水位表最高安全水位刻度线的现象，称为锅炉满水。严重满水时，锅水可进入蒸汽管道和过热器，造成水击及过热器结垢，降低蒸汽品质，损害以致破坏过热器。下列关于锅炉满水的处理措施中，正确的是（　　）。

A. 加强燃烧，开启排污阀及过热器、蒸汽管道上的疏水阀

B. 启动“叫水”程序，判断满水的严重程度

C. 立即停炉，打开主汽阀加强疏水

D. 立即关闭给水阀停止向锅炉上水，启用省煤气再循环管路

6. 下列关于锅炉缺水事故处理方法和说法中，正确的是（　　）。

A. 锅炉发生缺水，立即上水，防止受热面钢材过热或过烧

B. “叫水”的操作方法是全开放水旋塞和汽旋塞，等待水表水位出现

C. 通常“叫水”后水位表内仍未出现水位，则应立即上水

D. “叫水”操作一般只适合于相对容水量较大的小型锅炉

7. 值班班长巡视时听见高水位报警器发出警报，班长初步判断锅炉发生满水，紧急进行满水处理。下列关于值班班长采取的一系列措施中，错误的是（　　）。

A. 冲洗水位表，检查水位表有无故障

B. 立即打开排污阀，加大锅炉排水

C. 立即关闭给水阀停止向锅炉上水，关闭省煤器再循环管路

D. 减弱燃烧，打开排污阀及过热器、蒸汽管道上的疏水阀

8. 水在锅炉管道内流动，因速度突然发生变化导致压力突然发生变化，形成压力波在管道内传播的现象叫水击。水击现象常发生在给水管道、省煤器、过热器、锅筒等部位，会造成管道、法兰、阀门等的损坏。下列关于预防水击事故的措施中，正确的是（　　）。

A. 快速开闭阀门

B. 使可分式省煤器的出口水温高于同压力下饱和温度 40 ℃

C. 暖管前彻底疏水

D. 上锅筒快速进水，下锅筒慢速进汽

9. 省煤器是安装于锅炉尾部烟道下部用于回收所排烟的余热的一种装置，可将锅炉给水加热成汽包压力下的饱和水，由于它吸收高温烟气的热量，降低了烟气的排烟温度，节省了能源，提高了效率，所以称之为省煤器。下列现象属于省煤器损坏事故的是（　　）。

A. 给水流量不正常地小于蒸汽流量　　B. 给水流量不正常地大于蒸汽流量

C. 锅炉水位上升，烟道潮湿或漏水　　D. 过热蒸汽温度上升，排烟温度上升

10. 省煤器损坏是指由于省煤器管子破裂或其他零件损坏造成的事故。下列关于省煤器损坏原因的说法中，正确的是（　　）。

A. 烟速过低或烟气含灰量过大，飞灰磨损严重

B. 给水品质不符合要求，特别是未进行除氧，管子水侧被严重腐蚀

C. 出口烟气温度高于其酸露点，在省煤器出口段烟气侧产生酸性腐蚀

D. 吹灰不当，损坏管壁

11. 锅炉过热器损坏主要指过热管爆管，易发生伤害事故。下列现象中，不属于造成过热器损坏的原因的是（　　）。

A. 给水品质长期不良，过热器管内结垢严重

B. 吹灰不当，磨损管壁

C. 出口烟气温度高于其酸露点，在出口段烟气侧产生酸性腐蚀

D. 工况变动使过热蒸汽温度上升，造成金属爆管

12. 炉膛爆炸事故是指炉膛内积存的可燃性混合物瞬间同时爆燃，从而使炉膛烟气侧压力突然升高，超过了设计允许值而产生的正压爆炸。下列关于炉膛爆炸事故预防方法中，不适用的是（　　）。

A. 提高炉膛及刚性梁的抗爆能力

B. 在启动锅炉点火时认真按操作规程进行点火，严禁采用爆燃法

C. 在炉膛负压波动大时，应精心控制燃烧，严格控制负压

D. 控制火焰中心位置，避免火焰偏斜和火焰冲墙

13. 锅炉结渣指灰渣在高温下黏结于受热面、炉墙、炉排之上并越积越多的现象。结渣使锅炉（　　）。

A. 受热面吸热能力减弱，降低了锅炉的出力和效率

B. 受热面吸热能力增加，降低了锅炉的出力和效率

C. 受热面吸热能力减弱，提高了锅炉的出力和效率

D. 受热面吸热能力增加，提高了锅炉的出力和效率

14. 安全阀是锅炉上重要的安全附件之一，每月应自动排放一次，每周手动排放试验一次，做好记录并签名。应定期检验、定压并确保铅封完好，定期检验的周期是（　　）。

A. 3 个月　　B. 半年　　C. 1 年　　D. 2 年

15. 为防止锅炉降温过快，在正常停炉（　　）h 应紧闭炉门和烟道挡板，之后打开烟道挡板，缓慢加强通风，适当放水。

A. 2~3　　B. 4~6　　C. 8~10　　D. 18~24

16. 常见的满水原因不包括（　　）。

A. 运行人员疏忽大意，对水位监视不严

B. 水位表故障造成假水位，而运行人员未及时发现

C. 给水设备或给水管路故障

B. 水位报警器及给水自动调节器失灵而又未能及时发现

17. 锅炉启动过程中，对水管锅炉，全部上水时间在夏季不小于 1 h，在冬季不小于（　　）。

A. 15 min　　B. 30 min　　C. 1 h　　D. 2 h

18. 下列现象不属于锅炉缺水事故的是（　　）。

A. 当锅炉水位低于水位表最低安全水位刻度线时，即形成了锅炉缺水事故

B. 水位表内往往看不到水位，表内发暗

C. 低水位警报器动作并发出警报

D. 过热蒸汽温度升高，给水流量不正常地小于蒸汽流量

二、多项选择题（每题 2 分，每题的备选项中，有 2 个或 2 个以上符合题意，至少有 1 个错项。错选，本题不得分；少选，所选的每个选项得 0.5 分）

1. 锅炉正常停炉应注意的主要问题是防止降压降温过快，以避免锅炉部件因降温收缩不均匀而产生过大的热应力。下列关于锅炉停炉操作的说法中，正确的有（　　）。

A. 先减少引风，停止燃料供应，随之停止送风

B. 逐渐降低锅炉负荷，相应地减少锅炉上水

C. 对于燃气锅炉，炉膛停火后，立即关闭引风机

D. 打开省煤器旁通烟道，关闭省煤器烟道挡板

E. 为保护过热器，可打开过热器出口集箱疏水阀适当放气

2. 锅炉爆炸是最严重的锅炉事故，下列情况有可能造成锅炉发生爆炸的有（　　）。

A. 安全阀损坏或装设错误

B. 主要承压部件出现裂纹、严重变形、腐蚀、组织变化

C. 燃料发热值变低

D. 锅炉严重满水

E. 锅炉严重结垢

3. 下列原因可以造成锅炉缺水的有（　　）。

A. 运行人员疏忽大意，对水位监视不严，或者操作人员擅离职守

B. 安全阀故障

C. 省煤器漏水

D. 忘记关管道过热器疏水阀门

E. 给水泵故障

4. 锅炉的汽水共腾是锅炉的典型事故，严重的时候会造成损坏过热器或影响用汽设备的安全运行，下列原因可以造成汽水共腾的有（　　）。

A. 锅水含盐量太低

B. 负荷增加

C. 压力降低过快

D. 压力提升过慢

E. 缺水

5. 下列属于汽水共腾处置措施的有（　　）。

A. 全开连续排污阀，并打开定期排污阀

B. 停止上水，以减少气泡产生

C. 减弱燃烧力度，关小主汽阀

D. 增加负荷，迅速降低压力

E. 关闭水位表的汽连接管旋塞，关闭放水旋塞

6. 燃煤锅炉结渣是个普遍性的问题，层燃炉、沸腾炉、煤粉炉都有可能结渣。结渣使受热面吸热能力减弱，降低锅炉的出力和效率，因此要对锅炉可能产生结渣的部分提前进行有效的预防。下列措施能预防锅炉结渣的有（　　）。

A. 在设计上要控制炉膛燃烧热负荷，在炉膛中布置足够的受热面，控制炉膛出口温度，使之不超过灰渣变形温度

B. 控制送煤量，均匀送煤，及时调整燃料层和煤层厚度

C. 对沸腾炉和层燃炉，要加大送煤量

D. 在燃油锅炉的尾部烟道上装设灭火装置

E. 发现锅炉结渣要及时清除

7. 锅炉遇到严重的情况应及时紧急停炉。下列关于紧急停炉的说法中，正确的有（　　）。

A. 立即停止添加燃料，减弱引风

B. 向炉膛浇水以快速熄灭炉膛内的燃料

C. 灭火后即把炉门、灰门及烟道挡板打开，加强冷却通风

D. 锅内较快降压并更换锅水

　　E. 开启空气阀及安全阀快速降压

8. 锅炉遇有（　　）情况之一者，应紧急停炉。

　　A. 水位表或安全阀部分失效

　　B. 锅炉水位超过最高可见水位（满水），经放水不能见到水位

　　C. 锅炉水位低于水位表的下部可见边缘

　　D. 给水系统故障，不能向锅炉进水

　　E. 设置在蒸汽空间的压力表全部失效

第三节　压力容器事故及安全技术

【本节重点】

一级知识点	二级知识点
压力容器分类	（1）按压力容器介质分类（毒性：4 类；腐蚀性：3 类） （2）按压力等级分类：低压、中压、高压和超高压 4 个压力等级 （3）按安全技术管理（基于危险性）分类：Ⅰ、Ⅱ、Ⅲ类 （4）按制造许可分类：A 级、B 级、C 级、D 级 （5）按容器在生产中的作用分类：反应、换热、分离、储存 4 类
压力容器事故及其危害	（1）压力容器事故类型：泄漏、爆炸 （2）爆炸危害：冲击波、碎片、介质伤害等 （3）泄漏危害：介质毒害、高温烫伤、火灾爆炸
压力容器安全附件与仪表	（1）安全阀：类别、特点、适用范围 （2）爆破片：优点、缺点 （3）爆破帽：特点、适用范围 （4）易熔塞：工作原理、适用范围
压力容器安全附件装设要求	（1）安全阀、爆破片的压力设定 （2）安全附件安装：位置、连接管线截面积、出口导管及截止阀的安装 （3）安全阀与爆破片的组合：并联要求、串联要求
压力容器事故应急措施	（1）超温超压应急措施 （2）泄漏应急措施 （3）压力容器需要停止运行的情况
压力容器的维护保养	

一、压力容器的参数

压力容器的主要工艺参数为压力、温度、介质。此外，容积、直径、壁厚也是重要的特性指标。

1. 压力

（1）最高工作压力。在正常操作情况下，容器顶部可能出现的最高压力。

（2）设计压力。在相应设计温度下用以确定容器壳体厚度及其元件尺寸的压力，即标注在容器铭牌上的设计压力。

压力容器的设计压力值不得低于最高工作压力。

2. 温度

（1）设计温度。容器在正常工作情况下，设定的元件的金属温度。设计温度与设计压力一起作为设计载荷条件。

当壳壁或元件金属的温度低于-20 ℃，按最低温度确定设计温度。

除此之外，设计温度一律按最高温度选取。

（2）试验温度。压力试验时，壳体的金属温度。

（3）实际工作温度。实际工作温度是相对设计温度而言的一个参数，是容器在实际工作情况下，元件的金属温度。

二、压力容器分类

1. 按压力容器介质分类

（1）按物质状态分类，有气体、液体、液化气体、单质和混合物压力容器等。

（2）按化学特性分类，有可燃、易燃、惰性、助燃介质压力容器。

（3）按对人类毒害程度分类，有极度危害（Ⅰ）、高度危害（Ⅱ）、中度危害（Ⅲ）、轻度危害（Ⅳ）介质压力容器。

（4）按对容器材料的腐蚀性分类，有强腐蚀性、弱腐蚀性、非腐蚀性介质压力容器。

2. 按压力等级分类

内压容器按设计压力（p）可以划分为低压、中压、高压和超高压四个压力等级：

（1）低压容器，$0.1\ \text{MPa} \leqslant p < 1.6\ \text{MPa}$。

（2）中压容器，$1.6\ \text{MPa} \leqslant p < 10.0\ \text{MPa}$。

（3）高压容器，$10.0\ \text{MPa} \leqslant p < 100.0\ \text{MPa}$。

（4）超高压容器，$p \geqslant 100.0\ \text{MPa}$。

3. 按安全技术管理（基于危险性）分类

压力容器可划分为Ⅰ、Ⅱ、Ⅲ类，其中Ⅲ类最危险。划分方法如下：

（1）将压力容器的介质分为两组。

第一组介质：毒性程度为极度危害、高度危害的化学介质以及易爆介质、液化气体。

第二组介质：由除第一组以外的介质组成，如毒性程度为中度危害以下的化学介质，包括水蒸气、氮气等。

（2）按照介质特性分组后选择分类图，第一组介质压力容器分类图如图 3-14 所示，第二组介质压力容器分类图如图 3-15 所示。

（3）根据设计压力 p（单位为 MPa）和容积 V（单位为 m^3），标出坐标点，确定容器类别。

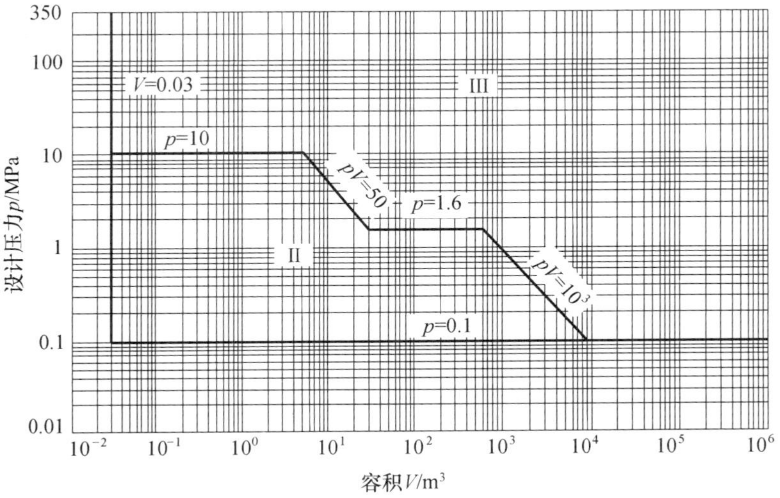

图 3-14　第一组介质压力容器分类图

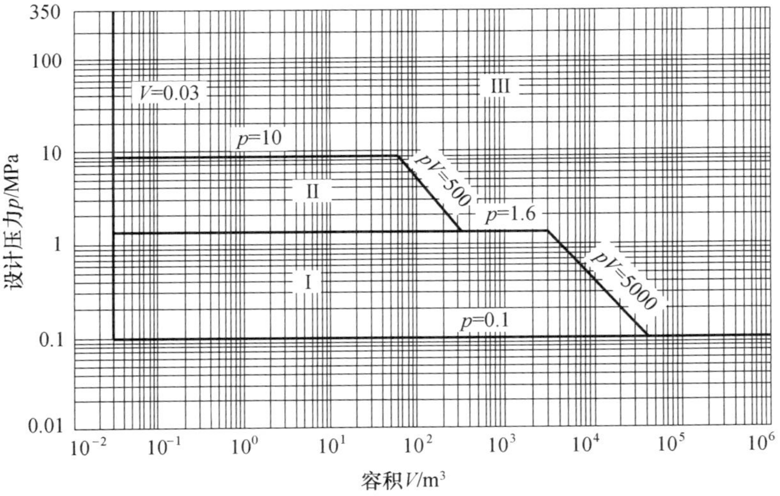

图 3-15　第二组介质压力容器分类图

3. 按制造许可分类

国家市场监督管理总局颁布的《特种设备生产单位许可目录》中，以制造难度、结构特点、设备能力、工艺水平、人员条件等为基础，将压力容器划分为 A、B、C、D 共 4 个许可级别。

（1）制造许可 A 级（大型高压、超高压固定压力容器）：大型高压容器（A1）、其他高压容器（A2）、球罐（A3）、非金属压力容器（A4）、氧舱（A5）、超高压容器（A6）。

（2）制造许可 B 级（气瓶）：无缝气瓶（B1）、焊接气瓶（B2）、特种气瓶［纤维缠绕气瓶（B3）、低温绝热气瓶（B4）、内装填料气瓶（B5）］。

（3）制造许可 C 级（移动式压力容器）：铁路罐车（C1），汽车罐车、罐式集装箱

（C2），长管拖车、管束式集装箱（C3）。

（4）制造许可 D 级（中、低压容器）。

4. 按容器在生产中的作用分类

（1）反应压力容器。用于完成介质的物理、化学反应的压力容器，如各种反应器、反应釜、聚合釜、合成塔、变换炉、煤气发生炉等。

（2）换热压力容器。用于完成介质的热量交换的压力容器，如各种热交换器、冷却器、冷凝器、蒸发器等。

（3）分离压力容器。用于完成介质的流体压力平衡缓冲和气体净化分离的压力容器，如各种分离器、过滤器、集油器、洗涤器、吸收塔、干燥塔、汽提塔、分汽缸、除氧器等。

（4）储存压力容器。用于储存、盛装气体、液体、液化气体等介质的压力容器，如各种形式的储罐、缓冲罐、消毒锅、印染机、烘缸、蒸锅等。

三、压力容器事故及其危害

1. 压力容器事故类型

压力容器事故类型如图 3-16 所示。

- 压力容器事故
  - 泄漏
    - 开裂
    - 穿孔
    - 密封件失效
  - 爆炸
    - 压力容器本体爆炸：物理爆炸、化学爆炸
    - 泄漏物质二次爆炸：化学爆炸

图 3-16　压力容器事故类型

2. 压力容器事故危害

（1）爆炸危害

1）冲击波危害。对人和建筑物产生危害。

2）爆炸碎片危害。对人造成伤害，甚至引起火灾。

3）介质伤害。高温介质烫伤及有毒介质造成中毒。

4）二次爆炸及燃烧危害。可燃液化气体容器爆炸破裂形成大量可燃蒸气，遇明火产生爆炸。

5）压力容器快开门事故危害。快开门式压力容器开关盖频繁，在容器泄压未尽前或带压下打开端盖，以及端盖未完全闭合就升压，极易造成快开门式压力容器爆炸事故。

（2）泄漏危害

1）有毒介质伤害。

2）高温灼烫伤害。

3）爆炸及燃烧危害。

四、压力容器安全附件与仪表

压力容器安全附件与仪表类别见表 3-10。

表 3-10　压力容器安全附件与仪表类别

名称	用途及类型	特点及使用要求
安全阀	泄压，分为弹簧式、杠杆式、静重式和先导式	能重闭，泄压慢。不适合有毒介质、含胶着物质介质及升压迅速的反应容器
爆破片	泄压	结构简单、泄压反应快，断裂型、非重闭，密闭性好
爆破帽	泄压	爆破压力误差小、泄压面积小，用于超高压容器
易熔塞	泄压	动作取决于容器壁温度，适用于盛液化气体的中低压小型容器
紧急切断阀	发生大量泄漏时紧急止漏，具有过流闭止及超温闭止的性能，能在近程和远程独立进行操作	与截止阀串联安装在容器出口
压力表	指示容器内介质压力，分为弹性元件式、液柱式、活塞式和电量式	弹性元件式压力计是压力容器广泛应用的类型 液柱式压力计一般只用于测量很低的压力 活塞式压力计通常用作校验用的标准仪表
温度计	测量容器内介质温度	需要控制容器壁温的，也要设壁温温度计
液位计	指示容器液位	适用于液化气体容器

1. 安全阀

（1）安全阀分类

1）按开启高度分类

①微启式。阀瓣的开启高度为阀座喉径的 1/40～1/20。

②全启式。阀瓣的开启高度为阀座喉径的 1/4。

2）根据安全阀的整体结构和加载方式分类，安全阀可分为静重式、杠杆式、弹簧式和先导式 4 种。图 3-17 所示为弹簧式安全阀。

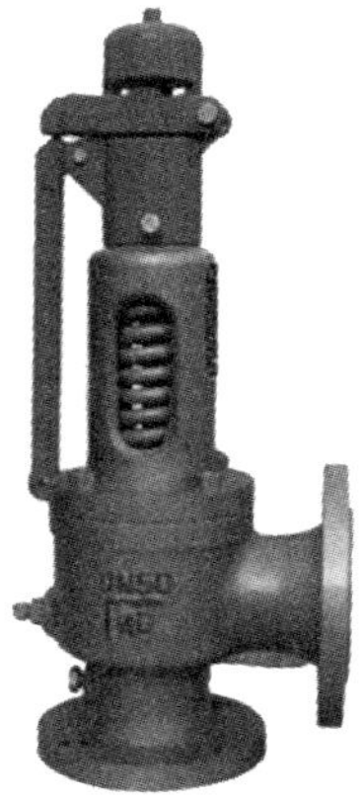

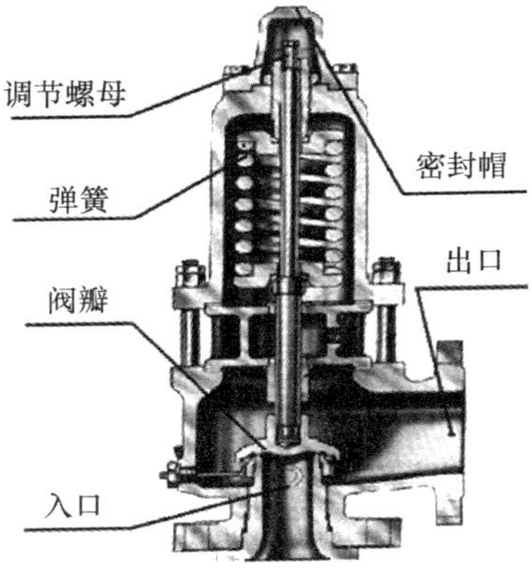

图 3-17　弹簧式安全阀

（2）安全阀特点

1）优点。泄压后可以重新闭合。

2）缺点

①泄压反应慢（因阀的开启具有滞后作用）。

②对介质的洁净度要求很高，不适合存在胶着物的介质。

③密封性能差（是各类泄压装置中密封性能最差的一种）。

（3）适用范围

1）安全阀是广泛用于固定式压力容器的泄压装置。一般气瓶都较少安装这种泄压装置。

2）不适合有毒、易燃易爆气体及存在胶着物的介质。

3）不适合反应压力上升较快的容器。

（4）安全阀故障

1）泄漏。

2）到规定压力时不开启。

3）不到规定压力时开启。

4）排气后压力继续上升。

5）排放泄压后阀瓣不回座。

2. 爆破片

爆破片又称为爆破膜或防爆膜，是一种断裂型安全泄压装置，如图 3-18 所示。

爆破片特点如下：

（1）优点。结构简单，泄压反应快，密封性能好，适应性强。

（2）缺点。不能重新闭合。

3. 爆破帽

爆破帽是一种断裂型泄压装置，超压时其断裂的薄弱层面在开槽处，如图 3-19 所示。爆破帽特点如下：

图 3-18　爆破片

图 3-19　爆破帽

（1）爆破压力误差较小。

（2）泄放面积较小。

（3）动作压力大，多用于超高压容器。

4. 易熔塞

（1）泄压工作原理。易熔塞属于熔化型（温度型）安全泄压装置，它的动作取决于容器壁的温度。

(2) 结构要求。为了防止易熔合金塞因受压力而脱落，常常将塞体内孔做成螺纹形、阶梯形或锥形，如图 3-20 所示。

(3) 适用范围

1) 主要用于中、低压的小型压力容器。

2) 在盛装液化气体的钢瓶中应用更为广泛。

3) 一般只用于气瓶，不用于固定式压力容器。

5. 紧急切断阀

紧急切断阀如图 3-21 所示，通常与截止阀串联安装在紧靠容器的介质出口管道上。

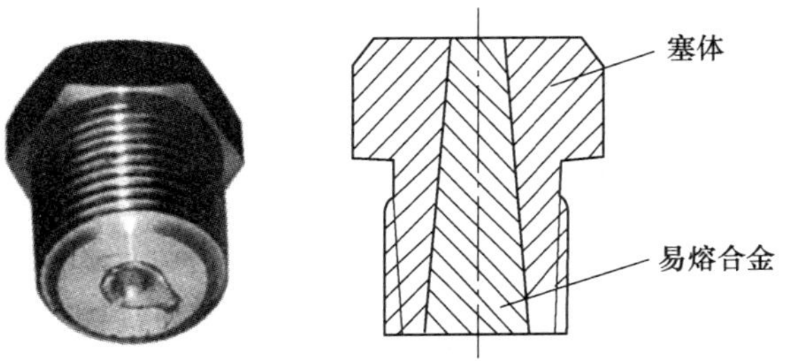

图 3-20　易熔塞

图 3-21　紧急切断阀

(1) 在管道发生大量泄漏时紧急止漏。

(2) 一般具有过流闭止及超温闭止的性能。

(3) 能在近程和远程独立进行操作。

五、压力容器安全附件装设要求

1. 安全阀、爆破片的压力设定

(1) 安全阀参数设定要求

1) 安全阀的整定压力一般不大于该压力容器的设计压力。

2) 设计图样或者铭牌上标注有最高允许工作压力的，可以采用最高允许工作压力确定安全阀的整定压力。

(2) 爆破片参数设定要求

1) 压力容器上爆破片的设计爆破压力一般不大于该容器的设计压力。

2) 爆破片的最小爆破压力不得小于该容器的工作压力。

(3) 泄放能力要求。安全阀、爆破片的排放能力，应当大于或者等于压力容器的安全泄放量。

2. 安全附件安装

(1) 安装位置

1) 安全泄压装置应当铅直安装在压力容器液面以上的气相空间部分。

2）安全泄压装置可装设在与压力容器气相空间相连的管道上。

（2）连接管线截面积

1）压力容器与安全泄压装置之间的连接管和管件的通孔，其截面积不得小于安全阀的进口截面积，其接管应当尽量短而直。

2）压力容器一个连接口上装设两个或者两个以上的安全泄压装置时，该连接口入口的截面积应当至少等于这些安全泄压装置的进口截面积总和。

（3）安全阀、爆破片出口导管安装。对易爆介质或者毒性程度为极度、高度或者中度危害介质的压力容器，安装时应注意以下事项：

1）应当在安全阀或者爆破片的排出口装设导管，将排放介质引至安全地点。

2）进行妥善处理，毒性介质不得直接排入大气。

（4）截止阀的安装

1）安全泄压装置与压力容器之间一般不宜装设截止阀。

2）为实现安全阀的在线校验，可在安全阀与压力容器之间装设爆破片装置。

3）对于盛装毒性程度为极度、高度、中度危害介质，易爆介质，腐蚀、黏性介质或者贵重介质的压力容器，为便于安全阀的清洗与更换，经过使用单位主管压力容器安全技术负责人批准，并且制定可靠的防范措施，可在安全泄压装置与压力容器之间装设截止阀。

4）压力容器正常运行期间，截止阀必须保证全开（加铅封或者锁定）。

5）截止阀的结构和通径不得妨碍安全泄放装置的安全泄放。

3. 安全阀与爆破片装置的组合

（1）并联

1）安全阀、爆破片的标定爆破压力不得超过容器的设计压力。

2）安全阀的开启压力应略低于爆破片的标定爆破压力。

（2）串联方式一。先装安全阀，再装爆破片。

当安全阀出口侧串联安装爆破片装置时，应满足下列条件：

1）容器内的介质应是洁净的，不含有胶着物质或阻塞物质。

2）安全阀泄放能力应满足要求。

3）当安全阀与爆破片之间存在背压时，阀仍能在开启压力下准确开启。

4）爆破片的泄放面积不得小于安全阀的进口面积。

5）安全阀与爆破片装置之间应设置放空管或排污管，以防止该空间的压力累积。

（3）串联方式二。先装爆破片，后装安全阀。

当安全阀进口和容器之间串联安装爆破片装置时（先装爆破片，后装安全阀），应满足下列条件：

1）安全阀和爆破片装置组合的泄放能力应满足要求。

2）爆破片破裂后的泄放面积应不小于安全阀进口面积，同时应保证爆破片破裂的碎片不影响安全阀的正常动作（不允许使用产生碎片的爆破片）。

3）爆破片装置与安全阀之间应装设压力表、旋塞、排气孔或报警指示器，以检查爆破片是否破裂或渗漏。

4. 快开门式压力容器设置安全联锁装置

（1）当快开门芯到预定关闭部位，方能升压运行。

（2）当压力容器内部的压力完全释放，方能打开快开门。

六、压力容器事故应急措施

1. 超温超压应急措施

（1）压力容器发生超压超温时要马上切断进料阀门。

（2）对于反应容器，停止进料。

（3）对于无毒非易燃介质，要打开放空管。

（4）对于有毒、易燃易爆介质，要打开放空管，将介质通过接管排至安全地点。

（5）如果属超温引起的超压，除采取上述措施外，还要通过水喷淋冷却以降温。

2. 泄漏应急措施

（1）压力容器发生泄漏时，要马上切断进料阀门及泄漏处前端阀门。

（2）压力容器本体泄漏或第一道阀门泄漏时，要根据容器、介质不同使用专用堵漏技术和堵漏工具进行堵漏。

（3）易燃易爆介质泄漏时，要对周边明火进行控制，切断电源，严禁一切用电设备运行，并防止静电产生。

3. 压力容器需要停止运行的情况

（1）超温、超压、超负荷时，采取措施后仍不能得到有效控制。

（2）容器主要受压元件发生裂纹、鼓包、变形等现象。

（3）安全附件失效。

（4）接管、紧固件损坏，难以保障安全运行。

（5）发生火灾、撞击等直接威胁压力容器安全运行的情况。

（6）充装过量。

（7）压力容器液位超过规定，采取措施仍不能得到有效控制。

（8）压力容器与管道发生严重振动，危及安全运行。

（9）高压容器的信号孔或警报孔泄漏。

七、压力容器的维护保养

1. 保持完好的防腐层

及时修补脱离的涂漆、电镀层。

2. 消除产生腐蚀的因素

（1）一氧化碳气体遇水才能发生腐蚀作用，应尽量采取干燥、过滤等措施。

（2）碳钢容器可能发生碱脆，介质中含有稀碱液的容器，必须采取措施消除使稀碱液浓缩的条件，如接缝渗漏，器壁粗糙或存在铁锈等多孔性物质等。

（3）盛装氧气的容器，要进行干燥，消除容器积水。

3. 消灭容器的“跑、冒、滴、漏”

“跑、冒、滴、漏”会对压力容器造成腐蚀，还会浪费材料污染环境，必须及时消除。

4. 加强容器在停用期间的维护

停用期间，将内部介质排除干净，腐蚀性介质要经过排放、置换、清洗处理。要保持容器干燥，防止大气腐蚀。

5. 经常保持容器的完好状态

容器上所有的安全装置和计量仪表，应定期进行调整校正。容器的零件、附件必须保持完好无损，连接牢固可靠。

【练习提高】

一、单项选择题（每题 1 分，每题的备选项中，只有 1 个最符合题意）

1. 为便于安全监察、使用管理和检验检测，须将压力容器进行分类。某压力容器盛装介质为氮气，压力为 1.0 MPa，容积为 1 m^3。根据《固定式压力容器安全技术监察规程》的压力容器分类图（如下图所示），该压力容器属于（　　）类。

A. Ⅱ　　B. Ⅰ　　C. Ⅲ　　D. Ⅱ或Ⅲ

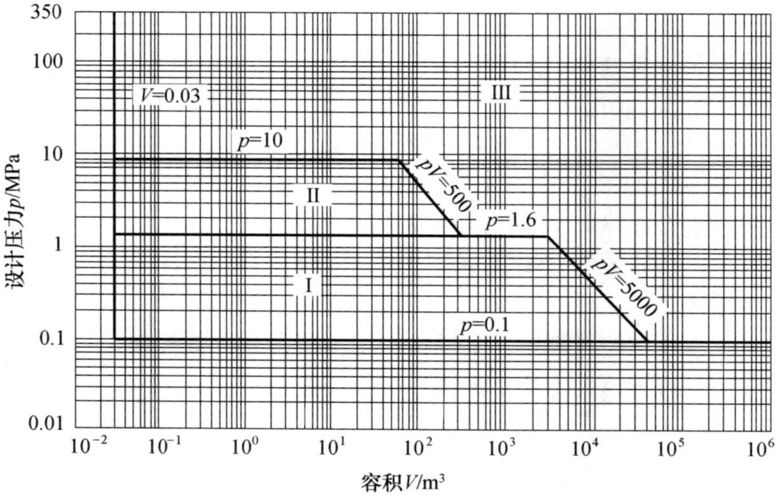

2. 安全阀与爆破片装置都是压力容器的自动泄压装置，为提高安全保护性能，通常将安全阀与爆破片装置组合使用。当安全阀与爆破片装置组合使用时，下列关于安全阀开启压力的说法中，正确的是（　　）。

A. 安全阀开启压力等于压力容器的设计压力

B. 安全阀开启压力低于压力容器的设计压力

C. 安全阀开启压力等于爆破片装置的标定爆破压力

D. 安全阀开启压力略高于爆破片装置的标定爆破压力

3. 做好压力容器的维护保养工作，可以使容器经常保持完好状态，提高工作效率，延长容器使用寿命。下列关于压力容器维护保养做法的说法中，正确的是（　　）。

A. 如只是局部防腐层损坏，可以继续使用压力容器

B. 防止氧气罐腐蚀，最好使氧气经过干燥，或在使用中经常排放容器中的积水

C. 对于临时停用的压力容器，可不清除内部的存储介质

D. 压力容器上的安全装置和计量仪表，定期进行维护，根据需要进行校正

4. 安全阀和爆破片是控制压力容器内部压力极限值的重要安全附件，对压力容器的安全保护起着重要作用。下列对压力容器安全阀或爆破片压力参数的要求中，正确的是（　　）。

A. 安全阀的额定压力一般不小于压力容器的设计压力

B. 爆破片的设计爆破压力一般不大于压力容器的设计压力

C. 爆破片的最小爆破压力不大于压力容器的工作压力

D. 爆破片的设计爆破压力不小于压力容器的最高允许工作压力

5. 安全阀按其结构和作用原理可分为杠杆式、弹簧式和脉冲式等，按气体排放方式可分为全封闭式、半封闭式和敞开式三种。下列关于不同类型安全阀适用系统的说法中，正确的是（　　）。

A. 弹簧式安全阀适用移动式压力容器

B. 杠杆式安全阀适用持续运行的系统

C. 杠杆式安全阀适用高压系统

D. 弹簧式安全阀适用高温系统

6. 压力容器的定期检验分为年度检验和全面检查，某工厂车间压力容器，在投用满 3 年时进行了首次全面检查，检验机构根据此次检查结果认定，该压力容器安全状况属于 1 级和 2 级压力容器，则该压力容器下次检查周期是（　　）年。

A. 2　　B. 4　　C. 6　　D. 8

7. 压力容器专职操作人员在容器运行期间经常检查容器工作状况，发现不正常状态进行有针对性处置。下列对压力容器的检查项目，不属于运行期间检查项目的是（　　）。

A. 容器、连接管的振动情况　　B. 容器工作介质的化学组成

C. 容器材质劣化情况　　D. 容器安全附件的完好状况

8. 盛装易燃易爆介质的压力容器发生超压超温情况时，应采取应急措施予以处置。下列措施中，错误的是（　　）。

A. 对于反应容器应立即停止进料　　B. 打开放空管，紧急就地放空

C. 通过水喷淋冷却降温　　D. 马上切断进气阀门

9. 压力容器在运行中，应当紧急停止运行的情况是（　　）。

A. 容器的操作压力即将达到安全操作规程规定的极限值

B. 容器的操作温度即将达到安全操作规程规定的极限值

C. 高压容器的信号孔泄漏

D. 容器接管法兰有渗漏

10. 由安全阀和爆破片组合构成的压力容器安全附件，一般采用并联或串联方式组合。当安全阀与爆破片装置并联组合时，爆破片的标定爆破压力不得超过压力容器的（　　）。

A. 工作压力　　B. 最高工作压力　　C. 爆破压力　　D. 设计压力

11. 为保证压力容器安全运行，通常设置安全阀、爆破片等安全附件。下列关于安全阀、爆破片组合设置要求的说法中，正确的是（　　）。

A. 安全阀与爆破片装置并联组合，爆破片的标定爆破压力应略低于安全阀的开启压力

B. 安全阀进口和容器之间串联安装爆破片装置，容器内的介质应是洁净的

C. 安全阀出口侧串联安装爆破片装置，容器内的介质应是洁净的

D. 安全阀出口侧串联安装爆破片装置，爆破片的泄放面积不得小于安全阀的出口面积

12. 压力容器的压力可以来自两个方面，一是在容器外产生（增大）的，二是在容器内产生（增大）的。压力容器最高工作压力是指（　　）。

A. 在正常操作情况下，容器顶部可能出现的最高压力

B. 在正常操作情况下，容器四周可能出现的最高压力

C. 在正常操作情况下，容器底部可能出现的最高压力

D. 在正常操作情况下，容器出口可能出现的最高压力

13. 安全附件是为了使压力容器安全运行而安装在设备上的一种安全装置，应根据压力容器自身的特点安装不同的安全附件。在盛装液化气体的钢瓶上，应用广泛的安全附件是（　　）。

A. 爆破片　　B. 易熔塞　　C. 紧急切断阀　　D. 减压阀

14. 防止容器或系统内的压力超过预定的安全值的一种非重闭式泄压装置是（　　）。

A. 安全阀　　B. 减压阀　　C. 爆破片　　D. 紧急切断阀

15. 压力容器的使用寿命主要取决于压力容器的维护保养工作。下列关于压力容器的维护保养说法中，错误的是（　　）。

A. 多孔性介质适用于盛装稀碱液

B. 常采用防腐层，如涂漆、喷镀或电镀来防止对压力容器器壁的腐蚀

C. 一氧化碳气体应尽量干燥

D. 盛装氧气的容器，最好使氧气经过干燥，或在使用中经常排放容器中的积水

16. 压力容器安全泄压装置中的爆破片与安全阀相比，具有（　　）的特点。

A. 适应性差　　B. 泄压反应慢　　C. 结构复杂　　D. 密封性能好

17. 爆破帽是压力容器安全附件的一种，其爆破压力误差较小、泄压面积较小，多用于（　　）容器。

A. 高压　　B. 超高压　　C. 中压　　D. 低压

二、多项选择题（每题 2 分，每题的备选项中，有 2 个或 2 个以上符合题意，至少有 1 个错项。错选，本题不得分；少选，所选的每个选项得 0.5 分）

1. 压力容器按安装方式可分为（　　）。

A. 固定式压力容器　　B. 移动式压力容器

C. 分离压力容器　　D. 储存压力容器

E. 反应压力容器

2. 压力容器如发生爆炸，不但事故设备被毁，而且还波及周围的设备、建筑和人群，因此在压力容器使用过程中，发生异常情况需要采取紧急措施，停止压力容器的运行。下列情况中，需要紧急停止运行的有（　　）。

A. 压力容器承载易燃介质，发生泄漏时

B. 超温、超压、超负荷时，采取措施后仍不能有效控制

C. 高压容器的信号孔或警报孔泄漏

D. 主要受压元件发生裂纹、鼓包、变形

E. 超期服役 2 年零 4 个月

3. 对运行中的压力容器进行的检查主要包括工艺条件、设备状况以及安全装置检查等。其中工艺条件方面主要检查的内容包括（　　）。

A. 操作压力、操作温度、液位是否在安全操作规程规定的范围内

B. 容器工作介质的化学组成，特别是影响容器安全的成分是否符合要求

C. 安全装置以及安全有关的计量器具是否保持完好状态

D. 各连接部位有无泄漏、渗漏现象

E. 容器的部件和附件有无塑性变形

4. 下列关于压力容器安全操作的说法中，正确的有（　　）。

A. 加载和卸载应缓慢，并保持运行期间载荷的相对稳定

B. 操作中压力频繁、大幅度地波动，对容器的抗疲劳强度是不利的，应尽可能避免，保持操作压力平稳

C. 防止压力容器过载主要是防止超压

D. 压力容器的操作温度也应该严格控制在设计规定的范围内，短期的超温运行会立即导致容器的破坏

E. 储装液化气体的容器，为了防止液体受热膨胀而超压，一定要严格计量

5. 快开门式压力容器开关盖操作频繁，在容器泄压未尽前或带压下打开端盖、端盖未完全闭合就进行升压等操作，极易造成事故。因此，在设计快开门式压力容器时，应当设置安全联锁装置。根据《固定式压力容器安全技术监察规程》（TSG 21—2016），在设计快开门式压力容器的安全联锁装置时，应满足的要求有（　　）。

A. 当压力容器超温超压时，同步报警

B. 当压力容器超温时，紧急切断物料供应

C. 当快开门达到规定关闭部位时，方能升压运行

D. 当压力容器超压时，安全泄放容器内介质

E. 当压力容器的压力完全释放后，方能打开快开门

第四节　气瓶安全技术

【本节重点】

一级知识点	二级知识点
气瓶特种设备界定与分类	（1）气瓶类特种设备界定条件 （2）气瓶按储存介质分类 （3）气瓶按压力分类
气瓶安全附件（非泄压类）	（1）瓶阀 （2）瓶帽和保护罩 （3）防震圈
气瓶安全附件（泄压装置）	（1）气瓶泄压装置类型：易熔塞、爆破片、安全阀、复合泄压装置 （2）气瓶泄压装置的设置原则：必设、禁止设置和不宜设置 （3）各类气瓶安全泄压装置选择：有毒气体气瓶、乙炔气瓶、液化天然气绝热气瓶 （4）安全泄压装置的装设部位
气瓶的颜色标志和钢印标志	（1）颜色标志：瓶色、字样、字色以及色环 （2）钢印标志：制造标准、编号、工作与检验压力、介质、气瓶质量
气瓶充装特殊规定	（1）气瓶充装装置 （2）充装压缩气体 （3）充装高（低）压液化气体 （4）充装低温液化气体及低温液体 （5）充装溶解乙炔 （6）充装混合气体
气瓶的装卸运输安全	（1）气瓶人工搬运安全 （2）气瓶吊装搬运安全 （3）气瓶车辆运输安全
气瓶的储存、保管安全	（1）气瓶储存仓库要求 （2）储存管理要求
气瓶的发送要求	

一、气瓶特种设备界定与分类

1. 气瓶特种设备界定条件

同时满足以下条件的压力容器可界定为气瓶：

（1）容积不超过 3 000 L。

（2）公称工作压力（允许工作压力）≥0.2 MPa。

（3）压力与容积的乘积≥ 1.0 MPa·L。

（4）用于储存和运输压缩气体、液化气体和标准沸点≤60 ℃液体的可重复充装的可移动容器。

2. 气瓶储存介质分类

（1）压缩气体。在-50 ℃时加压后完全是气态的气体，包括临界温度（T_C）低于或者等于-50 ℃的气体，也称永久气体。

（2）液化气体。在温度高于-50 ℃时加压后部分是液态的气体，包括临界温度在-50~65 ℃的高压液化气体和临界温度高于65 ℃的低压液化气体。

（3）低温液化气体。在运输过程中由于深冷低温而部分呈液态的气体，临界温度一般低于或者等于-50 ℃，也称为深冷液化气体或者冷冻液化气体。

（4）溶解气体。在压力下溶解于气瓶内溶剂中的气体，易分解或聚合的可燃气体。

（5）吸附气体。在压力下吸附于吸附剂中的气体。

（6）混合气体与标准气体。

3. 气瓶按压力分类

按照公称工作压力，气瓶可分为以下两类：

（1）高压气瓶。公称工作压力≥10 MPa。

（2）低压气瓶。公称工作压力<10 MPa。

二、气瓶安全附件

1. 气瓶安全附件类别

（1）瓶阀。

（2）瓶帽、保护罩。

（3）安全泄压装置（安全阀、爆破片、易熔塞、复合泄压装置）。

（4）防震圈。

（5）液位计。

（6）紧急切断装置。

（7）充装限位装置等。

2. 瓶阀

瓶阀是装在气瓶瓶口上的，用于控制气体进入或排出气瓶的组合装置，如图3-22所示。

（1）瓶阀螺纹

1）盛装助燃和不可燃气体的，瓶阀出气口螺纹为右旋。

2）可燃气体气瓶瓶阀的出气口螺纹为左旋。

（2）瓶阀材料。任何与气体接触的金属或者非金属瓶阀材料与气瓶内所充装的气体具有相容性。

（3）乙炔气瓶瓶阀。选用含铜量小于70%的铜合金（质量比）。

（4）气瓶手轮材质。盛装易燃气体的气瓶瓶阀的手轮，选用阻燃材料制造。

图3-22 瓶阀

（5）密封材料。盛装氧气或者其他强氧化性气体的气瓶瓶阀的非金属密封材料，选用具有阻燃性和抗老化性材料。

（6）公称容积大于 100 L 的液化石油气瓶。

1）气相瓶阀宜设计成带有液位限定功能或者带有电子防伪识读功能的直阀或者角阀。

2）液相瓶阀宜设计成单向阀。

3. 瓶帽和保护罩

瓶帽和保护罩都是瓶阀的保护罩装置。

（1）瓶帽

1）瓶帽分为可卸式和固定式两种，如图 3-23 所示。

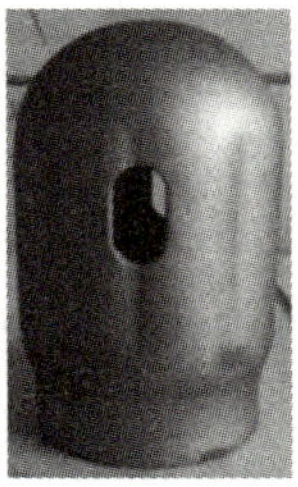

a）可卸式

b）固定式

图 3-23　瓶帽

2）瓶帽上要开有对称的泄气孔

（2）保护罩。保护罩是保护瓶帽、瓶阀或易熔塞免受撞击而设置的敞口屏罩式零件，如图 3-24 所示。

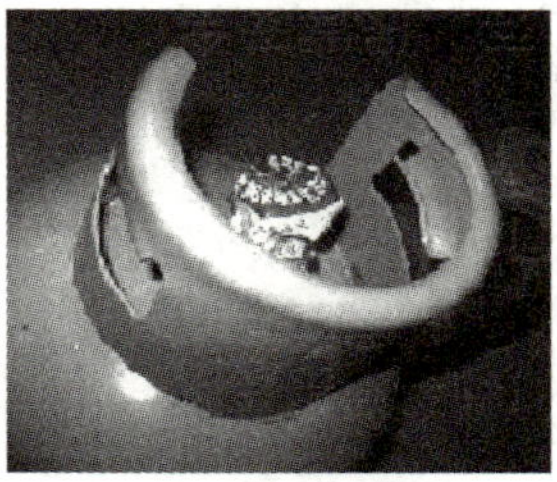

图 3-24　保护罩

1）可兼作提升零件，多用于焊接气瓶及液化石油气钢瓶。

2）所有保护罩应为不可拆卸结构。

（3）瓶帽和保护罩配备要求

1）公称容积大于或等于 5 L 的钢质无缝气瓶，应当配有螺纹连接的快装式瓶帽或者固定式保护罩。

2）公称容积大于或等于 10 L 的钢质焊接气瓶（含溶解乙炔气瓶），应当配有不可拆卸的保护罩或者固定式瓶帽。

4. 防震圈

（1）防震圈内径应比气瓶外径紧 6 mm，公差±1.0 mm。

（2）断面尺寸为 30 mm×30 mm，公差±0.5 mm。

三、气瓶泄压装置

1. 气瓶泄压装置类型及其应用

气瓶泄压装置类型、适用范围和技术参数见表 3-11。

表 3-11　　气瓶泄压装置类型、适用范围和技术参数

泄压装置类型	适用范围	技术参数与选择
易熔塞合金装置	适合气瓶，不适合固定容器 适用于溶解乙炔气瓶、低压有毒气瓶、易于分解或者聚合的可燃气体气瓶、车用压缩天然气气瓶（爆破片+易熔塞）	公称动作温度有 70 ℃、100 ℃和 102.5 ℃三种型号 公称动作温度 70 ℃，适合公称工作压力≤3.45 MPa 的气瓶 乙炔气瓶选用公称动作温度 100 ℃的易熔塞 公称动作温度 102.5 ℃，适合公称工作压力>3.45 MPa 的气瓶
爆破片	低温液化气的焊接绝热气瓶、车用压缩天然气气瓶、工业用非重复充装焊接气瓶	爆破片的公称爆破压力为气瓶的水压试验压力（即气瓶公称工作压力的 1.5 倍）
安全阀	一般气瓶不使用安全阀泄压 适用于液化天然气及其他可燃气体焊接绝热气瓶（主、副两级安全阀）、机动车液化石油气气瓶、低温液化焊接绝热气瓶（安全阀+爆破片）	安全阀开启压力≥75%的气瓶水压试验压力 安全阀开启压力≤气瓶水压试验压力
爆破片+易熔塞串联复合装置	用于密封要求特别严格的气瓶，如硅烷、氯化氢等，以及车用天然压缩天然气气瓶	爆破片置于与瓶内介质接触一侧，易熔塞置于爆破片出口一侧
爆破片+安全阀复合装置	适用于低温液化焊接绝热气瓶	爆破片置于与瓶内介质接触一侧，安全阀置于爆破片出口一侧

2. 气瓶泄压装置的设置原则

（1）需要设泄压装置的气瓶

1）车用气瓶或者其他可燃气体气瓶。

2）呼吸器用气瓶。

3）消防灭火器用气瓶。

4）溶解乙炔气瓶。

5）盛装低温液化气体的焊接绝热气瓶。

6）盛装液化气体的气瓶集束装置。

7）长管拖车及管束式集装箱用大容积气瓶。

（2）盛装剧毒气体的气瓶，禁止装设安全泄压装置。

（3）液化石油气钢瓶，不宜装设安全泄压装置。

3. 各类气瓶安全泄压装置选择

（1）有毒气体气瓶

1）盛装有毒气体的气瓶不应当单独装设安全阀。

2）盛装低压有毒气体的气瓶允许装设易熔塞合金装置。

（2）溶解乙炔的气瓶应当装设易熔塞合金装置。

（3）易于分解或者聚合的可燃气体的气瓶宜装设易熔塞合金装置。

（4）液化天然气及其他可燃气体的焊接绝热气瓶应当装设两级安全阀。

（5）低温液化非可燃气体的焊接绝热气瓶应当装设爆破片和安全阀。

（6）车用气瓶

1）车用液化石油气气瓶应当装设带安全阀的组合阀或者分立的安全阀。

2）车用压缩天然气气瓶应当装设爆破片+易熔合金塞串联复合装置。

（7）工业用非重复充装焊接钢瓶应当装设爆破片装置。

4. 安全泄压装置的装设部位

安全泄压装置原则上不应当妨碍气瓶的正常使用和搬运。

（1）无缝气瓶安全泄压装置应当装设在瓶阀上。

（2）焊接气瓶安全泄压装置可以装设在瓶阀上，也允许单独装设在气瓶的封头部位。

（3）工业用非重复充装焊接钢瓶，应当将爆破片直接焊接在气瓶封头部位。

（4）溶解乙炔气瓶，应当将易熔合金塞装设在气瓶上封头、阀座或者瓶阀上。

（5）每个安全泄压装置都应当有明显的标志。

四、气瓶的颜色标志和钢印标志

1. 颜色标志

颜色标志是识别气瓶内所充装气体的标志。气瓶颜色标志包括瓶色、字样、字色以及色环。例如，乙炔瓶为白色，标有大红色“乙炔不可近火”字样；氮气瓶为黑色，标有淡黄色“氮”字样；氧气瓶为淡蓝色，标有黑色“氧”字样。

2. 钢印标志

钢印标志包括制造钢印标志和检验钢印标志，如图3-25所示。国产无缝气瓶制造钢印包含以下内容：

（1）气瓶制造依据标准编号。通常以国标汉语拼音首个字母“GB”开头，如“GB5099”。

（2）气瓶编号。纯数字构成的编号，如“123456”。

（3）检验压力（MPa）。以检验压力英文“Testing Pressure”缩写“TP”开头，如“TP22.5”，代表水压试验压力为22.5 MPa。

（4）公称工作压力（MPa）。以工作压力英文“Working Pressure”缩写“WP”开头，如“WP15”，代表公称工作压力为15 MPa。

（5）制造厂代码、生产日期。制造单位英文字母缩写、生产年月，如“JP 03 04”。

（6）制造许可证编号。以“特设”的汉语拼音首个字母“TS”开头，如“TS2210001”。

（7）充装介质。介质的元素符号，如He，代表充装介质为氦气。

（8）气瓶质量（kg）。以质量英文单词“Weight”首个字母“W”开头，如“W50. 2”，代表气瓶质量为 50. 2 kg。

（9）气瓶容积（L）。以体积（容积）的英文单词“ Volu me”的首个字母“ V”开头，如“ V40. 4”，代表容器的容积为 40. 4 L。

（10）气瓶壁厚（mm）。以厚度（尺寸）的英文单词“Size”首个字母“S”开头，如“S5. 7”，代表气瓶壁厚为 5. 7 mm。

（11）国家监督检查标记。字母“CS”加圆圈。

（12）检验单位代码、检验日期及检验周期。以检字的拼音首个字母“J”加圆圈开头。

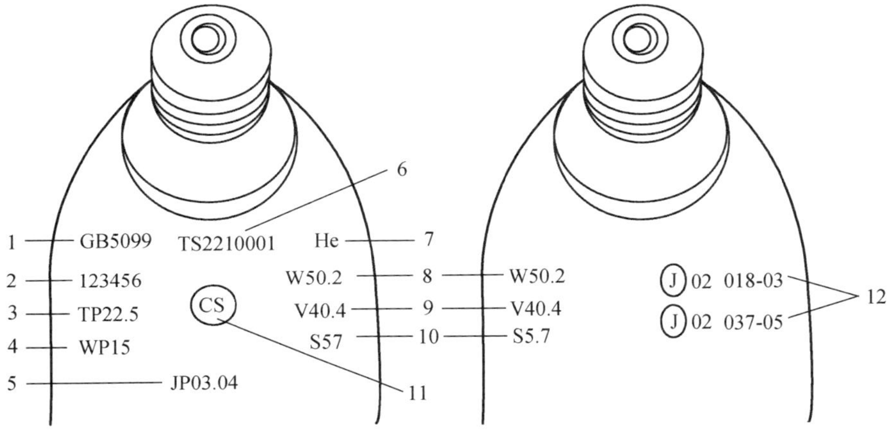

图 3-25　气瓶钢印标志及其含义

1—气瓶制造依据标准编号　2—气瓶编号　3—检验压力（MPa）　4—公称工作压力（MPa）
5—制造厂代码、生产日期　6—制造许可证编号　7—充装介质　8—气瓶质量（kg）
9—气瓶容积（L）　10—气瓶壁厚（mm）　11—国家监督检查标记
12—检验单位代码、检验日期及检验周期

五、气瓶充装特殊规定

1. 气体充装装置

（1）气体充装装置必须能够保证防止可燃气体与助燃气体或者不相容气体错装，无法保证时应当先进行抽空再进行充装。

（2）充装高（低）压液化气体、低温液化气体以及溶解乙炔气体时，所采用的称重计量衡器的最大称量值及校验期应当符合相关标准的规定。

2. 充装压缩气体

（1）严格控制气瓶的充装量，充分考虑充装温度对最高充装压力的影响，气瓶充装后，在 20 ℃时的压力不得超过气瓶的公称工作压力。

（2）采用电解法制取氢气、氧气的充装单位，应当制定严格的定时测定氢、氧纯度的制度，设置自动测定氢、氧浓度和超标报警的装置，并且定期进行手动检测。当氢气中含氧或者氧气中含氢超过 0. 5%（体积比）时，严禁充装，同时应当查明原因并妥善处置。

3. 充装高（低）压液化气体

（1）应当采用逐瓶称重的方式进行充装，禁止无称重直接充装（车用气瓶除外）。

（2）应当配备与其充装接头数量相适应的计量衡器。

（3）计量衡器必须设有超装警报或者自动切断气源的装置。

（4）应当对充装量逐瓶复检（设复检用计量衡器），严禁过量充装。

4. 充装低温液化气体及低温液体

应当对充装量逐瓶复检（车用焊接绝热气瓶除外），严禁过量充装。充装超量的气瓶不准出站并应及时处置。

5. 充装溶解乙炔

（1）充装前，按照有关标准规定测定溶剂补加量并补加溶剂。

（2）乙炔瓶的乙炔充装量及乙炔与溶剂的质量比（炔酮比）应当符合有关标准的规定。

（3）充装过程中，瓶壁温度不得超过 40 ℃，充装容积流速小于 0.015 m^3/（h·L）。

（4）一般分两次充装，中间的间隔时间不少于 8 h，静置 8 h 后的瓶内压力应当符合有关标准的规定。

6. 充装混合气体

（1）充装混合气体的气瓶应当采用加温、抽真空等适当方式进行预处理。

（2）气体充装前，应当根据混合气体的每一气体组分性质，确定各种气体组分的充装顺序。

（3）在充入每一气体组分之前，应用待充气体对充装配制系统管道进行置换。

7. 其他要求

（1）禁止在充装站外由罐车等移动式压力容器直接对气瓶进行充装，禁止将气瓶内的气体直接向其他气瓶倒装。

（2）车用天然气气瓶充装枪应当具有防伪识读信息化标签的功能，只能对可以识读的气瓶进行充装。

（3）车用液化天然气气瓶充装站应当具备向气瓶充装蒸气压不小于 0.8 MPa 的饱和液体的能力。

六、气瓶的装卸运输安全

1. 气瓶人工搬运安全

（1）气瓶应轻装、轻卸。

（2）严禁抛、滑、滚、碰。

（3）严禁拖拽、随地平滚、顺坡横滑或竖滑或用脚踢，严禁肩扛、背驮、怀抱、臂挟、托举等。当人工将气瓶向高处举放或气瓶从高处落地时，必须二人同时操作。

2. 气瓶吊装搬运安全

（1）将散装瓶装入集装箱内，固定好气瓶，用机械起重设备吊运。

（2）不得使用电磁起重机吊运气瓶。

（3）不得使用金属链绳捆绑后吊运气瓶。

（4）吊运气瓶不得吊气瓶瓶帽。

（5）严禁用叉车、翻斗车或铲车搬运气瓶。

3. 气瓶车辆运输安全

（1）化学性质相抵触的气体（如氧气、氯气与氢气，乙炔和液化石油气）不得同车运输，氧化或强氧化气体气瓶不准和易燃品、油脂及沾有油脂的物品同车运输。

（2）运输车辆应具有固定气瓶的相应装置，散装直立气瓶高出栏板部分不应大于气瓶高度的1/4。

（3）严禁用自卸汽车、挂车或长途客运汽车运送气瓶，同时也不准许用装运气瓶的货车载客。

（4）运送气瓶的汽车严禁在政府机关、居民密集处、超市闹市区及学校等处停车。运输车停靠时，司机和押运员不得同时离开车辆。

（5）司机、装卸及押运员均应明确所运输的气体性质、安全注意事项和紧急处置措施。

七、气瓶的储存、保管安全

1. 气瓶储存仓库要求

（1）气瓶瓶库的建设必须经有关部门的批准。气瓶的储存必须有专用瓶库。

（2）气瓶瓶库屋顶应为轻型结构，应有足够的泄压面积，透明的玻璃上应涂白漆。

（3）应有通风换气装置。

（4）可燃、有毒、窒息气体气瓶库房应有自动报警装置。

2. 存储管理要求

（1）气瓶入库应按照气体的性质、公称工作压力及空、实瓶严格分类存放，应有明确的标志。

（2）可燃气体的气瓶不可与氧化性气体气瓶同库储存。

（3）氢气不准与笑气、氨、氯乙烷、环氧乙烷、乙炔等同库。

（4）空、实瓶应分开放置，并有明显标志。毒性气体气瓶和瓶内气体相互接触能引起燃烧、爆炸、产生毒物的，应分室存放，并设置防毒用具。

（5）气瓶放置应整齐，并有瓶帽。立放时，应有防倾倒措施；横放时，头部朝向一方。

（6）为了防止气瓶混放，避免气瓶混淆，气瓶充装单位应设置待检气瓶区、待充气瓶区、实瓶存放区、不合格气瓶存放区。

（7）应当遵循先入库、先发出的原则

八、气瓶的发送要求

（1）充装单位气瓶的出库、发送应有专人负责，建立气瓶出库安全管理制度。

（2）气瓶发送前应检查安全附件是否齐全，不全的应补齐。

（3）发送前，应检查气瓶警示标签是否齐全。

（4）气瓶发送应随带气体质量证明或气体检验合格证。

（5）气瓶发送人员应每天检查库存的数量，保证气瓶的周转率。发送的气瓶要填写气瓶发放记录表，至少应包括气体名称、气瓶编号、入库日期、出库日期、领用单位、领用人签字、发送人员签字、备注等。

【练习提高】

一、单项选择题（每题1分，每题的备选项中，只有1个最符合题意）

1. 气瓶水压试验的主要目的是检验气瓶的整体强度是否符合要求。根据《气瓶安全技术监察规程》，气瓶水压试验的压力应为公称工作压力的（　　）倍。

A. 1.5　　B. 0.8　　C. 1.2　　D. 2.0

2. 运输气瓶应当严格遵守国家有关危险品运输的规定和要求。下列关于气瓶运输安全要求的说法中，错误的是（　　）。

A. 严禁用自卸汽车运输气瓶　　B. 不得使用电磁起重机吊运气瓶

C. 乙炔和液化石油气可以同车运输　　D. 吊运时不得将气瓶瓶帽作为吊点

3. 易熔塞合金装置由塞体及其中心孔中浇铸的易熔合金塞构成，其工作原理是通过温度控制气瓶内部的温升压力，当气瓶周围发生火灾或遇到其他意外高温达到预定的动作温度时，易熔合金即熔化，易熔合金塞装置动作，瓶内气体由此塞孔排出，气瓶泄压。压缩天然气气瓶的易熔塞合金装置的动作温度为（　　）℃。

A. 80　　B. 95　　C. 110　　D. 125

4. 气瓶充装作业安全是气瓶使用安全的重要环节之一。下列关于气瓶充装安全要求的说法中，错误的是（　　）。

A. 气瓶充装单位应当按照规定，取得气瓶充装许可

B. 充装高（低）压液化气体，应当对充装量逐瓶复检

C. 除特殊情况下，应当充装本单位自有并已办理使用登记的气瓶

D. 气瓶充装单位不得对气瓶充装混合气体

5. 安全附件是为了使压力容器安全运行而安装在设备上的一种安全装置，应根据压力容器自身的特点安装不同的附件。在盛装液化气体的钢瓶上，应用广泛的安全附件是（　　）。

A. 爆破片　　B. 易熔塞　　C. 紧急切断阀　　D. 减压阀

6. 把容积不超过（　　）L，用于储存和运输压缩气体的可重复重装的移动式压力容器叫作气瓶。

A. 2 000　　B. 3 000　　C. 4 000　　D. 5 000

7. 气瓶附件是气瓶的重要组成部分，对气瓶安全使用起着非常重要的作用。下列关于气瓶附件的说法中，正确的是（　　）。

A. 同一规格、型号的气瓶质量允许误差不得超过15%

B. 防止超压泄放导致爆炸，瓶帽上要设置一个泄气孔

C. 液化石油气瓶瓶阀的手轮材料必须有防爆性能

D. 溶解乙炔气瓶瓶阀铜合金材料含铜量不能超过70%，否则会生成爆炸性物质乙炔铜

8. 气瓶的安全附件包括气瓶专用爆破片、安全阀、易熔合金塞、瓶阀、瓶帽、液位计、防震圈、紧急切断和充装限位装置等。下列关于气瓶安全附件的说法中，错误

的是（ ）。

A. 瓶阀阀体上如装有爆破片，其公称爆破压力应为气瓶的气压试验压力

B. 氧气和强氧化性气体的瓶阀密封材料必须采用无油的阻燃材料

C. 瓶阀材料既不与瓶内气体发生化学反应，也不影响气体的质量

D. 瓶阀上与气瓶连接的螺纹，必须与瓶口内螺纹匹配

9. 瓶装气体品种多、性质复杂。在储存过程中，气瓶的储存场所应符合设计规范，库房管理人员应熟悉有关安全管理要求。下列对气瓶储存的要求中，错误的是（ ）。

A. 气瓶库房出口不得少于两个

B. 可燃气体的气瓶不得在绝缘体上存放

C. 可燃、有毒、窒息气瓶库房应有自动报警装置

D. 应当遵循先入库的气瓶后发出的原则

10. 根据《气瓶安全技术监察规程》，下列选项中不属于气瓶专用安全泄压装置的是（ ）。

A. 单向阀　　B. 易熔塞合金装置

C. 爆破片　　D. 爆破片—易熔合金塞串联复合装置

11. 安全泄压装置是在气瓶超压、超温时迅速泄放气体、降低压力的装置。气瓶的安全泄压装置应根据盛装介质、使用条件等进行选择安装。下列安全泄压装置中，车用压缩天然气气瓶应当选装的是（ ）。

A. 易熔合金塞装置　　B. 爆破片装置

C. 爆破片—易熔合金塞复合装置　　D. 爆破片—安全阀复合装置

二、多项选择题（每题 2 分，每题的备选项中，有 2 个或 2 个以上符合题意，至少有 1 个错项。错选，本题不得分；少选，所选的每个选项得 0.5 分）

1. 气瓶安全附件是气瓶的重要组成部分，对气瓶安全使用起着至关重要的作用。下列部件中，属于气瓶安全附件的有（ ）。

A. 减压阀　　B. 易熔塞　　C. 液位计　　D. 防震圈

E. 汽化器

2. 气体的存储一般是利用气罐、气瓶，因此气罐、气瓶充装安全成为比较关键的一环。气瓶充装站不仅需要负责气体的安全充装，同时也要加强气体充装的安全管理。下列关于气瓶充装过程中的说法中，错误的是（ ）。

A. 气瓶运送过程中应轻装、轻卸，严禁拖拽气瓶、随地平滚气瓶、顺坡横滑或竖滑或用脚踢气瓶

B. 气瓶充装人员严禁肩扛、背驮气瓶，人工运送时只能怀抱、托举气瓶

C. 当人工将气瓶向高处举放或气瓶从高处落地时，必须有人在旁指挥

D. 使用金属链绳捆绑气瓶后吊运，应装设静电消散装置

E. 氧气瓶与乙炔气瓶同车运输时，应做好防火隔离措施

3. 安全泄压装置是包括气瓶在内的所有承压设备的保护装置，其设置原则包括（ ）。

A. 车用气瓶或者其他可燃气体气瓶、呼吸器用气瓶应当装设安全泄压装置

B. 盛装溶解乙炔的气瓶，应当装设易熔塞合金装置

C. 盛装剧毒气体的气瓶，应当装设安全泄压装置

D. 液化石油气钢瓶，不宜装设安全泄压装置

E. 爆破片装置（或者爆破片）的公称爆破压力为气瓶的水压试验压力

第五节　压力管道事故及安全技术

【本节重点】

一级知识点	二级知识点
压力管道分类	（1）按介质压力分类：低压、中压、高压、超高压4类 （2）按介质温度分类：低温、常温、高温3类 （3）按安全监督管理分类：长输、公用、工业管道3类
压力管道事故	（1）压力管道事故类型：泄漏、爆炸 （2）压力管道随时间出现的缺陷：腐蚀减薄、冲刷磨损、开裂、材质劣化、变形
典型压力管道事故原因及其预防	（1）典型压力管道事故原因：缺陷、振动、液击、疲劳、蠕变、灾害、破坏、腐蚀 （2）压力管道振动预防 （3）液击破坏及其预防 （4）疲劳破坏及其预防 （5）蠕变破坏及其预防 （6）长输管道腐蚀破坏及其预防
压力管道事故应急措施	（1）应采取应急措施的情况 （2）管道泄漏的紧急处理措施：不带压处理、带压堵漏 （3）不能采取带压堵漏的情况
压力管道安全附件	（1）压力管道安全泄压装置：安全阀、放空装置 （2）用于控制介质压力和流动状态的装置：止回阀、切断装置 （3）阻火器：类型、选型、设置要求
压力管道使用安全技术	（1）启动安全技术 （2）故障处理：泄漏、安全阀动作失灵 （3）管道完整性管理：完整性含义、完整性管理内容

一、压力管道分类

压力管道由管子、管件、阀门、补偿器等压力管道元件以及安全保护装置（安全附件）、附属设施等组成。

1. 压力管道按介质压力分类

（1）低压管道。介质压力<1.6 MPa。

（2）中压管道。介质压力为1.6~10 MPa。

（3）高压管道。介质压力为10~42 MPa。

（4）超高压管道。介质压力>42 MPa。

2. 压力管道按介质温度分类

（1）低温管道。介质温度<-29 ℃。

（2）常温管道。介质温度为-29~200 ℃。

（3）高温管道。介质温度>200 ℃。

3. 压力管道按安全监督管理分类

（1）长输管道（GA类）。长输管道（GA类）是指产地、储存库、使用单位间用于输送商品介质的管道，划分为GA1级和GA2级。

（2）公用管道（GB类）。公用管道（GB类）是指城市或者乡镇范围内的用于公用事业或者民用的燃气管道和热力管道，划分为GB1级和GB2级。

1）GB1级。城镇燃气管道。

2）GB2级。城镇热力管道。

（3）工业管道（GC类）。工业管道（GC类）是指企业、事业单位所属的用于输送工艺介质的工艺管道、公用工程管道及其他辅助管道，划分为GC1级、GC2级、GC3级。

二、压力管道事故

1. 压力管道事故类型

压力管道事故类型如图3-26所示。

压力管道事故
- 泄漏
  - 一般泄漏：密封件失效、穿孔、焊接或结构缺陷、过量变形
  - 严重泄漏：管道断裂
- 爆炸
  - 管道本体爆炸：超温、超压、缺陷导致的物理爆炸
  - 环境二次爆炸：管道泄漏物、本体爆炸的泄出物的化学爆炸

图3-26 压力管道事故类型

2. 压力管道随时间出现的缺陷

（1）腐蚀减薄

1）从腐蚀实施者角度，可分为内腐蚀（介质引起）和外腐蚀（环境引起）。

2）从腐蚀形态上可以分为全面腐蚀和局部腐蚀。

3）从腐蚀机理上可分为均匀腐蚀、点腐蚀、缝隙腐蚀等。

（2）冲刷磨损

1）介质流速越大，冲蚀越严重。

2）介质硬度越大，颗粒度越大，冲蚀越严重。

3）在流动方向改变的区域和管道直径变化的区域，如弯头、三通、变径管件等，冲刷磨损严重。

（3）开裂

1）管材制造和管道安装中产生的裂纹，如管材轧制裂纹、焊接裂纹和应力裂纹。

2）管道系统使用中产生或扩展的裂纹，如腐蚀裂纹、疲劳裂纹和蠕变裂纹。

（4）材质劣化

1）管道材料在压力、温度、介质的作用下，其金相组织发生变化，造成材料性能下降，管珠光体球化、石墨化、渗碳、脱碳、回火脆化、敏化、应变强化等。

2）含氢介质在一定的压力、温度条件下，会使管道材料产生氢损伤（如氢脆、氢鼓包、氢腐蚀、氢致剥离等），造成材料性能下降。

（5）变形

1）压力管道由于不合理的结构，或者长期超温、过载运行，其应力导致管道在某些部位产生很大的反力和反力矩。

2）管系振动导致管道超出允许振动控制范围，致使管道系统发生结构形状改变，使得局部管道元件失效破坏，严重时管道系统可能发生整体坍塌。

三、典型压力管道事故原因及其预防

1. 典型压力管道事故原因

（1）管道焊接缺陷造成破坏。

（2）管系振动破坏（系统自身、系统外）。

（3）液击破坏（液体流速或压力突然变化、击打声音）。

（4）疲劳破坏（反复加压、卸压导致金属疲劳）。

（5）蠕变破坏（长期高温、低屈服强度导致蠕变伸长、蠕变裂纹）。

（6）地质灾害。

（7）第三方破坏。

（8）长输管道腐蚀破坏。

2. 压力管道振动破坏及其预防

（1）振源

1）系统自身的振源主要有与管道直接连接机器、设备的振动引起的振动，管道流体的不稳定流动引起的振动。

2）系统外的振源有风载荷、地震载荷引起的振动等。

（2）预防措施

1）避免管道结构固有频率、管道内气柱固有频率与压缩机、机泵的激振频率相等而形成共振。

2）减轻气液两相流的激振力。提高管道隔热设计要求，缩短管道长度，适当降低管道内流体流速，使相变过程不过分激烈，减少液化的气体；设计选择适当的管道内流速，避免形成液节流；采用较大弯曲半径的弯头，减小弯头两端流体质量差值。

3）加强支架刚度。

3. 液击破坏及其预防

（1）液击的概念。输送液体或气液两相介质的管道中，常需要启闭阀门、机泵，这时管道内的液体速度就会发生突然变化，导致压强迅速上升或下降，并伴有液体锤击的声音，这种现象叫液击，也称为水锤或水击。

（2）液击的危害

1）液击对管道的危害是很大的，突然的严重升压可使管子破裂。

2）液击可导致管道振动、噪声，严重影响管道系统的正常运行。

（3）预防措施

1）装置开停和生产调节过程中，尽量缓慢开闭阀门。

2）缩短管子长度。

3）在管道靠近液击源附近设安全阀、蓄能器等装置，释放或吸收液击的能量。

4）采用具有防液击功能的阀门。

5）采用自控保护装置。利用管道监控与数据采集系统，实现紧急顺序自动启停泵控制，或者采用调节阀超前骤发液击波来削弱和消除液击破坏。

4. 疲劳破坏及其预防

（1）疲劳的概念及破坏

1）疲劳破坏是指管道长期受到反复加压和卸压的交变载荷作用，金属材料强度下降。

2）疲劳破坏主要有爆破和泄漏两种。

（2）破坏的原因

1）应力集中。

2）载荷反复作用。

3）温度变化。

（3）预防措施

1）选用合适的抗疲劳材料。

2）疲劳分析。

3）考虑结构的抗疲劳性。

4）通过制造、安装提高抗疲劳性。

5）加强定期检验。

5. 蠕变破坏及其预防

（1）蠕变的概念。在一定的高温环境下，即使钢所受到的拉应力低于该温度下的屈服强度，也会随时间的延长而发生缓慢持续的伸长，即钢的蠕变现象。

（2）蠕变破坏机理。材料长期发生蠕变使得性能下降或产生蠕变裂纹，最终造成破坏失效。

（3）预防措施

1）根据使用温度选用合适的材料，并按材料的使用温度和相应寿命蠕变极限选取许用应力。

2）合理设计管系布置和结构。

3）严格控制焊接工艺和热处理。

4）严格执行操作规程，杜绝超温超压运行，避免因局部过热而导致蠕变破坏。

5）加强定期检验。

6. 长输管道腐蚀破坏及其预防

（1）腐蚀事故

1）腐蚀是长输管线事故的主要原因。

2）按照腐蚀破坏的特征分为局部腐蚀和全面腐蚀。

3）大气腐蚀主要在海边或工业区，主要对象为跨越段和露管段。在一般情况下，大气腐蚀多数表现为均匀腐蚀，但往往也出现其他类型的局部腐蚀。

（2）腐蚀防护

1）长输管道一般采用防腐层和阴极保护联合进行保护。

2）管线的腐蚀寿命可以预测。不同区段管体的腐蚀存在较大差别，每个管段的剩余寿命可以不同，应分别计算。通过计算预测并及时发现问题较多的管段。

四、压力管道事故应急措施

1. 应采取应急措施的情况

（1）介质压力、温度超过材料允许的使用范围且采取措施后仍不见效。

（2）管道及管件发生裂纹、鼓包、变形、泄漏或异常振动、声响等。

（3）安全保护装置失效。

（4）管道的阀门及监控装置失灵，危及安全运行。

（5）发生火灾等事故且直接威胁正常安全运行。

2. 管道泄漏的紧急处理措施

（1）不带压处理。在管道出现泄漏点时，尤其是较高压力的可燃气体管道泄漏时，应迅速关断管道上的阀门，以隔断泄漏管段，限制事故扩大，并应立即采取措施对泄漏点进行紧急处理。

（2）带压堵漏。带压堵漏技术可以在保持生产运行连续进行的情况下，将泄漏部位密封止漏。

3. 不能采取带压堵漏的情况

（1）毒性极大的介质管道。

（2）管道受压元件因裂纹而产生泄漏。

（3）管道腐蚀、冲刷壁厚状况不清。

（4）由于介质泄漏使螺栓承受高于设计使用温度的管道。

（5）泄漏特别严重（当量直径大于 10 mm），压力高、介质易燃易爆或有腐蚀性的管道。

（6）现场安全措施不符合要求的管道。

五、压力管道安全附件

压力管道安全附件类型如图 3-27 所示。

1. 压力管道安全泄压装置

（1）长输输气管道泄压装置

1）输气站应在进站截断阀上游和出站截断阀下游设置泄压放空装置，如图 3-28 所示。

2）输气干线截断阀上、下游均应设置放空管，应能迅速放空两截断阀之间管段内的气体，如图 3-29 所示。

3）输气站存在超压可能的设备和容器，应设置安全阀。

- 压力管道安全附件
  - 安全泄压装置
    - 安全阀
    - 爆破片
    - 安全阀+爆破片
  - 压力流动控制装置
    - 调压装置
    - 止回阀
    - 切断装置
  - 阻火器
    - 爆燃型（亚音速）
    - 轰爆型（音速、超音速）
  - 防静电设施
  - 凝水缸
  - 放散管（放空管）
  - 泄漏气体安全报警装置
  - 阴极保护装置
  - 压力表、温度计

图 3-27 压力管道安全附件类型

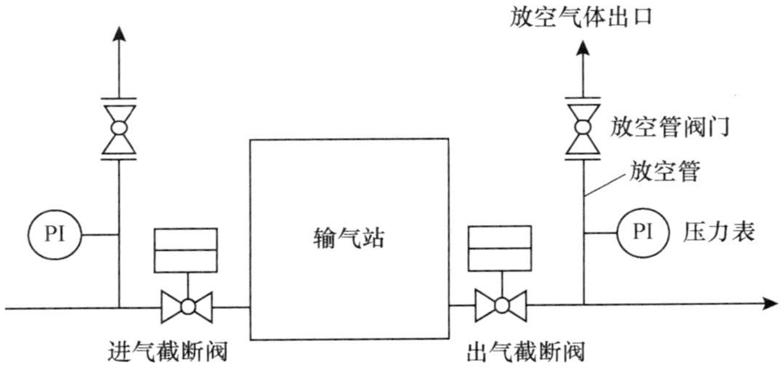

图 3-28 输气站截断阀泄压放空装置

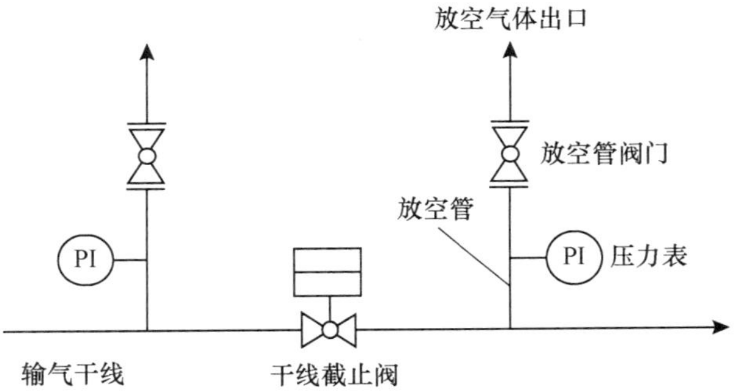

图 3-29 输气干线截断阀泄压放空装置

（2）热力管道的超压保护装置

1）泄压装置多采用安全阀。

2）安全阀开启压力一般为正常最高工作压力的 1.1 倍，最低为 1.05 倍。

（3）工业管道安全泄压装置

1）除特殊情况外，处于运行中可能超压的管道系统均应设置泄压装置。

2）安全阀应考虑背压的影响。

3）安全阀或爆破片的入口管道和出口管道上不宜设置切断阀。

4）工艺有特殊要求必须设置切断阀时，应设置旁通阀及就地压力表，而且正常工作时安全阀或爆破片入口或出口的切断阀应在开启状态下锁住，旁通阀应在关闭状态下锁住。

2. 用于控制介质压力和流动状态的装置

（1）止回阀。在须防止流体倒流的工业管道上，应设置止回阀。在燃气管道的高压储存门站、储配站调压工艺系统的燃气入口处，也应当装设止回阀。

（2）切断装置

1）紧急切断装置。可燃液化气或者可燃压缩气储运和装卸设施中，重要的气相和液相管道应当设置紧急切断装置，包括紧急切断阀、远程控制系统和易熔塞自动切断装置。

2）线路截断阀。长输管道均应设置线路截断阀。截断阀可采用自动或者手动阀门，并应能通过清管器或者检测仪器。

3）切断阀。工业管道中进出装置的可燃、易爆、有毒介质管道应在边界处设置切断阀，并在装置侧设“8”字盲板，如图 3-30 所示。

a）切断阀　　b）“8”字盲板　　c）切断阀与盲板安装

图 3-30　切断阀与盲板

3. 阻火器

（1）阻火器的概念。阻火器是用来阻止易燃气体、液体的火焰蔓延和防止回火而引起爆炸的安全装置。阻火器通常安装在可燃易爆气体、液体的管路上，当某一段管道发生事故时，阻止火焰影响另一段管道和设备。

（2）阻火器的形式

1）阻火器按其结构形式可以分为金属网型、波纹型、泡沫金属型、平行板型、多孔板型、水封型、充填型等。图 3-31 所示为金属网型阻火器。

2）阻火器按功能可分为爆燃型和轰爆型，其中爆燃型阻火器是用于阻止火焰以亚音速通过的阻火器，轰爆型阻火器是用于阻止火焰以音速或超音速通过的阻火器。

（3）阻火器的选用要求

1）阻火器主要是根据介质的化学性质、温度、压力进行选用。

2）选用阻火器时，其最大间隙应不大于介质在操作工况下的最大试验安全间隙。

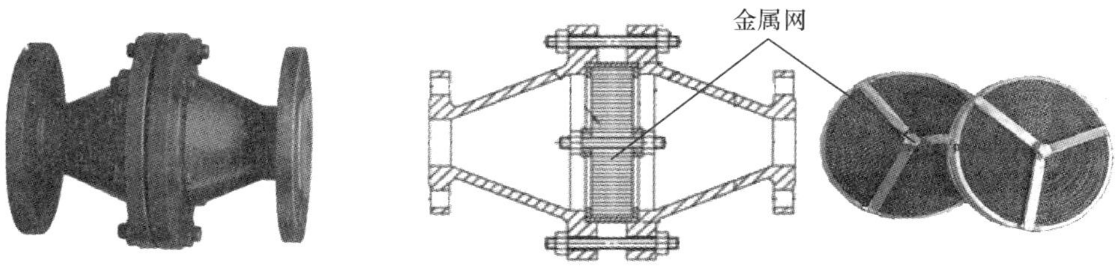

图 3-31　金属网型阻火器

3）选用的阻火器的安全阻火速度应大于安装位置可能达到的火焰传播速度。

4）阻火器的壳体要能承受介质的压力和允许的温度，还要能耐介质的腐蚀。

5）阻火器的填料要有一定强度，且不能与介质发生化学反应。

（4）阻火器的设置要求

1）管端型放空阻火器的放空端应当安装防雨帽。

2）工艺物料含有颗粒或者其他会使阻火元件堵塞的物质时，应当在阻火器进、出口安装压力表，监控阻火器的压力降。

3）工艺物料含有水汽或者其他凝固点高于 0 ℃的蒸气（如醋酸蒸气等），有可能发生冻结的情况，阻火器应当设置防冻或者解冻措施。对于水封型阻火器，可采用连续流动水或者加防冻剂的方法防冻。

4）阻火器不得靠近炉子和加热设备，除非阻火单元温度升高不会影响其阻火性能。

5）单向阻火器安装时，应当将阻火侧朝向潜在点火源。

六、压力管道使用安全技术

1. 启动安全技术

开工升温过程中，高温管道须对管道法兰连接螺栓进行热紧，低温管道须进行冷紧。管道运行时，应尽量避免压力和温度的大幅波动，尽量减少管道开停次数。

2. 故障处理

（1）泄漏处理。操作维修人员在可拆卸接头和密封填料处发现问题后，一般可采取紧固措施消除泄漏，但不得带压紧固连接件。

（2）安全阀动作失灵。应停车或泄压后对安全阀进行检查和调试，如发现阀座处有异物、密封副损坏、弹簧锈死或损坏等情况，应进行修理。

3. 管道完整性管理

（1）管道完整性含义

1）管道始终处于安全可靠的工作状态。

2）管道在物理上和功能上是完整的，且处于受控状态。

3）管道运营单位不断采取行动防止管道事故的发生。

4）管道完整性与管道的设计、施工、运行、维护、检修和管理的各个过程密切相关。

（2）管道完整性管理的主要内容

1）管道完整性管理信息系统。

2）安全评价与检测、风险评估。

3）管道的维修。

4）事故的应急处理等。

【练习提高】

一、单项选择题（每题 1 分，每题的备选项中，只有 1 个最符合题意）

1. 管道带压堵漏技术广泛应用于冶金、化工、电力、石油等行业，但因为带压堵漏的特殊性，有些紧急情况下不能采取带压堵漏技术进行处理。下列泄漏情形中，不能采取带压堵漏技术措施处理的是（　　）。

A. 受压元件因裂纹而产生泄漏

B. 密封面和密封元件失效而产生泄漏

C. 管道穿孔而产生泄漏

D. 焊口有砂眼而产生泄漏

2. 下列关于压力管道安全技术的说法中，正确的是（　　）。

A. 处于运行中可能超压的管道系统可以不设置泄压装置

B. 安全阻火速度应不能超过安装位置可能达到的火焰传播速度

C. 管道受压元件因裂纹而产生泄漏时采取带压堵漏

D. 高温管道须对法兰连接螺栓进行热紧，低温管道须进行冷紧

3. 2004 年某天，浙江省宁波市某化学公司双氧水车间发生压力管道爆炸事故，造成 1 人死亡、1 人受伤。压力管道泄漏和爆炸易引发大规模的火灾爆炸和中毒事故。因此，要加强对压力管道的监控管理工作。下列关于压力管道的现象中，不需要立即采取紧急措施的是（　　）。

A. 管道及管件发生裂纹、鼓包、变形

B. 压力管道及管件发生轻微泄漏或异常振动、声响

C. 压力管道超期服役 1 年

D. 发生火灾事故且直接威胁正常安全运行

4. 阻火器中阻止火焰音速、超音速传播的阻火器为（　　）。

A. 超速阻火器　　B. 限速阻火器　　C. 爆燃阻火器　　D. 爆轰阻火器

5. 阻火器是压力管道常用的安全附件之一。下列关于阻火器安装及选用的说法中，正确的是（　　）。

A. 安全阻火速度应小于安装位置可能达到的火焰传播速度

B. 爆燃型阻火器能阻止火焰以音速传播

C. 阻火器应安装在压力管道热源附近，以防止热源发生火灾

D. 单向阻火器安装时，应当将阻火侧朝向潜在点火源

6. 压力管道的安全附件需要定期进行保养，以保证安全附件的可靠性。下列关于压力管道保养的说法中，错误的是（　　）。

A. 静电跨接和接地装置要保持良好完整，及时消除缺陷

B. 及时消除“跑、冒、滴、漏”

C. 经常检查管道的腐蚀防护系统，确保管道腐蚀防护系统有效

D. 将管道及支架作为电焊零线或起重工具的锚点和撬抬重物的支撑点

7. 压力管道年度检查是指使用单位在管道运行条件下对管道进行的自行检查，每年至少进行一次。根据《压力管道定期检验规则——工业管道》（TSG D7005—2018），下列工业管道检查中，不属于年度检查的是（　　）。

A. 对管道中的波纹管膨胀节，检查波纹管的波间距

B. 对有结感测量要求的管道，检查蠕胀测点或蠕胀测量带

C. 对管道有明显腐蚀的部位，进行表面磁粉检测

D. 对易燃、易爆介质的管道，测定防静电接地电阻值

二、多项选择题（每题 2 分，每题的备选项中，有 2 个或 2 个以上符合题意，至少有 1 个错项。错选，本题不得分；少选，所选的每个选项得 0.5 分）

1. 压力管道的安全附件有压力表、温度计、安全阀、爆破片装置、紧急切断装置、阻火器等自控装置及自控联锁装置等仪表、设备。下列关于压力管道安全附件的说法中，正确的有（　　）。

A. 处于运行中可能超压的管道系统一般情况均应设置泄压装置

B. 工业管道中进出装置的可燃、易爆、有毒介质管道应在中间部位设置切断阀，并在装置内部设“一”字盲板

C. 安全阻火速度应小于安装位置可能达到的火焰传播速度

D. 单向阻火器安装时，应当将阻火侧朝向潜在点火源

E. 长输管道一般设置安全泄放装置，热力管道设置超压保护装置

2. 压力管道带压堵漏是利用合适的密封件，彻底切断介质泄漏的通道，或堵塞、隔离泄漏介质通道，或增加泄漏介质通道中流体流动阻力，以便形成一个封闭的空间，达到阻止流体外泄的目的。下列情况中，不能使用带压堵漏方法进行补救的有（　　）。

A. 焊口有砂眼而产生泄漏

B. 压力管道内的介质属于高毒介质

C. 管道受压元件因裂纹而产生泄漏

D. 管道受压元件因未做防腐层而产生泄漏

E. 管道腐蚀、冲刷壁厚状况不清

3. 根据压力管道安全技术的要求，对压力管道的安全操作和保养都有相应的要求。下列说法中，错误的有（　　）。

A. 低温环境中，为防止冻凝，加载和卸载应快速进行

B. 开工升温过程中，高温管道需要对管道法兰连接螺栓进行冷紧；在降温过程中，低温管道需要进行热紧

C. 压力管道在运行时应尽量避免压力和温度的大幅波动

D. 为尽快让压力管道管材适应压力变化，开工时应反复进行管道开停工作

E. 在交变载荷作用下，在几何结构不连续和焊缝附近存在应力集中的地方，材料容易发生低周疲劳破坏

第六节 起重机械事故及安全技术

【本节重点】

一级知识点	二级知识点
起重机械事故及其原因	（1）重物坠落：吊载坠落、吊具坠落 （2）坠落事故：人员、工具、零件坠落 （3）挤伤事故：吊具吊载与地面、升降设备、机体与建筑、机体回转、翻转作业挤伤 （4）触电事故：室内作业触电、室外作业触电 （5）机体毁坏：断臂、倾翻、机体摔伤、相互撞毁
起重机械安全装置	（1）控制与应急安全装置：制动器、联锁保护、紧急停止开关 （2）限制类安全装置：超载、力矩、升高、行程、偏斜、回转、幅度 （3）防冲击装置：防碰、缓冲与止挡、防后倾翻 （4）抗风防滑装置：夹轨器、锚定装置、铁鞋 （5）显示警示类安全装置：幅度指示器、报警装置 （6）专用安全装置：安全钩、强迫换速装置、支腿锁紧装置、防坠安全器等
起重机械使用安全	（1）基本要求 （2）起重机司机的“十不吊” （3）司索工的“五不挂”
起重机械的安全检查	（1）年度检查：全面检查 （2）每月检查项目：安全装置、重要部件、动力传动机构 （3）每日检查项目：安全装置、操控装置、报警装置

一、起重机械事故及其原因

起重机械事故类型包括重物坠落事故、坠落事故、机体毁坏、挤伤事故、触电事故。其中要重点区分重物坠落事故与坠落事故。起重机械事故类型、原因及相应起重机类型见表 3-12。

表 3-12　　起重机械事故类型、原因及起重机类型

事故类型	事故种类	事故原因	起重机类型
重物坠落事故（吊载、吊具）	脱绳事故	捆绑不当，重心选择不当，碰撞冲击	—
	脱钩事故	缺少护钩，护钩失效，吊钩开口太大	—
	断绳（起升绳）事故	超载，起升限位开关失灵，斜吊斜拉，起升绳变形磨损或报废再用	—
	断绳（吊绳）事故	张角大于 120 °，吊绳规格不当，无垫片割断吊绳	—
	吊钩断裂事故	材质缺陷，磨损断面变小，超期、疲劳断裂	—

续表

事故类型	事故种类	事故原因	起重机类型
坠落事故（人员、工具、零件坠落）	从机体上滑落摔伤事故	脚下滑动，障碍物绊倒，起重机突然启动造成晃动	—
	机体撞击坠落事故	检修人员遭到其他作业的起重机端梁或悬臂撞击	—
	轿厢坠落摔伤事故	起升钢丝绳破断、钢丝绳固定端脱落，使乘客及操作人员随轿厢、货箱一起坠落	载客电梯、货梯或建筑升降机
	维修工具零部件坠落事故	维修更换的零部件或维修工具从起重机机体上滑落	—
	振动坠落事故	起重机遇到冲击或振动时个别零部件因连接松动而从机体脱落	—
	制动下滑坠落事故	起升机构的制动器性能失效	吊笼、客货梯
挤伤事故	吊具、吊载与地面物体间的挤伤事故	人站在吊具、吊载下，指挥不当等	—
	升降设备的挤伤事故	维修人员或操作人员被挤压在轿厢、吊笼与井壁、井架之间	电梯、升降货梯、建筑升降机
	机体与建筑物间的挤伤事故	被移动的起重机横梁或起吊重物挤压在建筑物柱子或墙之间	—
	机体回转挤伤事故	臂架起重机的吊臂或配重物将人挤压在建筑物之间	移动式起重机
	翻转作业中的挤伤事故	吊装、翻转、倒个作业时吊装方法不合理、装卡不牢、吊具选择不当，造成吊载失稳、吊载摆动冲击	—
触电	室内作业触电事故	室内起重机以电源做动力，起重设备漏电且缺少必要的保护措施	—
	室外作业触电事故	触及带电线路	—
机体毁坏	断臂事故	臂架起重机设计制造缺陷，超载，疲劳	臂架起重机
	倾翻事故	自行式起重机支承不当，超载，超力矩或限制装置失灵	自行式起重机
	机体摔伤	户外起重机无防风防爬装置或其失效	户外起重机
	相互撞毁	同一跨中的多台桥式类型起重机无缓冲碰撞保护设施或缓冲碰撞保护设施毁坏失效，悬臂起重机回转作业碰撞	桥式、门式及臂架式起重机

二、起重机械安全装置

1. 控制与应急安全装置

起重机械控制与应急安全装置见表 3-13。

表 3-13　起重机械控制与应急安全装置

名称	功能	适用起重机类别
制动器	停止或限制起升、变幅、运行等	所有起重机
联锁保护装置	使两个动作具有相互制约关系	—
紧急停止开关	紧急情况下迅速切断总电源	所有起重机

（1）制动器。按结构特性，制动器可分为块式、带式和盘式三种，其中块式用得最多。块式制动器按工作状态可分为常闭式和常开式两种。从工作安全出发，起重机的各工作机构都应采用常闭式制动器。

（2）联锁保护装置

1）一般可两处操作的起重机应设联锁保护装置，以防止同时操作。

2）动臂的支持制动器与动臂变幅机构之间应设联锁保护装置，使制动器在撤去支承作用前，变幅机构不能开动。

3）进入桥式起重机和门式起重机的门，以及从司机室登上桥架的舱口门，应设联锁保护装置。当门打开时，起重机应断开总电源。

4）司机室设在起重机的运动部分上时，进入司机室的通道口应设联锁保护装置，当通道口的门打开时，起重机的运行机构不能开动。

（3）紧急停止开关。紧（应）急停止开关在紧急情况下可迅速切断动力回路总电源。它应置于控制台上易于操作的部位，这个按钮开关应是机械释放、自动回到零位式的紧急停止开关。

2. 限制类安全装置

起重机械限制类安全装置见表 3-14。

表 3-14　起重机械限制类安全装置

名称	功能	适用起重机类别
起重量限制器	防超载	各种起重机
起重力矩限制器	防止因力矩超限引起的断臂、倾覆	臂架式起重机
极限力矩限制器	防回转驱动装置过载	臂架式起重机
起升高度限制器	起升机构上升至极限位置自动停机	各种起重机
运行机构行程限位器	大车运行至极限位置自动停车	有轨道的起重机
偏斜显示限制装置	防止双轨车轮步调不一致（偏斜）导致的啃轨和倾覆	门式起重机和装卸桥
回转限位器（回转锁定）	运输、行驶、非工作状态锁住回转部分	臂架式起重机
幅度限位器	限制动臂变幅的高位和低位及水平臂小车位置	动臂变幅起重机及水平臂塔吊
电缆卷筒终端限位器	防止电缆被拉断	—

（1）起重量限制器。起重量限制器是自动防止起重机起吊超过规定的额定起重量的限制装置。

1）起重量限制器按其功能可以分为自动停止型、报警型、综合型三大类。

2）起重量限制器按结构型式可以分为机械式、电子式和液压式等。

（2）起重力矩限制器。臂架式起重机在设计时，已为其起重量与工作幅度之间求出了一条力矩极限关系曲线，即起重机特性曲线。

1）起重量与工作幅度的对应点在该曲线以下时该点为安全点。

2）起重量与工作幅度的对应点在该曲线以上时该点为超载点。

3）起重量与工作幅度的对应点在该曲线上时该点为极限点。

（3）极限力矩限制器

1）极限力矩限制器的主要作用为防止回转驱动装置偶尔过载，保护电动机、金属结构及传动零部件免遭破坏。

2）对有自锁功能的回转机构，应设极限力矩限制装置，保证当回转运动受到阻碍时，能由此力矩限制器发生的滑动而起到对超载的保护作用。

（4）起升高度限制器。起升高度限制器是用于限制起升高度的安全保护装置，也称吊钩高度限位器。起升高度限制器一般都装在起重臂的头部，当吊钩滑升到极限位置时，压下限位开关，切断电路停车，再合闸时，吊钩只能下降。

1）凡是动力驱动的起重机，其起升机构（包括主副起升机构）均应装设上升极限位置限制器。

2）在特殊情况下，还可装设防止越程冲顶的第二级起升高度限位器。

（5）运行机构行程限位器。运行机构行程限位器也称运行极限位置限制器，如图 3-32 所示。

1）凡是动力驱动的起重机，其运行极限位置都应装设运行极限位置限制器。

2）轨道式起重机运行机构，应在每个运行方向装设行程限位开关。

3）在行程端部应安装限位开关挡铁，挡铁的安装位置应充分考虑起重机的制动行程，应保证限位开关动作后起重机停车时其端部与其他起重机相距不小于 1 000 mm。

4）轨道运行的塔式起重机，应保证开关动作后塔式起重机停车时其端部距缓冲器的最小距离为 1 000 mm。

5）行程限位开关挡铁的安装距离应小于电缆长度。

图 3-32　运行机构行程限位装置

（6）偏斜显示限制装置。偏斜显示限制装置也称偏斜调整和显示装置，如图 3-33 所示。跨度等于或超过 40 m 的门式起重机和装卸桥应装偏斜调整和显示装置。

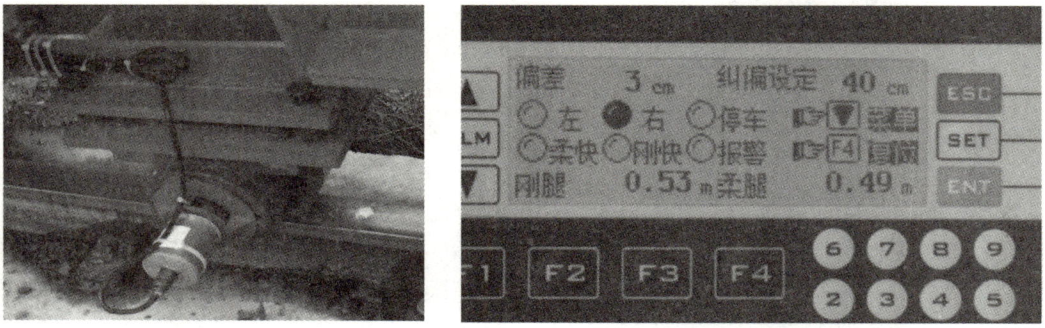

a）偏斜探测传感器　　b）偏斜显示与控制器

图 3-33　偏斜显示与限制装置

（7）回转限位器（回转锁定）。回转限位器也称回转锁定，是指臂架起重机处于运输、行驶或工作状态时，锁住回转部分，使之不能转动的装置。

（8）幅度限位器

1）对动力驱动的动臂变幅的起重机（液压变幅除外），应在臂架俯仰行程的极限位置处设臂架低位置和高位置的幅度限位器。

2）对于水平臂架小车变幅的塔吊，幅度限位器的作用是使变幅小车行驶到最小幅度或最大幅度时，断开变幅机构的单向工作电源。

（9）电缆卷筒终端限位器。电缆长度须大于起重机运行轨道的长度，当电缆长度小于起重机运行轨道的长度时，应设置电缆卷筒终端限位器，防止电缆因长度不足被拉断。

3. 防冲击装置

防冲击安全装置见表 3-15。

表 3-15　防冲击安全装置

名称	功能	适用起重机类别
防碰装置	防止两台或多台起重机碰撞	有轨起重机及臂架起重机
缓冲器与端部止挡	缓冲相互碰撞及坠落，缓冲阻挡极限位置运动	有轨起重机、小车运动及升降机
防后倾翻装置	防突然卸载向后冲击力引起的倾翻	流动式臂架和动臂塔吊

（1）防碰装置。防碰装置通常采用红外线、超声波、微波等无触点式开关与起重机电气控制系统相配合，当某台起重机运行到距离另一台起重机一定长度时，防碰装置的无触点式开关会及时发出警报或直接切断运行机构的动力源。

同层多台起重机同时作业比较普遍，还有两层、三层起重机共同作业的场所，起重机上要求安装防碰装置，用来防止起重机在交会时发生碰撞事故。防碰装置的结构型式主要有以下两种：

1）反射型。由发射器、接收器、控制器和反射板组成。

2）直射型。检测波不经过反射板反射的产品统称为直射型。

（2）缓冲器与端部止挡。缓冲器是用于减少起重机相互碰撞、与轨道末端止挡装置碰撞、升降机轿厢坠落等冲击力的弹簧或橡胶部件，如图 3-34 所示。端部止挡安装在轨道末端，以防起重机超出轨道，如图 3-35 所示。

图 3-34　缓冲器

图 3-35　端部止挡

1）安装缓冲器的起重机。桥式、门式起重机和装卸桥，以及门座起重机或升降机等都要装设缓冲器。

2）安装缓冲器的机构。在轨道上运行的起重机的运行机构、起重小车的运行机构及起重机的变幅机构等均应装设缓冲器或缓冲装置。

3）缓冲器安装位置。可以安装在起重机上或轨道端部止挡装置上。

4）端部止挡安装位置。起重机的大车（小车）轨道末段需安装挡架（端部止挡装置）；有螺杆和齿条等变幅驱动机构的，还应在变幅齿条和变幅螺杆的末段装设端部止挡防脱装置，以防止臂架在低位置发生坠落。

（3）防后倾翻装置。动臂变幅的流动式起重机和动臂塔吊，意外失去吊载后会因为向后的冲击力而倾翻，因此必须采用弹簧或液压装置对向后的冲击力进行缓冲，而防后倾翻装置就是弹簧或液压杆一类装置（实为缓冲装置），如图 3-36 所示。

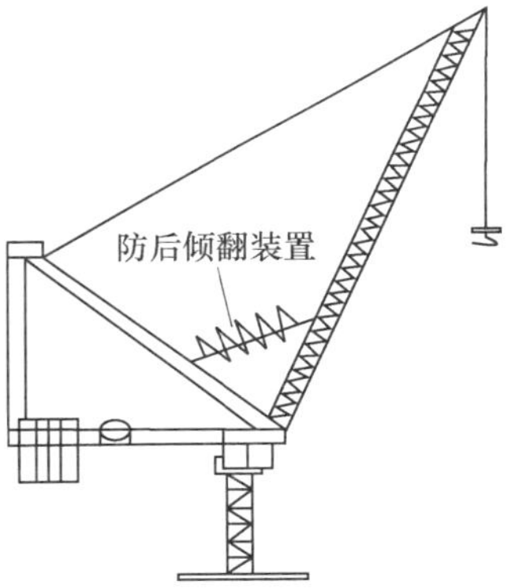

图 3-36　防后倾翻装置

流动式起重机和动臂式塔式起重机应安装防后倾装置（液压变幅除外）。

4. 抗风防滑装置

抗风防滑装置用于防止露天起重机意外移动或机体摔伤事故。

露天工作于轨道上运行的起重机，如门式起重机、装卸桥、塔式起重机和门座起重机，均应装设抗风防滑装置。起重机抗风防滑装置主要有 3 类：夹轨器、锚定装置和铁鞋，如图 3-37 所示。

a）夹轨器　　b）锚定装置　　c）铁鞋

图 3-37　抗风防滑装置

5. 显示警示类安全装置

显示警示类安全装置见表 3-16。

表 3-16 显示警示类安全装置

名称	功能	适用起重机类别
幅度指示器	指示吊臂与水平面的角度（仰角）	变幅起重机
报警装置	对危险情况发出警报（倒车、危险电压）	—

（1）幅度指示器

1）小型移动式起重机的幅度指示器用来指示吊臂工作中的倾角，大、中型起重机的幅度指示器是用来指示起重臂的倾角及该角度下的起重量。

2）具有变幅机构的起重机械，应装设幅度指示器（或臂架仰角指示器）。

（2）报警装置

1）在起重机上应设置蜂鸣器、闪光灯等作业报警装置。

2）流动式起重机倒退运行时，应发出清晰的报警音响并伴有灯光闪烁信号。

（3）风速仪

1）室外作业的高大起重机应安装风速仪，风速仪应安装在起重机上部迎风处。

2）风速仪显示瞬时风速，当风力大于工作状态的风速设定值时发出报警信号。

6. 专用安全装置

起重机的专用安全装置见表 3-17。

表 3-17 起重机的专用安全装置

起重机类型	装置名称	装置作用
桥式、门式起重机	防倾斜安全钩	防止梁上小车向一侧倾翻坠落
	导电滑线安全防护	对滑线进行遮挡以防触电
塔式起重机	防小车坠落	防止不动臂塔吊小车坠落
	强迫换速装置	小车向外行至 80%额定力矩时，自动转为不超过 40 m/min 的运行速度
流动式起重机	支腿锁紧装置	对支腿的伸缩可靠地锁定
	水平仪	显示起重机底座倾斜程度
升降机	防坠安全器	防止断绳等引起轿厢坠落
机械式停车设备	紧急停止开关	紧急情况下立即停止运转
	防止超限运行装置	当到位开关出现故障时，使设备停止工作

（1）桥式、门式起重机专用安全装置

1）防倾斜安全钩。单主梁小车在梁上运行的起重机，由于起吊重物是在主梁的一侧进行，重物等对小车产生一个倾翻力矩。因此，这种类型的起重机应安装防倾斜安全钩，以防小车倾翻。

2）导电滑线安全防护。桥式起重机采用裸露导电滑线供电时，应设置导电滑线防护板。

（2）塔式起重机专用安全装置

1）防小车坠落。塔式起重机的变幅小车及其他起重机要求防坠落的小车，应设置使小车运行时不脱轨的装置，即使轮轴断裂，小车也不能坠落。

2）强迫换速装置。对最大变幅速度超过 40 m/min 的塔式起重机，在小车向外运行时，当起重力矩达到 0.8 的额定值时，小车速度强迫转换为不高于 40 m/min 的速度运行。

（3）流动式起重机专用安全装置

1）支腿锁紧装置。工作时利用垂直支腿支承作业的流动式起重机械应装设支腿回缩锁定装置。液压锁是当液压管路意外破裂导致安全事故时，液压缸能瞬间停止其动作的装置。

2）回转锁紧装置。起重机的回转机构应在特定位置设置机械式锁定装置，防止起重机行驶时转台意外转动。

3）水平仪。利用支腿支承或履带支承进行作业的起重机，应装设水平仪，用来检查起重机底座的倾斜程度。

（4）升降机专用安全装置。防坠安全器是防止吊笼或对重坠落的机械式安全保护装置，主要用于施工升降机等起重设备，如图 3-38 所示。

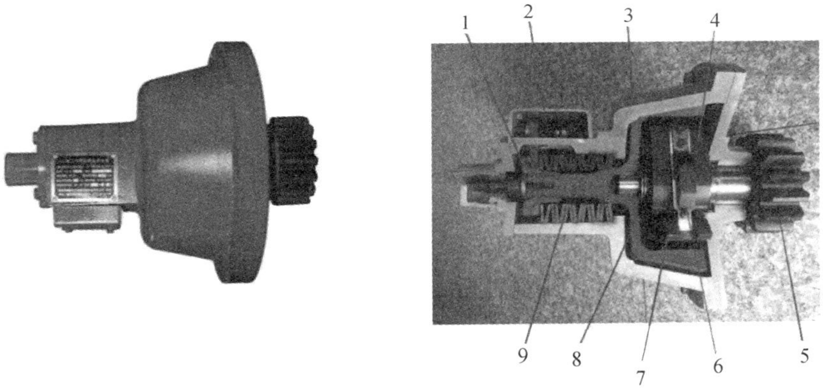

图 3-38　防坠安全器

1—铜螺母　2—安全开关　3—锥形壳体（内锥体）　4—离心块座　5—齿轮

6—压簧片　7—离心块　8—锥形铁芯（外锥体）　9—碟形弹簧

当吊笼超速运行，其速度达到防坠安全器的动作速度时，防坠安全器应立即动作，并可靠地制停吊笼。在防坠安全器发生作用的同时切断传动装置的电源。

（5）集装箱吊具专用安全装置

1）集装箱吊具转锁装置安全联锁。

2）伸缩装置安全联锁。

3）伸缩止挡及其限位装置。

（6）机械式停车设备专用安全装置

1）紧（应）急停止开关。应设置紧（应）急停止开关，在发生异常情况时能使停车设备立即停止运转。

2）防止超限运行装置。当到位开关出现故障时，超程限位开关应能使设备停止工作。

3）汽车长、宽、高限制装置。对进入机械式停车设备的汽车进行车长、车宽、车高的检测，超过适停尺寸时，机械部动作或报警。

4）阻车装置。沿车的行进方向，在载车板上应设置高度为 25 mm 以上的阻车装置，当采用其他有效措施阻车时，也可不再设此阻车装置。

5）人车误入检出装置。不设库门的停车设备应设人车误入检出装置，当设备运行过程中，如有其他汽车或人进入时，应能使机械立即停止动作，以确保安全。

6）载车板上汽车位置检测装置。载车板应设置检测装置，当汽车未停在载车板上正确位置时，停车设备不能运行，但操作人员确认安全的场合则不受限制。

7）出入口门、围栏门联锁保护装置。对出入有门或围栏的停车设备，应设置联锁安全检查装置，挡板运行器没有停放到准确位置时，车位出入口的门或围栏等不能开启；当门或围栏处于开启状态时，搬运器不能运行。

8）自动门防夹装置。为防止汽车出入机械式停车设备时自动门将汽车意外夹坏，自动门上应设置防夹装置。

9）运转限制装置。人员未出设备，设备不能启动运转。设备运转前应示警，在运转过程中可进入设备的门应锁闭。开启式运转的车库，当人或车进入时，设备应自动停止运转。

三、起重机械使用安全

1. 起重机司机安全操作技术

（1）开机作业前安全操作技术

1）所有控制器应置于零位。

2）起重机与其他设备或固定建筑物的最小距离应在 0.5m 以上。

3）电源断路装置应加锁或有警示标牌。

4）对于流动式起重机，应按要求平整好场地，支脚牢固可靠。

（2）作业时鸣铃示警

1）开车前，必须鸣铃或示警。

2）操作中接近人时，应给断续铃声或示警。

（3）起重机司机的“十不吊”

1）指挥信号不明或乱指挥不吊。

2）物体质量不清或超负荷不吊。

3）斜拉物体不吊。

4）重物上站人或有浮置物不吊。

5）工作场地昏暗，无法看清场地、被吊物及指挥信号不吊。

6）遇有拉力不清的埋置物时不吊。

7）工件捆绑、吊挂不牢不吊。

8）棱角处与吊绳之间未加衬垫不吊。

9）结构或零部件有影响安全工作的缺陷或损伤时不吊。

10）钢（铁）水装得过满不吊。

（4）操作禁止

1）不得利用极限位置限制器停车，不得利用打反车进行制动。

2）不得在起重作业过程中进行检查和维修。

3）不得带载调整起升、变幅机构的制动器，或带载增大作业幅度。

4）吊物不得从人头顶上通过，吊物和起重臂下不得站人。

5）有主、副两套起升机构的，不允许同时利用主、副钩工作（设计允许的专用起重机除外）。

6）露天作业的轨道起重机，当风力大于6级时，应停止作业；当工作结束时，应锚定住起重机。

（5）无论何人发出紧急停止信号，都必须立即执行。

（6）吊载接近或达到额定值或起吊危险品（液态金属、有害物、易燃易爆物），吊运前应认真检查制动器，并用小高度、短行程试吊，确认没有问题后再吊运。

（7）工作中突然断电的安全操作技术

1）应将所有控制器置零，关闭总电源。

2）重新工作前，应先检查起重机工作是否正常，确认安全后方可正常操作。

（8）多台起重机吊同一重物的安全操作技术

1）用两台或多台起重机吊运同一重物时，每台起重机都不得超载。

2）吊运过程应保持钢丝绳竖直，保持运行同步。

3）吊运时，有关负责人员和安全技术人员应在场指导。

2. 司索工安全操作技术

（1）司索工职责

1）司索工主要从事地面工作，如准备吊具、捆绑挂钩、摘钩卸载等。

2）多数情况下，司索工还担任指挥任务。

（2）准备吊具

1）对吊物的质量和重心估计要准确，如果是目测估算，应增大20%来选择吊具。

2）旧吊索应根据情况降级使用，绝不可侥幸超载或使用已报废的吊具。

（3）捆绑吊物

1）对吊物进行必要的归类、清理和检查。

2）清除吊物表面或空腔内的杂物，将可移动的零件锁紧或捆牢。

3）形状或尺寸不同的物品不经特殊捆绑不得混吊，防止坠落伤人。

4）吊物捆扎部位的毛刺要打磨平滑，尖棱利角应加垫物。

5）表面光滑的吊物应采取措施来防止起吊后吊索滑动或吊物滑脱。

6）吊运大而重的物体应加诱导绳，诱导绳绳长应能使司索工既可握住绳头，同时又能避开吊物正下方，以便发生意外时司索工可利用该绳控制吊物。

（4）挂钩起钩

1）吊钩要位于被吊物重心的正上方，不准斜拉吊钩硬挂。

2）当多人吊挂同一吊物时，应由专人负责指挥。

3）在确认吊挂完备、所有人员都站在安全位置以后，才可发出起钩信号。

4）起钩时，地面人员不应站在吊物倾翻、坠落可波及的地方。

5）如果作业场地为斜面，则应站在斜面上方（不可在死角），防止吊物坠落后继续沿斜面滚移伤人。

（5）挂钩要坚持“五不挂”

1）起重或吊物质量不明不挂。

2）重心位置不清楚不挂。

3）尖棱利角和易滑工件无衬垫物不挂。

4）吊具及配套工具不合格或报废不挂。

5）包装松散、捆绑不良不挂。

（6）摘钩卸载

1）摘钩时应等所有吊索完全松弛再进行，确认所有绳索从钩上卸下再起钩。

2）不允许抖绳摘索，更不许利用起重机抽索。

（7）搬运过程的指挥

1）指挥者所处位置应能全面观察作业现场，并使司机、司索工都可清楚看到。

2）在作业的整个过程中（特别是重物悬挂在空中时），指挥者和司索工都不得擅离职守，发现问题应及时发出指挥信号。

四、起重机械的安全检查

1. 年度检查（全面检查）

每年对所有在用的起重机械至少进行 1 次全面检查。起重机械停用 1 年以上、遇 4 级以上地震或发生重大设备事故、露天作业经受 9 级以上的风力后，使用前都应做全面检查。

2. 每月检查项目（安全装置、重要部件及动力传动机构）

（1）安全装置、制动器、离合器等有无异常，确保可靠性和精度。

（2）重要零部件（如吊具、钢丝绳滑轮组、制动器、吊索及辅具等）的状态，有无损伤，是否应报废等。

（3）电气、液压系统及其部件的泄漏情况及工作性能，动力系统和控制器等。停用一个月以上的起重机构，使用前也应做上述检查。

3. 每日检查项目（安全装置、操控装置、报警装置）

在每天作业前进行，应检查各类安全装置、制动器、操纵控制装置、紧急报警装置，以及轨道、钢丝绳的安全状况。

【练习提高】

一、单项选择题（每题 1 分，每题的备选项中，只有 1 个最符合题意）

1. 起重作业必须严格遵守安全操作规程，下列关于起重作业安全要求的说法中，正确的是（　　）。

A. 严格按指挥信号操作，对紧急停止信号，无论何人发出，都必须立即执行

B. 司索工主要从事地面工作，如准备吊具、捆绑、挂钩、吊钩等，不得担任指挥任务

C. 作业场地为斜面时，地面人员应站在斜面的下方

D. 有主、副两套起升机构的，在采取相应保证措施的情况下，可以同时利用主、副钩工作

2. 某电力工程公司实施农村电网改造工程，需要拔出废旧电线杆重新利用。在施工过程中，施工人员为提高工作效率，使用小型汽车起重机吊拔废旧电线杆。吊装作业中最可能发生的起重机械事故是（　　）。

A. 坠落事故　　B. 倾翻事故　　C. 挤伤事故　　D. 断臂事故

3. 起重作业的安全与整个操作过程紧密相关，起重机械操作人员在起吊前应确认各项准备工作和周边环境符合安全要求。下列关于起吊准备工作的说法中，正确的是（　　）。

A. 被吊重物与吊绳之间必须加衬垫

B. 起重机支腿必须完全伸出并稳固

C. 主、副两套起升机构不得同时工作

D. 尺寸不同的物品不得混合捆绑

4. 起重作业的安全操作是防止起重伤害的重要保证，起重作业人员应严格按照安全操作规程进行作业。下列关于起重安全操作技术的说法中，正确的是（　　）。

A. 不得用多台起重机吊运同一重物

B. 对紧急停止信号，无论何人发出，都必须立即执行

C. 摘钩时可以抖绳摘索，但不允许利用起重机抽索

D. 起升、变幅机构的制动器可以带载调整

5. 起重机械的位置限制与调整装置是用来限制机构在一定空间范围内运行的安全防护装置。下列装置中，不属于位置限制与调整装置的是（　　）。

A. 回转锁定装置　　B. 上升极限位置限制器

C. 运行极限位置限制器　　D. 偏斜调整和显示装置

6. 起重机在使用过程中突遇火灾时，处理措施有：①用干粉或二氧化碳灭火器灭火；②切断电源；③手柄放置零位或拉下紧急开关；④若火焰难以扑灭，及时逃离，并打电话报警。处置时，正确的顺序是（　　）。

A. ③-②-④-①　　B. ④-③-②-①　　C. ①-②-③-④　　D. ③-②-①-④

7. 臂架类起重机械在起吊重物前，要根据重物的质量、几何尺寸、精密程度、变形要求等有关技术数据，进行最大受力计算，并确定吊点位置和捆绑方式。应依据（　　）进行最大受力计算。

A. 安全距离　　B. 起重机特性曲线

C. 运行极限　　D. 倾翻力矩

8. 起重作业司索工主要从事地面工作，其工作质量与起重作业安全关系极大。下列对司索工操作安全的要求中，正确的是（　　）。

A. 司索工主要承接准备品具、挪移挂钩、摘钩卸载等作业，不能承担指挥任务

B. 捆绑吊物时，形状或尺寸不同的物品不经特殊捆绑不得混吊

C. 目测估算被吊物的质量和重心，按估算质量增大 5%选择吊具

D. 摘钩卸载时，应采用抖绳摘索，摘钩时应等所有吊索完全松弛再进行

9. 起重机械吊运的准备工作和安全检查是保证起重机械安全作业的关键。下列对起重机械吊运作业的安全要求中，错误的是（　　）。

A. 流动式起重机械应将支撑地面夯实垫平，支撑应牢固可靠

B. 开机作业前，应确认所有控制器都置于零位

C. 大型构件吊运前应编制作业方案，必要时报请有关部门审查批准

D. 不允许用两台起重机吊运同一重物

10. 起重机械是指用于垂直升降或者垂直升降并水平移动重物的机电设备，根据运动形式不同，分为桥架类起重机和臂架类起重机。下列起重机械中，属于臂架类型起重机的是（　　）。

A. 垂直起重机　B. 门式起重机　C. 流动式起重机　D. 缆索式起重机

11. 机体摔伤事故是起重机常见事故，能够造成严重的人员伤亡。以下原因中能够造成机体摔伤事故的是（　　）。

A. 野外作业场地支承地基松软　B. 起重机支腿未能全部伸出

C. 悬臂伸长与规定起重量不符　D. 无防风夹轨装置导致倾倒

12. 机体回转挤伤事故往往是由于起重机回转时配重部分将吊装、指挥和其他作业人员撞伤的事故。机体回转挤伤事故多发生在（　　）起重机作业中。

A. 塔式　B. 门式　C. 门座式　D. 轮胎

13. 下列情况中，易造成起重机发生重物坠落事故的是（　　）。

A. 钢丝绳在卷筒上余绳为一圈　B. 有下降限位保护装置

C. 吊装绳夹角<120°　D. 钢丝绳在卷筒上用压板固定

14. 起重机械超载、不稳固、操作不当都有可能造成机体失稳倾翻的严重事故，应采取措施进行预防。下列关于防止起重机械失稳、倾翻的措施中，正确的是（　　）。

A. 桥式起重机应安装力矩限制器

B. 臂架式起重机不安装力矩限制器

C. 门座式起重机应安装防风防爬装置

D. 电动葫芦允许不安装过卷扬限制器

15. 同层多台起重机同时作业的环境中，单凭行程开关、安全尺或者起重机操作员目测等已经不能保证安全。因此，在同层多台起重机同时作业环境使用的起重机上要求安装（　　）。

A. 位置限制与调整装置　B. 回转锁定装置

C. 力矩限制器　D. 防碰撞装置

16. 起重机司机作业前应检查起重机与其他设备或固定建筑物的距离，以保证起重机与其他设备或固定建筑物的最小距离在（　　）。

A. 1.0 m 以上　B. 1.5 m 以上　C. 0.5 m 以上　D. 2.0 m 以上

17. 单主梁起重机起吊重物是在主梁的一侧进行，重物等对小车产生一个倾翻力矩，为防止在风灾、意外冲击、车轮破碎、检修等情况时事故发生，这种类型的起重机械应安装（　　）。

A. 防后倾装置　B. 安全钩　C. 起重量限制器　D. 力矩限制器

18. 臂架式起重机的工作幅度是一个重要参数。当起重量与工作幅度的乘积大于允

许的极限时，会造成臂架折断或折弯，甚至还会造成起重机整机失稳而倾覆或倾翻。因此，应使用的安全装置为（　　）。

A. 起重量限制器　　B. 力矩限制器
C. 位置限制器　　D. 防后倾装置

19. 轨道运行的塔式起重机，每个运行方向应设置限位装置，限位装置由限位开关、缓冲器和终端止挡组成。根据《塔式起重机》，限位开关动作后，应保证塔式起重机停车时其端部距缓冲器的最小距离为（　　）mm。

A. 500　　B. 700　　C. 1 000　　D. 1 200

20. 起重作业挂钩操作要坚持“五不挂”原则。下列关于“五不挂”的说法中，错误的是（　　）。

A. 重心位置不清楚不挂　　B. 易滑工件无衬垫不挂
C. 吊物质量不明不挂　　D. 吊钩位于被吊物重心正上方不挂

21. 下列选项中不属于起重作业挂钩“五不挂”的是（　　）。

A. 外形不规则的工件不挂
B. 起重或吊物质量不明不挂
C. 尖棱利角和易滑工件无衬垫不挂
D. 包装松散、捆绑不良不挂

二、多项选择题（每题 2 分，每题的备选项中，有 2 个或 2 个以上符合题意，至少有 1 个错项。错选，本题不得分；少选，所选的每个选项得 0.5 分）

1. 起重机械使用单位应进行起重机械的每日检查、每月检查和年度检查。其中每日检查应在每天作业前进行。检查发现有异常情况时，必须及时处理，严禁带“病”运行。下列起重机械的检查项目中，每日必须检查的有（　　）。

A. 安全装置　　B. 电气系统工作性能
C. 紧急报警装置　　D. 轨道的安全状况
E. 动力系统和控制器

2. 起重机典型的事故以重物坠落事故为首，指的是起重作业中，吊载、吊具等重物从空中坠落所造成的人身伤亡和设备毁坏的事故。重物坠落事故中又以脱绳事故发生的最多，造成起重机脱绳事故的原因有（　　）。

A. 超重　　B. 重物的捆绑方法与要领不当
C. 钢丝绳磨损　　D. 吊装重心选择不当
E. 吊载遭到碰撞、冲击

3. 起重机械重物坠落事故是指起重作业中，吊载、吊具等重物从空中坠落所造成的人身伤亡和设备毁坏的事故。下列事故中，属于起重机械重物坠落事故的有（　　）。

A. 维修工具坠落事故　　B. 脱绳事故
C. 脱钩事故　　D. 吊钩断裂事故
E. 断绳事故

4. 起重机常发生机体摔伤事故，机体摔伤事故可能导致机械设备的整体损坏甚至造成严重的人员伤亡，以下起重机中能够发生机体摔伤事故的有（　　）。

A. 汽车起重机　B. 门座式起重机　C. 塔式起重机　D. 履带起重机
E. 门式起重机

5. 反射型防碰装置由（　　）组成。
A. 接收器　B. 反射板　C. 报警器　D. 控制器
E. 发射器

6. 下列选项中，属于起重作业挂钩“五不挂”的有（　　）。
A. 外形不规则的工件不挂
B. 起重或吊物质量不明不挂
C. 尖棱利角和易滑工件无衬垫不挂
D. 包装松散、捆绑不良不挂
E. 吊具及配套工具不合格或报废不挂

第七节　场（厂）内专用车辆事故及安全技术

【本节重点】

一级知识点	二级知识点
场（厂）内专用车辆事故	
主要安全相关部件	（1）高压胶管 （2）安全阀 （3）护顶架：起升高度超过 1.8 m 要装 （4）专用安全装置：挡货架、货物稳定器、料斗锁定装置、前倾自锁阀等 （5）制动器
使用安全技术	（1）叉车使用安全技术：质量不明要试叉；起落架后仰 （2）非公路旅游观光车辆安全技术：坡道行驶；驾驶员离开观光车
定期安全检查	（1）年度检查：全面检查 （2）每月检查：安全装置、动力与控制系统、重要零部件 （3）每日检查：安全装置、制动与操作、紧急报警装置

一、场（厂）内专用车辆事故

1. 场（厂）内专用机动车辆事故按后果分类

按车辆事故的事态分，有碰撞、碾轧、刮擦、翻车、坠车、爆炸、失火、出轨和搬运、装卸中的坠落及物体打击等。

2. 典型（厂）内机动车辆事故

（1）超速造成事故。

（2）无证驾驶造成事故。

（3）违章载人造成事故。

（4）违章作业造成事故。

（5）设备故障造成事故。叉车货叉断裂，造成事故；刹车失灵，造成事故。

二、场（厂）内专用机动车辆主要安全相关部件

1. 高压胶管

叉车等车辆的液压系统，一般都使用中高压供油，高压油管的可靠性不仅关系车辆的正常工作，而且一旦发生破裂将会危害人身安全。因此，高压胶管必须符合相关标准，并通过耐压试验、长度变化试验、爆破试验、脉冲试验、泄漏试验等试验检测。

2. 安全阀

液压系统中，可能由于超载或者油缸到达终点油路仍未切断，以及油路堵塞引起压力突然升高，造成液压系统破坏。因此，系统中必须设置安全阀，用于控制系统最高压力。最常用的是溢流安全阀。

3. 护顶架

对于叉车等起升高度超过 1.8 m 的工业车辆，必须设置护顶架，以保护司机免受重物落下造成的伤害。

护顶架一般都是由型钢焊接而成，必须能够遮掩司机的上方，还应保证司机有良好的视野。

护顶架应进行静态和动态两种载荷试验检测。

4. 专用安全装置

（1）挡货架。为防止货物向后坠落而设置的框架。

（2）货物稳定器。压住货叉上的货物，以防货物倒塌、滑落的器具。

（3）（翻）料斗锁定装置。使料斗锁定在运料位置的装置。

（4）前倾自锁阀。当油泵停止工作或发生其他故障时，自动锁闭门架倾斜油路的阀。

（5）下降限速阀。控制下降速度的阀。

（6）稳定支腿。装卸作业时，为保证和增加车辆的稳定性而设置的辅助支腿。

5. 制动器

产生阻止车辆运动或运动趋势的力的部件，分为行车制动器和停车制动器。

6. 货叉

安装在叉车货叉梁上的 L 形承载装置，也称取物装置。货叉必须符合相关标准，并通过重复加载的载荷试验检测。

7. 链条

起升货叉架的链条，主要有板式链和套筒滚子链两种。链条须进行极限拉伸载荷和检验载荷试验。

8. 转向器

控制车辆行驶方向的部件。当左右转动方向盘时，转向力通过转向器传递到转向传动机构使车辆改变行驶方向。

9. 轮胎

轮胎分为充气轮胎和实心轮胎。

三、场（厂）内专用机动车辆使用安全技术

1. 叉车使用安全技术

（1）叉装物件时，被装物件质量应在该机允许载荷范围内。当物件质量不明时，应将该物件叉起离地 100 mm 后检查机械的稳定性，确认无超载现象后，方可运送。

（2）叉装时，物件应靠近起落架，其重心应在起落架中间，确认无误，方可提升。

（3）物件提升离地后，应将起落架后仰，方可行驶。

（4）两辆叉车同时装卸一辆货车时，应有专人指挥联系，保证安全作业。

（5）不得单叉作业和使用货叉顶货或拉货。

（6）叉车在叉取易碎品、贵重品或装载不稳的货物时，应采用安全绳加固，必要时，应有专人引导，方可行驶。

（7）以内燃机为动力的叉车，进入仓库作业时，应有良好的通风设施。严禁在易燃、易爆的仓库内作业。

（8）严禁货叉上载人。驾驶室除规定的操作人员外，严禁其他任何人进入或在室外合乘。

2. 非公路旅游观光车辆安全技术

（1）行驶前检查灯光、喇叭、安全带等是否正常，确认安全后方可行驶。

（2）应在指定的运营区域内驾驶观光车。

（3）观光车启动前，应检查乘客是否系好安全带。

（4）观光车行驶过程中，应告知乘客不应离开座位，不应将身体探出车体轮廓之外。

（5）驾驶员驾驶观光车，应避免突然起步、停车及高速转弯。在车辆起步时，方向盘不应处在极限位置（特殊情况除外）。

（6）观光车运行时，驾驶员不应将身体探出车体的外轮廓线之外。

（7）观光车在坡道上运行，应遵守下列规则：

1）缓慢地通过上、下坡道。

2）不应在坡面上调头，不应横跨坡道运行。

3）下坡时不应空挡滑行。

4）靠近坡道、高站台或平台边缘时，车身与站台或平台边缘之间的距离至少为观光车一个轮胎的宽度。

（8）驾驶员离开观光车时，应做好以下工作：

1）应使观光车处于空挡位置。

2）关闭动力源。

3）拉紧停车制动器。

4）拔出钥匙。

四、场（厂）内专用车辆定期安全检查

1. 年度检查（全面检查）项目

每年对所有在用的场（厂）内机动车辆至少进行 1 次全面检查。停用 1 年以上、发生重大车辆事故等的场（厂）内机动车辆，使用前都应做全面检查。

2. 每月检查项目

（1）安全装置、制动器、离合器等有无异常。

（2）重要零部件，如吊具、货叉、制动器、铲、斗及辅具等的状态，有无损伤，是否应报废等。

（3）电气、液压系统及其部件的泄漏情况及工作性能。

（4）动力系统和控制器等。

停用一个月以上的场（厂）内机动车辆，使用前也应做上述检查。

3. 每日检查项目

（1）安全装置。

（2）制动器、操纵控制装置。

（3）紧急报警装置的安全状况。

【练习提高】

一、单项选择题（每题 1 分，每题的备选项中，只有 1 个最符合题意）

1. 叉车是一种对成件托盘货物进行装卸、堆垛和短距离搬运的轮式车辆。下列关于叉车安全使用要求的说法中，正确的是（　　）。

A. 严禁用叉车装卸质量不明物件

B. 特殊作业环境下可以单叉作业

C. 运输物件行驶过程中应保持起落架水平

D. 叉运大型货物影响司机视线时可倒开叉车

2. 场（厂）机动车辆的液压系统中，如果超载或者油缸到达终点仍未切断，以及油路堵塞引起压力突然升高，会造成液压系统损坏。因此，液压系统中必须设置（　　）。

A. 切断阀　　B. 安全阀　　C. 止回阀　　D. 调节阀

3. 为保证场（厂）内机动车辆的使用安全，使用单位应定期对其进行检查。定期检查包括日检、月检和年检。下列检查中，不属于月检内容的是（　　）。

A. 检查安全装置、制动器、离合器等有无异常

B. 检查重要零部件有无损坏，是否应报废

C. 对护顶架进行静态和动态两种载荷试验

D. 检查电气、液压系统及其部件的渗漏情况及工作性能

4. 叉车液压系统的高压油管一旦发生破裂将会危害人身安全，因此要求叉车液压系统的高压胶管、硬管和接头至少能承受液压回路 3 倍的工作压力，对叉车液压系统中高压胶管进行的试验项目是（　　）。

A. 抗拉试验　　B. 弯曲试验　　C. 柔韧性试验　　D. 爆破试验

5. 叉车在叉装物件时，司机应检查并确认被叉装物件质量，当物件质量不明时，应将被叉装物件叉起离地面一定高度，认为无超载现象后，方可运送。下列给出的离地高度中，正确的是（　　）mm。

A. 400　　B. 300　　C. 200　　D. 100

6. 叉车是工业搬运车辆，是指对成件托盘货物进行装卸、堆垛和短距离运输作业的各种轮式搬运车辆。下列关于叉车的说法中，正确的是（　　）。

A. 叉装时，物件应靠近起落架，重心应靠近起落架边缘

B. 叉取易碎物品时，必须有人同时站在货叉上稳定货物

C. 紧急情况下，可以使用单叉作业，但不得使用货叉顶货

D. 当物件质量不明时，应将该物件叉起离地面 100 mm 后检查机械的稳定性，确认无超载现象后方可运送

7. 下列关于场（厂）内叉车安全操作技术的说法中，错误的是（　　）。

A. 不得单叉作业和使用货叉顶货或拉货

B. 两辆叉车不得同时装卸一辆货车

C. 叉装时，物件应靠近起落架，其重心应在起落架中间，确认无误后方可提升

D. 严禁货叉上载人

8. 对于叉车等起升高度超过（　　）m 的工业车辆，必须设置护顶架。

A. 1　　B. 1.5　　C. 1.8　　D. 2

二、多项选择题（每题 2 分，每题的备选项中，有 2 个或 2 个以上符合题意，至少有 1 个错项。错选，本题不得分；少选，所选的每个选项得 0.5 分）

1. 叉车是工程和物流企业广泛使用的搬运机械，各运行系统和控制系统的正确设置是其安全可靠运行的重要保证。根据《场（厂）内专用机动车辆安全技术监察规程》，下列针对叉车运行系统和控制系统的安全要求中，正确的有（　　）。

A. 蓄电池叉车的控制系统应当具有过热保护功能

B. 蓄电池叉车的控制系统应当具有过电压、欠电流保护功能

C. 蓄电池叉车的电气系统应当采用单线制，并保证良好绝缘

D. 液压传动叉车，应具有微动功能

E. 静压传动叉车，只有处于制动状态时才能启动发动机

2. 我国对场（厂）内机动车辆的安全管理起步较晚，对场（厂）内机动车辆技术标准、检验要求、有关安全管理的法规等也不健全。车辆安全技术状况不良主要表现在（　　）。

A. 车辆的安全装置存在问题

B. 蓄电池车调速失控，造成飞车

C. 管理规章制度或操作规程不健全，车辆安全行驶制度不落实

D. 安全防护装置，如制动器、限位器等工作不可靠

E. 交通信号、标志、设施缺陷

3. 叉车的液压系统一般都使用中高压供油，高压胶管是液压系统的主要元件之一，其可靠性应既能保证叉车的正常工作，又能保护人身安全。因此，高压胶管必须通过

各项试验检测合格后方可用于叉车。下列试验项目中，高压胶管必须在生产验收时通过的试验有（　　）。

A. 脉冲试验　　B. 耐压试验　　C. 真空试验　　D. 长度变化试验

E. 爆破试验

第八节　客运索道事故及安全技术

【本节重点】

一级知识点	二级知识点
客运索道典型事故	拖动失效、脱索、坠落、撞击、机械伤害、振荡、触电、电气火灾、外力伤害
客运索道安全装置	（1）单线循环固定抱索器客运架空索道：吊厢、索道张紧、控制与急停、索道线路、通信与照明 （2）单线循环脱挂抱索客运架空索道：机战道岔、吊厢、抱索检测 （3）双线往复式客运架空索道：索绳、吊厢、进站速度与位置限制 （4）客运缆车：站内限位、车厢及行走机构、速度控制机构
客运索道日常检查	—

一、客运索道基础知识

客运索道一般分为三大类：客运架空索道、客运缆车、客运拖牵索道。

1. 客运架空索道构造与分类

客运架空索道如图 3-39 所示。

a）循环式　　b）往复式

图 3-39　客运架空索道

（1）客运架空索道构造。客用架空索道总体上由低处和高处的客运架空索道机站、两站之间的索道以及承载人的轿厢构成，如图 3-40 所示。机站设有驱动机构（驱动轮）、索道迂回机构（迂回轮）、索道张紧机构以及安全控制装置。索道线路包括钢索（包括客运缆车的铁轨）、索道支架以及安装在索道支架的托索滑轮组或压索滑轮组。

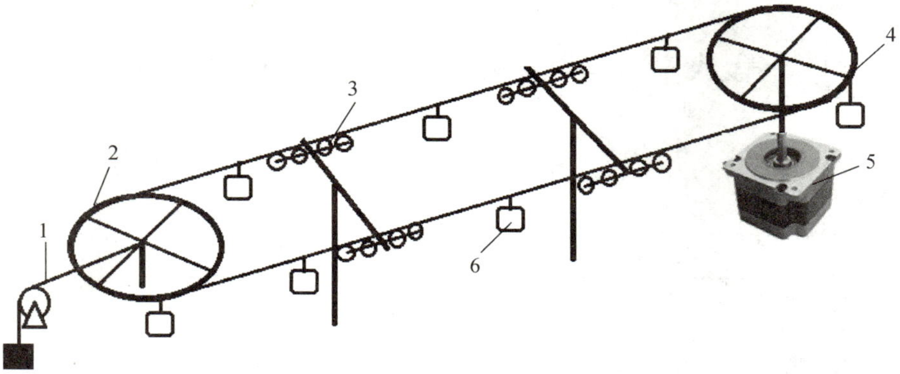

图 3-40　客运架空索道结构（固定抱索循环式架空索道）

1—索道张紧机构　2—迂回轮　3—托（压）索滑轮组　4—机站驱动轮　5—驱动电机　6—乘客轿厢

（2）客运架空索道按索系可分为以下两类：

1）单线架空索道。一根钢丝绳既承载又牵引的架空索道。

2）双线架空索道。同时具有承载索和牵引索（包括平衡索）的架空索道，其中承载索可以是单承载或双承载，牵引索可以是单牵引或双牵引。支持吊车质量的钢索是不动的。

（3）客运架空索道按吊具运行方向可分为以下两类：

1）循环式架空索道。索道上有多辆吊车（轿厢或吊篮），由驱动轮和迂回轮驱动，在上下两个机站之间循环运行。循环式架空索道又可进一步分为以下两种：

①连续循环式架空索道。运载工具在线路上以恒定速度运行的循环式架空索道。

②脉动循环式架空索道。运载工具在线路上脉动运行（快行—慢行—快行—慢行）的循环式架空索道。

2）往复式架空索道。一条索道上一般只有一辆吊车，在线路上往复运行。

（4）客运架空索道按抱索器类型可分为以下两类：

1）固定抱索器索道。在索道运行过程中，抱索器在绳索上保持固定位置不能脱开的架空索道。

2）脱挂抱索器索道。到达索道机站内时，抱索器能够与牵引索或运载索脱开的架空索道。

（5）客运架空索道按吊具类型可分为以下 3 类：

1）吊厢式。运载工具为封闭式吊厢。

2）吊篮式。运载工具为上部不封闭的吊篮。

3）吊椅式。运载工具为吊椅。

2. 客运缆车

客运缆车载人车厢在地面轨道上由钢索牵引运行，如图 3-41 所示。

a）循环式

b）往复式

图 3-41 客运缆车

按缆车运行方式，客运缆车可分为以下两类：

（1）循环式客运缆车。运载工具与钢丝绳可脱开和挂接，并在线路上循环运行的缆车。

（2）往复式客运缆车。运载工具在线路上往复运行的缆车。往复式客运缆车可以分为以下 3 种：

1）单往复式客运缆车。只有一个或一组运载工具在轨道线路上运动的往复式客运缆车。

2）有会车段往复式客运缆车。两个或两组运载工具分别在中间有会车段的轨道线路上运动的往复式客运缆车。

3）双线往复式客运缆车。两个或两组运载工具分别在两条轨道线路上运行的往复式客运缆车。

3. 客运拖牵索道

客运拖牵索道主要用于将滑雪人员拖牵至高处，如图 3-42 所示。

a）低位拖牵

b）高位拖牵

图 3-42 客运拖牵索道

（1）高位拖牵索道。拖牵索距地面高度在 2 m 以上的拖牵索道。

（2）低位拖牵索道。拖牵索距地面高度小于 2 m 的拖牵索道。

二、客运索道典型事故

客运索道典型事故见表 3-18。

表 3-18　客运索道典型事故

事故类型	事故特征	原因
拖动失效	设备停转、不能启动、高空滞留人员	机械传动系统与电气拖动系统失效
脱索	运行中的钢丝绳从轨道中或托（压）索轮上脱落，高空滞留或线路振荡等	钢丝绳的运行受阻，靠贴力或附着力减小，轨道偏移，支撑物失效等
坠落	吊具坠落（由钢丝绳断裂，或抱索器松脱，或运行小车脱轨引起）	超载，防滑力太小，抱索器受损，抱索器在运行中被机械卡阻，运行小车在运行中被卡阻，钢丝绳断裂等
	作业人员高空坠落	操作不当，疏忽大意，缺少防护措施，违规操作等
撞击	站内人员与运行中的吊具（客车）碰撞，以及吊具（客车）与站台或周围设施碰撞	乘客或作业人员不经意进入吊具（或客车）通行区域，被运行中的吊具（或客车）撞击
机械伤害	人员被挤压、剪切、刷蹭、砸中等	人体与运转中的机械设备直接接触，或与运转中的机械设备上的脱落物直接接触
振荡	钢丝绳振荡	突然紧急停车（减速度很大），脱索，吊具受阻，钢丝绳受外物碰砸等
触电	触电伤亡	漏电、违规操作等
电气火灾	火灾伤亡	短路、过负荷运行、接触电阻过大等
外部环境带来的其他伤害	小净空伤害：运动物体干涉运行中的索道	索道本身以外的物体并行入索道运动或穿越索道，但净空太小
	雷电伤害：电气设备损毁，索道设备不能运转、高空滞留乘客	客运索道地处户外，且地势较高，因此容易遭受雷击
	大风伤害：大风易造成脱索、吊具（或客车）撞击支架设施以及线路障碍物	—
	雪崩、地震等因素危害	—

三、客运索道安全装置

1. 单线循环固定抱索器客运架空索道应具备的安全装置

（1）吊厢安全装置。吊厢门应安装闭锁系统，不能由车内打开，也不能由于撞击或大风的影响而自动开启。

（2）索道驱动机构与张紧机构（如图 3-43 所示）安全装置。

1）张紧小车前后均应装设缓冲器防止意外撞击。

2）应设行程保护装置，在张紧小车、重锤或油缸行程达到极限之前，发出报警信号或自动停车。

3）索道的驱动轮、迂回轮应有防止钢丝绳滑出轮槽的装置。

（3）控制与紧急停车安全装置。

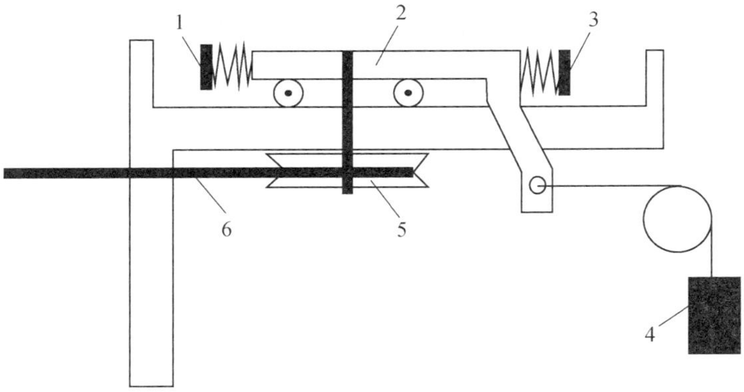

图 3-43　索道张紧机构

1—缓冲器　2—张紧小车　3—缓冲器　4—重锤　5—迂回轮　6—索绳

1）制动液压站和张紧液压站应设有手动泵，当液压系统出现故障时可以用手动泵临时进行工作。

2）站台、机房、控制室应设蘑菇头带自锁装置的紧急停车按钮。

3）有负力的索道应设超速保护，在运行速度超过额定速度 15%时，能自动停车。

4）应在风力最大处设风向风速仪，在有人的站房设置风速显示装置。

5）所有沿线的安全装置和站内的安全装置组成联锁安全电路，线路中任何位置出现异常时，应能自动停车并显示故障位置。

6）索道紧急制动或突然断电后，在事故开关复位之前，不能重新启动驱动装置。

7）对于单线循环固定抱索器脉动式索道还应增加以下安全装置：

①应配备至少两套不同类型、来源及独立控制的进站减速控制装置，每套装置应能可靠减速。

②应设有进站速度检测开关，当索道减速后，应能按设定减速曲线可靠减速至低速进站，若未按设计减速或设定的低速进站时，检测开关控制自动紧急停车。

（4）索道线路安全装置与设施。

1）压索支架应有防脱索二次保护装置及地锚。

2）托（压）索滑轮组内侧应设有防止钢丝绳往回跳的挡绳板，外侧应安装捕捉器和脱索探测装置（U 形针），脱索时接住钢丝绳并紧急停车。托（压）索滑轮组挡绳板和捕捉器及脱索探测装置（U 形针）分别如图 3-44 和图 3-45 所示。索道用 U 形针是一种索道安全传感元件，用于检测索道运行中钢索是否脱索。U 形针是由一定直径的圆棒材弯成 U 形，并在一定的部位切一个缺口，当受到脱索的运载索冲击时马上断开，发出信号。

3）吊具距地大于 15 m 时，应有缓降器救护工具，绳索长度应适应最大高度救护要求。

（5）通信照明设施。

1）站房之间应有独立的专用电话，至少要有一个站房或在站房附近有外线电话。应确保紧急情况（如主电网断电）下电话仍可正常使用，并应配备足够的无线对讲机，以满足运行和检查维修工作的需要。

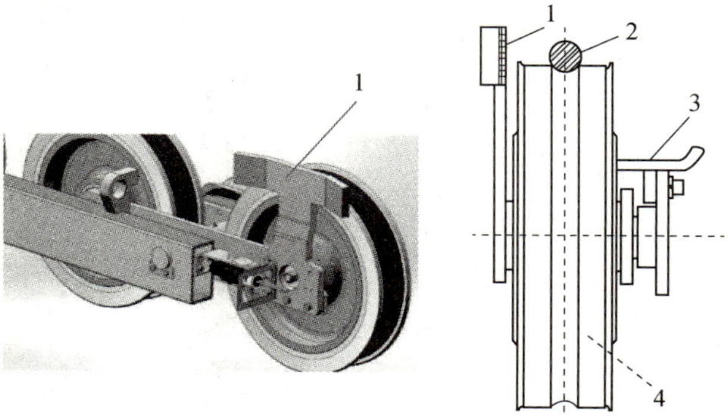

图 3-44　托（压）索滑轮组挡绳板和捕捉器
1—挡绳板　2—索绳　3—捕捉器　4—托索轮

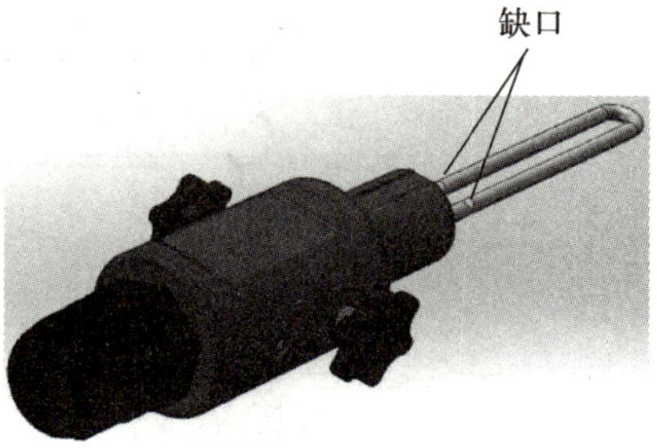

图 3-45　脱索探测装置（U 形针）

2）沿线路应有通信设施（如支架上或吊厢中设扬声器），在特殊情况（特别是故障时）下，可以及时通知乘客。

3）如索道夜间运行时，站内及线路上应有针对性照明，支架上电力线电压不允许超过 36 V。

2. 单线循环脱挂抱索器客运架空索道应具备的安全装置

单线循环脱挂抱索器客运索道除了应具备单线循环固定抱索器客运架空索道的安全装置外，还应具备一些独特的安全装置。

（1）机站道岔

1）对于脱挂抱索器客运索道而言，其吊厢进站后将脱索（脱挂）并减速进入站内专设的轨道，因此要设置进入轨道的道岔。

2）应设有闭锁（联锁）安全监控装置，保障道岔在发车和收车位置时的安全。

（2）吊厢应设有开关门检测开关，当已过开关门轨道后，吊厢门未关闭或打开时，索道应自动停车。

（3）抱索器检测安全装置

1）应设有钢丝绳位置检测开关，当钢丝绳偏离设定位置时，索道应自动停车。

2）应设有抱索器松开和闭合状态检测开关，当抱索器在挂结前未打开钳口，或过了脱开段后未脱开钢丝绳，索道应自动停车。

3. 双线往复式客运架空索道应具备的安全装置

双线往复式客运索道除了与前述循环式架空索道相同部分具有类似要求外，还有一些专门的安全装置。

（1）索绳安全装置

1）单承载索道鞍座托索滑轮组应设牵引索自动复位装置，当牵引索滑出托索轮复位时，确保不会卡住。

2）承载索与张紧索的连接应有二次保护装置及防止自行旋转的装置。

（2）吊厢及其相关部件

1）吊架与车厢连接处应有减震措施。车厢定员大于 15 人和运行速度大于 3 m/s 的索道客车吊架与运行小车之间应设减摆器。

2）运行小车（与吊架相连、行走在承载索的行走机构）两端应设防止出轨的导靴和缓冲挡块，多冰雪地区设刮雪器或破冰器。

（3）客车进站速度与位置限制装置

1）应配备至少两套不同类型、来源及独立控制的进站减速控制装置。

2）应设有进站速度检测开关，当索道减速后，应能按设定减速曲线可靠减速至低速进站，若未按设计减速或设定的低速进站时，检测开关控制自动紧急停车。

3）应设越位开关，在客车超越停车位置时，索道应能自动紧急停车。

（4）开车时站台间应设有信号联络控制系统，在站台未发开车信号前，索道不能启动。

（5）检修安全装置。

1）高度 10 m 以上支架爬梯应设护圈。

2）支架高度超 25 m 时，每隔 10 m 设休息平台，检修平台应有扶手或护栏。

4. 客运缆车应具备的安全装置

（1）站内脱索及限位控制装置

1）凹曲线段和水平曲线段应设置绳索捕捉装置。

2）应设到站停车开关和过卷越位开关。

3）站台终点应设弹簧或液（气）压缓冲器。

4）应设置维修急停开关，在进行设备维修时，维修急停开关动作，缆车无法启动。

（2）车厢安全装置

1）脱挂抱索器式缆车车厢门应设关闭到位检测开关，门未关闭到位不得开车。

2）车厢乘务员操作位应设有防止乘客滥动操纵系统的保护装置。

3）车厢行走机构应设防止脱轨的装置，行走机构两端应装设缓冲器挡板和清轨器。

（3）速度控制装置

1）应配备至少两套不同类型、来源及独立控制的进站减速控制装置，每套装置应能可靠减速。

2）应设超速保护，在运行速度超过额定速度 10%时，能自动停车。

四、日常检查

（1）客运索道每天开始运行之前，应彻底检查全线设备是否处于完好状态，在运送乘客之前应进行一次试车，确认安全无误并经值班站长或授权负责人签字后方可运送乘客。

（2）司机除按运转维护规程操作外，对驱动机、操作台每班至少检查一次。

（3）值班电工、钳工对专责设备每班至少检查一次。

（4）线路润滑巡视工每班至少全线巡视一周（线路长的索道，可分段分工检查）。

（5）索道每天停止运营前，操作人员应检查并确认索道线路上或上车区域是否仍有乘客，并关闭索道的入口。

【练习提高】

一、单项选择题（每题 1 分，每题的备选项中，只有 1 个最符合题意）

1. 客运索道是指利用动力驱动、柔性绳索牵引箱体等运载工具运送人员的机电设备，包括客运架空索道、客运缆车、客运拖牵索道等。客运索道的运行管理和日常检查、维修是其安全运行的重要保障。下列关于客运索道安全运行要求的说法中，正确的是（　　）。

A. 客运索道每天开始运送乘客之前都应进行三次试运转

B. 单线循环固定抱索器客运架空索道一般情况下不允许夜间运行

C. 单线循环式索道上运载工具间隔相等的固定抱索器，应按规定的时间间隔移位

D. 客运索道线路巡视工至少每周进行一次全线巡视

2. 单线循环脱挂抱索器客运架空索道在吊具距地高度大于（　　）m 时，应配备缓降器救护工具。

A. 15　　B. 8　　C. 10　　D. 18

3. 根据我国索道行业的统计数字，目前全国建有各类客运架空索道（不含拖牵索道）500 余条，其中单线循环固定抱索器客运索道所占比例不低于 2/3。下列关于单线循环固定抱索器客运索道安全装置的说法中，正确的是（　　）。

A. 吊厢门应安装锁闭系统，但应保证紧急情况下车门可以由车内打开

B. 应设超速保护，在运行速度超过额定速度的 50%时，能自动停车

C. 驱动迂回轮应有防止钢丝绳滑出轮槽的装置

D. 索道张紧小车的前部或后部应择其一个部分装设缓冲器

4. 客运索道是指用于运送旅客的索道。中国黄山的登山索道是亚洲最长的空中客运索道；意大利米兰的客运索道建在市中心，被誉为“空中公共汽车”。下列关于客运索道安全运行要求的说法中，正确的是（　　）。

A. 运送乘客之前应进行一次试车，确认无误并经客运索道操作员签字后方可运送乘客

B. 司机应对驱动机、操作台每周至少检查一次，确定本周所发生的故障是否排除

C. 紧急情况下，只有有两位操作人员同时在场时，才允许在事故状态下再开车以便将乘客运回站房

D. 运营后每 1~2 年应对支架相关位置进行检测，以防止发生重大脱索事故

5. 客运索道作业人员应经（　　）考核合格，取得客运索道作业人员证书，方可从事相应的作业和管理工作。

A. 工商行政管理部门

B. 所在地县级人民政府安全生产监督管理部门

C. 国家安全生产监督管理部门

D. 特种设备安全监督管理部门

6. 索道夜间运行时，站内及线路上应有针对性照明，支架上电力线电压不允许超过（　　）V。

A. 24　　B. 36　　C. 42　　D. 64

二、多项选择题（每题 2 分，每题的备选项中，有 2 个或 2 个以上符合题意，至少有 1 个错项。错选，本题不得分；少选，所选的每个选项得 0.5 分）

1. 下列关于客运拖牵索道应具备的安全装置的说法中，正确的有（　　）。

A. 人可以触及的转动部件及人体可能碰撞的设施应当有保护栏杆或防护网

B. 钢丝绳张紧系统应当有二次保护装置

C. 支架高度从地面算起超过 3 m 的支架应有固定爬梯

D. 站台终点应设弹簧或液（气）压缓冲器

E. 托（压）索滑轮组内侧应设有防止钢丝绳往回跳的挡绳板

2. 客运索道是景区承载乘客的重要设施，根据《客运索道安全监督管理规定》可知，下列关于客运索道安全管理的说法中，正确的有（　　）。

A. 使用单位应设置兼职的安全管理人员，对客运索道使用情况进行经常性的检查

B. 每天开始运行前，应彻底检查全线设备是否处于完好状态，运送乘客之前应进行一次试车，确认无误并经值班站长签字或授权负责人签字后方可运送乘客

C. 司机除按运转维护规程操作外，对驱动机、操作台每月检查一次，确定当月所发生的故障是否排除，并写在运行日记中

D. 值班电工、钳工对专责设备每月至少检查一次，线路润滑巡视工每周至少全线巡视一次

E. 若设备停运期间遇到恶劣天气，应对线路进行彻底的检查，证明一切正常后方可运送乘客

第九节　大型游乐设施事故及安全技术

【本节重点】

一级知识点	二级知识点
大型游乐设施典型事故	倒塌、坠落、挤压、碰撞、火灾、触电、物体打击、溺水、失控、高空滞留事故
大型游乐设施安全装置	乘客安全束缚装置、锁紧装置、吊挂乘坐的保险装置、止逆装置、制动装置、超速限制装置、运动限制装置、防碰撞及缓冲装置
操作人员注意事项	（1）运营前：空车试运行 2 次；鸣笛示警 （2）运行中：乘客惊叫停车；操作人员都应知道并能操作急停装置

续表

一级知识点	二级知识点
大型游乐设施定期检查	（1）年度检查：全面检查 （2）每月检查：安全装置、动力与控制装置、备用电源 （3）每日检查：安全装置、制动与限速装置、门联锁装置、重要部位

一、大型游乐设施典型事故

大型游乐设施典型事故见表3–19。

表3–19　大型游乐设施典型事故

事故类型	事故特征	原因
倒塌（倾覆倾翻）	游乐设施运动时或因碰撞发生倾翻	违反操作规程，零部件损坏，机构失灵，超速，结构失稳，基础塌陷，结构强度、刚度不够
坠落	乘客坠落	乘坐游乐设施未系好安全带，或因设施肩部压杠闭锁油缸的活塞杆断裂，游客身体失去保护，被抛出坠地死亡等
	游乐设施机构坠落	游乐设施机构或主要受力部件断裂、保险绳断裂，吊具钢丝绳从滑轮槽中脱出，支撑伞和支撑柱脱节等
	其他人员（检验、维修、维护）坠落	—
挤压	在大型游乐设施中，乘客被挤压在两个物体之间	游客不遵守规定，防护不到位等
碰撞	游乐设施之间相互撞击，如游客与物、物与物之间（如乘坐物之间）碰撞	游客不遵守规定，操作人员违规操作，安全距离不符合要求，游乐设施失灵失控
火灾	游乐设施失火，被困游客、人员无法逃生	设备本身的原因（电气线路短路、运动摩擦过热等）、外在原因（天灾人祸、外来火种等）
触电	游客或检验、维修、维护人员触电	设备存在缺陷
物体打击	受设备本身物体打击或受外来物打击	游客不遵守规定，操作人员违规操作，安全距离不符合要求，游乐设施失灵失控
溺水	游客在游乐水域中溺水	违反操作规程，零部件损坏，机构失灵，超速，结构失稳，基础塌陷，结构强度、刚度不够
失控	游乐设施机构突然失灵、失控造成的事故	超载，设计、制造缺陷、使用不当等
高空滞留事故	游乐设施机构突然停止运动，乘客被迫滞留在空中，也包括乘客被遗忘	操作人员失职，机械故障，设施保险烧坏运行突然停止，超负荷运转导致设备故障，温度、大风、暴雨、雷电的影响等

二、大型游乐设施安全装置

大型游乐设施安全装置见表 3-20。

表 3-20 大型游乐设施安全装置

名称	功能	要求
乘客安全束缚装置（安全带、安全杠和挡杆）	防止乘客在乘坐时被移动、碰撞、甩出、滑出	（1）存在乘客被移动、碰撞、甩出、滑出危险时，必须设置 （2）对危险性较大的大型游乐设施，必要时应考虑设两套独立的束缚装置 （3）乘客装置的设计应使其座位结构和型式自身有一定的束缚功能 （4）束缚装置的锁紧装置在游乐设施出现功能性故障或急停刹车的情况下，仍能保持其闭锁状态，除非采取疏导乘客的紧急措施
锁紧装置（锁具）	锁具是人体束缚装置的另一个重要组件	（1）在游乐设施运行过程中，锁具必须有效地将乘客约束在座位上 （2）不能自行打开，且乘客不能打开，必须当设备停止后由操作人员打开
吊挂乘坐的保险装置	载人吊具的吊挂绳、吊挂臂或吊挂轴断裂时起到防护作用	（1）吊挂座椅除用 4 根钢丝绳吊挂外，还必须另设 4 根保险钢丝绳 （2）吊挂摆动舱也要加保险绳，以防挂臂或挂轴断裂
止逆行装置（止逆装置）	防止提升系统逆行	（1）沿斜坡牵引的提升系统，必须设有防止载人装置逆行的装置 （2）止逆行装置逆行距离的设计应使冲击负荷最小，在最大冲击负荷时必须止逆可靠
制动装置	使游乐设施安全停止或减速	（1）大部分运行速度较快的设备都应采用制动系统 （2）游乐设施的制动包括对电动机的制动和对车辆的制动 （3）电动机的制动有机械制动和电气制动两种方式 （4）车辆制动的方式主要采用机械制动
超速限制装置（限速装置）	防止游乐设施超速运行	在游乐设施中，采用直流电机驱动或者设有速度可调系统时，必须设有防止超出最大设定速度的限速装置，限速装置必须灵敏可靠
运动限制装置（限位装置）	用以限定机械设备的运动极限位置。限位开关就属于此类装置，有接触式和非接触式两种	（1）绕水平轴回转并配有平衡重的游乐设施，乘客部分在最高点有可能出现静止状态时，应有防止或处理该状态的措施 （2）油缸或气缸行程的终点应设置限位装置
防碰撞及缓冲装置	防碰撞装置：设施车辆运行到危险距离时发出警报并切断电源、制动设备 缓冲装置：降低碰撞后的冲击力，分蓄能型缓冲装置（弹簧、聚氨酯弹性材料元件）和耗能型缓冲装置（油压缓冲器）	同一轨道、滑道、专用车道等有两组以上（含两组）无人操作的单车或列车时，应设防碰撞及缓冲装置

三、操作人员注意事项

1. 运营前准备工作

（1）游乐设备正式运营前，操作人员应将空车按实际工况运行2次以上，确认一切正常再开机营业。

（2）开机前，先鸣铃以示警告，让等待上机的乘客及服务员远离游乐设施，以防开机后碰伤。

（3）确认乘客都已坐好并符合安全要求，周围环境无事故隐患，场内无闲杂人员后再开机。

2. 运行中注意事项

（1）设备运行中，在乘客产生恐惧、大声叫喊时，操作人员应立即停机，让恐惧乘客下来。

（2）设备运行中，操作人员不能离开岗位。要随时注意观察乘客及设备情况，遇有紧急情况时，要及时停机并采取相应的措施。

（3）紧急停止按钮的位置，必须让本机台所有取得证件的操作人员都知道，以便需要紧急停车时，每位操作人员都能操作。

3. 营运结束注意事项

关掉总电源，并对设备设施进行安全检查。

四、大型游乐设施定期检查

使用单位应进行大型游乐设施的自我检查，包括每日检查、每月检查和年度检查。

1. 年度检查项目

每年要进行一次全面检查，必要时要进行载荷试验，并按额定速度进行起升、运行、回转、变速等机构的安全技术性能检查。

2. 每月检查项目

（1）各种安全装置。

（2）动力装置、传动和制动系统。

（3）绳索、链条和乘坐物。

（4）控制电路与电气元件。

（4）备用电源。

3. 每日检查项目

（1）控制装置、限速装置、制动装置和其他安全装置是否有效及可靠。

（2）运行是否正常，有无异常的振动或者噪声。

（3）易磨损件状况。

（4）门联锁开关及安全带等是否完好。

（5）润滑点的检查和加添润滑油。

（6）重要部位（轨道、车轮等）是否正常。

【练习提高】

一、单项选择题（每题 1 分，每题的备选项中，只有 1 个最符合题意）

1. 大型游乐设施是指用于经营目的，承载乘客游乐的设施，其范围规定为设计最大运行线速度大于或者等于（　　）m/s，或者运行高度距地面高于或者等于（　　）m 的载人大型游乐设施。

A. 3；3　　B. 3；2　　C. 2；3　　D. 2；2

2. 沿斜坡牵引的大型游乐设施提升系统，必须设置（　　）。

A. 限时装置　　B. 防逆行装置　　C. 缓冲装置　　D. 防碰撞装置

3. 运营单位应对大型游乐设施进行自行检查，包括每日检查、每月检查和年度检查。下列关于大型游乐设施的检查项目中，属于每日检查项目的是（　　）。

A. 限速装置　　B. 动力装置

C. 绳索、链条　　D. 控制电路和电气元件

4. 下列不属于游乐设施运动时或因碰撞发生倾翻事故的原因的是（　　）。

A. 违反操作规程　　B. 零部件损坏

C. 结构失稳　　D. 游客不遵守规定

5. 下列关于大型游乐设施使用安全管理的说法中，错误的是（　　）。

A. 在使用许可厂家的合格产品、登记建档、建立制度、定期检验等方面与锅炉使用安全管理基本相同

B. 对使用的游乐设施，每年要进行一次全面检查，必要时要进行载荷试验

C. 每月检查的项目有易磨损件状况，门联锁开关及安全带等是否完好、重要部位是否正常等

D. 大型游乐设施安全管理人员和操作人员，必须取得相应资质后，方能从事相关工作

6. 为了使游乐设施安全停止或减速，大部分运行速度较快的设备都采用了（　　）。

A. 止逆装置　　B. 制动装置　　C. 限速装置　　D. 限位装置

7. 游乐设备正式运营前，操作员将空车按实际工况运行（　　）次以上，确认一切正常再开机营业。

A. 1　　B. 2　　C. 3　　D. 4

8. 大型游乐设施是指用于经营目的，承载乘客游乐的设施，其范围规定为设计（　　）大于或者等于 2 m/s，或者运行高度距地面高于或者等于 2 m 的载人大型游乐设施。

A. 平均运行角速度　　B. 平均运行线速度

C. 最小运行线速度　　D. 最大运行线速度

二、多项选择题（每题 2 分，每题的备选项中，有 2 个或 2 个以上符合题意，至少有 1 个错项。错选，本题不得分；少选，所选的每个选项得 0.5 分）

1. 游乐设施机构突然停止运动，乘客被迫滞留在空中，主要原因有（　　）。

A. 操作人员失职
B. 设施保险烧坏运行突然停止
C. 超负荷运转导致设备故障
D. 直流电机驱动的设备失控超速
E. 安全装置失控

2. 安全员李某是天津市某游乐场大型游乐设施的安全监管员，对于李某负责的大型游乐设施检查记录中，不符合安全管理要求的有（　　）。

A. 每日正式运营前，操作人员将空车按实际工况运行 3 次
B. 每次开机前，操作人员先鸣铃以示警告
C. 设备运行中，乘客产生恐惧而大声叫喊时，操作员判定为正常情况不停车
D. 设备运行中，操作人员选择运营平稳时段回到遮阴棚休息
E. 每日营业结束，操作人员对设备设施进行安全检查

综合练习

一、单项选择题（每题 1 分，每题的备选项中，只有 1 个最符合题意）

1. 根据《特种设备安全监察条例》，大型游乐设施是指用于经营目的，承载乘客游乐的设施。其范围规定为运行高度距地面高于或者等于 2m，或者设计最大运行线速度大于或等于（　　）的载人大型游乐设施。

A. 1 m/s　　B. 3 m/s　　C. 4 m/s　　D. 2 m/s

2. 锅炉是一种密闭的压力容器，在高温高压下工作，可能引发锅炉事故的原因包括水循环遭破坏、水质管理不善、超温运行和（　　）等。

A. 超时运行
B. 超压运行
C. 低压运行
D. 排水管自动排放

3. 锅炉蒸发表面（水面）汽水共同升起，产生大量泡沫并上下波动翻腾的现象叫汽水共腾。汽水共腾会使蒸汽带水，降低蒸汽品质，造成过热器结垢，损坏过热器或影响用汽设备的安全运行。下列锅炉运行异常状况中，可导致汽水共腾的是（　　）。

A. 蒸汽管道内发生水冲击
B. 过热蒸汽温度急剧下降
C. 锅水含盐量太低
D. 负荷增加和压力降低过快

4. 锅炉缺水是锅炉运行中最常见的事故之一，如果处理不当常造成严重后果。某公司运行 1 台相对容水量较大的小型锅炉，锅炉房值班工作人员巡查时发现，锅炉水位表内看不到水位，表内发白发亮。针对该故障应采取的措施是（　　）。

A. 立即向锅炉上水，恢复正常水位
B. 立即停炉检查，查明缺水原因
C. 判断缺水程度，酌情进行处置
D. 关闭水位表的放水旋塞，进行“叫水”操作

5. 锅炉停炉过程应防止降压降温过快，以避免锅炉部件因降温收缩不均匀而产生过大的热效应，停炉操作应按规程规定的程序进行。锅炉正常停炉操作的程序是（　　）。

A. 先停止燃料供应，随之停止送风，减少引风，同时降低锅炉负荷，减少锅炉上水

B. 先降低锅炉负荷，减少锅炉上水，同时减少引风，随之停止燃料供应，再停止送风

C. 先降低锅炉负荷，同时停止送风，停止燃料供应，随之减少锅炉上水，再减少引风

D. 先减少锅炉上水，再降低锅炉负荷，同时减少引风，停止送风，再停止燃料供应

6. 锅炉通常装设防爆门，以防止再次燃烧造成破坏。当作用在防爆门上的总压力超过其本身的强度时，防爆门就会被冲开或冲破，达到泄压的目的。下列锅炉部件中，防爆门通常装设在（　　）易爆处。

A. 过热器和再热器　　B. 高压蒸汽管道

C. 锅筒和锅壳　　D. 烟道和炉膛

7. 由安全阀和爆破片组合构成的压力容器安全附件，一般采用并联或串联方式安装。当安全阀与爆破片装置并联组合时，爆破片的标定爆破压力不得超过压力容器的（　　）。

A. 工作压力　　B. 设计压力

C. 最高工作压力　　D. 爆破压力

8. 压力容器，一般泛指在工业生产中盛装用于完成反应、传质、传热、分离和储存等生产工艺过程的气体或液体，并能承载一定压力的密闭设备。压力容器的种类和型式有很多，分类方法也很多。根据压力容器在生产中作用的分类，石油化工装置中的吸收塔属于（　　）。

A. 反应压力容器　　B. 换热压力容器

C. 分离压力容器　　D. 储存压力容器

9. 某压力容器内的介质不洁净、易于结晶或聚合，为预防该容器内压力过高导致爆炸，拟安装安全泄压装置。下列安全泄压装置中，该容器应安装的是（　　）。

A. 爆破片　　B. 安全阀　　C. 易熔塞　　D. 防爆门

10. 下列关于压力容器安全附件的说法中，不正确的是（　　）。

A. 安全阀是一种由出口静压开启的自动泄压阀门，它依靠介质自身的压力排出一定数量的流体介质，以防止容器或系统内的压力超过预定的安全值。当容器内的压力恢复正常后，阀门自行关闭，并阻止介质继续排出

B. 爆破片装置是一种非重闭式泄压装置，由进口静压使爆破片受压爆破而泄放出介质，以防止容器或系统内的压力超过预定的安全值

C. 安全阀与爆破片装置并联组合时，爆破片的标定爆破压力不得超过容器的设计压力。安全阀的开启压力应略高于爆破片的标定爆破压力

D. 爆破帽为一端封闭，中间有一薄弱层面的厚壁短管，爆破压力误差较小，泄放面积较小，多用于超高压容器

11. 压力容器在使用过程中，受压力、温度、介质等工况条件的影响，可能导致材质劣化。根据《固定式压力容器安全技术监察规程》，当对有材质劣化倾向的压力容器进行检验时，必须检测的项目是（　　）。

A. 强度　　B. 硬度　　C. 刚度　　D. 密度

12. 无损检测广泛应用于金属材料表面裂纹、内部裂纹等缺陷的诊断。下列无损检测方法中，能对内部裂纹缺陷进行检测的是（　　）。

A. 超声检测　　B. 涡流检测　　C. 渗透检测　　D. 磁粉检测

13. 运输散装直立气瓶时，运输车辆应具有固定气瓶的相应装置并确保气瓶处于直立状态，气瓶高出车辆栏板部分应不大于气瓶高度的（　　）。

A. 1/4　　B. 1/2　　C. 1/3　　D. 1/5

14. 瓶装气体品种多、性质复杂。在储存过程中，气瓶的储存场所应符合设计规范，库房管理人员应熟悉有关安全管理要求。下列关于气瓶储存要求的说法中，错误的是（　　）。

A. 气瓶库房出口不得少于两个

B. 可燃气体的气瓶不得在绝缘体上存放

C. 应当遵循先入库的气瓶后发出的原则

D. 可燃、有毒、窒息气瓶库房应有自动报警装置

15. 根据《气瓶充装站安全技术条件》（GB 27550—2011）可知，下列关于气瓶充装过程的说法中，正确的是（　　）。

A. 用叉车、翻斗车搬运气瓶时，严禁多种气瓶同车混运

B. 运输车辆应具有固定气瓶的相应装置，散装直立气瓶高出栏板部分应不大于气瓶高度的1/2

C. 当人工将气瓶向高处举放或气瓶从高处落地时必须二人同时操作

D. 氧气瓶与可燃气体气瓶同车时应做好防火隔离措施

16. 气瓶安全泄压装置的主要作用是保护气瓶在遇到周围火灾时，不会因瓶体受热、瓶内温度升高过快而造成爆炸。下列关于安全泄压装置装设部位要求的说法中，错误的是（　　）。

A. 不应当妨碍气瓶的正常使用和搬运

B. 无缝气瓶，应当装设在气瓶的封头部位

C. 每个安全泄压装置都应当有明显的标志

D. 溶解乙炔气瓶，应当将易熔合金塞装设在气瓶上封头、阀座或者瓶阀上

17. 压力管道发生紧急事故时要对压力管道进行必要的故障处理，下列关于压力管道故障处理的说法中，错误的是（　　）。

A. 可拆接头发生泄漏时，采取紧固措施消除泄漏，但不得带压紧固连接件

B. 可拆接头发生泄漏时，应带压堵漏

C. 管道发生异常振动和摩擦，应采取隔断振源等措施

D. 人工燃气中含有一定量的萘蒸气，温度降低就会凝固，造成堵塞，应定期清洗管道

18. 材料在一定的高温环境下长期使用，所受到的拉应力低于该温度下的屈服强度，也会随时间的延长而发生缓慢持续的伸长，即蠕变现象。材料长期发生蠕变会导致性能下降或产生蠕变裂纹，最终造成破坏失效。下列关于管道材料蠕变失效的说法中，错误的是（　　）。

A. 管道在长度方向有明显的变形　　B. 蠕变断口表面被氧化层覆盖

C. 管道焊缝熔合线处蠕变开裂　　　　D. 管道在运行中沿轴向开裂

19. 倾翻事故是自行式起重机的常见事故。下列危险因素中，容易造成自行式起重机倾翻事故的是（　　）。

A. 起重量限制器动作失灵　　　　B. 吊钩缺少护钩装置

C. 起升限位开关失灵　　　　D. 悬臂制造装配有缺陷

20. 起重机的断绳事故是指起升绳和吊装绳破断而造成的重物失落事故。下列原因能造成吊装绳破断的是（　　）。

A. 起升限位开关失灵造成过卷拉断钢丝绳

B. 绳与被吊物的夹角大于 120 °

C. 斜拉、斜吊造成乱绳挤伤、切断钢丝绳

D. 吊载遭到撞击而摇摆不动

21. 起重机械作业过程，由于起升机构取物缠绕系统出现问题而经常发生重物坠落事故，如脱绳、脱钩、断绳和断钩等。下列关于起重机械起升机构安全要求的说法中，错误的是（　　）。

A. 为防止钢丝绳脱槽，卷筒装置上应用压板固定

B. 钢丝绳在卷筒上的极限安全圈应保证在 1 圈以上

C. 钢丝绳在卷筒上应有下降限位保护

D. 每根起升钢丝绳两端都应固定

22. 起重机操作中遇突然停电，司机的处置措施包括：①把所有控制器手柄放置零位；②拉下保护箱闸刀开关；③若短时间停电，司机可在驾驶室耐心等候；若长时间停电，应撬起起升机制动器，放下载荷；④关闭总电源。处置起重机突然停电故障的正确操作顺序是（　　）。

A. ①-④-③-②　　　　B. ②-③-④-①

C. ③-②-①-④　　　　D. ①-②-④-③

23. 据统计，我国每年特种设备发生的事故中，与起重机械事故相关的达到了 1/3。因此，保证起重机械的安全操作对于减少特种设备事故的发生有重要意义。下列关于起重机械安全操作要求的说法中，正确的是（　　）。

A. 用两台或多台起重机吊运同一重物时，重物总质量不得超载

B. 露天作业的轨道起重机，当风力大于 4 级时应停止作业

C. 对于紧急停止信号，无论任何人发出，都必须立即执行

D. 任何时候都不允许利用极限位置限制器停车

24. 起重机司索工在吊装作业前，应估算吊物的质量和重心，以免吊装过程中吊具失效导致事故。根据安全操作要求，如果目测估算，所选吊具的承载能力应为估算吊物质量的（　　）。

A. 1.1 倍以上　　B. 1.3 倍以上　　C. 1.5 倍以上　　D. 1.2 倍以上

25. 某公司清理废旧设备重叠堆放的场地，使用汽车吊进行吊装，场地中单件设备质量均小于汽车吊的额定起重量。当直接起吊一台被其他设备包围的设备时，汽车吊失稳前倾，吊臂折断，造成事故。下列该事故的原因中，最可能的直接原因是（　　）。

A. 吊物被埋置　　B. 吊物质量不清

C. 吊物有浮置物　　D. 吊物捆绑不牢

26. 使用单位除每年对在用起重机械进行1次全面检查外，在某些特殊情况下也应进行全面检查。下列特殊情况中，需要进行全面检查的是（　　）。

A. 遇4.2级地震灾害　　B. 起重机械停用半年

C. 发生一般起重机械事故　　D. 露天作业经受7级风后

27. 叉车护顶架是为保护司机免受重物落下造成伤害而设置的安全设置。下列关于叉车护顶架的说法中，错误的是（　　）。

A. 起升高度超过1.8 m，必须设置护顶架

B. 护顶架一般都是由型钢焊接而成

C. 护顶架必须能够遮掩司机的上方

D. 护顶架应进行疲劳载荷试验检测

28. 下列关于单线循环固定抱索器脉动式索道特殊要求的说法中，正确的是（　　）。

A. 站台、机房、控制室应设蘑菇头带自锁装置的紧急停车按钮

B. 应设越位开关，在客车超越停车位置时，索道应能自动紧急停车

C. 开车时站台间应设有信号联络控制系统，在站台未发开车信号前，索道不能启动

D. 应配备至少两套不同类型、来源及独立控制的进站减速控制装置

29. 客运架空索道的定期检验分为全面检验和年度检验，根据《客运索道监督检验和定期检测规则》，下列检验项目中，属于客运架空索道年度检验项目的是（　　）。

A. 空绳试验　　B. 重上空下试验

C. 空载试验　　D. 重下空上试验

30. 当有两组以上（含两组）无人操作的游乐设施在同轨道、专用车道运行时，应设置防止相互碰撞的自动控制装置和缓冲装置。其中，缓冲装置的核心部分是缓冲器，游乐设施常见的缓冲器分蓄能型缓冲器和耗能型缓冲器。下列缓冲器中，属于耗能型缓冲器的是（　　）。

A. 弹簧缓冲器　　B. 聚氨酯缓冲器

C. 油压缓冲器　　D. 橡胶缓冲器

31. 叉车是常用的场（厂）内专用机动车辆，由于作业环境复杂，容易发生事故，因此，安全操作非常重要。下列叉车安全操作的要求中，错误的是（　　）。

A. 两辆叉车可以同时对一辆货车进行装卸作业

B. 叉车将物件提升离地后，后仰起落架方可行驶

C. 内燃机叉车进入易燃易爆仓库作业应保证通风良好

D. 不得使用叉车的货叉进行顶货、拉货作业

二、多项选择题（每题2分，每题的备选项中，有2个或2个以上符合题意，至少有1个错项。错选，本题不得分；少选，所选的每个选项得0.5分）

1. 常见的锅炉缺水原因有（　　）。

A. 运行人员疏忽大意，对水位监视不严

B. 水位报警器及给水自动调节器失灵而又未能及时发现

C. 水位表故障造成假水位，而操作人员未及时发现

D. 给水设备或给水管路故障，无法给水或水量不足

E. 给水流量不正常地大于蒸汽流量

2. 正确操作对锅炉的安全运行至关重要，尤其是在启动和点火升压阶段，经常由于误操作而发生事故。下列关于锅炉启动和点火升压安全要求的说法中，正确的有（　　）。

A. 长期停用的锅炉，在正式启动前必须煮炉，以减少受热面的腐蚀，提高锅水和蒸汽品质

B. 新投入运行的锅炉向共用蒸汽母管并汽前应减弱燃烧，打开蒸汽管道上的所有疏水阀

C. 点燃气、油、煤粉锅炉时，应先送风，之后投入点燃火炬，最后送入燃料

D. 新装锅炉的炉膛和烟道的墙壁非常潮湿，在向锅炉上水前要进行烘炉作业

E. 对省煤器，在点火升压期间，应将再循环管上的阀门关闭

3. 锅炉点火升压阶段需要防止炉膛爆炸，防止炉膛爆炸的措施有（　　）。

A. 点火前，开动引风机给锅炉通风 5~10 min

B. 没有风机的可自然通风 3~15 min

C. 点燃气、油、煤粉炉时，应先投入点燃火炬之后再送风

D. 需重新点燃火炬时，炉膛烟道要重新通风，待充分清除可燃物之后再进行点火操作

E. 燃气锅炉、燃油锅炉、煤粉锅炉等点火时必须特别注意防止炉膛爆炸

4. 当安全阀进口和容器之间串联安装爆破片装置时，应满足的条件有（　　）。

A. 容器内的介质是洁净的，不含有胶着物质或阻塞物质

B. 安全阀和爆破片装置组合的泄放能力应满足要求

C. 爆破片破裂后的泄放面积应不小于安全阀进口面积，同时应保证爆破片破裂的碎片不影响安全阀的正常动作

D. 当安全阀与爆破片之间存在背压时，安全阀仍能在开启压力下准确开启

E. 爆破片装置与安全阀之间应装设压力表、旋塞、排气孔或报警指示器，以检查爆破片是否破裂或渗漏

5. 不同类别的压力管道，所需的安全附件和安全保护装置也有所区别。下列说法中正确的有（　　）。

A. 泄压装置多采用安全阀，安全阀开启压力一般为正常最高工作压力的 1.5 倍，最低为 1.15 的正常最高工作压力

B. 一般情况下，处于运行中可能超压的管道系统不应设置泄压装置

C. 可燃液化气或者可燃压缩气储运和装卸设施中，重要的气相和液相管道应当设置紧急切断装置

D. 可燃介质管道应有静电接地设施，并测量各连接接头间的电阻值和管道系统的对地电阻值

E. 在埋地敷设的线路中，设置阳极保护装置可以防止管道受到地下外部环境影

响而产生腐蚀破坏

6. 压力管道在使用的过程中由于介质带压运行，极易造成压力管道腐蚀减薄，以及严重的冲刷磨损，对设备本身起到严重的破坏作用。下列关于压力管道典型事故特性的说法中，错误的有（　　）。

A. 压力管道的腐蚀分为内腐蚀和外腐蚀，内腐蚀由于环境腐蚀因素引起，外腐蚀由介质引起

B. 压力管道的冲刷磨损主要由流动介质引起，介质流速越小，冲蚀越严重，硬度越小越严重，弯头、变径管件等地方最严重

C. 管道开裂和产生裂纹是压力管道最危险的缺陷

D. 焊接裂纹和应力裂纹是管道制造和安装过程中产生的裂纹

E. 腐蚀裂纹、疲劳裂纹和蠕变裂纹属于管道使用过程中产生的裂纹

7. 倾翻事故是自行式起重机的常见事故。下列原因中，能够造成倾翻事故的有（　　）。

A. 野外作业场地支承地基松软

B. 起重机支腿未能全部伸出

C. 悬臂伸长与规定起重量不符

D. 无防风夹轨装置导致倾倒

E. 无固定锚链从栈桥上翻落

8. 典型起重机械事故中造成脱钩事故的主要原因有（　　）。

A. 护钩保护装置机能失效

B. 吊钩因长期磨损，使断面减小

C. 吊钩缺少护钩装置

D. 吊装方法不当

E. 超载起吊拉断钢丝绳

9. 下列关于起重机司机在正常操作过程中安全要求的说法中，正确的有（　　）。

A. 不得利用极限位置限制器停车

B. 不得利用打反车进行制动

C. 不得在起重作业停止过程中进行检查和维修

D. 不得带载调整起升、变幅机构的制动器，或带载增大作业幅度

E. 吊物不得从头顶上通过，吊物和起重臂下不得站人

10. 我国对场（厂）内机动车辆的安全管理起步较晚，对场（厂）内机动车辆技术标准、检验要求、有关安全管理的法规等也不健全。车辆安全技术状况不良主要表现在（　　）。

A. 车辆的安全装置存在问题

B. 蓄电池车调速失控，造成飞车

C. 管理规章制度或操作规程不健全，车辆安全行驶制度不落实

D. 安全防护装置，如制动器、限位器等工作不可靠

E. 交通信号、标志、设施缺陷

11. 下列关于大型游乐设施使用安全管理的说法中，正确的有（　　）。

A. 在使用许可厂家的合格产品、登记建档、建立制度、定期检验等方面与锅炉使用安全管理基本相同

B. 对使用的游乐设施，每年要进行一次全面检查，必要时要进行载荷试验

C. 每月检查的项目有易磨损件状况，门联锁开关及安全带等是否完好、重要

部位是否正常等

D. 大型游乐设施安全管理人员和操作人员，必须取得相应资质后，方能从事相关工作

E. 每日检查的项目有各种安全装置、动力装置、传动和制动系统等

参考答案

第一节

一、单项选择题

1. B　2. D　3. D　4. D　5. B

二、多项选择题

DE

第二节

一、单项选择题

1. A　2. C　3. B　4. C　5. D　6. D　7. C　8. C　9. B　10. B　11. C　12. D　13. A　14. C　15. B　16. C　17. D　18. B

二、多项选择题

1. ABDE　2. ABE　3. ACE　4. BC　5. AC　6. ABE　7. ACD　8. BCDE

第三节

一、单项选择题

1. B　2. B　3. B　4. B　5. A　6. C　7. C　8. B　9. C　10. D　11. C　12. A　13. B　14. C　15. A　16. D　17. B

二、多项选择题

1. AB　2. BCD　3. AB　4. ABCE　5. CE

第四节

一、单项选择题

1. A　2. C　3. C　4. D　5. B　6. B　7. D　8. A　9. D　10. A　11. C

二、多项选择题

1. ABCD　2. BCDE　3. ABDE

第五节

一、单项选择题

1. A　2. D　3. C　4. D　5. D　6. D　7. C

二、多项选择题

1. ADE　2. BCE　3. ABD

第六节

一、单项选择题

1. A　2. B　3. B　4. B　5. A　6. D　7. B　8. B　9. D　10. C　11. B　12. D　13. A　14. C　15. D　16. C　17. B　18. B　19. C　20. D　21. A

二、多项选择题

1. ACD　2. BDE　3. BCDE　4. BCE　5. ABDE　6. BCDE

第七节

一、单项选择题

1. D　2. B　3. C　4. D　5. D　6. D　7. B　8. C

二、多项选择题

1. ADE　2. ABD　3. ABDE

第八节

一、单项选择题

1. C　2. A　3. C　4. D　5. D　6. B

二、多项选择题

1. ABE　2. BE

第九节

一、单项选择题

1. D　2. B　3. A　4. D　5. C　6. B　7. B　8. D

二、多项选择题

1. ABC　2. CD

综合练习

一、单项选择题

1. D　2. B　3. D　4. C　5. A　6. D　7. B　8. C　9. A　10. C　11. A　12. A　13. A　14. C　15. C　16. B　17. B　18. A　19. A　20. B　21. B　22. D　23. C　24. D　25. A　26. A　27. D　28. D　29. C　30. C　31. C

二、多项选择题

1. ABCD　2. ABC　3. ADE　4. BCE　5. CD　6. AB　7. ABC　8. ACD　9. ABDE　10. ABD　11. ABD

第四章　防火防爆安全技术

第一节　火灾爆炸事故机理

【本节重点】

一级知识点	二级知识点
燃烧基础知识	（1）燃烧的三要素（可燃物、氧化剂、点火源） （2）燃烧过程（典型燃烧、简单物质燃烧、无分解气态物的燃烧） （3）燃烧形式（扩散、混合、蒸发、分解、表面燃烧）
火灾基础知识	（1）火灾定义与统计范围 （2）火灾分类 （3）火灾分级 （4）火灾基本概念与参数 （5）典型火灾的发展规律
爆炸特征与破坏作用	（1）爆炸特征 （2）爆炸破坏作用
爆炸分类	（1）按照爆炸的能量来源分类（物理、化学、核能） （2）按照爆炸反应相分类（气相、液相、固相） （3）按照爆炸速度分类（爆燃、爆炸、爆轰）
可燃气体分解爆炸	（1）分解爆炸的含义 （2）能够发生分解爆炸的气体 （3）乙炔爆炸机理 （4）乙炔发生分解爆炸的原因 （5）乙炔分解爆炸预防 （6）分解爆炸的敏感性与压力的关系
可燃性混合气体爆炸极限	（1）可燃气体爆炸极限的含义 （2）气体爆炸危险度 （3）气体爆炸极限的影响因素 （4）混合气体爆炸极限

续表

一级知识点	二级知识点
粉尘爆炸	（1）爆炸性粉尘类别（7类） （2）粉尘爆炸条件 （3）粉尘爆炸极限 （4）粉尘爆炸特点 （5）粉尘爆炸危险性参数及影响因素
燃烧、爆炸的转化	燃烧转化为爆炸的基本条件

一、燃烧基础知识

1. 燃烧的三要素

可燃物、氧化剂、点火源是燃烧的三要素。这三个要素中缺少任何一个，燃烧都不能发生，三要素是燃烧发生的必要条件。在火灾防治中，阻断三要素中的任何一个要素就可以防止火灾发生。

2. 燃烧过程

除结构简单的可燃气体（如氢气）外，大多数可燃物质的燃烧并非物质本身在燃烧，而是物质受热分解出的气体或液体蒸气在气相中的燃烧，如图 4-1 所示。

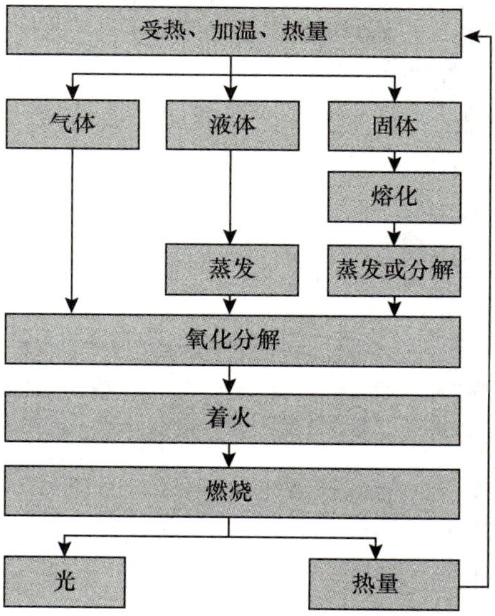

图 4-1　典型燃烧过程

（1）可燃气体燃烧过程。可燃气体燃烧所需要的热量来自本身的氧化分解，使其达到自燃点而燃烧。

（2）可燃液体燃烧过程。可燃液体在点火源作用（加热）下，首先蒸发成蒸气，其蒸气进行氧化分解后达到自燃点而燃烧。

（3）可燃固体燃烧过程

1）简单物质（如硫、磷等）受热后熔化，再蒸发成蒸气进行燃烧，没有分解过程。

2）复杂物质在受热时分解为气态或液态产物，其气态和液态产物的蒸气进行氧化分解着火燃烧。

3）有的可燃固体（如焦炭等）不能分解为气态物质，在燃烧时则呈炽热状态，没有火焰产生。

3. 燃烧形式

可燃物质在空气中燃烧的形式一般有 5 种，即扩散燃烧、混合燃烧、蒸发燃烧、分解燃烧和表面燃烧。各种燃烧形式如图 4-2 所示，各燃烧形式和燃烧过程见表 4-1。

a）扩散燃烧

b）混合燃烧

c）蒸发燃烧

d）分解燃烧

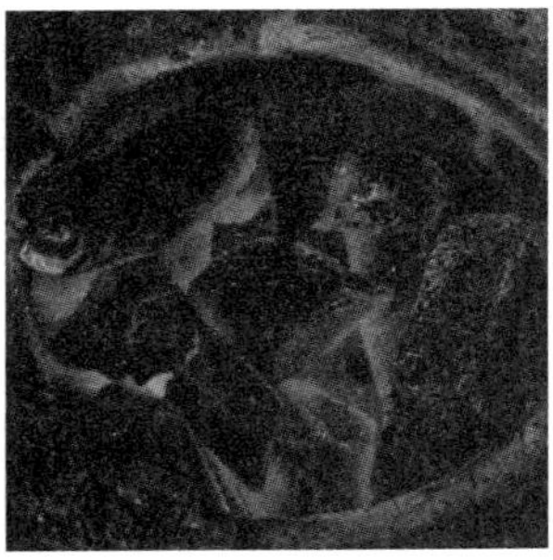

e）表面燃烧

图 4-2 燃烧形式

表 4-1 **燃烧形式与燃烧过程**

燃烧形式	可燃物形态	燃烧特点
扩散燃烧	气体	（1）可燃气体分子在空气中边扩散混合边燃烧 （2）形成稳定火焰的燃烧
混合燃烧	气体	（1）可燃气体和助燃气体在管道、容器内部等预先混合 （2）点燃后产生爆炸或爆燃
蒸发燃烧	液体	在火源和热源的作用下，可燃液体蒸发出的蒸气发生氧化分解而进行的燃烧
分解燃烧	固体	可燃固体首先遇热分解出可燃性气体，分解出的可燃性气体再与氧进行的燃烧
表面燃烧	固体	固体可燃物（如碳、铝粉）表面与空气接触的部位被点燃而生成“炭灰”，使燃烧持续下去

二、火灾基础知识

1. 火灾定义与统计范围

（1）火灾定义。在时间和空间上失去控制的燃烧所造成的灾害即火灾。

（2）火灾统计范围。所有火灾不论损害大小，都列入火灾统计范围。以下情况也列入火灾统计范围：

1）易燃易爆化学物品燃烧爆炸引起的火灾。

2）破坏性试验中引起非实验体的燃烧。

3）机电设备因内部故障导致外部明火燃烧或者由此引起其他物件的燃烧。

4）车辆、船舶、飞机以及其他交通工具的燃烧（飞机因飞行事故而导致本身燃烧的除外），或者由此引起其他物件的燃烧。

2. 火灾分类

按可燃物的类型和燃烧特性可将火灾分为以下 6 类：

（1）A 类火灾。指固体物质火灾，如木材、棉、毛、麻、纸张火灾等。

（2）B 类火灾。指液体或可熔化的固体物质火灾，如汽油、煤油、沥青、石蜡火灾等。

（3）C 类火灾。指气体火灾，如煤气、天然气、甲烷、氢气火灾等。

（4）D 类火灾。指金属火灾，如钾、钠、镁、钛、锆、锂、铝镁合金火灾等。

（5）E 类火灾。指带电火灾，是物体带电燃烧的火灾，如发电机、电缆、家用电器火灾等。

（6）F 类火灾。指烹饪器具内烹饪物火灾，如动植物油脂火灾等。

3. 火灾分级

火灾分级与其他事故分级方法相同，可分为 4 类，即特别重大、重大、较大和一般火灾，见表 4-2。

表 4-2　　火灾分级

火灾级别	死亡人数/人	重伤人数/人	直接损失/元
特别重大火灾	≥30	≥100	≥1 亿
重大火灾	≥10 且<30	≥50 且<100	≥5 千万且<1 亿
较大火灾	≥3 且<10	≥10 且<50	≥1 千万且<5 千万
一般火灾	<3	<10	<1 千万

4. 火灾基本概念与参数

（1）引燃能（最小点火能）。引燃能是指释放能够触发初始燃烧化学反应的能量。

（2）着火延滞期。着火延滞期也称着火诱导期或感应期，指可燃性物质和助燃气体的混合物在高温下从开始暴露到起火的时间或混合气着火前自动加热的时间，在燃烧过程中又称为着火落后期，单位用 ms 表示。

（3）闪燃。闪燃是在一定温度下，在液体表面上产生足够的可燃蒸气，遇火能产生一闪即灭的燃烧现象。闪燃往往是持续燃烧的先兆。

（4）闪点。在规定条件下，易燃和可燃液体表面能够蒸发产生足够的蒸气而发生闪燃的最低温度，称为该物质的闪点。闪点是衡量物质火灾危险性的重要参数。一般情况下，闪点越低，火灾危险性越大。

（5）燃点（着火点）

1）燃点定义。可燃物质发生着火的最低温度称为燃点（着火点）。

2）燃点适用对象。燃点（着火点）对可燃固体和闪点较高的液体具有重要意义。

3）燃点与火灾危险性。一般情况下，燃点（着火点）越低，火灾危险性越大。

（6）自燃与自燃点

自燃是指可燃物在没有外界火源的作用下，靠自热或外热而发生燃烧的现象。根据热源的不同，物质自燃分为自热自燃和受热自燃两种。

自燃点是指在规定条件下，不用任何辅助引燃能源而达到自行燃烧的最低温度。影响自燃点的因素如下：

1）液体和固体可燃物受热分解并析出的可燃气体挥发物越多，其自燃点越低。

2）固体可燃物粉碎得越细，其自燃点越低。

3）一般情况下，密度越大，闪点越高，而自燃点越低。例如，下列油品中，汽油密度<煤油密度<轻柴油密度<重柴油密度<蜡油密度<渣油密度，而其闪点依次升高，自燃点则依次降低。

（7）阴燃。没有火焰和可见光的燃烧现象称为阴燃。通常，阴燃有产生烟和温度升高的迹象，是处于燃烧初期的一种燃烧现象。

5. 典型火灾的发展规律

典型火灾的发展分为初起期、发展期、最盛期、减弱至熄灭期。

（1）初起期。初起期是火灾开始发生的阶段，这一阶段可燃物的热解过程至关重要。初起期的主要特征是冒烟、阴燃。

（2）发展期。发展期是火势由小到大发展的阶段。此阶段的火灾模型假定火灾热释放速率与时间的平方成正比。轰燃就发生在这一阶段。

（3）最盛期。最盛期的火灾燃烧方式是通风控制，火势的大小由建筑物的通风情况决定。

（4）减弱至熄灭期。减弱至熄灭期是火灾由最盛期开始消减直至熄灭的阶段，熄灭的原因可以是燃料不足、灭火系统的作用等。由于建筑物内可燃物、通风等条件不同，建筑火灾有可能达不到最盛期，而是缓慢发展后就熄灭了。

三、爆炸特征与破坏作用

1. 爆炸特征

（1）爆炸过程高速进行。

（2）爆炸点附近压力急剧升高，多数爆炸伴有温度升高。

（3）发出或大或小的响声。

（4）周围介质发生震动或邻近物体遭到破坏。

爆炸最主要的特征是爆炸点及其周围压力急剧升高。

2. 爆炸破坏作用

（1）冲击波（空气中传递的爆炸能量）。爆炸形成的高温、高压、高能量密度的气体产物，以极高的速度向周围膨胀，像活塞运动一样推向前进，产生波状气压向四周扩散冲击。

（2）碎片冲击。爆炸的机械破坏效应会使容器、设备、装置以及建筑材料等的碎片，在相当大的范围内飞散而造成伤害。碎片的四处飞散距离一般可达数十米直至数百米。

（3）震荡作用（大地传播的爆炸能量）。爆炸发生时，特别是较猛烈的爆炸往往会引起短暂的地震波。

（4）次生事故

1）引燃周边存放的可燃物而导致火灾。

2）高空作业人员受冲击波或震荡作用，会造成高处坠落事故。

3）粉尘作业场所轻微的爆炸冲击波会使积存在地面上的粉尘扬起，造成更大范围的二次爆炸等。

（5）有毒气体

1）在爆炸反应中会生成一定量的一氧化碳、一氧化氮、硫化氢、二氧化硫等有毒气体。

2）特别是在有限空间内发生爆炸时，有毒气体会导致人员中毒或死亡。

四、爆炸分类

1. 按照爆炸的能量来源分类

按照爆炸的能量来源，爆炸可分为物理爆炸、化学爆炸和核爆炸（原子爆炸），见表 4-3。

表 4-3　　爆炸按能量来源分类

爆炸类别	爆炸特征	爆炸举例
物理爆炸	纯物理过程，只发生物态变化，不发生化学反应	蒸汽锅炉爆炸、轮胎爆炸、水的大量急剧汽化
化学爆炸	高速放热化学反应（主要是氧化反应及分解反应），产生大量气体，并急剧膨胀做功	炸药爆炸，可燃气体、可燃粉尘与空气形成的爆炸性混合物的爆炸
核爆炸（原子爆炸）	原子核发生裂变或聚变反应，瞬间放出巨大能量	原子弹、氢弹的爆炸

2. 按照爆炸反应相分类

按照爆炸反应相的不同，爆炸可分为气相爆炸、液相爆炸和固相爆炸。

（1）气相爆炸。气相爆炸类型见表 4-4。

表 4-4　　气相爆炸类型

类别	爆炸机理	举例
混合气体爆炸	可燃性气体和助燃气体以适当的浓度混合，由于燃烧波或爆炸的传播而引起爆炸	空气和氢气、丙烷、乙醚等混合气的爆炸

续表

类别	爆炸机理	举例
气体的分解爆炸	单一气体由于分解反应产生大量的反应热引起爆炸	乙炔、乙烯、氯乙烯等在分解时引起的爆炸
粉尘爆炸	空气中飞散的易燃性粉尘由于剧烈燃烧引起爆炸	空气中飞散的铝粉、镁粉、亚麻、玉米淀粉等引起的爆炸
喷雾爆炸	空气中易燃液体被喷成雾状物，在剧烈燃烧时引起爆炸	油压机喷出的油雾、喷漆作业引起的爆炸

（2）液相爆炸。液相爆炸包括聚合爆炸、蒸发爆炸以及液体混合爆炸。液相爆炸举例见表 4–5。

表 4–5　　液相爆炸举例

类别	爆炸机理	举例
液相混合爆炸	氧化性物质与还原性物质或其他物质混合引起爆炸	硝酸和油脂、液氧和煤粉、高锰酸钾和浓酸、无水顺丁烯二酸和烧碱等混合时引起的爆炸
蒸发爆炸	由于过热，液体发生快速蒸发而引起爆炸	熔融的矿渣与水接触、钢水与水混合产生蒸气爆炸

（3）固相爆炸。固相爆炸主要有 3 种类型，见表 4–6。

表 4–6　　固相爆炸类型

类别	爆炸机理	举例
易爆化合物爆炸	有机过氧化物、硝基化合物、硝酸酯等燃烧引起爆炸，某些化合物发生分解反应引起爆炸	丁酮过氧化物、三硝基甲苯、硝基甘油等的爆炸，乙炔铜的爆炸
导线爆炸	在有过载电流流动时，导线过热，金属迅速气化而引起爆炸	导线因电流过载而引起的爆炸
固相转化爆炸	固相相互转化时放出热量，造成空气急速膨胀而引起爆炸	无定形锑转化成结晶锑时，由于放热而引起的爆炸

3. 按照爆炸速度分类

按照爆炸速度分类，有爆燃、爆炸、爆轰，见表 4–7。

表 4-7　　爆炸按传播速度分类

类别	爆炸传播速度与破坏力	举例
爆燃	（1）火炸药或燃爆性气体混合物的一种快速燃烧现象 （2）伴有爆炸的一种以亚音速传播的燃烧波，燃烧速度为每秒数米 （3）爆炸时无大的破坏力，声响也不大	无烟火药在空气中的快速燃烧，可燃气体混合物在爆炸浓度上限或下限时的爆炸
爆炸	（1）物质爆炸时的燃烧速度为每秒十几米至数百米 （2）有较大破坏力，有震耳的声响	可燃气体混合物在多数情况下的爆炸，火药遇火源引起的爆炸
爆轰	（1）爆炸时的燃烧速度为 1 000~7 000 m/s （2）突然引起极高压力，并产生超音速"冲击波"	三硝基甲苯（TNT）炸药的爆炸速度为 6 800 m/s

五、可燃气体分解爆炸

1. 分解爆炸的含义

某些气体如乙炔、乙烯、环氧乙烷等，即使在没有氧气的条件下，也能被点燃爆炸，其实质是一种分解爆炸。

2. 能够发生分解爆炸的气体

（1）链烃及其衍生物。乙炔、乙烯、丙二烯、环氧乙烷、甲基乙炔、乙烯基乙炔、四氟乙烯气体。

（2）其他物质。臭氧、联氨、一氧化氮、二氧化氮、氰化氢等。

3. 乙炔爆炸机理

当乙炔受热或受压时，首先发生聚合、加成、取代反应，最终在较高温度下发生分解反应导致爆炸。

当温度达到 200~300 ℃时，乙炔分子开始发生聚合反应，形成较为复杂的化合物（如苯）并放出大量热量。温度达到 700 ℃时，未聚合的乙炔就会发生爆炸性分解并产生分解热。如果乙炔分解是在密闭容器内发生的，由于温度升高，压力急剧增大 10~13 倍而引起爆炸。

4. 乙炔发生分解爆炸的原因

（1）火焰、火花引起分解爆炸的情况较多。

（2）开关阀门所伴随的绝热压缩产生热量或其他情况下发火爆炸。

（3）乙炔易与铜、银、汞等重金属反应生成爆炸性的乙炔盐，这些乙炔盐只需轻微的撞击便能发生爆炸而使乙炔着火。

5. 乙炔分解爆炸预防

（1）及时导出乙炔在高温高压下产生的大量热量。

（2）当乙炔压力较高时，应加入氮气等惰性气体加以稀释。

（3）为防止乙炔分解爆炸，不能用含铜量超过 70%的铜合金制造盛装乙炔的容器；在用乙炔焊接时，不能使用含银焊条。

6. 分解爆炸的敏感性与压力的关系

（1）分解爆炸所需的能量，随压力的升高而降低。在高压下较小的点火能量就能引起分解爆炸，而压力较低时则需要较高的点火能量才能引起分解爆炸。

（2）当压力低于某值时，就不再产生分解爆炸，此压力值称为分解爆炸的极限压力（临界压力）。

乙烯分解爆炸所需的点火能量比乙炔大，所以低压下较少发生事故，但用高压法工艺制造聚乙烯时，由于压力在 200 MPa 以上，分解爆炸事故屡有发生。

六、可燃性混合气体爆炸极限

1. 可燃气体爆炸极限的含义

可燃气体与空气（或氧气）混合时，在一定浓度范围内遇到火源会发生爆炸，能够发生爆炸的浓度范围称为爆炸极限。

可燃性气体、蒸气的爆炸极限一般用可燃气体或蒸气在混合气体中所占体积分数（%）来表示，分为爆炸上限和下限。

爆炸极限是衡量气体爆炸危险性的重要指标。气体的爆炸下限越低，上限越高，爆炸范围越大，则该气体越危险。

2. 气体爆炸危险度

气体爆炸危险度是直接衡量气体危险性的指标，其计算公式如下：

$$H=(L_{上}-L_{下})/L_{下}$$

式中 H——气体爆炸危险度；

$L_{上}$——气体爆炸上限；

$L_{下}$——气体爆炸下限。

表 4-8 为氢气、甲烷、氨气的爆炸极限及危险度。从表 4-8 可知，氢气最为危险。

表 4-8　　氢气、甲烷、氨气的爆炸极限及危险度

气体种类	爆炸下限（$L_{下}$）/%	爆炸上限（$L_{上}$）/%	浓度范围（$L_{上}-L_{下}$）/%	危险度（H）
氢气（H_2）	4.0	75.0	71.0	17.9
甲烷（CH_4）	4.9	15.0	10.0	2.1
氨气（NH_3）	15.0	28.0	13.0	0.9

3. 气体爆炸极限的影响因素

爆炸极限不是固定不变的，影响爆炸极限的主要因素有温度、压力、惰性气体浓度、容器和点火能量，其影响趋势见表 4-9。

表 4-9　　气体爆炸极限影响因素及影响趋势

影响因素	影响趋势
温度	温度越高，下限越低，上限越高，越危险
压力	（1）初始压力增大，气体爆炸范围变大，爆炸危险性增加 （2）初始压力减小，爆炸范围缩小 （3）当压力降到某一数值时，会出现下限与上限重合（爆炸范围为零），这就意味着初始压力再降低时，也不会使混合气体爆炸 （4）爆炸范围缩小为零时的压力称为爆炸的临界压力

续表

影响因素	影响趋势
惰性气体浓度	（1）随着惰性气体含量的增加，爆炸范围缩小 （2）当惰性气体的浓度增加到某一数值时，爆炸上、下限趋于一致，混合气体不会发生爆炸
容器	（1）容器材料的传热性越好、管径越细，爆炸范围越小 （2）当容器直径或火焰通道小到某一数值时，火焰就不能传播下去，这一直径称为临界直径或最大灭火间距
点火能量	（1）点火源的活化能量越大、加热面积越大、作用时间越长，爆炸范围越大 （2）当火花能量达到某一数值时，爆炸范围受点火能量的影响较小，爆炸范围趋于稳定 （3）一般情况下，爆炸极限均在较高的点火能量下测得。测甲烷与空气混合气体的爆炸极限时，用 10 J 以上的点火能量

图 4-3 给出了甲烷在不同温度和压力下的爆炸极限曲线。由曲线的最低点向代表压力的纵轴引垂线，与代表压力的纵轴交点即是临界压力。例如，初始温度为 20 ℃时，甲烷的临界压力约为 16 kPa；当初始温度为 500 ℃时，临界压力约为 11 kPa。

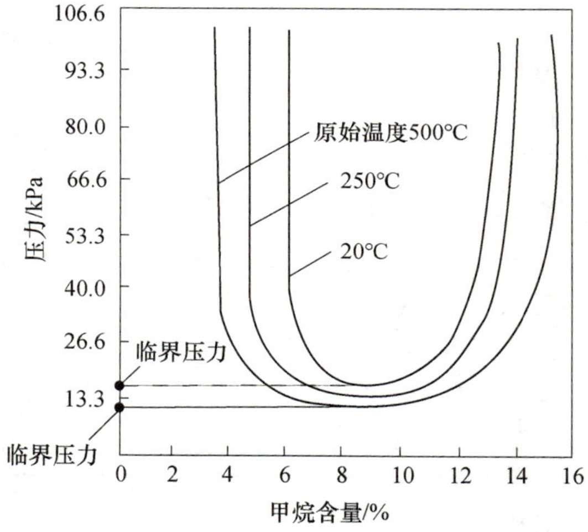

图 4-3　甲烷的爆炸极限曲线

4. 混合气体爆炸极限

混合气体爆炸极限计算公式如下：

$$L_m = \frac{100\%}{\frac{V_1}{L_1} + \frac{V_2}{L_2} + \frac{V_3}{L_3} + \cdots}$$

式中　L_m——混合气体的爆炸极限；

L_1、L_2、L_3——各组分的爆炸极限；

V_1、V_2、V_3——各组分在混合物中的体积百分比。

例：某种天然气中，各组分的体积百分数分别为甲烷 80%、乙烷 15%、丙烷 4%、丁烷 1%，各组分的爆炸下限分别为 5%、3. 22%、2. 37%、1. 86%，则天然气的爆炸下限计算如下：

$$L_{m下}=\frac{100\%}{\frac{80\%}{5\%}+\frac{15\%}{3.22\%}+\frac{4\%}{2.37\%}+\frac{1\%}{1.86\%}}=4.37\%$$

七、粉尘爆炸

1. 爆炸性粉尘类别

具有粉尘爆炸危险性的物质较多，大体可分为以下7类：

（1）金属类，如镁粉、铝粉、其他金属等。

（2）煤炭类，如活性炭、煤等。

（3）粮食类，如面粉、淀粉、玉米粉、啤酒麦芽粉、麦糠、大麦粉等。

（4）合成材料类，如塑料、染料、合成洗剂、合成黏结剂等。

（5）饲料类，如血粉、鱼粉、饲料粉等。

（6）农副产品类，如棉花、烟草、砂糖等。

（7）林产品类，如纸粉、木粉等。

2. 粉尘爆炸条件

粉尘爆炸基本条件包括以下几点：

（1）粉尘本身具有可燃性。

（2）粉尘悬浮在空气（或助燃气体）中并达到一定浓度。

（3）有足以引起粉尘爆炸的起始能量（点火能量）。

实际上粉尘发生爆炸还需要相对密闭的空间。

3. 粉尘爆炸极限

同可燃气体（蒸气）与空气的混合物一样，可燃粉尘与空气的混合物遇点火源也可能发生爆炸，其也具有爆炸极限（包括上限及下限），但有实际应用意义的主要是下限。可燃粉尘的爆炸极限一般以单位体积混合物中可燃粉尘的质量（g/m^3）来表示，如铝粉在空气中的爆炸下限约为35 g/m^3。

粉尘爆炸极限是评价粉尘危险性的最主要指标，粉尘爆炸下限越小，其危险性就越大。

4. 粉尘爆炸的特点

与可燃气体相比，粉尘爆炸的特点见表4-10。

表4-10　　粉尘爆炸的特点

项目	特点
爆炸燃烧与压力上升速度	粉尘爆炸速度或爆炸压力上升速度比气体爆炸慢
爆炸能量与破坏性	比气体燃烧时间长，产生的能量大，破坏程度大
引爆所需能量	粉尘爆炸所需的点火能量比气体要大得多
爆炸感应期	从接触火源到开始爆炸的时间比气体长得多
传热方式	可燃气体爆炸中，促使温度上升的传热方式主要是热传导；而在粉尘爆炸中，热辐射的作用更大

续表

项目	特点
二次爆炸可能性	粉尘有产生二次爆炸的可能性，气体一般不会发生二次爆炸
爆炸后气体毒性	粉尘有不完全燃烧现象，燃烧后的气体中含有大量的一氧化碳及粉尘（如塑料粉）自身分解的有毒气体，会伴随中毒死亡的事故

5. 粉尘爆炸危险性参数及影响因素

（1）评价粉尘爆炸危险性的主要特征参数有爆炸极限、最小点火能量、最低着火温度、粉尘爆炸压力及压力上升速率，其中爆炸极限是最主要的危险性参数，它直接与能否爆炸相关。

（2）影响粉尘爆炸极限的因素及影响趋势见表 4-11。

表 4-11　**影响粉尘爆炸极限的因素及影响趋势**

影响因素	影响趋势
分散度（粒度）	分散度越高（粒度越细），爆炸极限范围越大
湿度	湿度越低，爆炸极限范围越大
温度	初始温度越高，爆炸极限范围越大
点火源	火源强度越大，爆炸极限范围越大
可燃气体和氧含量	可燃气体和氧含量越高，爆炸极限范围越大
惰性粉尘及灰分	惰性粉尘及灰分含量越低，爆炸极限范围越大，越危险

（3）粉尘爆炸压力及上升速率的影响因素及影响趋势见表 4-12。

表 4-12　**粉尘爆炸压力及上升速率的影响因素及影响趋势**

影响因素	影响趋势
分散度（粒度）	（1）粒度对粉尘爆炸压力上升速率的影响比其对粉尘爆炸压力的影响大得多 （2）粉尘粒度越细，比表面积越大，反应速度越快，压力上升速率就越大
初始压力	（1）随着初始压力的增大，密闭容器的粉尘爆炸压力及压力上升速率增大 （2）当初始压力低于压力极限时（如数千帕），粉尘则不再可能发生爆炸
容器材料与尺寸	与可燃气体爆炸一样，容器材料与尺寸对粉尘爆炸压力及压力上升速率有很大的影响
湍流	粉尘爆炸在管道中传播碰到障碍片时，因湍流的影响，粉尘呈漩涡状态，使爆炸波阵面不断加速。当管道长度足够长时，甚至会转化为爆轰

八、燃烧、爆炸的转化

无论是固体或液体爆炸物，还是气体爆炸混合物，都可以在一定的条件下进行燃烧，但当条件变化时，它们又可转化为爆炸。这种转化，有时候人们要加以利用，但有时候却应加以制止。

固体或液体炸药燃烧转化为爆炸的主要条件有以下 3 条：

（1）炸药处于密闭的状态下，燃烧产生的高温气体使压力升高，进而使燃烧转化为爆炸。

（2）燃烧面积不断扩大，使燃速加快，形成冲击波，从而使燃烧转化为爆炸。

（3）药量较大时，炸药燃烧形成的高温反应区将热量传给了尚未反应的炸药，使其余的炸药受热爆炸。

【练习提高】

一、单项选择题（每题 1 分，每题的备选项中，只有 1 个最符合题意）

1. 北京 2008 年奥运会火炬长 72 cm、重 985 g，燃料为气态丙烷，燃烧时间为 15 min，在零风速下的火焰高度为 25～30 cm，在强光和日光情况下均可识别和拍摄。这种能形成稳定火焰的燃烧属于（　　）。

A. 混合燃烧　　B. 扩散燃烧　　C. 蒸发燃烧　　D. 分解燃烧

2. 根据燃烧发生时出现的不同现象，可将燃烧现象分为闪燃、自燃和着火。油脂滴落于高温部件上发生燃烧的现象属于（　　）。

A. 阴燃　　B. 闪燃　　C. 自热自燃　　D. 受热自燃

3. 火灾发展过程一般包括初起期、发展期、最盛期、减弱至熄灭期。在发展期，按照 T 平方特征火灾模型，火灾中热量的释放速率与（　　）的平方成正比。

A. 过火面积　　B. 可燃物质量

C. 时间　　D. 可燃物质的燃烧热

4. 某危险化学品罐区发生火灾事故，4 座汽油罐和 2 座煤油罐被烧毁。根据《火灾分类》（GB/T 4968—2008），该起火灾为（　　）火灾。

A. A 类　　B. B 类　　C. C 类　　D. D 类

5. 描述物质火灾危险性的主要参数有物质的闪点、燃点、自燃点、最小点火能等。下列关于物质火灾危险性参数的说法中，正确的是（　　）。

A. 一般情况下，闪点越低，火灾危险性越小

B. 一般情况下，燃点越高，火灾危险性越大

C. 一般情况下，固体可燃物粉碎得越细，其自燃点越低

D. 一般情况下，物质最小点火能越高，火灾危险性越大

6. 从广义上讲，爆炸是物质系统的一种极为迅速的物理或化学能量释放或转化的过程，是系统蕴藏的或瞬间形成的大量能量在有限的体积和极短的时间内，骤然释放或转化的现象。爆炸现象的最主要特征是（　　）。

A. 爆炸过程持续进行　　B. 爆炸点附近压力急剧升高

C. 周围介质发生变动　　D. 温度显著升高

7. 某些气体即使在没有氧气的条件下，也能被点燃爆炸，其实质是一种分解爆炸。下列气体中，属于分解爆炸性气体的是（　　）。

A. 一氧化碳　　B. 乙烯　　C. 氢气　　D. 氨气

8. 乙烯在储存、运输过程中压力、温度较低，较少出现分解爆炸事故；采用高压法工艺生产聚乙烯时，可能发生分解爆炸事故。下列关于分解爆炸所需能量与压力关

系的说法中，正确的是（　　）。

A. 随压力的升高而升高　　B. 随压力的降低而降低

C. 随压力的升高而降低　　D. 与压力的变化无关

9. 可燃易爆气体的危险度 H 与气体的爆炸上限、下限密切相关。一般情况下，H 值越大，表示爆炸极限范围越宽，其爆炸危险性越大。如果甲烷在空气中的爆炸下限为 5.00%，爆炸上限为 15.00%，则其危险度 H 为（　　）。

A. 2.50　　B. 1.50　　C. 2.00　　D. 0.50

10. 按可燃物的类型和燃烧特性，《火灾分类》（GB/T 4968—2008）将火灾分为 6 类，其中“D 类火灾”是指（　　）。

A 液体火灾　　B. 金属火灾　　C. 气体火灾　　D. 带电火灾

11. 可用气体爆炸极限（上限、下限）衡量可燃气体的爆炸危险性，爆炸极限与初始温度和初始压力密切相关。下列关于初始温度和初始压力对可燃气体爆炸极限影响的说法中，错误的是（　　）。

A. 初始压力增大，爆炸极限范围变宽

B. 初始温度升高，爆炸下限增大

C. 初始压力减小到某一数值时会出现爆炸上、下限重合

D. 初始温度升高，爆炸上限升高

12. 可燃物质的燃烧过程如下图所示，图中①、②、③处依次应为（　　）。

A. 氧化分解；光；辐射　　B. 氧化分解；光；冲击波

C. 蒸发；氧化分解；光　　D. 达到点燃温度；光；热量

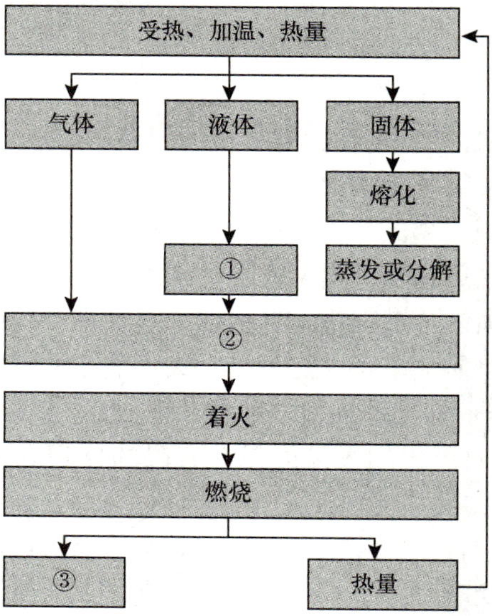

13. 爆炸是物质系统的一种极为迅速的物理或化学能量的释放或转化过程，在此过程中，系统的能量将转化为机械能、光和热辐射等。按照能量来源，爆炸可分为物理爆炸、化学爆炸和核爆炸。下列爆炸现象中，属于物理爆炸的是（　　）。

A. 导线因电流过载而引起的爆炸　　B. 活泼金属与水接触引起的爆炸

C. 空气中的可燃粉尘云引起的爆炸　D. 液氧和煤粉混合而引起的爆炸

14. 下列爆炸性气体中，危险性最大的是（　　）。

A. 丁烷　　B. 氢气　　C. 乙烯　　D. 一氧化碳

气体名称	在空气中的爆炸极限（体积分数）/%	
	爆炸下限	爆炸上限
丁烷	1.5	8.5
乙烯	2.8	34.0
氢气	4.0	75.0
一氧化碳	12.0	74.5

15. 可燃气体的爆炸极限范围受温度、压力、点火源能量等因素的影响。当其他因素不变、点火源能量大于某一数值时，点火源能量对爆炸极限范围的影响较小。在测试甲烷与空气混合物的爆炸极限时，点火源能量应选（　　）。

A. 5 J 以上　　B. 15 J 以上　　C. 20 J 以上　　D. 10 J 以上

16. 对盛装可燃易爆介质的设备和管路应保证其密闭性，但很难实现绝对密闭，一般总会有一些可燃气体、蒸气或粉尘从设备系统中泄漏出来。因此，必须采用通风的方法避免使可燃气体、蒸气或粉尘的浓度达到危险浓度，一般应控制在爆炸下限的（　　）以下。

A. 1/5　　B. 1/2　　C. 1/3　　D. 1/4

17. 某餐馆厨房使用瓶装液化石油气，由于管理不善，厨房电器着火，引燃周围可燃物，进而引起气瓶爆炸。根据对爆炸原因的分析，此次爆炸事故属于压力容器的（　　）。

A. 物理爆炸　　B. 化学爆炸

C. 先化学后物理爆炸　　D. 先物理后化学爆炸

18. 可燃性粉尘浓度达到爆炸极限，遇到足够能量的点火源会发生粉尘爆炸。粉尘爆炸过程，热交换的主要方式是（　　）。

A. 热传导　　B. 热辐射　　C. 热对流　　D. 热蒸发

19. 煤矿井下煤尘爆炸往往比瓦斯爆炸造成的危害更严重。下列说法中，错误的是（　　）。

A. 煤尘爆炸感应时间更长　　B. 煤尘爆炸产生的热量更多

C. 煤尘爆炸一般发生多次爆炸　　D. 煤尘爆炸持续时间更长

20. 粉尘爆炸是一个瞬间的连锁反应，属于不稳定的气固二相流反应。与气体爆炸相比，下列关于粉尘爆炸速度、燃烧时间、能量、破坏程度的说法中，正确的是（　　）。

A. 粉尘爆炸速度比气体爆炸小，但燃烧时间长，产生的能量大，破坏程度大

B. 粉尘爆炸速度比气体爆炸大，但燃烧时间长，产生的能量大，破坏程度大

C. 粉尘爆炸速度比气体爆炸小，但燃烧时间短，产生的能量大，破坏程度大

D. 粉尘爆炸速度比气体爆炸大，但燃烧时间短，产生的能量大，破坏程度大

21. 可燃性粉尘与空气混合物的温度降低，其爆炸危险性（　　）。

A. 增大　　B. 减小　　C. 不变　　D. 不一定

22. 根据火灾发展规律，可将火灾分为初起期、发展期、最盛期、减弱至熄灭期。火灾最盛期的特征是（　　）。

A. 冒烟和阴燃　　B. 火灾释放速度与时间的平方成正比

C. 通风控制火灾　　D. 发生轰燃

23. 按照爆炸速度分类，有爆燃、爆炸、爆轰。下列关于爆轰的说法中，错误的是（　　）。

A. 爆轰的燃烧速度为 1 000~7 000 m/s

B. 突然引起极高压力，并产生超音速“冲击波”

C. 三硝基甲苯（TNT）炸药可以产生爆轰

D. 可燃气体混合物多发生爆轰

24. 粉尘爆炸压力及上升速率的影响因素不包括（　　）。

A. 分散度（粒度）　　B. 初始压力

C. 点火源能量　　D. 湍流

25. 下列关于粉尘爆炸压力及上升速率的说法中，错误的是（　　）。

A. 粒度对粉尘爆炸压力上升速率的影响很大

B. 随着初始压力的增大，密闭容器的粉尘爆炸压力及压力上升速率也增大

C. 通过降低压力不能避免粉尘爆炸

D. 粉尘爆炸在管道中传播碰到障碍产生的湍流会使爆炸波阵面不断加速

二、多项选择题（每题 2 分，每题的备选项中，有 2 个或 2 个以上符合题意，至少有 1 个错项。错选，本题不得分；少选，所选的每个选项得 0.5 分）

1. 衡量物质火灾危险性的参数有最小点火能、着火延滞期、闪点、着火点、自燃点等。下列关于火灾危险性的说法中，正确的有（　　）。

A. 一般情况下，自燃点越低，火灾危险性越小

B. 一般情况下，闪点越低，火灾危险性越大

C. 一般情况下，着火延滞期越长，火灾危险性越大

D. 一般情况下，着火点越高，火灾危险性越小

E. 一般情况下，最小点火能越高，火灾危险性越小

2. 下列爆炸中，属于气相爆炸的有（　　）。

A. 高锰酸钾和浓酸混合时引起的爆炸

B. 氢气和空气混合气的爆炸

C. 钢水和水混合产生的蒸汽爆炸

D. 空气中飞散的铝粉引起的爆炸

E. 乙炔在分解时引起的爆炸

3. 某钢厂在出钢水过程中，由于钢包内有雨水，熔融的钢水在进入钢包后，发生了剧烈的爆炸，造成 8 死 5 伤的严重后果，该爆炸属于（　　）。

A. 物理爆炸　　B. 化学爆炸　　C. 气相爆炸　　D. 液相爆炸

E. 气液两相爆炸

4. 典型火灾事故的发展为初起期、发展期、最盛期、减弱至熄灭期。火灾发展期

具有的特征包括（　　）。

A. 冒烟　　B. 阴燃

C. 放热速率随时间平方增加　　D. 火势大小由建筑物通风决定

E. 产生轰燃

5. 某容器由于超压造成爆炸，其危害作用包括（　　）。

A. 容器碎片伤害　　B. 爆炸冲击波伤害

C. 爆炸产生的毒物伤害　　D. 地震波对设施和建筑的危害

E. 伴随爆炸产生的电磁辐射危害

6. 乙炔即使在没有氧气的条件下，也可能发生爆炸，其实质是分解爆炸。下列描述乙炔性能及其使用的安全要求中，正确的有（　　）。

A. 乙炔受热时，容易发生聚合、加成、取代或爆炸性分解等反应

B. 乙炔的火灾爆炸危险性很大，但爆炸下限高于天然气

C. 乙炔易与汞等重金属反应生成爆炸性的乙炔盐

D. 乙炔不能用含铜量超过70%的铜合金制造的容器盛装

E. 乙炔作为焊接气体时，选择焊丝时不能选用含银焊丝

7. 粉尘爆炸的爆炸极限不是固定不变的，影响因素主要有粉尘粒度、分散度、湿度、点火源性质、含氧量、惰性粉尘和灰分、温度等。一般来说，下列关于这些影响因素的说法中，正确的有（　　）。

A. 粉尘粒度越细，粉尘爆炸危险性越大

B. 粉尘分散度越低，爆炸危险性越大

C. 粉尘灰分越多，爆炸危险性越大

D. 可燃气体和含氧量越大，爆炸危险性越大

E. 粉尘湿度越低，爆炸危险性越大

8. 下列关于火灾分类的说法中，正确的有（　　）。

A. 固体镁储存仓库自燃着火属于A类火灾

B. 废品仓库里储存的捆扎废旧电缆着火属于E类火灾

C. 厨房烹饪时铁锅内的动物油点燃着火属于F类火灾

D. 沥青和石蜡着火属于B类火灾

E. 煤气泄漏引发火灾属于C类火灾

9. 按照爆炸速度分类，有爆燃、爆炸、爆轰。下列关于爆燃的说法中，正确的有（　　）。

A. 爆燃是火炸药或燃爆性气体混合物的一种快速燃烧现象

B. 伴有爆炸的一种以亚音速传播的燃烧波，燃烧速度为每秒数百米

C. 破坏力不大，声响也不大

D. 无烟火药在空气中的快速燃烧属于爆燃

E. 可燃气体的浓度接近爆炸上、下限时会产生爆轰

10. 粉尘的爆炸极限受许多因素影响，以下属于粉尘爆炸极限影响因素的有（　　）。

A. 湿度　　B. 分散度

C. 粉尘的绝缘电阻率　　D. 惰性粉尘含量

E. 温度

11. 下列关于粉尘爆炸极限的说法中，正确的有（　　）。

A. 分散度越高，即粉尘的颗粒粒径越大，爆炸极限范围越大

B. 湿度越低，爆炸范围大

C. 初始温度越高，爆炸范围越大

D. 可燃气体和氧含量越高，爆炸范围越大

E. 含惰性粉尘及灰分含量高，爆炸范围越大、越危险

12. 下列关于粉尘爆炸压力及上升速率的说法中，正确的有（　　）。

A. 粒度对粉尘爆炸压力上升速率的影响比其对粉尘爆炸压力的影响大得多

B. 粉尘粒度越细，比表面积越大，反应速度越快，爆炸上升速率就越大

C. 随着初始压力的增大，密闭容器的粉尘爆炸压力及压力上升速率增大

D. 当初始压力低于压力极限时（如数千帕），粉尘则不再可能发生爆炸

E. 湍流会减弱粉尘爆炸传播速度

第二节　防火防爆技术

【本节重点】

一级知识点	二级知识点
火灾爆炸预防基本原则与基本措施	（1）防火防爆基本原则（火灾爆炸前的预防、火灾爆炸后的控制） （2）防火防爆基本措施
点火源及其控制	（1）点火源种类（明火、摩擦和撞击、电气设备火源、静电和雷电、化学能火源、太阳能火源） （2）加热用火的控制 （3）维修焊割用火的控制 （4）其他明火的控制 （5）摩擦和撞击 （6）以不燃溶剂代替可燃溶剂
预防可燃可爆系统的形成	（1）预防可燃可爆系统形成的措施种类 （2）惰性气体保护应用范围 （3）防止爆炸惰性气体用量计算 （4）系统密闭与正压操作 （5）厂房通风 （6）以不燃溶剂代替可燃溶剂 （7）危险物品的储存
防止火灾爆炸蔓延技术（阻火隔爆技术）	（1）阻火隔爆技术分类 （2）工业阻火器（机械、液封、料封阻火器） （3）主动与被动式隔爆装置 （4）其他阻火隔爆装置（单向阀、阻火阀门、火星熄灭器）

续表

一级知识点	二级知识点
防爆泄压减损技术	（1）安全阀（阀前截断阀与阀后放空管） （2）爆破片 （3）防爆（泄爆）门（窗）

一、火灾爆炸预防基本原则与基本措施

火灾爆炸预防基本原则与基本措施见表 4-13。

表 4-13　　火灾爆炸预防基本原则与基本措施

防火防爆阶段	基本原则	基本措施
火灾爆炸前的预防	防止和限制可燃可爆系统的形成	采用不燃物代替可燃物、密闭、通风除尘、储存隔离等手段消除或减少可燃易爆物
		采用氮气等非助燃惰性气体减少氧气含量
	当燃烧爆炸物质不可避免地出现时，要尽可能消除或隔离各类点火源	控制明火、摩擦和撞击、电气火源、静电、雷电火源、化学能与太阳能火源
火灾爆炸后的控制	阻止和限制火灾爆炸的蔓延扩展，尽量降低火灾爆炸事故造成的损失	采用工业阻火器、主动隔爆装置、被动隔爆装置等阻火隔爆技术防止火灾爆炸传播蔓延
		采用防爆膜、泄压屋顶等泄压装置与设施减少爆炸带来的损失

二、点火源及其控制

1. 点火源种类

点火源包括明火、摩擦和撞击、电气设备火源、静电和雷电、化学能与太阳能火源。

2. 加热用火的控制

（1）加热方式。加热易燃物料时，要尽量避免采用明火设备，而宜采用热水或其他介质间接加热，不得采用电炉、火炉、煤炉等直接加热。

（2）明火使用时的注意事项

1）明火加热设备应远离可能泄漏易燃气体或蒸气的工艺设备和储罐区，并应布置在其上风向或侧风向。

2）对于有飞溅火花的加热装置，应布置在上述设备的侧风向。

3）如果存在一个以上的明火设备，应将其集中于装置的边缘。

3. 维修焊割用火的控制

在输送、盛装易燃物料的设备、管道上，或在可燃可爆区域内动火时，动火前应做好以下事项：

（1）清理、清洗与隔离。将系统和环境进行彻底的清洗或清理。如该系统与其他设备连通时，应将相连的管道拆下断开或加堵金属盲板隔绝，再进行清洗。

（2）吹扫置换。为了消除容器内可燃易爆气体，须用惰性气体对拟动火容器进行吹扫置换。

（3）可燃气体浓度分析。对可燃气体浓度分析合格后方可动焊。可燃气体浓度合格标准如下：

1）爆炸下限大于4%（体积分数）的可燃气体或蒸气，浓度应小于0.5%。

2）爆炸下限小于4%的可燃气体或蒸气，浓度应小于0.2%。

4. 其他明火的控制

存在火灾和爆炸危险的场所，汽车、拖拉机一般不允许进入，如确需进入，其排气管上应安装火花熄灭器。

明火与有火灾爆炸危险的厂房和仓库相邻时，应保证足够的安全距离。例如，化工厂内的火炬与甲、乙、丙生产装置、油罐和隔油池应保持100 m的防火间距。

5. 摩擦和撞击

（1）人员服装与工具。在易燃易爆场合应避免摩擦和撞击发生，如工人应禁止穿钉鞋，不得使用铁器制品。

（2）设备材料。在有爆炸危险的生产中，机件的运转部分应该用两种材料制作，其中之一是不发生火花的有色金属材料（如铜、铝）。

（3）敲打工具。应用铍铜合金或包铜的钢制作。

6. 化学能和太阳能

（1）化学能导致的自燃。有些物质在常温下能与空气发生氧化反应放出热量而引起自燃；有些物质与水作用能够分解放出可燃气体，如电石与水作用可分解放出乙炔气体，金属钠与水作用分解放出氢气，五硫化磷与水作用分解放出硫化氢等。

（2）太阳能聚焦。直射的太阳光通过凸透镜、圆形玻璃瓶、有气泡的玻璃等会聚焦形成高温焦点，能点燃易燃易爆物质。有爆炸危险的厂房和库房必须采取遮阳措施，窗户采用磨砂玻璃，以避免形成点火源。

三、预防可燃可爆系统的形成

1. 预防可燃可爆系统形成的措施

（1）不燃物代替可燃物。

（2）设备密闭。

（3）厂房通风。

（4）惰性介质保护。

（5）危险物品隔离储存。

（6）装设报警装置。

2. 惰性气体保护应用范围

用于保护的惰性气体（或阻燃性气体）主要有氮气、二氧化碳、水蒸气、烟道气等。以下情况通常需考虑采用惰性气体保护：

（1）可燃固体物质的粉碎、筛选处理及其粉末输送时，采用惰性气体进行覆盖保护。

（2）处理可燃易爆的物料系统，在进料前用惰性气体进行置换，以排除系统中原有的气体，防止形成爆炸性混合物。

（3）将惰性气体通过管线与有火灾爆炸危险的设备、储槽等连接起来，在发生危险时使用。

（4）易燃液体利用惰性气体充压输送。

（5）在有爆炸性危险的生产场所，对有可能引起火灾危险的电器、仪表等采用充氮正压保护。

（6）易燃易爆系统检修动火前，使用惰性气体进行吹扫置换。

（7）发现易燃易爆气体泄漏时，采用惰性气体冲淡；发生火灾时，用惰性气体进行灭火。

氮气等惰性气体在使用前应经过气体分析，其中含氧量不得超过2%。

3. 防止爆炸惰性气体用量计算

惰性气体的需用量取决于允许的最高含氧量（氧限值）。可燃混合物不发生爆炸时氧的最高含量见表4-14。

表4-14　　可燃混合物不发生爆炸时氧的最高含量

可燃物质	氧的最大安全浓度/%	
	二氧化碳稀释剂	氮气稀释剂
甲烷	14.6	12.1
乙烷	13.4	11.0
丙烷	14.3	11.4
丁烷	14.5	12.1
煤粉	16	—

惰性气体用量计算公式如下：

$$X=\frac{21-\omega_0}{\omega_0}V$$

式中　X——惰性气体的需用量，L；

ω_0——表4-14中查得的氧的最大安全浓度，%；

V——设备内原有空气容积（即空气总量，其中氧占21%）。

例：用氮气稀释甲烷至不爆炸，查表4-14可知，氧的最大安全浓度为12.1%，设备内原有空气容积为100 L，则氮气的需用量计算如下：

$$X=\frac{21-\omega_0}{\omega_0}V=\frac{21-12.1}{12.1}\times 100\text{ L}=73.6\text{ L}$$

4. 系统密闭与正压操作

（1）密闭检测

1）新设备验收及维修后用U形水压计（水压试验）检测密闭性。

2）接缝处用肥皂液检测。

3）无味气体中加入显味剂（如硫醇、氨）。

（2）工艺手段

1）当设备内部充满易爆物质时，要采用正压操作，以防外部空气渗入设备内。

2）对爆炸危险度大的气体，设备管道连接处尽量用焊接代替法兰对接。

5. 厂房通风

（1）通风效果要求。控制爆炸物浓度在爆炸极限1/5（20%）以下。

（2）通风设计要求

1）在设计通风系统时，应考虑气体的相对密度。对于某些比空气重的可燃气体或蒸气，应在车间或厂房的下部设通风口。

2）从车间排出含有可燃物质的空气时，应设防爆的通风系统。

3）鼓风机的叶片应采用碰击时不会产生火花的材料制造。

4）通风管内应设有防火遮板，使一处失火时迅速隔断管路，避免波及他处。

6. 以不燃溶剂代替可燃溶剂

不燃溶剂主要有甲烷和乙烷的氯衍生物，如四氯化碳、三氯甲烷和三氯乙烷、丁醇、氯苯等。

7. 危险物品的储存

性质相互抵触、不能采用同一类灭火剂或灭火器材的危险物品不能放到一起储存。特别危险的危险物品往往单独储存。表4－15为必须单独储存的危险物品类别，表4-16为可以共同储存的危险物品类别。

表4-15　必须单独储存的危险物品类别

类别	举例
易燃固体	赛璐珞、红磷、硫黄、火柴
爆炸物品	三硝基甲苯、苦味酸、硝化甘油
遇水、空气自燃品	钾、钠、电石、磷化钙、铝粉、黄磷
能引起燃烧的物品	硝酸、铬酸、高锰酸钾
易燃液体	汽油、苯、二硫化碳、丙酮、酒精

表4-16　可以共同储存的危险物品类别

类别	举例	能共同储存的物品
易燃气体	甲烷、乙炔、硫化氢、氨	惰性气体
助燃气体	氧、氟、氯	惰性气体、有毒物品
氧化剂	氯酸钾、过氧化钠、过氧化氢	惰性气体
惰性气体	氮、二氧化碳、二氧化硫、氟利昂	可燃气体、助燃气体、氧化剂、有毒物品
有毒物品	光气、三氧化二砷、氰化钾	惰性气体

四、防止火灾爆炸蔓延技术

阻火隔爆是通过某些隔离措施防止外部火焰蹿入存有可燃爆炸物料的系统、设备、容器及管道内，或者阻止火焰在系统、设备、容器及管道之间蔓延。

1. 阻火隔爆技术分类

（1）按作业机理分类

1）机械隔爆。依靠某些固体或液体物质阻隔火焰的传播。

2）化学抑爆。主要是通过释放某些化学物质来抑制火焰的传播。

（2）阻火隔爆装置分类。机械阻火隔爆装置分类如图 4-4 所示，其中工业阻火器装于管道中，形式最多，应用也最为广泛。

- 阻火隔爆装置
  - 工业阻火器
    - 机械阻火器
    - 液封阻火器
    - 料封阻火器
  - 隔爆装置
    - 主动隔爆
    - 被动隔爆
  - 其他装置
    - 单相阀
    - 阻火阀门
    - 火星熄灭器

图 4-4　阻火隔爆装置分类

2. 工业阻火器

工业阻火器分为机械阻火器、液封阻火器和料封阻火器。机械阻火器和液封装置如图 4-5 所示。工业阻火器常用于阻止爆炸初期火焰的蔓延。一些具有复合结构的机械阻火器也可阻止爆轰火焰的传播。

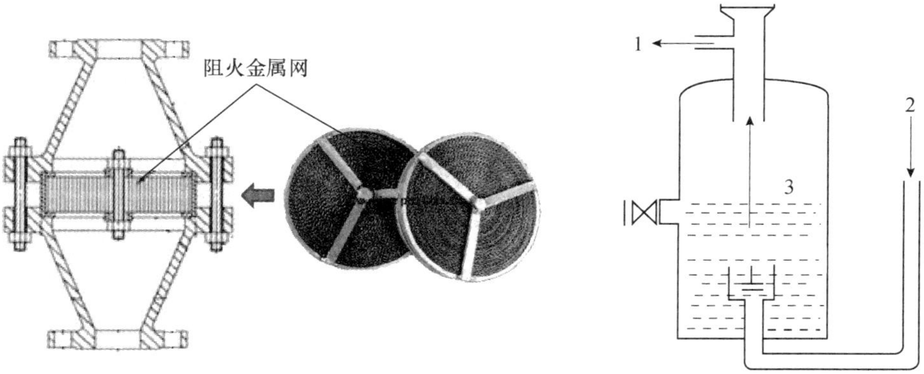

a）机械阻火器　　b）液封装置

图 4-5　工业阻火器

1—出气　2—进气　3—液体

3. 主动式隔爆装置和被动式隔爆装置

（1）主动式（监控式）隔爆装置。由一灵敏的传感器探测爆炸信号，经放大后输出给执行机构，控制隔爆装置喷洒抑爆剂或关闭阀门，从而阻隔爆炸火焰的传播，如图 4-6 所示。

（2）被动式隔爆装置。被动式隔爆装置主要有自动断路阀、管道换向隔爆等形式，由爆炸波推动隔爆装置的阀门或闸门来阻隔火焰。

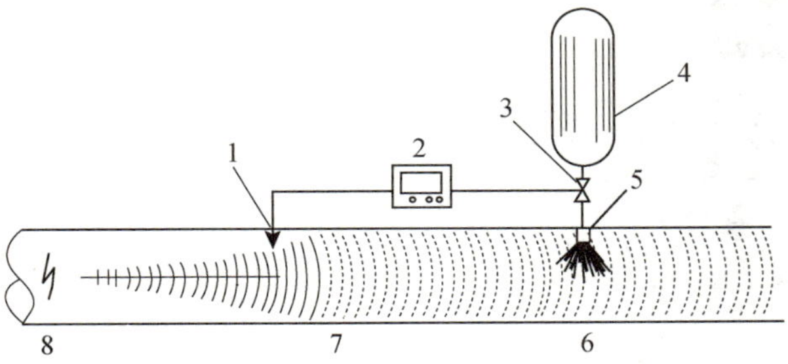

图 4-6　主动式隔爆装置

1—火焰探测器　2—控制器　3—阀门　4—灭火剂容器　5—喷嘴
6—喷洒灭火剂　7—火焰前端　8—起火点

工业阻火器与主动被动隔爆装置的对比见表 4-17。

表 4-17　　工业阻火器与主动被动隔爆装置的对比

装置类型	工业阻火器	主动被动隔爆装置
用途	用于阻止爆炸初期火焰的蔓延，一些具有复合结构的机械阻火器也可阻止爆轰火焰的传播	只是在爆炸发生时起作用
阻力	对介质产生的阻力大	对介质产生的阻力小
适应范围	纯净的气体	对介质要求不严格，可用于气体中含有杂质（如粉尘、易凝物等）的输送管道

4. 其他阻火隔爆装置

（1）单向阀。单向阀又称止逆阀、止回阀。它的作用是仅允许液体（气体或液体）向一个方向流动，遇到倒流时即自行关闭，从而避免在燃气或燃油系统中发生液体倒流，或高压蹿入低压造成容器管道爆裂，或发生回火时火焰倒吸和蔓延等事故。

（2）阻火阀门。阻火阀门是为了阻止火焰沿通风管道或生产管道蔓延而设置的阻火装置。在正常情况下，阻火阀门受环状或者条状的易熔金属的控制，处于开启状态。一旦着火，温度升高，易熔金属熔化，此时阀门失去控制，受重力作用自动关闭，将火阻断在阀门一边。

（3）火星熄灭器（防火罩、防火帽）。由烟道或车辆尾气排放管飞出的火星也可能引起火灾。因此，通常在可能产生火星的设备排放系统，如加热炉的烟道，汽车、拖拉机的尾气排放管等，安装火星熄灭器，用以防止飞出的火星引燃可燃物料。火星熄灭器熄火的基本方法主要有以下几种：

1）当烟气由管径较小的管道进入管径较大的火星熄灭器中时，气流由小容积进入大容积，流速减慢、压力降低，烟气中携带的体积、质量较大的火星就会沉降下来，不会从烟道飞出。

2）在火星熄灭器中设置网格等障碍物，将较大、较重的火星挡住；或者采用设置旋转叶轮等方法改变烟气流动方向，增加烟气所走的路程，以加速火星的熄灭或沉降。

3）用喷水或通水蒸气的方法熄灭火星。

五、防爆泄压减损技术

防爆泄压减损技术与装置如图 4-7 所示。

- 防爆泄压减损
  - 设备泄压
    - 安全阀
    - 爆破片
    - 防爆门（窗）
  - 房间泄压
    - 泄压屋顶
    - 泄压门窗
  - 减损措施
    - 抗爆容器
    - 抗爆间
    - 爆炸防护屏障

图 4-7 爆炸泄压减损技术与装置

1. 安全阀

（1）当安全阀的入口处装有隔断阀时，隔断阀必须保持常开状态并加铅封。

（2）压力容器的安全阀最好直接装设在容器本体上。液化气体容器上的安全阀应安装于气相部分，防止排出液体物料，发生事故。

（3）如果安全阀用于将可燃气体直接排入大气，则必须将可燃气体引至远离明火或易燃物且通风良好的地方，排放管必须逐段用导线接地以消除静电作用。

（4）安全阀用于泄放可燃液体时，宜将排泄管接入事故储槽、污油罐或其他容器；用于泄放高温油气或易燃、可燃气体等遇空气可能立即着火的物质时，宜接入密闭系统的放空塔或事故储槽。

（5）一般安全阀可放空，但要考虑放空口的高度及方向的安全性。室内的设备，如蒸馏塔、可燃气体压缩机的安全阀、放空口宜引出房顶，并高于房顶 2 m 以上。安全阀及其放空管如图 4-8 所示。

图 4-8 安全阀及其放空管

2. 爆破片

（1）爆破片的泄压面积一般按 1 m^3 容积取 0. 035~0. 18 m^2 计算，但对氢和乙炔的设备则应大于 0. 4 m^2。

（2）爆破片爆破压力的选定，一般为设备、容器及系统最高工作压力的 1. 15~1. 3 倍。压力波动幅度较大的系统，其比值还可增大。但是任何情况下，爆破片的爆破压力均应低于系统的设计压力。

3. 防爆门（窗）

（1）泄压面积与厂房体积的比值（m^2/m^3）宜采用0.05～0.22。爆炸介质威力较强或爆炸压力上升速度较快的厂房应尽量加大比值。

（2）为防止燃烧火焰喷出时将人烧伤或者翻开的门（窗）盖将人打伤，防爆门（窗）应设置在人不常到的地方，高度最好不低于2 m。

【练习提高】

一、单项选择题（每题1分，每题的备选项中，只有1个最符合题意）

1. 某加工玉米淀粉的生产企业在对振动筛进行清理过程中，发生了淀粉粉尘爆炸事故，造成大量的人员伤亡。从使用工具方面分析，最有可能引起淀粉爆炸的原因是使用了（　　）。

A. 铁质工具　　B. 铜制工具　　C. 木质工具　　D. 铝质工具

2. 某化工企业为了生产需要，储备了汽油、硝化甘油、乙醚、乙炔、磷化钙、氰化钠、氰化钾等生产原料。下列关于化学物品存储方式的说法中，正确的是（　　）。

A. 仓库A存放氰化钠、二氧化硫　　B. 仓库B存放硝化甘油、乙炔

C. 仓库C存放乙醚、磷化钙　　D. 仓库D存放汽油、氰化钾

3. 为防止火灾爆炸的发生，阻止其扩展和减少破坏，防火防爆安全装置及技术在实际生产中广泛使用。下列关于防火防爆安全装置及技术的说法中，错误的是（　　）。

A. 化学抑爆技术可用于装有气相氧化剂的可能发生爆燃的粉尘密闭装置

B. 当安全阀的入口处装有隔断阀时，隔断阀必须保持常开状态并加铅封

C. 主动式、被动式隔爆装置依靠自身某一元件的动作阻隔火焰传播

D. 工作介质为剧毒气体的压力容器应采用安全阀作为防爆泄压装置

4. 阻火器是用来阻止可燃易爆气体、液体的火焰蔓延和防止回火而引起爆炸的安全装置，通常安装在可燃易爆气体、液体的管路上。下列关于阻火器选用和安装的说法中，正确的是（　　）。

A. 阻火器的安全阻火速度应不大于安装位置可能达到的火焰传播速度

B. 爆燃型阻火器是用于阻止火焰以亚音速通过的阻火器

C. 阻火器最大间隙应不小于介质在操作工况下的最大试验安全间隙

D. 单向阻火器安装时，应当将阻火侧背向潜在点火源

5. 火灾、爆炸这两种常见灾害之间存在紧密联系，它们经常是相伴发生的。由于火灾发展过程和爆炸过程各有特点，故防火、防爆措施不尽相同。下列防火、防爆措施中，不属于防火基本措施的是（　　）。

A. 采用耐火建筑材料　　B. 及时泄出燃爆初始压力

C. 阻止火焰蔓延　　D. 严格控制火源条件

6. 在工业生产中应根据可燃易爆物质的燃爆特性，采取相应措施，防止形成爆炸性混合物，从而避免爆炸事故。下列关于爆炸控制的说法中，错误的是（　　）。

A. 乙炔管线连接处尽量采用焊接

B. 用四氯化碳代替溶解沥青所用的丙酮溶剂

C. 天然气系统投用前，采用一氧化碳吹扫系统中的残余物

D. 汽油储罐内的气相空间充入氮气保护

7. 下列关于明火使用的说法中，错误的是（　　）。

A. 明火加热设备应远离可能泄漏易燃气体或蒸气的工艺设备和储罐区

B. 明火加热设备应布置在可能泄漏易燃气体储罐的下风向或侧风向

C. 对于有飞溅火花的加热装置，应布置在可能泄漏易燃气体储罐的侧风向

D. 如果存在一个以上的明火设备，应将其集中于装置的边缘

8. 化工厂污水罐主要用于收集厂内工艺污水，通过污水处理单元处理达标后排入公用排水设施。事故统计表明，污水罐发生闪爆事故的直接原因多是内部的硫化氢气体积累、上游工艺单元可燃介质窜入污水罐等。为预防此类爆炸事故，下列措施中，最有效的是（　　）。

A. 划分防爆区城　　B. 静电防护装置

C. 惰性气体保护　　D. 可燃气体检测

9. 下列关于惰性气体防火防爆应用的说法中，错误的是（　　）。

A. 可燃固体物质的粉碎、筛选处理及其粉末输送时，采用惰性气体进行覆盖保护

B. 新敷设的天然气管道，通气前用惰性气体进行置换

C. 易燃液体利用含氧量为3%的惰性气体充压输送

D. 对有可能引起火灾危险的电器、仪表等采用充氮正压保护

10. 用氮气稀释甲烷至不发生爆炸时的最高氧含量为12.1%，设备内原有空气容积为50 L，则需要氮气（　　）L。

A. 18.4　　B. 36.8　　C. 40.2　　D. 56.7

11. 下列关于系统密闭的说法中，错误的是（　　）。

A. 新设备验收及维修后用U形水压计（水压试验）检测密闭性，接缝处用肥皂液检测

B. 无味气体中加入显味剂（如硫醇、氨）

C. 当设备内部充满易爆物质时，要采用负压操作

D. 对爆炸危险度大的气体，设备管道连接处尽量用焊接代替法兰对接

12. 下列关于防火防爆厂房通风的说法中，错误的是（　　）。

A. 通风应控制爆炸物浓度在爆炸极限的20%以下

B. 对于比空气重的可燃气体或蒸气，车间或厂房的顶部应设通风口

C. 从车间排出含有可燃物质的空气时，应设防爆的通风系统

D. 通风管内应设有防火遮板，当一处失火时迅速隔断管路，避免波及他处

13. 机械阻火隔爆装置有工业阻火器、主动式隔爆装置和被动式隔爆装置等。下列关于机械阻火隔爆装置作用过程的说法中，错误的是（　　）。

A. 工业阻火器在工业生产过程中时刻都起作用，主、被动式隔爆装置只是在爆炸发生时才起作用

B. 主动式隔爆装置是在探测到爆炸信号后，由执行机构喷洒抑制爆剂或关闭闸门来阻隔爆炸火焰

C. 工业阻火器靠本身的物理特性来阻火，可用于输送气体中含有杂质（如粉尘等）的管道中

D. 被动式隔爆装置是由爆炸引起的爆炸波推动隔爆装置的阀门或闸门，阻隔爆炸火焰

14. 防爆泄压是减少爆炸危害的重要手段。下列关于防爆泄压的说法中，错误的是（　　）。

A. 安全阀用于排泄可燃气体，排放管必须逐段用导线接地以消除静电作用

B. 室内的设备如可燃气体压缩机的安全阀、放空口宜引出房顶，并高于地面 2 m 以上

C. 泄压面积与厂房体积的比值（m^2/m^3）宜采用 0.05~0.22

D. 防爆门（窗）应设置在人不常到的地方，高度最好不低于 2 m

15. 防止火灾、爆炸事故发生的基本原则主要有防止燃烧、爆炸系统的形成，消除点火源，限制火灾、爆炸蔓延扩散。下列预防火灾爆炸事故的措施中，属于防止燃烧、爆炸系统形成的措施是（　　）。

A. 控制明火和高温表面　　B. 防爆泄压装置

C. 安装阻火装置　　D. 惰性气体保护

二、多项选择题（每题 2 分，每题的备选项中，有 2 个或 2 个以上符合题意，至少有 1 个错项。错选，本题不得分；少选，所选的每个选项得 0.5 分）

1. 某企业维修人员进入储油罐内检修前，不仅要确保放空油罐油料，还要用惰性气体吹扫油罐。维修人员去库房提取氮气瓶时，发现仅有的 5 个氮气瓶标签上的含氧量有差异。下列标出含氧量的氮气瓶中，维修人员可以提取的氮气瓶有（　　）。

A. 含氧量小于 3.5%的气瓶　　B. 含氧量小于 2.0%的气瓶

C. 含氧量小于 1.5%的气瓶　　D. 含氧量小于 3.0%的气瓶

E. 含氧量小于 2.5%的气瓶

2. 焊接切割时，飞散的火花及金属熔融碎粒滴的温度为 1 500~2000 ℃，高空飞散距离可达 20 m。下列关于焊接切割作业注意事项的说法中，正确的有（　　）。

A. 在可燃易爆区动火时，应将系统和环境进行彻底的清洗或清理

B. 若气体爆炸下限大于 4%，环境中该气体浓度应小于 1%

C. 可利用与可燃易爆生产设备有联系的金属构件作为电焊地线

D. 动火现场应配备必要的消防器材

E. 气焊作业时，应将乙炔发生器放置在安全地点

3. 在生产过程中，应根据可燃易燃物质的爆炸特性，以及生产工艺和设备等条件，采取有效措施，预防在设备和系统里或在其周围形成爆炸性混合物。这些措施主要有（　　）。

A. 设备密闭　　B. 厂房通风

C. 惰性介质保护　　D. 危险品隔离储存

E. 装设报警装置

4. 在生产过程中，为预防在设备和系统里或在其周围形成爆炸性混合物，常采用惰性气体保护措施。下列采用惰性气体保护的措施中，正确的有（　　）。

A. 惰性气体通过管线与有火灾爆炸危险的设备进行连接供危险时使用

B. 易燃易爆系统检修动火前，使用惰性气体进行吹扫置换

C. 可燃固体粉末输送时，采用惰性气体进行保护

D. 易燃液体输送时，采用惰性气体作为输送动力

E. 有可能引起火灾危险的电器、仪表等采用充氮负压保护

5. 在输送、盛装易燃物料的设备、管道上，或在可燃可爆区域内动火经常发生事故。在这类装置上动火前应（　　）。

A. 将相连的管道拆下断开或关紧截止阀隔绝

B. 将系统和环境进行彻底的清洗或清理

C. 须用惰性气体对拟动火容器进行吹扫置换

D. 爆炸下限大于4%的可燃气体，浓度小于0.5%方可动火

E. 爆炸下限小于4%的可燃气体浓度应小于0.3%就可以动火

6. 为防止火灾爆炸事故的发生，阻止其扩散和减少破坏，在实际生产经营活动中广泛使用多种防火防爆安全装置及技术。下列关于防火防爆安全装置及技术的说法中，正确的有（　　）。

A. 工作介质含剧毒气体时应采用安全阀作为防爆泄压装置

B. 化学抑爆技术可用于空气输送可燃性粉尘的管道

C. 当安全阀的入口处装有隔断阀时，隔断阀必须保持常开状态并加铅封

D. 主动式、被动式隔爆装置是靠装置某一元件的动作阻隔火焰

E. 防爆门应设置在人不常到的地方，高度宜不低于2 m

第三节　烟花爆竹安全技术

【本节重点】

一级知识点	二级知识点
烟花爆竹的组成、性质及产品分类与分级	（1）烟火药的成分（氧化剂、还原剂、黏合剂、添加剂） （2）烟花爆竹的特性（能量特征、燃烧特性、力学特性、安全性） （3）烟花爆竹分级（A、B、C、D）
烟花爆竹安全性能指标及影响因素	（1）烟花爆竹主要安全性能检测项目（摩擦感度、撞击感度、静电感度、爆发点、相容性、吸湿性、水分、pH） （2）烟花爆竹药剂感度的影响因素（温度、杂质）
烟火药、烟花爆竹生产安全措施	（1）烟火药制造过程中的防火防爆措施（粉碎、称量、混合、工具设备容器） （2）烟花爆竹产品生产过程中的防火防爆措施

续表

一级知识点	二级知识点
烟花爆竹工厂的布局和建筑安全要求	(1) 建筑物危险等级划分（1.1级、1.3级） (2) 工厂安全距离定义及其确定（计算药量） (3) 工厂平面布置 (4) 工艺布置 (5) 烟花爆竹工厂电气安全要求（F0、F1、F2区电气要求）

一、烟花爆竹的组成、性质及产品分类与分级

1. 烟火药的成分

（1）氧化剂。与还原剂反应产生热量和气体。

（2）还原剂。与氧化剂反应产生热量和气体。

（3）黏合剂。将烟火药成分黏合在一起，保证燃烧的稳定性。

（4）添加剂。如火焰着色剂使火焰绚丽多彩；惰性添加剂降低烟火药爆炸的感度，从而增加其安全性。

2. 烟花爆竹的特性

（1）能量特征。能量特征是标志火药做功能力的参量，一般是指1kg火药燃烧时气体产物所做的功。

（2）燃烧特性。燃烧特性标志火药能量释放的能力，主要取决于以下两个因素：

1）火药的燃烧速率。

2）燃烧表面积。

（3）力学特性。力学特性是指火药要具有相应的强度，满足在高温下保持不变形、低温下不变脆的要求，以保证稳定燃烧。

（4）安全性。火药在生产、使用和运输过程中应安全可靠。

3. 烟花爆竹分级

按照药量及所能构成的危险性大小，烟花爆竹产品分为A、B、C、D四级。

（1）A级。由专业燃放人员在特定的室外空旷地点燃放、危险性很大的产品。

（2）B级。由专业燃放人员在特定的室外空旷地点燃放、危险性较大的产品。

（3）C级。适于室外开放空间燃放、危险性较小的产品。

（4）D级。适于近距离燃放、危险性很小的产品。

二、烟花爆竹安全性能指标及影响因素

1. 烟花爆竹主要安全性能检测项目

烟花爆竹主要安全性能检测项目包括摩擦感度、撞击感度、静电感度、爆发点、相容性、吸湿性、水分、pH。

（1）摩擦感度。摩擦感度是指在摩擦作用下，火药发生燃烧或爆炸的难易程度。

（2）撞击感度。烟花爆竹药剂在冲击和摩擦作用下发生爆炸的原因，是炸药内部产生了所谓的“热点”，即灼热核。这些热点的温度超过了炸药的爆发点，成为爆炸的

初始中心。一般来说，热点的半径越小，临界温度越高；炸药的敏感度越低，临界温度越高。

(3) 静电感度。静电感度包括以下两个方面：

1) 炸药摩擦时产生静电的难易程度，可通过测量炸药摩擦时产生的静电量确定。

2) 炸药对静电放电火花的感度，即测量在一定电压和电容放电火花作用下发生爆炸的概率。

(4) 爆发点。使炸药开始爆炸变化，介质所需加热到的最低温度叫炸药的爆发点。爆发点越低，炸药对热的感度越高（敏感），也就越危险。反之，爆发点越高，危险性越低。

(5) 相容性。相容性包括内相容性和外相容性。

1) 内相容性是药剂中组分与组分之间的相容性。不同组分在使炸药性能提升的同时，会产生组分成分之间相互反应的问题，直接影响炸药储存、运输和使用的安全性、可靠性。

2) 外相容性是把药剂作为一个体系，它与相关的接触物质（另一种药剂或结构材料）之间的相容性。例如，炸药与其包装材质之间的相容性会影响炸药的安全性。

2. 烟花爆竹药剂感度的影响因素

(1) 温度

1) 药剂温度升高，各种感度毫无例外地会增高。

2) 当温度接近药剂的爆发点时，很小的外界作用就可以引起爆炸。

(2) 杂质（添加剂）

1) 药剂中掺有惰性物质，感度会发生巨大变化。

2) 杂质主要影响药剂的机械感度。

3) 提高感度的杂质为敏化剂，降低感度的杂质为钝化剂。

三、烟火药、烟花爆竹生产安全措施

烟火药制造过程防护原则是固定专用工房、专用设备，限定人员数量、设备数量、加工药量，此外，要加强静电防护。

1. 烟火药制造（裸药效果件制作）过程中的防火防爆措施

(1) 原料粉碎安全

1) 粉碎氧化剂、还原剂应分别在单独专用工房内进行。

2) 每栋工房定员 2 人。

(2) 原料称量安全

1) 每栋工房定员 1 人。

2) 定量 200 kg。

3) 称量氧化剂、还原剂应分别使用取料工具和计量器具。

4) 称好的氧化剂应与还原剂及其他原材料分别盛装，装入容器后应立即标识。

(3) 药物混合安全

1) 烟火药各成分混合宜采用转鼓等机械设备，每栋工房定机 1 台，定员 1 人。

2) 手工混药，每栋工房定员 1 人。

3）药物混合定量不超过标准要求。

4）三元黑火药制造应先将炭和硫进行二元混合。

5）高感度烟火药如氯酸盐不准用球磨机混合。

6）摩擦药的混合，应将氧化剂、还原剂分别用水润湿后方可混合，混合后的烟火药应保持湿度；不应使用干法和机械法混合摩擦药。

（4）工具、设备、容器材质要求。

1）可用黄铜、杂木、楠竹和皮革及导电橡胶等材料制成。

2）不应使用易产生火花的铁质和易积累静电的塑料材质。

2. 烟花爆竹产品生产过程中的防火防爆措施

（1）基本安全要求

1）各工序应分别在单独专用工房进行。

2）烟火药、黑火药、引火线、效果件及有药半成品应设专人管理，各工序应按定量领取并登记。

3）使用的烟火药为多种时，定量按各种烟火药限量的平均值确定；产品制作如定量小于或等于单发（枚）产品药量时，定量为单发（枚）的含药量。

4）直接接触烟火药的工序应按规定设置防静电装置，并采取增加湿度等措施，以减少静电积累。

5）手工直接接触烟火药的工序应使用铜、铝、木、竹等材质的工具，不应使用铁器、瓷器和不导静电的塑料、化纤材料等工具盛装、掏挖、装筑（压）烟火药。

6）盛装烟火药时药面应不超过容器边缘。

（2）装、筑（压）药安全

1）装药前应筛除效果件中的药尘（灰），除药尘（灰）应在单独工房操作。

2）1.1 级工房，每栋工房定员 1 人；当隔离操作时，每栋工房定员 2 人，单人单间。

四、烟花爆竹工厂的布局和建筑安全要求

1. 建筑物危险等级划分

（1）1.1 级建筑物。建筑物内的危险品在制造、储存、运输中具有整体爆炸危险或有迸射危险，其破坏效应将波及周围。1.1 级建筑物可进一步分为以下两级：

1）1.1^{-1} 级建筑物，指危险品发生爆炸事故时，其破坏能力相当于 TNT 的厂房和仓库。

2）1.1^{-2} 级建筑物，指危险品发生爆炸事故时，其破坏能力相当于黑火药的厂房和仓库。

（2）1.3 级建筑物。1.3 级建筑物的危险性如下：

1）建筑物内的危险品在制造、储存、运输中具有燃烧危险。

2）或偶尔有较小爆炸或较小迸射危险。

3）或两者兼有，但无整体爆炸危险，其破坏效应局限于本建筑物内，对周围建筑物影响较小。

（3）危险建筑等级划分方法。

1）厂房的危险等级应由其中最危险的生产工序确定。部分工序的危险等级见表 4-18。

2）仓库的危险等级应由其中所储存的最危险物品确定。

表 4-18　　部分工序的危险等级

危险品名称	危险等级	生产工序
黑火药	1.1^{-2} 级	药物混合（硝酸钾与炭、硫球磨）、潮药装模（或潮药包片）、压药、拆模（撕片）、碎片、造粒、抛光、浆药、干燥、散热、筛选、计量包装
	1.3 级	单料粉碎、筛选、干燥、称料，硫、炭二成分混合
烟火药	1.1^{-1} 级	药物混合、造粒、筛选、制开球药、压药、浆药、干燥、散热、计量包装
	1.1^{-2} 级	褙药柱（药块）、湿药调制、烟雾剂干燥、散热、计量包装
	1.3 级	氧化剂、可燃物的粉碎与筛选、称料（单料）
引线	1.1^{-2} 级	制引、浆引、漆引、干燥、散热、绕引、定型裁割、捆扎、切引、包装
爆竹类	1.1^{-1} 级	装药
	1.1^{-2} 级	黑火药装药
	1.3 级	插引（含机械插引、手工插引和空筒插引）、挤引、封口、点药、结鞭、包装

2. 工厂安全距离定义及其确定

（1）工厂安全距离的定义。工厂安全距离是指危险性建筑物与周围建筑物之间的最小允许距离，包括外部安全距离和内部安全距离。

1）外部安全距离。工厂危险品生产区内的危险性建筑物与其周围村庄、公路、铁路、城镇和本厂住宅区等的距离。

2）内部安全距离。危险品生产区内危险性建筑物之间以及危险性建筑物与周围其他建（构）筑物之间的距离。

（2）安全距离的确定。烟花爆竹工厂的内、外部安全距离是根据危险建筑物的计算药量、建筑物的危险等级和防护情况确定的。

（3）计算药量的概念与计算方法。计算药量是指建筑物内（含生产设备、运输设备和器具里）所存放的黑火药、烟火药、在制品、半成品、成品等能形成同时爆炸或燃烧的危险品最大药量，这里所指建筑物包括厂房和仓库。确定计算药量时应注意以下几点：

1）防护屏障内的危险品药量，应计入该屏障内的危险性建筑物的计算药量。

2）抗爆间室的危险品药量可不计入危险性建筑物的计算药量。

3）厂房内采取了分隔防护措施，相互间不会引起同时爆炸或燃烧的药量可分别计算，取其最大值。

3. 工厂平面布置

（1）危险性建筑物之间、危险性建筑物与其他建筑物之间的距离应符合内部最小允许距离的要求。

（2）同一危险等级的厂房和库房宜集中布置；计算药量大或危险性大的厂房和库

房，宜布置在危险品生产区的边缘或其他有利于安全的地形处；粉尘污染比较大的厂房应布置在厂区的边缘。

（3）危险品生产厂房宜小型、分散。

（4）危险品生产区和危险品总仓库区的围墙设置应符合下列规定：

1）危险品生产区和危险品总仓库区应设置高度不低于 2 m 的围墙。

2）围墙与危险性建筑物、构筑物之间的距离宜设为 12 m，且不小于 5 m。

3）围墙应为密砌墙，特殊地形设置密砌墙有困难时，局部地段可设置刺丝围墙。

4）距离危险性建筑物、构筑物外墙四周 5 m 内宜设置防火隔离带。

4. 工艺布置

（1）1.1 级、1.3 级厂房和库房（仓库）应为单层建筑，其平面宜为矩形。

（2）1.1 级厂房应单机单栋或单人单栋独立设置，当采取抗爆间室、隔离操作时可以连建。引火线制造厂房应单间单机布置，每栋厂房连建间数不超过 4 间。

（3）1.3 级厂房设置应符合下列规定：

1）工作间连建时应采用密实砌体墙隔开，且连建间数应不超过 6 间，当厂房建筑耐火等级为三级时，连建间数应不超过 4 间。

2）机械插引厂房工作间连建间数应不超过 4 间，且每个工作间应为单人单机布置。

3）原料称量、氧化剂的粉碎和筛选、可燃物的粉碎和筛选，应独立设置厂房。

（4）不同危险等级的中转库应独立设置，且不得和生产厂房连建。

（5）有固定作业人员的非危险品生产厂房不得和危险品厂房连建。

（6）1.1 级厂房内不应设置除更衣室外的辅助用室，1.3 级厂房内可设置生产辅助用室（如工器具室等）。

5. 烟花爆竹工厂电气安全要求

（1）烟花爆竹生产危险场所分类。烟花爆竹生产危险场所可划分为 F0、F1、F2 三类。

1）F0 类。经常或长期存在能形成爆炸危险的黑火药、烟火药及其粉尘的危险场所。

2）F1 类。在正常运行时可能形成爆炸危险的黑火药、烟火药及其粉尘的危险场所。

3）F2 类。在正常运行时能形成火灾危险，而爆炸危险性极小的危险品及粉尘的危险场所。

各类危险场所均以工作间（或建筑物）为单位。

（2）F0 类电气危险场所电气设备安装要求

1）F0 类电气危险场所不应安装电气设备。当确有必要时，可设置检测仪表（黑火药除外）。

2）F0 类电气危险场所电气照明应采用可燃性粉尘环境 21 区用电气设备 DIP21，外壳防护等级为 IP65 级的灯具。

（3）F1 类电气危险场所电气设备的选型

1）电气设备应采用可燃性粉尘环境电气设备 21 区 DIP21、IP65，爆炸性气体环境用电气设备Ⅱ类B级隔爆型、本质安全型（IP54），灯具及控制按钮可采用增安型。

2）门灯及安装在外墙外侧的开关应采用可燃性粉尘环境用电气设备不低于22区DIP22、IP54。

（4）F2类电气危险场所电气设备的选型。电气设备、门灯及安装在外墙外侧的开关应采用可燃性粉尘环境用电气设备22区DIP22、IP54。

【练习提高】

一、单项选择题（每题1分，每题的备选项中，只有1个最符合题意）

1. 烟花爆竹产品中的烟火药原料包括氧化剂、还原剂、黏合剂、添加剂等，原料的组成不仅决定其燃烧爆炸特性，还影响其安全稳定性。根据《烟花爆竹安全与质量》，下列物质中，属于烟火药原料禁止使用的是（　　）。

A. 高氯酸钾　　B. 硝酸钾　　C. 氯酸钾　　D. 苯甲酸钾

2. 烟花爆竹的组成决定了它具有燃烧和爆炸的特性，具体包括能量特征、燃烧特性、力学特性、安定性等参数。表征1 kg火药燃烧时对气体产物做功特性的参数是（　　）。

A. 能量特征　　B. 燃烧特性　　C. 力学特性　　D. 安定性

3. 近年来，我国烟花爆竹重大、特大伤亡事故频繁发生。为防止事故发生，在烟火药的制造过程中，物料的粉碎应在单独工房进行，粉碎前后应除掉机械杂质，筛选时选用的工具不得采用的材质是（　　）。

A. 塑料　　B. 铜质　　C. 铝质　　D. 木质

4. 烟花爆竹工厂的安全距离指危险性建筑物与周围建筑物之间的最小允许距离，包括外部距离和内部距离。下列关于外部距离和内部距离的说法中，错误的是（　　）。

A. 工厂危险品生产区内的危险性建筑物与周围村庄的距离为外部距离
B. 工厂危险品生产区内危险性建筑物与厂部办公楼的距离为内部距离
C. 工厂危险品生产区内危险性建筑物与本厂生活区的距离为外部距离
D. 工厂危险品生产区内危险性建筑物之间的距离为内部距离

5. 烟花爆竹工厂的安全距离是指危险性建筑物与周围建筑物之间的最小允许距离。《烟花爆竹工程设计安全规范》（GB 50161—2009）规定设计安全距离时要使用“计算药量”参数。下列关于确定计算药量的说法中，正确的是（　　）。

A. 停滞药量是暂时搁置时，允许存放的最小药量
B. 抗爆间室的危险品药量应计入危险性建筑物的计算药量
C. 防护屏障内的危险品药量不计入该屏障内的危险性建筑物的计算药像
D. 厂房内采取了分隔防护措施，相互间不会引起同时爆炸或燃烧的药量可分别计算，取其最大值

6. 烟花爆竹的燃烧特性标志着火药能量释放的能力，其主要取决于火药的（　　）。

A. 能量释放和燃烧速率　　B. 燃烧速率和燃烧面积

C. 燃烧速率和化学组成　　D. 做功能力和燃烧速率

7.《烟花爆竹工程设计安全规范》（GB 50161—2009）规定，1.1^{-1} 级建筑物为建筑物内的危险品发生爆炸事故时，其破坏能力相当于TNT的厂房和仓库。1.1^{-2} 级建筑物为建筑物内的危险品发生爆炸事故时，其破坏能力相当于黑火药的厂房和仓库。进行（　　）工序的厂房属于1.1^{-1} 级。

A. 爆竹类装药　　B. 吐珠类装（筑）药

C. 礼花弹类包装　　D. 黑火药造粒

8. 根据《烟花爆竹　安全与质量》（GB 10631—2013），烟花爆竹、原材料和半成品的主要安全性能检测项目有摩擦感度、撞击感度、静电感度、爆发点、相容性、吸湿性、水分、pH 等。下列关于烟花爆竹、原材料和半成品安全性能的说法中，错误的是（　　）。

A. 静电感度包括药剂摩擦时产生静电的难易程度和对静电放电火花的敏感度

B. 摩擦感度是指在摩擦作用下，药剂发生燃烧或爆炸的难易程度

C. 撞击感度是指药剂在冲击和摩擦作用下发生燃烧或爆炸的难易程度

D. 烟花爆竹药剂的外相容性是指药剂中组分与组分之间的相容性

9. 按照药量及所能构成的危险性大小，烟花爆竹产品分为A、B、C、D四级。其中不需要专业人员燃放，适合在室外开放空间燃放，危险性较小的是（　　）。

A. B级　　B. C级　　C. D级　　D. A级

10. 下列关于烟花爆竹工厂电气危险场所分类的说法中，错误的是（　　）。

A. 危险场所均以工作间（或建筑物）为单位，划分为F0、F1、F2三类，其中F0类电气危险场所最安全

B. F0类电气危险场所是指经常或长期存在能形成爆炸危险的黑火药、烟火药及其粉尘的危险场所

C. F1类电气危险场所是指在正常运行时可能形成爆炸危险的黑火药、烟火药及其粉尘的危险场所

D. F2类电气危险场所是指在正常运行时能形成火灾危险，而爆炸危险性极小的危险品及粉尘的危险场所

11. 为保证烟花爆竹安全生产，生产过程中常采取增加湿度的措施或者湿法操作，然后再进行干燥处理。下列关于干燥工艺安全要求的说法中，错误的是（　　）。

A. 产品干燥不应与药物干燥在同一晒场（烘房）进行

B. 蒸汽干燥的烘房应采用肋形散热器

C. 摩擦类产品不应与其他类产品在同一晒场（烘房）干燥

D. 循环风干燥应有除尘设备并定期清扫

二、多项选择题（每题2分，每题的备选项中，有2个或2个以上符合题意，至少有1个错项。错选，本题不得分；少选，所选的每个选项得0.5分）

1. 在烟花爆竹工厂的设计过程中，危险性建筑物、场所与周围建筑物之间应保持一定的安全距离，该距离是分别按建筑物的危险等级和计算药量计算后取其最大值。下列关于安全距离的说法中，正确的有（　　）。

A. 围墙与危险性建筑物、构筑物之间的距离宜设为12 m，且不小于5 m

B. 距离危险性建筑物、构筑物外墙四周 5 m 内宜设置防火隔离带
C. 危险品生产区内的危险性建筑物与本企业总仓库区的最小允许距离，应分别按建筑物的危险等级和计算药量计算后取其最大值
D. 烟花爆竹企业的危险品销毁场边缘距场外建筑物外部的最小允许距离应不小于 65 m，一次销毁药量应不超过 20 kg
E. 危险性建筑物中抗爆间室的危险品药量必须计入危险性建筑物的计算药量

2. 下列关于烟花爆竹药剂感度影响因素的说法中，正确的有（　　）。
A. 药剂温度升高，除机械感度外的其他感度都会增高
B. 当温度接近药剂的爆发点时，很小的外界作用就可以引起爆炸
C. 药剂中掺有惰性物质，感度会发生巨大变化
D. 杂质主要影响药剂的机械感度
E. 杂质只会降低药剂的感度

3. 下列关于烟花爆竹企业建筑物危险等级划分的说法中，正确的有（　　）。
A. 分为 1.1 级和 1.3 级两级，其中 1.1 级进一步分为 1.1^{-1} 和 1.1^{-2} 两个子级
B. 1.1 级建筑物具有整体爆炸危险或有迸射危险，其破坏效应将波及周围
C. 1.1^{-1} 级建筑物是爆炸破坏能力相当于黑火药的厂房和仓库
D. 1.1^{-2} 级建筑物是爆炸破坏能力相当于 TNT 的厂房和仓库
E. 1.3 级建筑物主要具有燃烧危险，或偶尔有较小爆炸或较小迸射危险

4. 下列关于烟花爆竹生产车间工艺布置的说法中，正确的有（　　）。
A. 1.1 级、1.3 级厂房和库房（仓库）应为单层建筑，其平面宜为矩形
B. 1.1 级厂房应单机单栋或单人单栋独立设置，当采取抗爆间室、隔离操作时可以连建
C. 1.3 级厂房工作间连建时应采用密实砌体墙隔开，且连建间数不超过 4 间
D. 不同危险等级的中转库应独立设置，且不得和生产厂房连建
E. 1.1 级厂房内不应设置除更衣室外的辅助用室，1.3 级厂房内可设置生产辅助用室（如工器具室等）

第四节　民用爆炸物品安全技术

【本节重点】

一级知识点	二级知识点
民用爆炸物品分类	（1）工业炸药 （2）起爆器材 （3）专用民爆物品
民用爆炸物品的火灾爆炸危险因素	乳化炸药生产的火灾爆炸危险因素

续表

一级知识点	二级知识点
民用爆炸物基本特性与感度	（1）炸药燃烧的特性（能量、燃烧、力学、安定、安全特性） （2）炸药爆炸的特征（放热、高速反应、大量气体生成） （3）民用爆炸品的燃烧爆炸敏感度及其影响因素（火焰、热、机械、交直流电、射频、光、冲击波、爆轰感度等）
厂区工艺布置及电气设备防爆选型	（1）厂区工艺布置 （2）电气设备防爆选型（F0、F1、F2区选型）

一、民用爆炸物品分类

民用爆炸物品是用于非军事目的、列入《民用爆炸物品品名表》的各类火药、炸药及其制品和雷管、导火索等点火、起爆器材。民用爆炸物品包括工业炸药、起爆器材、专用民爆物品。

1. 工业炸药

工业炸药有乳化炸药、铵油炸药、膨化炸药、水胶炸药及其他工业炸药等。

2. 起爆器材

起爆器材可分为起爆材料和传爆材料两大类。电雷管、磁电雷管、导爆管雷管、继爆管及其他雷管属起爆材料，导火索、导爆索、导爆管等属传火传爆材料。

3. 专用民爆物品

专用民爆物品有油气井用起爆器、射孔弹、复合射孔器、修井爆破器材、点火药盒，地震勘探用震源药柱、震源弹，特种爆破用矿岩破碎器材、中继起爆具、平炉出钢口穿孔弹、果林增效爆破具等。

二、民用爆炸物品的火灾爆炸危险因素

乳化炸药是将水相和油相在高速的运转和强剪切力作用下，借助乳化剂的乳化作用而形成乳化基质，再经过敏化剂敏化得到的一种油包水型的爆炸性物质。

乳化炸药生产的火灾爆炸危险因素主要来自物质危险性，如生产过程中的高温、撞击、摩擦、电气和静电火花、雷电引起的危险性。

乳化炸药生产原料或成品在储存和运输中存在以下危险因素：

（1）硝酸铵在储存过程中会发生自然分解，放出热量。当环境具备一定的条件时热量聚集，当温度达到爆发点时引起硝酸铵燃烧或爆炸。

（2）油相材料都是易燃危险品，储存时遇到高温、氧化剂等易发生燃烧而引起火灾事故。

（3）乳化炸药的运输可能发生翻车、撞车、坠落、碰撞及摩擦等险情，会引起乳化炸药的燃烧或爆炸。

三、民用爆炸物基本特性与感度

1. 炸药燃烧的特性

（1）能量特征。能量特征是标志炸药做功能力的参量，一般是指1kg炸药燃烧时

气体产物所做的功。

（2）燃烧特性

1）燃烧特性标志炸药能量释放的能力，主要取决于炸药的燃烧速率和燃烧表面积。

2）燃烧速率与炸药的组成和物理结构有关，还随初始温度和工作压力的升高而增大。

3）加入增速剂、嵌入金属丝或将炸药制成多孔状，均可提高燃烧速率。

4）加入降速剂，可降低燃烧速率。燃烧表面积主要取决于炸药的几何形状、尺寸和对表面积的处理情况。

（3）力学特性。力学特性是指炸药要具有相应的强度，满足在高温下保持不变形、低温下不变脆的要求，能承受在使用时可能出现的各种力的作用，以保证稳定燃烧。

（4）安定性。安定性是指炸药必须在长期储存中保持其物理化学性质的相对稳定。为改善炸药的安定性，一般在炸药中加入少量的化学安定剂，如二苯胺等。

（5）安全性。由于炸药在特定的条件下能发生爆轰，所以要求在配方设计时必须考虑炸药在生产、使用和运输过程中应安全可靠。

2. 炸药爆炸的特征

炸药爆炸是一种化学过程，但与一般的化学反应过程相比，具有以下三大特征：

（1）反应过程的放热性。在炸药爆炸变化过程中，炸药的化学能转变成热能。热的释放是爆炸变化过程发生和自行传播的必要条件。

（2）反应过程的高速度。爆炸过程以极快的速度进行，通常为每秒几百米或几千米。

（3）反应生成物必定含有大量的气态物质。

3. 民用爆炸品的燃烧爆炸敏感度及其影响因素

（1）民用爆炸品的燃烧爆炸敏感度。民用爆炸品在外界作用下引起燃烧和爆炸的难易程度称为民用爆炸品的敏感程度，简称民用爆炸品的感度。民用爆炸品有各种不同的感度，一般有火焰感度、热感度、机械感度（撞击感度、摩擦感度、针刺感度）、电感度（交直流电感度、静电感度、射频感度）、光感度（可见光感度、激光感度）、冲击波感度、爆轰感度。

（2）民用爆炸品爆炸影响因素。民用爆炸品爆炸影响因素主要有炸药的性质、装药的临界尺寸、炸药层的厚度和密度、炸药的杂质及含量、周围介质的气体压力和壳体的密封、环境温度和湿度等。

四、厂区工艺布置及电气设备防爆选型

1. 厂区工艺布置

（1）主厂区内应根据工艺流程、生产特性，按危险与非危险分开原则，加以区划、布置。主厂区应布置在非危险区的下风侧。

（2）内部与外部安全距离符合有关标准的要求。

（3）对于厂房内的工艺布置，宜将危险生产工序布置在一端，接着布置危险性较低的生产工序。

（4）危险品生产厂房和库房在平面上宜布置成简单的矩形，不宜设计成复杂的凹形、L形等。

（5）危险品生产厂房和库房要充分考虑人员的紧急疏散问题。

（6）有泄爆要求的工艺设备，在布置时应使其泄爆方向不直接对着其他建筑物或主要道路。

2. 电气设备防爆选型

（1）F0类电气危险场所。F0类电气危险场所即炸药、起爆药、火工品的储存场。制造加工、储存场所不应安装电气设备。电气照明采用安装在建筑外墙的壁龛灯或装在室外的投光灯。

（2）F1类电气危险场所。F1类电气危险场所即起爆药、火工品制造的场所。

1）电气设备表面温度不得超过允许表面温度（有140 ℃、100 ℃等）。

2）应优先采用尘密结构型、Ⅱ类B级隔爆型、本质安全型、增安型（仅限于灯类及控制按钮）。

3）当生产设备采用电力传动时，电动机应安装在无危险场所，采取隔墙传动。

（3）F2类电气危险场所。F2类电气危险场所即理化分析成品试验站，选用密封型、防水防尘型设备。

【练习提高】

一、单项选择题（每题1分，每题的备选项中，只有1个最符合题意）

1. 民用爆炸物品是广泛用于矿山、开山辟路、水利工程、地质探矿和爆炸加工等许多工业领域的重要消耗材料。下列民用爆炸物品中，属于专用民爆物品的是（　　）。

A. 射孔弹　　B. 水胶炸药　　C. 乳化炸药　　D. 磁电雷管

2. 炸药的爆炸是一种化学过程，但与一般的化学反应过程相比，具有三大特征，其中不包括（　　）。

A. 反应过程的放热性　　B. 反应过程的高速度

C. 反应过程的复杂性　　D. 反应生成物必定含有大量的气态物质

3. 工业炸药在生产、储存、运输和使用过程中存在的火灾爆炸危险包括撞击摩擦、静电火花、雷电等。下列关于因静电积累放电而导致工业炸药发生爆炸事故的说法中，正确的是（　　）。

A. 静电放电的火花温度达到工业炸药的着火点

B. 静电放电的火花温度达到工业炸药的自燃点

C. 静电放电的火花温度达到工业炸药的闪点

D. 静电放电的火花能量达到工业炸药的引燃能

4. 乳化炸药在生产、储存、运输和使用过程中存在诸多引发燃烧爆炸事故的危险因素，包括高温、撞击、摩擦、电气、静电火花、雷电等。下列关于引发乳化炸药原料或成品燃烧爆炸事故的说法中，错误的是（　　）。

A. 乳化炸药在储存、运输过程中，静电放电的火花温度达到其着火点，会引发

燃烧爆炸事故

B. 硝酸铵储存过程中会发生自然分解，放出的热量聚集，温度达到其爆发点时会引发燃烧爆炸事故

C. 油相材料都是易燃危险品，储存时遇到高温、氧化剂等易引发燃烧爆炸事故

D. 乳化炸药运输时发生翻车、撞车、坠落、碰撞及摩擦等险情，易引发燃烧爆炸事故

5. 民用爆炸物品生产企业设计应当符合《民用爆炸物品工程设计安全标准》（GB 50089—2018），该规范适用于民用爆炸物品工厂的新建、改建、扩建和（　　）。

A. 装备保养工程　　B. 技术改造工程

C. 设备维修工程　　D. 隐患排查工程

二、多项选择题（每题 2 分，每题的备选项中，有 2 个或 2 个以上符合题意，至少有 1 个错项。错选，本题不得分；少选，所选的每个选项得 0.5 分）

民用爆炸品爆炸的影响因素包括（　　）。

A. 炸药的性质　　B. 引爆能量

C. 装药的临界尺　　D. 炸药层的厚度和密度

E. 炸药的杂质及含量

第五节　消防设施与器材

【本节重点】

一级知识点	二级知识点
消防设施	（1）消防设施的概念 （2）火灾自动报警系统（触发、报警、警报、电源装置） （3）自动灭火系统 （4）防排烟与通风空调系统
灭火器及其选择	（1）灭火器分类及选择（水基、干粉、二氧化碳、洁净气体灭火器） （2）水灭火剂灭火机理及灭火器适用范围 （3）泡沫灭火剂灭火机理及灭火器适用范围 （4）干粉灭火剂灭火机理及灭火器适用范围 （5）二氧化碳及洁净气体灭火剂灭火机理及灭火器适用范围
火灾探测器	（1）感光式火灾探测器 （2）感烟式火灾探测器 （3）感温式火灾探测器 （4）可燃气体火灾探测器

一、消防设施

1. 消防设施的概念

消防设施包括以下设施：

（1）火灾自动报警系统。

（2）自动灭火系统。

（3）消火栓系统。

（5）防排烟与通风空调系统。

（6）应急广播和应急照明。

（7）安全疏散设施等。

2. 火灾自动报警系统

（1）火灾自动报警系统构成。火灾自动报警系统是由触发装置、火灾报警装置、火灾警报装置和电源等部分组成的通报火灾发生的全套设备，复杂系统还包括消防控制设备，如图4-9所示。

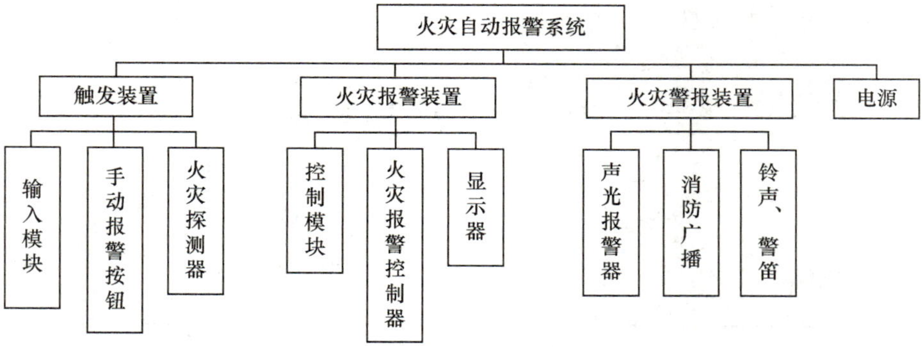

图4-9　火灾自动报警系统

（2）火灾报警控制器。火灾报警控制器（简称控制器）是火灾自动报警系统的核心装置。

1）火灾报警控制器除具有控制、记忆、识别和报警功能外，还具有自动检测、联动控制、打印输出、图形显示、通信广播等功能。

2）火灾报警控制器可分为区域火灾报警控制器、集中火灾报警控制器和通用火灾报警控制器三种基本类型。

（3）火灾自动报警系统功能。火灾自动报警系统功能包括探测、报警、联动、灭火、减灾等。其中，火灾探测和报警是火灾自动报警系统的主要功能。此外，该系统还有联动与控制功能，对自动灭火系统、防排烟与通风空调系统等其他消防设施发出指令，控制它们完成消防功能。

消防系统中有三种控制方式：自动控制、联动控制、手动控制。

（4）火灾自动报警系统分类。火灾自动报警系统划分为三种基本形式，见表4-19。

表 4-19　　火灾自动报警系统分类

类别	适合对象	构成	适用领域
区域报警系统	二级保护对象	火灾探测器、手动报警按钮、区域火灾报警控制器、火灾警报装置和电源等部分	使用很广泛，如行政事业单位、工矿企业的要害部门和娱乐场所等
集中报警系统	一级、二级保护对象	由一台集中报警控制器、两台以上的区域报警控制器、火灾警报装置和电源等组成	高层宾馆、饭店、大型建筑群一般使用集中报警系统
控制中心报警系统	特级、一级保护对象	集中报警系统加上联动的消防控制设备	大型宾馆、饭店、商场、办公室、大型建筑群和大型综合楼工程等

3. 自动灭火系统

自动灭火系统由火灾自动报警系统控制，主要包括以下三类：

（1）水灭火系统。水灭火系统包括室内外消火栓系统、自动喷水灭火系统、水幕和水喷雾灭火系统。

（2）气体自动灭火系统。以气体作为灭火介质的灭火系统称为气体灭火系统。

（3）泡沫灭火系统。泡沫灭火系统指空气机械泡沫系统。按发泡倍数，泡沫灭火系统可分为以下三类：

1）低倍数泡沫灭火系统。发泡倍数在 20 倍以下。

2）中倍数泡沫灭火系统。发泡倍数为 21~200 倍。

3）高倍数泡沫灭火系统。发泡倍数为 201~1 000 倍。

4. 防排烟与通风空调系统

（1）自然排烟。排烟窗、排烟井，它们主要适用于烟气具有足够大的浮力、可能克服其他阻碍烟气流动的驱动力的区域。

（2）机械排烟。可克服自然排烟的局限，有效地排出烟气。

二、灭火器及其选择

1. 灭火器分类及选择

灭火器分类主要有两种方法，一是按照灭火介质分类，见表 4-20；一是按照灭火剂喷出的驱动动力分类。按照驱动力类型，灭火器可分为储气瓶式灭火器和储压式灭火器。储气瓶式灭火器灭火剂由灭火器的储气瓶释放的压缩气体或液化气体的压力驱动，储压式灭火器灭火剂由储于灭火器同一容器内的压缩气体或灭火剂蒸气压力驱动。

表 4-20　　灭火器按灭火介质分类及适用火灾类型

类型	品种	适用火灾类型
水基（水系）灭火器	水灭火器（清水、酸碱灭火器）	（1）A 类、B 类火灾 （2）不适用于密度小于水的非水溶性液体的 B 类火灾
	泡沫灭火器（抗醇、非抗醇泡沫灭火器）	（1）A 类、B 类火灾 （2）非抗醇泡沫灭火器不能扑救酒精等水溶性 B 类火灾

续表

类型	品种	适用火灾类型
干粉灭火器	BC 干粉灭火器	B 类、C 类火灾及 E 类、F 类
	ABC 干粉灭火器	A 类、B 类、C 类及 E 类、F 类火灾，不适用于 D 类火灾
	D 干粉灭火器	D 类火灾
二氧化碳灭火器		（1）A 类、B 类、C 类、E 类、F 类火灾 （2）E 类火灾要求 600 V 以下 （3）不适用于 D 类 （4）不适用于氧化剂引起的 A 类等火灾
洁净气体灭火器	洁净气体灭火器（氮气、卤代烷如 1211、1301、七氟丙烷灭火器）	（1）A 类、B 类、C 类、E 类、F 类火灾 （2）一些卤代烷灭火器已停产或限制使用

各类火灾灭火器的选择见表 4-21。

表 4-21　各类火灾可选用的灭火器类型

火灾类型	灭火器类型	备注
A 类	纯水灭火器、酸碱灭火器、泡沫灭火器、ABC 干粉灭火器、二氧化碳灭火器、洁净气体（氮气、混合气体、卤代烷）灭火器	氧化剂参与的 A 类火灾不能用二氧化碳和洁净气体灭火器
B 类	泡沫灭火器、干粉灭火器、二氧化碳灭火器、洁净气体（氮气、混合气体、卤代烷）灭火器	非抗醇泡沫灭火器不能灭酒精等水溶性液体 B 类火灾
C 类	干粉灭火器、二氧化碳灭火器、洁净气体（氮气、混合气体、卤代烷）灭火器	
D 类	D 干粉灭火器	
E 类	干粉灭火器、二氧化碳灭火器、洁净气体（氮气、混合气体、卤代烷）灭火器	
F 类	干粉灭火器、二氧化碳灭火器、洁净气体（氮气、混合气体、卤代烷）灭火器	

2. 水灭火剂灭火机理及灭火器适用范围

（1）灭火机理。冷却，减少氧气，稀释可燃物，使物质浸湿难燃。

（2）水灭火器不适用于以下火灾：

1）密度小于水和难溶于水的火灾。

2）遇水燃烧的可燃物，如金属钾、钠、碳化钙（电气石）。

3）硫酸、盐酸引起的火灾。

4）电气火灾。

5）高温化工装备火灾，以防骤冷破裂。

3. 泡沫灭火剂灭火机理及灭火器适用范围

（1）泡沫灭火剂分类

1）化学泡沫。靠水中化学反应产生的二氧化碳产生泡沫。

2）机械泡沫（空气泡沫）。水中加表面活性剂，在机械作用下产生泡沫，泡沫所含气体为空气。

（2）泡沫分级

1）低倍数泡沫。发泡倍数在 20 倍以下。

2）中倍数泡沫。发泡倍数为 20~200 倍。

3）高倍数泡沫。发泡倍数为 201~1 000 倍（大尺度空间火灾）。

（3）灭火机理。靠覆盖隔绝作用导致缺氧窒息。

（4）泡沫灭火器适用于以下火灾：

1）A 类火灾及非水溶性液体（如煤油）燃料 B 类火灾（非抗醇性泡沫）。

2）抗醇类泡沫灭火器可扑灭水溶性液体（如酒精）火灾。

（5）泡沫灭火器不适用的火灾。气体火灾（C 类）、电气火灾（E 类）。

4. 干粉灭火剂灭火机理及灭火器适用范围

（1）灭火剂成分。干粉灭火剂在形态上是细微无机粉末，包括灭火组分、疏水成分、惰性填料。

（2）灭火机理

1）主要是化学抑制作用，捕捉并终止燃烧反应产生的自由基，降低了燃烧反应的速率，当火焰中干粉浓度足够高、与火焰的接触面积足够大时，自由基中止速率大于燃烧反应生成的速率，链式燃烧反应被中止，火焰熄灭。

2）通过窒息、冷却、阻挡热辐射起到灭火作用。

（3）干粉灭火剂分类及其适用的火灾类型

1）BC 干粉（碳酸氢钠等干粉）。B 类、C 类及 E 类、F 类火灾。

2）ABC 干粉（磷酸铵盐等干粉）。A 类、B 类、C 类及 E 类、F 类火灾。

3）D 干粉。D 类火灾。

5. 二氧化碳及洁净气体灭火剂灭火机理及灭火器适用范围

（1）灭火机理。降低氧气浓度，窒息灭火。氧气浓度降低至 12%，或二氧化碳浓度达到 30%~35%，燃烧终止。

（2）二氧化碳及洁净气体灭火器适用的火灾类型

1）适合 A 类、B 类、C 类、E 类、F 类火灾。

2）灭火后没有残留物，尤其适合贵重仪器、重要档案等火灾。

3）二氧化碳灭火器适合 600 V 以下带电设备火灾。

（3）二氧化碳及洁净气体灭火器不适用于以下火灾：

1）不宜用来扑灭金属钾、镁、钠、铝等 D 类火灾。

2）不适用于有氧化剂参与的火灾，如金属过氧化物（过氧化钾、过氧化钠）、有机过氧化物、氯酸盐、硝酸盐、高锰酸盐、亚硝酸盐、重铬酸盐等氧化剂的火灾。

三、火灾探测器

火灾探测器根据工作原理分类及适用火灾类型见表 4-22。

表 4-22　　火灾探测器类型及适用火灾类型

火灾探测器类型		原理	适用的火灾类型
感光式		感受火焰发光，非接触式	没有阴燃的 B 类、C 类火灾初起期
感烟式		探测固体或液体微粒，接触式	主要是 A 类和 B 类火灾初起期
感温式	定温	环境温度达到限值报警，非接触	各类火灾初起期
	差温	环境温度上升速率超过限值报警	
	差定温	既可定温响应，也可差温响应	
可燃气体探测器		可燃气体浓度超标即刻报警	火灾发生前报警
复合式		具有多种探测原理	各类火灾初起期

1. 感光式火灾探测器

（1）适用范围

1）感光式火灾探测器适用于监视有易燃物质区域（如仓库、燃料库、变电所、计算机房等场所）的火灾。

2）感光式火灾探测器特别适用于没有阴燃阶段的燃料火灾（如醇类、汽油、煤气等易燃液体、气体火灾）的早期检测报警。

（2）分类。按检测火灾光源的性质，感光式火灾探测器可分为以下两类：

1）红外火焰火灾探测器。

2）紫外火焰火灾探测器。

（3）红外火焰火灾探测器的原理与特点

1）原理。红外线波长较长，烟粒对其吸收和衰减能力较弱，致使在有大量烟雾存在的火场，在距火焰一定距离内，红外线敏感元件（硫化铅红外光敏管）仍可感应红外线，发出报警信号。

2）特点。误报少，响应时间快，抗干扰能力强，工作可靠。

（4）紫外火焰火灾探测器的原理与适用范围

1）原理。有机化合物燃烧时，辐射出波长约为 250 nm 的紫外光。火焰温度越高，火焰强度越大，紫外光辐射强度也越高。

2）适用范围

①适用于有机化合物燃烧的场合，如油井、输油站、飞机库、可燃气罐、液化气罐、易燃易爆品仓库等。

②特别适用于火灾初起期不产生烟雾的场所，如生产、储存酒精或石油的场所等。

2. 感烟式火灾探测器

（1）原理与适用范围

1）原理。感知燃烧和热解产生的固体或液体微粒。

2）适用范围。用于探测火灾初起期的烟雾，并发出火灾报警信号。

（2）分类。感烟式火灾探测器分为点型感烟火灾探测器和线型感烟火灾探测器。

（3）点型感烟火灾探测器。点型感烟火灾探测器是对警戒范围中某一点周围的烟参数响应的火灾探测器，可分为离子感烟火灾探测器和光电感烟火灾探测器两种。

1）离子感烟火灾探测器显著的优点是对黑烟的灵敏度非常高，对早期火警反应特别快。

2）光电式感烟火灾探测器的缺点是对黑烟灵敏度很低，对白烟灵敏度较高，适用于火情中所发出的烟为白烟的情况，大大地限制了这种探测器的使用范围。

（4）线型感烟火灾探测器。目前生产和使用的线型感烟火灾探测器都是红外光束型的感烟火灾探测器，它是利用烟雾粒子吸收或散射红外线光束的原理对火灾进行监测。

3. 感温式火灾探测器

感温式火灾探测器种类繁多，根据其感热效果和结构型式，可分为定温式、差温式和差定温组合式三类。

（1）定温火灾探测器。定温火灾探测器在火灾现场的环境温度达到预定值及其以上时，即能响应动作。具体特点如下：

1）优点。具有可靠性和稳定性，保养维修方便。

2）缺点。响应过程较长，灵敏度较低。

（2）差温火灾探测器。差温火灾探测器是一种环境升温速率超过预定值，即能响应的感温探测器。

（3）差定温火灾探测器。差定温火灾探测器是一种既能响应预定温度报警，又能响应预定温升速率报警的火灾探测器。

4. 可燃气体火灾探测器

可燃气体火灾探测器主要应用在有可燃气体存在或可能发生泄漏的易燃易爆场所，或应用于居民住宅（有煤气或天然气存在或易发生泄漏的地方）。

（1）安装位置

1）监测密度大于空气的可燃气体（如石油液化气、汽油、丙烷、丁烷等）时，探测器应安装在泄漏可燃气体处的下部，距地面不应超过0.5 m。

2）监测密度小于空气的可燃气体（如煤气、天然气、一氧化碳、氨气、甲烷、乙烷、乙烯、丙烯、苯等）时，探测器应安装在可能泄漏处的上部或屋内顶棚上。

3）监测气体密度与空气相当时，可燃气体探测器可设在被保护空间的中部或顶部。

（2）不适用的场所

1）经常有风速0.5 m/s以上气流存在、可燃气体无法滞留的场所。

2）经常有热气、水滴、油烟的场所。

3）环境温度经常超过40 ℃的场所。

4）有铅离子（Pb^+）存在的场所，或有硫化氢气体存在的场所，不能使用可燃气体探测器，否则会使气敏元件中毒而失效。

5）在有酸、碱等腐蚀性气体存在的场所。

5. 复合式火灾探测器

复合式火灾探测器主要有以下几种：

（1）复合式感温感烟火灾探测器。

（2）复合式感温感光火灾探测器。

（3）复合式感温感烟感光火灾探测器。

（4）分离式红外光束感温感光火灾探测器。

【练习提高】

一、单项选择题（每题 1 分，每题的备选项中，只有 1 个最符合题意）

1. 灭火剂是能够有效地破坏燃烧条件、中止燃烧的物质，不同种类灭火剂的灭火机理不同。干粉灭火剂的灭火机理是（　　）。

A. 使链式燃烧反应中断　　B. 使燃烧物冷却、降温

C. 使燃烧物与氧气隔绝　　D. 使燃烧区内氧气浓度降低

2. 某化工企业配电室着火，经确认是一台 6 000 V 开关箱发生火灾。着火时间已较长，此时如利用灭火器灭火，应选用的灭火器是（　　）。

A. 泡沫灭火器　　B. 干粉灭火器

C. 1211 灭火器　　D. 二氧化碳灭火器

3. 不同火灾场景应使用相应的灭火剂，选择正确的灭火剂是灭火的关键。下列火灾中，能用水灭火的是（　　）。

A. 未切断电源的电气火灾　　B. 硫酸、盐酸和硝酸引发的火灾

C. 普通木材家具引发的火灾　　D. 高温状态下化工设备火灾

4. 灭火器是扑救初起期火灾的重要消防器材。下列灭火器中，适用于扑救精密仪器仪表初起期火灾的是（　　）。

A. 二氧化碳灭火器　　B. 泡沫灭火器

C. 酸碱灭火器　　D. 干粉灭火器

5. 下列火灾中，不适合采用二氧化碳和洁净气体灭火器的是（　　）。

A. 纸张火灾　　B. 高锰酸钾导致的火灾

C. 煤油火灾　　D. 天然气火灾

6. 下列火灾中，不适合采用一般泡沫灭火剂的是（　　）。

A. 木材火灾　　B. 柴油火灾　　C. 酒精火灾　　D. 煤气火灾

7. 下列关于火灾探测器的说法中，正确的是（　　）。

A. 感烟式探测器更适合易燃液体和气体早期火灾探测

B. 感光式探测器更适合没有阴燃的液体或气体火灾

C. 红外感光式探测器不适合具有大量烟雾的场所

D. 光电式感烟探测器更适合于黑烟火灾

8. 火灾探测器的工作原因是将烟雾、温度、火焰和燃烧气体等参量的变化通过敏感元件转换为电信号，传输到火灾报警控制器。不同种类的火灾探测器适用不同的场合。下列关于火灾探测器适用场合的说法中，正确的是（　　）。

A. 感光探测器适用于阴燃阶段的燃料火灾的场合

B. 红外火焰探测器适用于有大量烟雾存在的场合

C. 紫外火焰探测器特别适用于无机化合物燃烧的场合

D. 光电式感烟火灾探测器适用于发出黑烟的场合

9. 下列关于可燃气体探测器的说法中，错误的是（　　）。

A. 探测密度小于空气的可燃气体，探测器应设在被保护空间顶部

B. 探测密度大于空气的可燃气体，探测器应设在被保护空间下部

C. 探测密度与空气相当的可燃气体，探测器应设在被保护空间中部或下部

D. 风速超过 0.5 m/s 的场所以及有油烟、热气、酸气、硫化氢气体等的地方不宜安装气体探测器

二、多项选择题（每题 2 分，每题的备选项中，有 2 个或 2 个以上符合题意，至少有 1 个错项。错选，本题不得分；少选，所选的每个选项得 0.5 分）

1. 干粉灭火器是以液态二氧化碳或氮气作为动力，将灭火器内的干粉灭火剂喷出进行灭火，按使用范围可分为普通干粉和多用干粉两类。下列火灾类型中，可选取多用干粉灭火器进行灭火的有（　　）。

A. 轻金属火灾　　B. 可燃液体火灾

C. 可燃气体火灾　　D. 带电设备火灾

E. 一般固体物质火灾

2. 下列火灾中，可采用二氧化碳灭火器灭火的有（　　）。

A. 木材起火　　B. 柴油机泄漏柴油着火

C. 高压电器着火　　D. 强氧化剂火灾

E. 轻金属火灾

综合练习

一、单项选择题（每题 1 分，每题的备选项中，只有 1 个最符合题意）

1. 可燃物质的聚集状态不同，其受热后发生的燃烧过程也不同。下列关于可燃物质燃烧类型的说法中，正确的是（　　）。

A. 管道泄漏的可燃气体与空气混合后遇火形成稳定火焰的燃烧为扩散燃烧

B. 可燃气体和助燃气体在管道内扩散混合，混合气体浓度在爆炸极限范围内，遇到火源发生的燃烧为分解燃烧

C. 可燃液体在火源和热源的作用下，蒸发出的蒸气发生氧化分解而进行的燃烧为分解燃烧

D. 可燃物质遇热分解出可燃性气体后与氧进行的燃烧为扩散燃烧

2. 火灾事故的发展过程分为初起期、发展期、最盛期、熄灭期。其中，发展期是火势由小到大发展的阶段，该阶段火灾热释放速率与时间的（　　）成正比。

A. 平方　　B. 立方　　C. 立方根　　D. 平方根

3. 按照爆炸物质反应相的不同，爆炸可分为气相爆炸、液相爆炸、固相爆炸。空气与氢气混合物的爆炸、钢水与水混合产生的爆炸分别属于（　　）。

A. 气相爆炸和固相爆炸　　B. 液相爆炸和气相爆炸

C. 气相爆炸和液相爆炸　　D. 液相爆炸和固相爆炸

4. 会导致气体爆炸极限范围变大的条件是（　　）。

A. 初始温度降低　　B. 管径减小

C. 点火源能量减小　　　　　　　　D. 初始压力增大

5. 在爆炸性混合气体中加入惰性气体，当惰性气体的浓度增加到某一值时，爆炸上、下限的变化趋势为（　　）。

A. 爆炸上、下限差值为常数，但不为0

B. 爆炸上、下限趋于一致

C. 爆炸上限不变，下限增加

D. 爆炸下限不变，下限减少

6. 下列燃烧类型中，属于混合燃烧的是（　　）。

A. 打开甲烷气瓶阀门后，喷出气体被点燃形成的稳定燃烧的蓝色火焰

B. 民用燃气灶点燃时天然气与空气混合形成的稳定燃烧

C. 某化工厂储罐群泄漏后被静电点燃引发的大规模火灾爆炸

D. 酒精灯被点燃后形成的淡蓝色火焰

7. 下列关于火灾分类的说法中，不正确的是（　　）。

A. 煤气、天然气、甲烷、乙烷火灾属于C类火灾

B. 发电机、电缆火灾属于E类火灾

C. 汽油、煤油、原油火灾属于B类火灾

D. 沥青、石蜡火灾属于A类火灾

8. 下列关于火灾分类的说法中，正确的是（　　）。

A. 家庭炒菜时油锅着火属于F类火灾

B. 工厂镁铝合金粉末着火属于E类火灾

C. 家庭的家用电器着火属于D类火灾

D. 实验室乙醇着火属于C类火灾

9. 防火防爆安全装置可以分为阻火防爆装置与防爆泄压装置两大类。下列关于阻火防爆装置性能及使用的说法中，正确的是（　　）。

A. 一些具有复合结构的料封阻火器可阻止爆轰火焰的传播

B. 工业阻火器常用于阻止爆炸初期火焰的蔓延

C. 工业阻火器只有在爆炸发生时才起作用

D. 被动式隔爆装置只对纯气体介质有效

10. 防爆的基本原则是根据对爆炸过程特点的分析采取相应的措施，包括防止爆炸发生、控制爆炸发展、削弱爆炸危害。下列措施中，属于防止爆炸发生的是（　　）。

A. 严格控制火源，防止形成爆炸性混合物的检测报警

B. 及时泄出燃爆开始时的压力

C. 切断爆炸传播途径

D. 减弱爆炸压力和冲击波对人员、设备和建筑物的损坏

11. 防止火灾爆炸事故的基本原则如下：防止和限制可燃可爆系统的形成；当燃烧爆炸物质不可避免地出现时，要尽可能消除或隔离各类点火源；阻止和限制火灾爆炸的蔓延扩展，尽量降低火灾爆炸事故造成的损失。下列预防火灾爆炸事故的措施中，属于阻止和限制火灾爆炸蔓延扩展原则的是（　　）。

A. 严格控制环境温度　　　　　　　　B. 安装避雷装置

C. 使用防爆电气设备　　D. 安装火灾报警系统

二、多项选择题（每题 2 分，每题的备选项中，有 2 个或 2 个以上符合题意，至少有 1 个错项。错选，本题不得分；少选，所选的每个选项得 0.5 分）

1. 下列爆炸中，属于气相爆炸的有（　　）。

A. 高锰酸钾和浓酸混合时引起的爆炸

B. 氢气和空气混合气的爆炸

C. 钢水和水混合产生的蒸汽爆炸

D. 空气中飞散的铝粉引起的爆炸

E. 乙炔在分解时引起的爆炸

2. 物质爆炸会产生多种毁伤效应。下列毁伤效应中，属于黑火药在容器内爆炸后可能产生的效应的有（　　）。

A. 冲击波毁伤　　B. 碎片毁伤　　C. 震荡毁伤　　D. 毒气伤害

E. 电磁力毁伤

3. 下列情况中，属于混合燃烧的有（　　）。

A. 动火作业前未进行吹扫，点火后发生的大规模燃烧爆炸

B. 液化石油气储罐受到外力撞击后泄漏引发的燃烧

C. 纸被打火机点燃后产生的燃烧

D. 家用燃气灶点燃后产生的稳定燃烧

E. 酒精灯点燃后产生的稳定燃烧

4. 下列关于粉尘爆炸特点的说法中，正确的有（　　）。

A. 粉尘爆炸速度比气体爆炸速度快　　B. 有产生二次爆炸的可能性

C. 粉尘爆炸的感应期比气体爆炸短　　D. 爆炸压力上升速度比气体爆炸速度快

E. 粉尘爆炸燃烧时间长，产生的能量大

5. 爆炸造成的后果大多非常严重，在化工生产作业中，爆炸不仅会使生产设备遭受损失，而且会破坏建筑物，致人死亡。因此，科学防爆是非常重要的一项工作。防止可燃气体爆炸的一般原则有（　　）。

A. 防止可燃气向空气中泄漏

B. 控制混合气体中的可燃物含量，使其处在爆炸极限以外

C. 减弱爆炸压力和冲击波对人员、设备和建筑的损坏

D. 使用惰性气体取代空气

E. 用惰性气体冲淡泄漏的可燃气体

6. 防爆的基本原则是根据对爆炸过程特点的分析采取相应的控制措施。下列关于爆炸预防的措施中，正确的有（　　）。

A. 防止爆炸性混合物的形成　　B. 严格控制火源

C. 密闭和负压操作　　D. 及时泄出燃爆开始时的压力

E. 检测报警

7. 烟花爆竹的感度、相容性直接与其安全性相关。下列关于烟花爆竹这类指标的说法中，正确的有（　　）。

A. 烟火药撞击产生的“灼热核”（“热点”）半径越小，临界温度越高，敏感

度越低

B. 静电感度专指烟花爆竹对静电火花的敏感程度

C. 感度指标“爆发点”越低，则表示炸药对热的感度越低，也就越安全

D. 惰性添加剂（钝化剂）会降低爆炸的感度，提高烟花爆竹的内相容性

E. 采用不容易产生静电的材料包装烟花爆竹提高了烟花爆竹的外相容性

8. 某酿酒企业着火，可采用的灭火器类型包括（　　）。

A. 清水灭火器

B. 二氧化碳灭火器

C. 干粉灭火器

D. 加入特殊添加剂的抗醇（抗水溶性）泡沫灭火器

E. 不抗醇的一般泡沫灭火器

参考答案

第一节

一、单项选择题

1. B　2. D　3. C　4. B　5. C　6. B　7. B　8. C　9. C　10. B　11. B　12. C　13. A　14. B　15. D　16. A　17. D　18. B　19. C　20. A　21. B　22. C　23. D　24. C　25. C

二、多项选择题

1. BDE　2. BDE　3. AD　4. CE　5. ABCD　6. ACDE　7. ADE　8. CDE　9. ACD　10. ABDE　11. BCD　12. ABCD

第二节

一、单项选择题

1. A　2. A　3. D　4. B　5. B　6. C　7. B　8. C　9. C　10. B　11. C　12. B　13. C　14. B　15. D

二、多项选择题

1. BC　2. DE　3. ABCD　4. ABCD　5. BCD　6. BCDE

第三节

一、单项选择题

1. C　2. A　3. A　4. B　5. D　6. B　7. A　8. D　9. B　10. A　11. B

二、多项选择题

1. AB　2. BCD　3. ABE　4. ABDE

第四节

一、单项选择题

1. A　2. C　3. D　4. A　5. B

二、多项选择题

ACDE

第五节

一、单项选择题

1. A　2. B　3. C　4. A　5. B　6. C　7. B　8. B　9. C

二、多项选择题

1. BCDE　2. AB

综合练习

一、单项选择题

1. A　2. A　3. C　4. D　5. B　6. C　7. D　8. A　9. B　10. A　11. D

二、多项选择题

1. BDE　2. ABCD　3. AB　4. BE　5. ABD　6. ABE　7. ADE　8. ABCD

第五章　危险化学品安全技术基础

第一节　危险化学品安全的基础知识

【本节重点】

一级知识点	二级知识点
危险化学品定义、界定及危险特性	（1）危险化学品的定义 （2）危险化学品界定 （3）危险化学品的主要危险特性
危险化学品分类	（1）理化危险分类 （2）健康危害分类 （3）环境危害分类
危险化学品安全技术说明书和安全标签的内容及要求	（1）化学品安全技术说明书（16 项内容） （2）危险化学品安全标签（8 类内容）

一、危险化学品定义、界定及其危险特性

1. 危险化学品的定义

《危险化学品安全管理条例》对危险化学品的定义如下：危险化学品是指具有毒害、腐蚀、爆炸、燃烧、助燃等性质，对人体、设施、环境具有危害的剧毒化学品和其他化学品。

2. 危险化学品界定

危险化学品的定义只是对危险化学品做了定性的概述，而最终界定“危险化学品”的依据是《危险化学品目录》。最新的《危险化学品目录》共有 2 828 个序号，见表 5-1。

表 5-1　《危险化学品目录》（节录）

序号	品名	别名	CAS 号	备注
1	阿片	鸦片	8008-60-4	
2	氨	液氨；氨气	7664-41-7	

续表

序号	品名	别名	CAS 号	备注
3	5-氨基-1，3，3-三甲基环己甲胺	异佛尔酮二胺；3，3，5-三甲基-4，6-二氨基-2-烯环己酮；1-氨基-3-氨基甲基-3，5，5-三甲基环己烷	2855-13-2	
4	5-氨基-3-苯基-1-［双（N，N-二甲基氨基氧膦基）］-1，2，4-三唑（含量>20%）	威菌磷	1031-47-6	剧毒
	……	……	……	
1630	汽油		86290-81-5	
	乙醇汽油			
	甲醇汽油			
	……	……	……	
2827	左旋溶肉瘤素	左旋苯丙氨酸氮芥；米尔法兰	148-82-3	
2828	含易燃溶剂的合成树脂、油漆、辅助材料、涂料等制品（闭杯闪点≤60 ℃）			

3. 危险化学品的主要危险特性

危险化学品的定义已经概括了危险化学品的危险特性。

（1）燃烧性。易燃气体、易燃液体、易燃固体、自燃液体、自燃固体、自热物质和混合物、遇水放出易燃气体的物质在条件具备时均可能发生燃烧。

（2）爆炸性。爆炸物、易燃气体、压缩气体、遇水放出易燃气体的物质在条件具备时可引发爆炸事故。

（3）毒害性。许多危险化学品可通过一种或多种途径进入人体和动物体内，当其在体内累积到一定量时，便会扰乱或破坏肌体的正常生理功能，引起暂时性或持久性的病理改变，甚至危及生命。

（4）腐蚀性。强酸、强碱等物质能对人体组织、金属等造成损伤，接触人的皮肤、眼睛或肺部、食道等时，会引起表皮组织坏死而造成灼伤。内部器官被灼伤后可引起炎症，甚至会造成死亡。

（5）助燃性与氧化性。氧气及氧化剂在遇到可燃物或还原剂时，容易发生燃烧或放热反应，可造成火灾或爆炸。

二、危险化学品分类

依照《化学品分类和危险性公示　通则》（GB 13690—2009），危险化学品的危险性有 3 种，共 28 类。

（1）理化危险（包括 16 小类）。

（2）健康危害（包括 10 小类）。

（3）环境危害（包括 2 小类）。

同一种危险化学品往往同时具有多类或多种危险性质，因此，上述分类方法与其说是对危险化学品的分类，倒不如说是对危险化学品危险性的分类，即危险化学品依照危险性质有 3 种分类方法。

1. 危险化学品的理化危险分类及标签

危险化学品按理化危险分类见表 5-2，理化危险标签见表 5-3。

表 5-2　危险化学品按理化危险分类

危险特性	危险种类	特征描述
易燃	易燃气体	在常温常压下与空气混合有易燃范围的气体，如甲烷、乙烷
	易燃液体	闪点不高于 93 ℃（闭杯）的液体，如煤油、汽油，根据闪点和初沸点可以分为 4 类，其中 1 类最危险
	易燃固体	容易燃烧或通过摩擦可能引燃或助燃的固体，如赛璐珞、硝化棉
自燃	自燃液体	即使数量小也能在与空气接触后 5 min 内着火的液体
	自燃固体	即使数量小也能在与空气接触后 5 min 内着火的固体
	自热物质和混合物	发火固体或液体以外，与空气反应不需要能量供应就能够自热的固态或液态物质或混合物。这类物质只有数量很大（千克级）且经过长时间（数小时或数天）才发生自燃
易燃、受热爆裂	气溶胶	喷雾器内装压缩、液化或者加压溶解的气体，受控喷射出来后在气体中形成悬浮的固态或液态微粒，或形成膏剂或粉末，或者以液态或气态形式出现。如罐装定型发胶
遇水燃烧	遇水放出易燃气体的物质和混合物	与水接触容易自燃，或放出危险数量的易燃气体的固态、液态物质或混合物，如轻金属钾、钠和电石（乙炔石）
燃烧爆炸（无氧）	自反应物质和混合物	即使没有氧（空气）也容易发生激烈热分解的热不稳定液态、固态物质或混合物
	有机过氧化物	指含有二价-O-O-结构的液态和固态有机物，可视为过氧化氢的一个或两个氢原子已经被有机基取代的衍生物，是可能发生放热自加速分解、热不稳定的物质或混合物，如过氧化环己酮。加热有可能燃烧或爆炸
化学爆炸（引爆）	爆炸物	能通过化学反应在内部产生一定速度、一定温度与压力的气体，且对周围环境具有破坏作用的一种固体或液体物质或其混合物。烟火物质或混合物无论是否产生气体都属于爆炸物质，如 TNT、硝化甘油
物理爆炸（受热）	加压气体（压力下气体）	20 ℃下，压力等于或大于 200 kPa（0.2 MPa，表压）下装入储器的气体、液化气体或冷冻液化气体。加压气体包括压缩气体、液化气体、溶解气体和冷冻液化气体。该类气体遇热容易发生物理爆炸，如压缩或液化氮
腐蚀	金属腐蚀物	通过化学作用显著损坏或毁坏金属的物质或混合物，如酸性电池液

续表

危险特性	危险种类	特征描述
助燃（氧化）	氧化性气体	一般通过提供氧气比空气更能导致或促使其他物质燃烧的任何气体，如压缩或液化的氧
	氧化性液体	本身未必燃烧，但通常因放出氧气可能引起或促使其他物质燃烧的液体
	氧化性固体	本身未必燃烧，但通常因放出氧气可能引起或促使其他物质燃烧的固体

表 5-3　　危险化学品理化危险标签

标签	适用的理化危险性
	（1）易燃气体、易燃液体、易燃固体 （2）自燃液体、自燃固体、自热物质和混合物 （3）气溶胶 （4）遇水放出易燃气体的物质和混合物
 	（1）自反应物质和混合物 （2）有机过氧化物
	爆炸物
	加压气体（受热发生物理爆炸）
	（1）氧化性气体 （2）氧化性液体 （3）氧化性固体
	金属腐蚀物

2. 危险化学品的健康危害分类

危险化学品按健康危害分类见表 5-4，健康危害分类标签见表 5-5。

表 5-4　　危险化学品健康危害分类

危险特性	危险种类	特征描述
体内功能危害	急性中毒	在单剂量或 24 h 内多剂量口服或皮肤接触一种物质，或吸入接触 4 h 之后出现的有害效应

续表

危险特性	危险种类	特征描述
体表细胞组织损伤	皮肤腐蚀/刺激	皮肤腐蚀是对皮肤造成不可逆损伤，即施用试验物质达到 4 h 后可观察到表皮和真皮坏死 皮肤刺激是施用试验物质达到 4 h 后对皮肤造成可逆损伤
	严重眼损伤/眼刺激	严重眼损伤是在眼前部表面施加试验物质后，对眼部造成 21 天内并不完全可逆的组织损伤或严重的视觉物理衰退 眼刺激是在眼前部表面施加试验物质之后，在眼部产生 21 天内完全可逆的变化
免疫危害	呼吸道或皮肤过敏	呼吸过敏是吸入某种物质后，导致气管做出过度免疫反应而产生的疾病，如过敏性哮喘；皮肤过敏是皮肤接触某种物质后，导致皮肤做出过度免疫反应而产生的疾病，如过敏性接触皮炎
基因危害	致癌性	癌症是一种基因突变后导致的细胞无限增长的疾病。致癌物是指导致癌症或增加癌症发生率的物质或者化学混合物
	生殖细胞致突变性	此危险类别涉及的主要是可能导致人类生殖细胞（遗传基因）发生可传播给后代的突变的化学品
生育能力与后代发育危害	生殖毒性	包括对成年雄性和雌性性功能和生育能力的有害影响，以及在后代中的发育毒性。
针对特定器官产生的危害	特异性靶器官系统毒性——一次接触	由于单次接触而产生的特异性、非致命性靶器官毒性的物质，包括可逆的和不可逆的、即时和（或）延迟的健康危害
	特异性靶器官系统毒性——反复接触	由于反复接触而产生的特异性、非致命性靶器官毒性的物质，包括可逆的和不可逆的、即时和（或）延迟的健康危害
通过吸入产生的危害	吸入危险	“吸入”是指液态或固态化学品通过口腔或鼻腔直接进入或者因呕吐间接进入气管和下呼吸系统。吸入毒性包括化学性肺炎、不同程度的肺损伤或者吸入后死亡等严重急性效应

表 5-5　危险化学品健康风险标签

标签	适用的健康风险
	急性中毒
	皮肤腐蚀/刺激 严重眼损伤/眼刺激
	呼吸道或皮肤过敏 生殖细胞致突变性 致癌性 生殖毒性 特异性靶器官系统毒性——一次接触 特异性靶器官系统毒性——反复接触 吸入危险

3. 危险化学品的环境危害分类

对环境危险的分类及标签见表5-6。

表5-6　　危险化学品的环境危险分类及标签

危险种类	特征描述	标签
对水生环境的危害	包括急性水生毒性、慢性水生毒性、可能或实际形成的生物体内富集、有机化合物的（生物或非生物）降解	
对臭氧层的危害	《关于消耗臭氧层物质的蒙特利尔议定书》附件中所列出的任何受管制物质，或任何混合物至少含有一种浓度不小0.1%的被列入《关于消耗臭氧层物质的蒙特利尔议定书》附件的组分	

三、化学品安全技术说明书和安全标签的内容及要求

1. 化学品安全技术说明书

化学品安全技术说明书（safety data sheet for che mical products，SDS）提供了化学品（物质或混合物）在安全、健康和环境保护等方面的信息，推荐了防护措施和紧急情况下的应对措施。在一些国家，化学品安全技术说明书又被称为物质安全技术说明书（material safety data sheet，MSDS）。

化学品安全技术说明书围绕物质及其危害、出现危险的处置、危险危害预防、化学品本身特性、其他5个主题设有16项内容，见表5-7。

表5-7　　化学品安全技术说明书内容

主题	项目	说明
物质简介及危害概述	化学品及企业标识	化学品名称、生产企业名称、地址、电话等信息
	危险性概述	标明理化危险、健康危害、环境危害有关信息
	成分/组成信息	标明化学品是单一物质还是混合物。对于单一物质，标明其化学品名称或通用名、CAS号等。对于混合物，给出危害性组分的浓度或浓度范围及其CAS号
应急措施	急救措施	眼睛、皮肤接触以及吸入、食入的急救措施
	消防措施	适用的灭火介质、不适用的灭火介质及灭火注意事项等
	泄漏应急处理	泄漏化学品收容、清理方法，作业人员个体防护等措施
预防措施	操作处置与储存	操作处置作业中的安全注意事项，安全存储条件和注意事项
	接触控制和个体防护	浓度限制，工程控制，呼吸防护、眼睛防护等个体防护
物质特性	理化特性	化学品外性状（形状、颜色）、气味儿、熔点、沸点、闪点、蒸气压、爆炸极限、引燃温度等
	稳定性和反应活性	应避免的条件（如静电、撞击、震动）、不相容物质、危险的分解产物（一氧化碳、二氧化碳和水除外）
	毒理学资料	急性毒性、皮肤刺激或腐蚀、呼吸或皮肤过敏、生殖细胞突变、致癌等
	生态学信息	环境影响、生态毒性、持久性和降解性、潜在生物累积性等

续表

主题	项目	说明
其他	废弃处置	安全和有利于环境的废弃处置信息
	运输信息	危险货物编号、包装类别、包装标准、运输注意事项等
	法规信息	提供相应的法律法规信息
	其他信息	提供上述各项未包括的重要信息，如专项培训、建议用途和限制用途、参考文献等

2. 危险化学品安全标签

危险化学品安全标签是用文字、图形符号和编码的组合形式表示化学品所具有的危险性和安全注意事项，它可粘贴、挂拴或喷印在化学品的外包装或容器上。图 5-1 所示是危险化学品安全标签的样例。

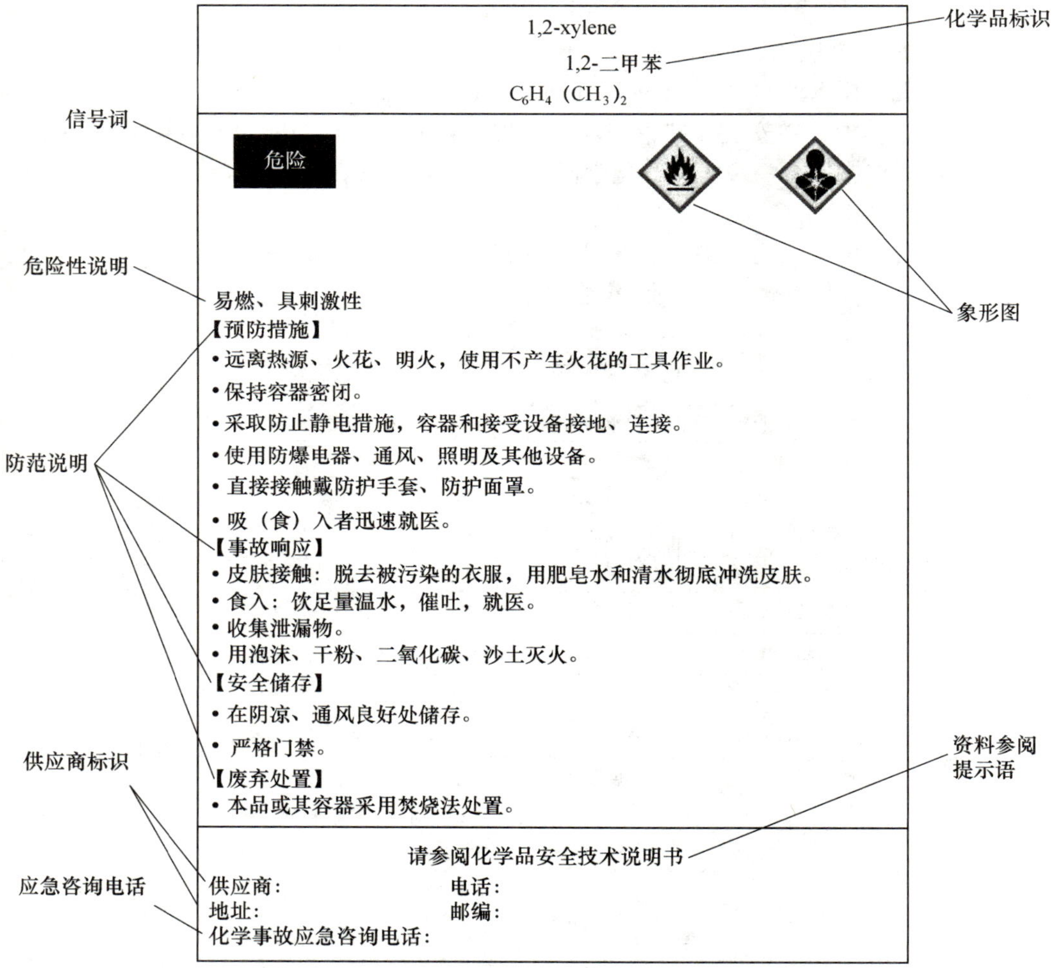

图 5-1　危险化学品安全标签的样例

（1）标签要素

1）化学品标识。用中英文分别标明化学品的化学名称或通用名称。名称要求醒目清晰，位于标签的上方。对于混合物，应标出对其危险性分类有贡献的主要组成的化学名称或通用名、浓度或浓度范围。当需要标出的组分较多时，组分个数以不超过5个为宜。

2）象形图。采用《化学品分类和标签规范》（GB 30000—2013）规定的象形图。

3）信号词。信号词位于化学品名称的下方；根据化学品的危险程度和类别，用“危险”“警告”两个词分别进行危害程度的警示。

4）危险性说明。位于信号词下方，简要概述化学品的危险特性。根据《化学品分类和标签规范》（GB 30000—2013）系列标准，选择不同类别危险化学品的危险性说明。

5）防范说明。防范说明包括预防措施、事故响应、安全储存、废弃处置4部分内容。

6）供应商标识。供应商名称、地址、邮编和电话等。

7）应急咨询电话。填写化学品生产商或生产商委托的24 h化学事故应急咨询电话。国外进口化学品安全标签上应至少有一家中国境内的24 h化学事故应急咨询电话。

8）资料参阅提示语。提示化学品用户应参阅化学品安全技术说明书。

（2）危险化学品安全标签使用注意事项

1）对于小于或等于100 mL的化学品小包装，安全标签要素可以简化，可以省掉预防措施、应急响应、废弃处置等防范措施。

2）安全标签的粘贴、拴挂或者喷印应牢固，保证在运输、储存期间不脱落、不损坏。

3）安全标签应由生产企业在货物出厂前粘贴、拴挂或喷印。若改换包装，则由改换包装单位重新粘贴、拴挂或者喷印。

4）盛装危险化学品的容器或包装在经过处理并确认其危险性完全消除之后方可撕下安全标签，否则不能撕下相应的标签。

【练习提高】

一、单项选择题（每题1分，每题的备选项中，只有1个最符合题意）

1.《化学品分类和危险性公示　通则》（GB 13690—2009）将化学品分为理化危险、健康危害和环境危害三大类。下列物质中，属于理化危险类的是（　　）。

A. 急性毒性气体　　B. 易燃气体

C. 致癌性液体　　D. 腐蚀性液体

2. 根据《化学品分类和危险性公示　通则》（GB 13690—2009），压力下气体是指高压气体在压力等于或大于（　　）MPa（表压）下装入储器的气体，或是液化气体或冷冻液化气体。

A. 0.1　　B. 0.2　　C. 0.3　　D. 0.4

3.《全球化学品统一分类和标签制度》（也称“GHS”）是由联合国出版的指导各国控制化学品危害和保护人类健康与环境的规范性文件。为实施GHS规则，我国发布了《化学品分类和标签规范》（GB 30000—2013）。根据该规范，在外包装或容器上应当用下图作为标签的化学品类别是（　　）。

A. 氧化性气体　　B. 易燃气体　　C. 易燃气溶胶　　D. 爆炸性气体

4. 小王在运输桶装甲苯时，发现钢桶侧面的危险化学品安全标签出现破损，部分内容已看不清。根据《化学品安全标签编写规定》（GB 15258—2009），在危险化学品安全标签中，居“危险”信号词下方的是（　　）。

A. 化学品标识　　B. 危险性说明　　C. 象形图　　D. 防范说明

5. 化学品安全技术说明书是向用户传递化学品基本危害信息（包括运输、操作处置、储存和应急行动信息）的一种载体。下列化学品信息中，不属于化学品安全技术说明书内容的是（　　）。

A. 安全信息　　B. 健康信息

C. 常规化学反应信息　　D. 环境保护信息

6. 按照理化危险性，危险化学品分为 16 类，其中（　　）不属于自燃类危险化学品。

A. 自燃液体　　B. 自燃固体

C. 自反应物质和混合物　　D. 自热物质和混合物

二、多项选择题（每题 2 分，每题的备选项中，有 2 个或 2 个以上符合题意，至少有 1 个错项。错选，本题不得分；少选，所选的每个选项得 0.5 分）

1. 下列理化性质中，可作为易燃液体分类根据的有（　　）。

A. 凝固点　　B. 闪点　　C. 初沸点　　D. 燃点

E. 气化点

2. 根据《化学品分类和危险性公示　通则》（GB 13690—2009），化学品分为理化危险类、健康危害类和环境危害类。下列化学品中，属于健康危害类的有（　　）。

A. 急性毒性化学品　　B. 金属腐蚀剂

C. 生殖毒性化学品　　D. 皮肤腐蚀化学品

E. 有机过氧化物

3. 从健康角度而言，危险化学品可分为 10 类危害，其中通过破坏人体基因而引起健康危害的类别有（　　）。

A. 呼吸或皮肤过敏　　B. 致癌性

C. 生殖毒性　　D. 生殖细胞致突变性

E. 特异性靶器官系统毒性

4. 用于危险化学品安全标签的信号词位于化学品名称的下方，要根据化学品的危险程度和类别，选择不同的信号词。危险化学品安全标签使用的信号词有（　　）。

A. 危险　　B. 禁止　　C. 注意　　D. 警告

E. 小心

第二节　危险化学品燃烧爆炸及防控措施

【本节重点】

一级知识点	二级知识点
危险化学品燃烧爆炸的分类	（1）燃烧分类（闪燃、着火、自燃） （2）爆炸分类（简单分解、复杂分解、混合物爆炸）
危险化学品燃烧爆炸过程	（1）燃烧过程 （2）分解爆炸性气体爆炸过程 （3）粉尘爆炸过程 （4）蒸气云爆炸过程
危险化学品燃烧爆炸事故危害	（1）危险化学品燃烧爆炸危害特点 （2）高温的破坏作用 （3）爆炸的破坏作用 （4）中毒和环境污染
危险化学品火灾、爆炸事故的预防	（1）防止燃烧、爆炸系统形成 （2）消除点火源 （3）限制火灾爆炸蔓延扩散

一、危险化学品燃烧爆炸的分类

1. 危险化学品燃烧的分类

危险化学品的燃烧按其要素构成的条件和瞬间发生的特点，可分为以下 3 种类型：

（1）闪燃。

（2）着火。

（3）自燃。

2. 危险化学品爆炸的分类

（1）简单分解爆炸。引起简单分解的爆炸物在爆炸时并不一定发生燃烧反应，其爆炸所需要的热量是由爆炸物本身分解产生的。简单分解爆炸举例如下：

1）乙炔银、叠氮铅等，这类物质受轻微震动即可能引起爆炸，十分危险。

2）乙炔、环氧乙烷等在压力下的分解爆炸。

（2）复杂分解爆炸

1）爆炸时伴有燃烧现象，燃烧所需的氧由本身分解产生，如 TNT、黑索金等。

2）这类可爆炸物的危险性较简单分解爆炸物稍低。

（3）爆炸性混合物爆炸

1）所有可燃性气体、蒸气、液体雾滴及粉尘与空气（氧）的混合物发生的爆炸均属此类。

2）这类混合物的爆炸需要一定的条件，如混合物中可燃物浓度、含氧量及点火能量等。

二、危险化学品燃烧爆炸过程

1. 燃烧

除了一些熔点较高的无机固体外，可燃物质的燃烧一般是在气相中进行的。由于可燃物质的状态不同，其燃烧过程也不相同。

（1）气体燃烧

1）相对于可燃固体和可燃液体，可燃气体最易燃烧，燃烧所需要的热量来自本身的氧化分解，并使其达到着火点。

2）气体在极短的时间内就能全部燃尽。

（2）液体燃烧。液体在点火源作用下蒸发成蒸气，而后氧化分解进行燃烧。

（3）固体燃烧。固体燃烧一般有以下两种情况：

1）对于硫、磷等简单物质，受热时首先熔化，而后蒸发为蒸气进行燃烧，无分解过程。

2）对于复合物质，受热时可能首先分解成其组成部分，生成气态和液态产物，而后气态产物和液态产物的蒸气着火燃烧。

2. 分解爆炸性气体爆炸

（1）对于某些单一成分的气体，在一定的温度下对其施加一定压力则会产生分解爆炸，这主要是由物质产生的分解热引起的。产生分解爆炸并不需要助燃性气体存在。

（2）对于在高压下容易产生分解爆炸的气体，当压力低于某数值时则不会发生分解爆炸，这个压力称为分解爆炸的临界压力。

3. 粉尘爆炸

粉尘爆炸是在瞬间完成的，但经历了较为复杂的过程，具体如下：

（1）热能作用于粒子表面，使温度逐渐上升。

（2）粒子表面的分子发生热分解或干馏作用，在粒子周围产生可燃气体。

（3）产生的可燃气体与空气混合形成爆炸性混合气体，同时发生燃烧。

（4）由燃烧产生的热进一步促进粉尘分解，燃烧连续传播，在适合条件下发生爆炸。

4. 蒸气云爆炸

蒸气云爆炸是指由于气体或易挥发的液体燃料大量泄漏，并与周围空气混合，形成覆盖很大范围的可燃气体混合物，在点火能量作用下而产生的爆炸。与一般的燃烧和爆炸相比，蒸气云爆炸的破坏范围要大得多，所造成的危害程度也要严重得多。

蒸气云爆炸的形成一般要经过以下几个阶段：

（1）气体或液体燃料在短时间内大量泄漏，液体燃料蒸发为蒸气。

（2）气体燃料或蒸气与周围的空气混合形成可燃混合物并聚集于空间。

（3）可燃混合物被点燃。

（4）点火后蒸气云中常常只发生低速燃烧（层流燃烧）并迅速覆盖广泛的区域。

（5）形成空间爆炸。

可燃气云遇点火源被点燃后，若发生层流或近似层流燃烧，速度太低，不足以产生显著的爆炸超压，在这种条件下蒸气云仅仅是燃烧。在燃烧传播过程中，蒸气云遇到障碍物或受到局部约束，会引起局部紊流，火焰与火焰相互作用产生更高的体积燃烧速率，使膨胀流加剧，而这又使紊流更强烈，从而又能导致更高的体积燃烧速率，结果火焰传播速度不断提高，可达层流燃烧的十几倍乃至几十倍，进而发生爆炸。

一般要发生带破坏性超压的蒸气云爆炸应具备以下几个条件：

（1）泄漏物必须可燃且具备适当的温度和压力。

（2）必须在点燃之前即扩散阶段形成一个足够大的云团。如果在一个工艺区域内发生泄漏，泄漏物经过一段延迟时间形成云团后再被点燃，则往往会产生剧烈的爆炸。

（3）产生的足够数量的云团处于该物质的爆炸极限内才能产生显著的爆炸超压。

蒸气云团可分为 3 个区域，分别是泄漏点周围的富集区、云团边缘的贫集区和介于两者之间的区域（此处的云团处于爆炸极限范围内）。蒸气云各区域所占的比例取决于多个因素，包括泄漏物的种类和数量、泄漏时的压力、泄漏孔径的大小、云团受约束程度，以及风速、湿度和其他环境条件。

三、危险化学品燃烧爆炸事故危害

1. 危险化学品燃烧爆炸危害特点

（1）火灾是在起火后火场逐渐蔓延扩大，随着时间的延续，损失程度迅速增长，损失大约与时间的平方成比例。例如，火灾时间延长 1 倍，损失可能增加至 4 倍。

（2）爆炸则往往在瞬间结束，造成设备损坏、厂房倒塌、人员伤亡等损失。

（3）危险化学品的燃烧爆炸事故通常伴随发热、发光、高压、真空和电离等现象，具有很强的破坏作用。

（4）危险化学品燃烧爆炸的破坏作用与危险化学品的数量和性质、燃烧爆炸时的条件以及位置等因素有关。

（5）主要破坏形式有高温、爆炸、中毒和环境污染。

2. 高温的破坏作用

（1）燃烧爆炸后，建筑物内遗留的大量热或残余火苗，会把从破坏的设备内部不断喷出的可燃气体、易燃或可燃液体的蒸气点燃，也可能把其他易燃物点燃，从而引起火灾。

（2）当盛装易燃物的容器、管道发生爆炸时，爆炸抛出的易燃物有可能引起大面积火灾，这种情况在油罐、液化气瓶爆破后最易发生。

（3）正在运行的燃烧设备或高温的化工设备被破坏时，其灼热的碎片可能飞出，点燃附近储存的燃料或其他可燃物，引起火灾。

（4）高温辐射还可能使附近人员受到严重灼烫伤害甚至死亡。

3. 爆炸的破坏作用

（1）爆炸碎片的破坏作用。机械设备、装置、容器等爆炸后产生许多碎片，飞出后会在相当大的范围内造成危害。一般碎片飞散范围在 100～500 m。

（2）爆炸冲击波的破坏作用

1）冲击波的传播速度极快，在传播过程中，可以对周围环境中的机械设备和建筑物产生破坏作用，使人员伤亡。

2）冲击波可以在作用区域内产生震荡作用，使物体因震荡而松散，甚至被破坏。

3）冲击波的破坏作用主要是由其波阵面上的超压引起的。在爆炸中心附近，空气冲击波波阵面上的超压可达几个甚至十几个大气压，在这样高的超压作用下，建筑物被摧毁，机械设备、管道等也会受到严重破坏。

4）当冲击波大面积作用于建筑物时，波阵面超压在20~30 kPa内，就足以使大部分砖木结构建筑物受到严重破坏。超压在100 kPa以上时，除坚固的钢筋混凝土建筑外，其余部分将全部被破坏。

4. 造成中毒和环境污染

爆炸会使大量有毒物质外泄，造成人员中毒和环境污染。此外，有些物质本身毒性不强，但燃烧过程中可能释放出大量有毒气体和烟雾，造成人员中毒和环境污染。

四、危险化学品火灾、爆炸事故的预防

从理论上讲，防止火灾、爆炸事故发生的基本原则主要有3点。

1. 防止燃烧、爆炸系统的形成

（1）替代（不燃代替可燃、难燃代替易燃）。

（2）密闭。

（3）惰性气体保护。

（4）通风置换。

（5）安全监测及联锁。

2. 消除点火源

能引发事故的点火源有明火、高温表面、冲击、摩擦、自燃、发热、电气火花、静电火花、化学反应热、光线照射等。消除点火源的具体做法如下：

（1）控制明火和高温表面。

（2）防止摩擦和撞击产生火花。

（3）火灾爆炸危险场所采用防爆电气设备避免电气火花。

3. 限制火灾、爆炸蔓延扩散

（1）设置阻火装置。

（2）设置防爆泄压装置。

（3）防火防爆分隔。

【练习提高】

一、单项选择题（每题1分，每题的备选项中，只有1个最符合题意）

1. 复杂分解爆炸伴有燃烧现象，燃烧所需的氧由本身分解产生。下列危险化学品中，能引起复杂分解爆炸的物质是（　　）。

A. 乙炔银　　B. 可燃性气体　　C. 叠氮铅　　D. TNT

2. 下列关于危险化学品爆炸的说法中，错误的是（　　）。

A. 简单分解爆炸没有氧化燃烧过程

B. 复杂分解爆炸先分解产生氧气，然后再氧化燃烧

C. 乙炔银爆炸属于简单分解爆炸，TNT 爆炸属于复杂分解爆炸

D. TNT 爆炸的危险性比乙炔银稍高

3. 危险化学品爆炸按照爆炸反应物质分为简单分解爆炸、复杂分解爆炸和爆炸性混合物爆炸。下列关于危险化学品分解爆炸的说法中，正确的是（　　）。

A. 简单分解爆炸或者复杂分解爆炸不需要助燃性气体

B. 简单分解爆炸一定发生燃烧反应

C. 简单分解爆炸需要外部环境提供一定的热量

D. 复杂分解爆炸物的危险性较简单分解爆炸物高

4. 危险化学品的燃烧爆炸事故通常伴随发热、发光、高压、真空和电离等现象，具有很强的破坏效应，该效应与危险化学品的数量和性质、燃烧爆炸时的条件以及位置等因素均有关系。下列关于危险化学品破坏效应的说法中，正确的是（　　）。

A. 爆炸的破坏作用主要包括高温的破坏作用和爆炸冲击波的破坏作用

B. 在爆炸中心附近，空气冲击波波阵面上的超压可达到几个甚至十几个大气压

C. 当冲击波大面积作用于建筑物时，所有建筑物将全部被破坏

D. 机械设备、装置、容器等爆炸后产生许多碎片，碎片破坏范围一般在 0.5～1.0 km

5. 危险化学品燃烧爆炸事故具有严重的破坏效应，其破坏程度与危险化学品的数量和性质、燃烧爆炸时的条件以及位置等因素有关。下列关于燃烧爆炸过程和效应的说法中，正确的是（　　）。

A. 火灾损失随着时间的延续迅速增加，大约与时间的平方成比例

B. 爆炸过程时间很短，往往在瞬间完成，因此爆炸破坏的范围相对较小

C. 爆炸会产生冲击波，冲击波造成的破坏主要由高温气体快速升温引起

D. 爆炸伴随燃烧，会使爆炸事故产生的有毒气体毒性降低

二、多项选择题（每题 2 分，每题的备选项中，有 2 个或 2 个以上符合题意，至少有 1 个错项。错选，本题不得分；少选，所选的每个选项得 0.5 分）

1. 危险化学品的爆炸按照爆炸反应物质分类分为简单分解爆炸、复杂分解爆炸和爆炸性混合物爆炸。下列物质爆炸中，属于简单分解爆炸的有（　　）。

A. 乙炔银　　B. 环氧乙烷　　C. 甲烷　　D. 叠氮铅

E. TNT

2. 下列关于危险化学品燃烧爆炸过程的说法中，正确的有（　　）。

A. 粉尘爆炸首先是粉尘粒子表面的分子受热，发生热分解或干馏作用，在粒子周围产生可燃气体

B. 所有固体燃烧都是经过受热后分解出气态和液态产物，而后气态产物和液态产物的蒸气着火燃烧

C. 液体在点火源作用下蒸发成蒸气，而后氧化分解进行燃烧

D. 蒸气云发生爆炸是层流燃烧造成的

E. 蒸气云发生爆炸的条件是在泄漏点周围的富集区和云团边缘的贫集区之间形成了在爆炸极限范围内的区域

第三节　危险化学品储存、包装、运输与经营安全技术

【本节重点】

一级知识点	二级知识点
危险化学品储存	（1）储存方式（隔离、隔开、分离） （2）储存基本要求
危险化学品包装与运输	（1）运输企业基本要求（企业资质、人员资质与配备） （2）托运手续与交接交底（运前应办手续、危险说明及标志、添加抑制剂或稳定剂） （3）危险货物运输包装分类（Ⅰ类、Ⅱ类、Ⅲ类包装） （4）运输工具选择与要求 （5）运输途中安全要求
危险化学品经营安全要求	（1）危险化学品经营行政许可 （2）危险化学品经营企业的应当具备的基本条件 （3）经营场所和储存设施满足的要求 （4）从业人员满足的要求

一、危险化学品储存

1. 危险化学品的储存方式

（1）隔离储存。隔离储存是在同一房间或同一区域内，不同的物料之间分开一定距离，即与其他非禁忌物料间用通道保持空间的储存方式。这种方式适合化学性质不相抵触且灭火方式相同的化学物料。

（2）隔开储存。隔开储存是指在同一建筑物或同一区域内，用隔板或墙将禁忌物料（化学性质相抵触或灭火方式不同的化学物料）隔开的储存方式。

（3）分离储存。分离储存是指在不同的建筑物或远离所有建筑物的外部区域内储存的方式。

2. 危险化学品储存基本要求

（1）危险化学品必须储存在经公安部门批准设置的专门的危险化学品仓库中，经销部门自管仓库储存危险化学品及储存数量必须经公安部门批准。

（2）爆炸物品、一级易燃物品、遇湿燃烧物品、剧毒物品不得露天堆放。

（3）储存危险化学品的仓库必须配备有专业知识的技术人员，其库房及场所应设专人管理，管理人员必须配备可靠的个人防护用品。

（4）储存的危险化学品应有明显的标志，标志应符合《危险货物包装标志》（GB 190—2009）的规定。同一区域储存两种及两种以上不同级别的危险化学品时，应按最高等级危险化学品的性能标志。

（5）根据危险化学品性能分区、分类、分库储存。各类危险化学品不得与禁忌物料混合储存。

（6）储存危险化学品的建筑物、区域内严禁吸烟和使用明火。

二、危险化学品包装与运输

1. 运输企业基本要求

（1）国家对危险化学品的运输实行资质认定制度，未经资质认定，不得运输危险化学品。

（2）危险化学品运输企业应当配备专职安全管理人员、驾驶人员、装卸管理人员和押运人员。

（3）危险化学品道路运输企业、水路运输企业的驾驶人员、船员、装卸管理人员、押运人员、申报人员、集装箱现场检查员应当经交通运输主管部门考核合格，取得从业资格。

2. 托运手续与交接交底

（1）危险化学品托运人必须办理有关手续后方可运输，运输企业在查验确认有关手续齐全有效后方可承运。

（2）托运危险化学品的，托运人应当向承运人说明所托运的危险化学品的种类、数量、危险特性以及发生危险情况的应急处置措施，并按照国家有关规定对所托运的危险化学品妥善包装，在外包装上设置相应的标志。

（3）需要添加抑制剂或者稳定剂的，托运人应当按照规定添加，并告知承运人相关注意事项，还应当提交与托运危险化学品完全一致的安全技术说明书和安全标签。

3. 危险货物运输包装分类

（1）Ⅰ类包装。适用于内装危险性较大的货物。

（2）Ⅱ类包装。适用于内装危险性中等的货物。

（3）Ⅲ类包装。适用于内装危险性较小的货物。

4. 运输工具选择与要求

（1）危险化学品运输车辆应当符合国家标准要求的安全技术条件，应当悬挂或者喷涂符合国家标准要求的警示标志。

（2）运输易燃易爆危险化学品车辆的排气管，应安装隔热和熄灭火星装置，并配装导静电橡胶拖地带装置。

（3）危险化学品装卸前，应对车（船）搬运工具进行必要的通风和清扫，不得留有残渣，对装有剧毒物品的车（船），卸车（船）后必须洗刷干净。

（4）禁忌物料不得混运。

（5）禁止用叉车、铲车、翻斗车搬运易燃、易爆液化气体等危险化学品。

（6）运输强氧化剂、爆炸品及用铁桶包装的一级易燃液体时，没有采取可靠的安全措施时，不得用铁底板车及汽车挂车。

（7）温度较高地区装运液化气体和易燃液体等危险化学品，要有防晒设施。

（8）遇水燃烧物品及有毒物品，禁止用小型机帆船、小木船和水泥船承运。

5. 运输途中安全要求

（1）运输危险化学品应当配备必要的押运人员，保证危险化学品处于押运人员的监管之下。

（2）道路危险化学品运输过程中，驾驶人员不得随意停车。不得在居民聚居点、行人稠密地段、政府机关、名胜古迹、风景浏览区停车。如需在上述地区进行装卸作业或临时停车，应采取安全措施。

（3）运输爆炸物品、易燃易爆化学物品以及剧毒等危险物品，应事先报经当地公安部门批准，按指定路线、时间、速度行驶。

（4）禁止通过内河封闭水域运输剧毒化学品以及国家规定禁止通过内河运输的其他危险化学品。

（5）通过道路运输剧毒化学品的，托运人应当向运输始发地或者目的地的县级人民政府公安机关申请剧毒化学品道路运输通行证。

三、危险化学品经营安全要求

1. 危险化学品经营行政许可

（1）申请

1）从事剧毒化学品、易制爆危险化学品经营的企业，应当向所在地设区的市级人民政府安全生产监督管理部门提出申请。

2）从事其他危险化学品经营的企业，应当向所在地县级人民政府安全生产监督管理部门提出申请（有储存设施的，应当向所在地设区的市级人民政府安全生产监督管理部门提出申请）。

（2）审查与发证。有关行政部门对申请人的经营场所、储存设施进行现场核查，自收到证明材料之日起30日内做出批准或者不予批准的决定。予以批准的，颁发危险化学品经营许可证；不予批准的，书面通知申请人并说明理由。

（3）登记注册。申请人持危险化学品经营许可证办理登记注册手续后，方可从事危险化学品经营活动。

2. 危险化学品经营企业应当具备的基本条件

（1）有符合国家标准、行业标准的经营场所，储存危险化学品的，还应当有符合国家标准、行业标准的储存设施。

（2）从业人员经过专业技术培训并经考核合格。

（3）有健全的安全管理规章制度。

（4）有专职安全管理人员。

（5）有符合国家规定的危险化学品事故应急预案和必要的应急救援器材、设备。

（6）法律、法规规定的其他条件。

3. 经营场所和储存设施满足的要求

（1）危险化学品经营企业的经营场所应坐落在交通便利、便于疏散处。

（2）从事危险化学品批发业务的企业，应具备经县级以上（含县级）公安、消防部门批准的专用危险化学品仓库（自有或租用）。所经营的危险化学品不得存放在业务经营场所。

（3）零售业务只许经营除爆炸品、放射性物品、剧毒物品以外的危险化学品。

1）零售业务的店面应与繁华商业区或居住人口稠密区保持 500 m 以上距离。

2）零售业务的店面经营面积（不含库房）应不小于 60 m^2，其店面内不得设有生活设施。

3）零售业务的店面内只许存放民用小包装的危险化学品，其存放总质量不得超过 1 t。

4）零售业务的店面内危险化学品的摆放应布局合理，禁忌物料不能混放。综合性商场（含建材市场）所经营的危险化学品应有专柜存放。

5）零售业务的店面内显著位置应设有“禁止烟火”等警示标志。

6）零售业务的店面内应放置有效的消防、急救安全设施。

7）零售业务的店面与存放危险化学品的库房（或罩棚）应有实墙相隔。单一品种存放量不能超过 500kg，总质量不能超过 2 t。

8）零售店面备货库房应根据危险化学品的性质与禁忌分别采用隔离储存、隔开储存或分离储存等不同方式进行储存。

9）零售业务的店面备货库房应报公安、消防部门批准。

10）危险化学品经营企业应向供货方索取并向用户提供 SDS。

4. 从业人员满足的要求

（1）危险化学品经营企业的法定代表人或经理应经过国家授权部门的专业培训，取得合格证书方能从事经营活动。

（2）企业业务经营人员应经国家授权部门的专业培训，取得合格证书方能上岗。

（3）经营剧毒物品企业的人员，除满足（1）（2）外，还应经过县级以上（含县级）公安部门的专门培训，取得合格证书方可上岗。

【练习提高】

一、单项选择题（每题 1 分，每题的备选项中，只有 1 个最符合题意）

1. 为防止发生事故，国家对危险化学品的运输有严格的要求。下列关于化学品运输安全要求的说法中，错误的是（　　）。

A. 禁忌化学品不得混运　　　　B. 禁止用翻斗车运输爆炸物

C. 禁止在内河运输遇水燃烧物品　　D. 禁止用叉车运输易燃液化气体

2. 违法违规储存危险化学品，极可能发生生产安全事故，威胁人民群众的生命财产安全。下列关于危险化学品储存要求的说法中，错误的是（　　）。

A. 储存危险化学品的仓库必须配备有专业知识的技术人员

B. 危险化学品不得与禁忌物料混合储存

C. 爆炸物品和一级易燃物品可以露天堆放

D. 同一区域储存两种及两种以上不同级别的危险化学品时，按最高等级危险化学品的性能进行标志

3. 危险化学品运输事故时有发生，全面了解和掌握危险化学品的安全运输规定，对预防危险化学品事故具有重要意义。下列运输危险化学品的行为中，符合运输安全

要求的是（　　）。

A. 某工厂安排押运员与专职司机一起运输危险化学品二氯乙烷

B. 在运输危险化学品氯酸钾时，司机临时将车辆停在马路边买水

C. 某工厂计划通过省内人工河道运输少量危险化学品环氧乙烷

D. 某工厂采用特制叉车将液化石油气钢瓶从库房甲转移到库房乙

4.《危险货物运输包装通用技术条件》（GB 12463—2009）要求危险货物按照货物的危险性进行分类包装。其中，危险性较小的货物应采用（　　）包装。

A. Ⅲ类　　B. Ⅰ类　　C. Ⅱ类　　D. Ⅳ类

5. 根据《危险化学品经营企业安全技术基本要求》（GB 18265—2019），危险化学品经营企业的经营场所应坐落在交通便利、便于疏散处，零售企业的店面与存放危险化学品的库房（或罩棚）应有实墙相隔，单一品种存放量不应超过 500 kg，总质量应不超过（　　）t。

A. 1　　B. 2　　C. 3　　D. 4

6. 危险化学品经营实行许可制度，任何单位和个人均需要获得许可，方可经营危险化学品。根据《危险化学品安全管理条例》，下列行政管理程序中，办理危险化学品经营许可证不需要的是（　　）。

A. 申请　　B. 行政备案　　C. 审查　　D. 发证

7. 危险化学品在生产、运输、储存、使用等经营活动中容易发生事故。根据《危险化学品安全管理条例》和《危险化学品经营企业安全技术基本要求》（GB 18265—2019）。下列危险化学品企业的经营行为中，正确的是（　　）。

A. 某企业安排未经过专业技术培训的人员从事危险化学品经营业务

B. 某企业将其危险化学品的经营场所设置在交通便利的城市边缘

C. 某企业将危险化学品存放在其批发大厅中的化学品周转库房中

D. 某企业为节省空间在其备货库房内将不同化学品整齐地堆放在一起

8.《危险货物运输包装通用技术条件》（GB 12463—2009）规定了危险货物包装分类、包装的基本要求、性能试验和检验方法；《危险货物运输包装类别划分方法》（GB/T 15098—2008）规定了划分各类危险化学品运输包装类别的基本原则。根据上述两个标准，下列关于危险货物包装的说法中，错误的是（　　）。

A. 危险货物具有两种以上的危险性时，其包装类别需按级别高的确定

B. 毒性物质根据口服、皮肤接触以及吸入粉尘和烟雾的方式来确定其包装类别

C. 易燃液体根据其闭杯闪点和初沸点的大小来确定其包装类别

D. 包装类别Ⅰ类包装适用于危险性较小的货物，Ⅲ类包装适用危险性较大的货物

9. 危险化学品的储存方式有隔离、隔开和分离 3 种方式。下列关于危险化学品储存方式的说法中，错误的是（　　）。

A. 隔离储存是指在同一房间或同一区域内，不同的物料之间分开一定距离

B. 隔开储存适合化学性质不相抵触且灭火方式相同的化学物料

C. 隔开储存是在同一建筑物或同一区域内，用隔板或墙将化学性质相抵触或灭火方式不同的化学物料分开储存的方式

D. 分离储存是指在不同的建筑物或远离所有建筑物的外部区域内储存的方式

二、多项选择题（每题 2 分，每题的备选项中，有 2 个或 2 个以上符合题意，至少有 1 个错项。错选，本题不得分；少选，所选的每个选项得 0.5 分）

1.《常用化学危险品贮存通则》（GB 15603—1995）对危险化学品的储存方式给出了标准术语，它们是（　　）。

A. 隔离储存　B. 隔开储存　C. 分离储存　D. 混合储存

E. 分库储存

2. 根据《常用化学危险品贮存通则》（GB 15603—1995），危险化学品露天堆放应符合防火、防爆的安全要求。下列各组危险化学品中，禁止露天堆放的有（　　）。

A. 爆炸物品　B. 剧毒物品　C. 遇湿燃烧物品　D. 一级易燃物品

E. 氧化剂

第四节　泄漏处理与销毁处置技术

【本节重点】

一级知识点	二级知识点
危险化学品泄漏处理	（1）泄漏源控制 （2）泄漏物处置（覆盖、收容、稀释、处理）
危险化学品火灾扑救注意事项	（1）扑救气体火灾注意事项（堵漏前保持火焰稳定燃烧） （2）扑救爆炸物品火灾注意事项（切忌用土覆盖、避免强力水流直接冲击） （3）扑救遇湿易燃物品火灾注意事项（禁用水基灭火器，采用气体、干粉灭火器） （4）扑救易燃液体火灾注意事项（泡沫灭火，水溶液体用抗溶性泡沫） （5）扑救毒害品和腐蚀品火灾注意事项（低压水流、腐蚀性液体加中和剂） （6）扑救易燃固体、自燃物品火灾注意事项（泡沫、空中水雾）
危险化学品废弃物销毁	（1）固体废弃物的处置（固化、填埋） （2）爆炸物品的销毁（爆炸法、烧毁法、溶解法、化学分解法） （3）有机过氧化物废弃物的处理（分解、烧毁、填埋）

一、泄漏处理

1. 泄漏源控制

利用截止阀切断泄漏源，在线堵漏减少泄漏量或利用备用泄料装置使其安全释放。

2. 泄漏物处置

泄漏物处置方法包括覆盖、收容、稀释、处理。

（1）覆盖。使用泡沫覆盖阻止泄漏物的挥发，降低泄漏物对大气的危害和泄漏物的燃烧性。

（2）收容。挖掘沟槽、设置围堤是控制陆地上的液体泄漏物最常用的收容方法，在此基础上使用抽取泵将泄漏物收集到容器中。

（3）稀释。喷水雾可有效地降低大气中水溶性有害气体和蒸气的浓度，是控制有害气体和蒸气最有效的方法。对于不溶于水的有害气体和蒸气，也可以喷水雾驱赶，保护泄漏区内人员和泄漏区域附近的居民免受有害气体和蒸气的致命伤害。

（4）处理。按照危险化学品特性，采用合适的方法处理。

1）采用吸附法吸附陆地泄漏和某些有机物的水中泄漏物。常用的吸附剂有活性炭、天然有机吸附剂、天然无机吸附剂、合成吸附剂。

2）用固化法处理泄漏物。通过加入能与泄漏物发生化学反应的固化剂（常用的固化剂有水泥、凝胶、石灰）或稳定剂使泄漏物转化成稳定形式，以便于处理、运输和处置。

3）用中和法处理酸或碱泄漏物。

二、危险化学品火灾扑救注意事项

1. 扑救气体类火灾注意事项

在没有采取堵漏措施的情况下，必须保持稳定燃烧。否则，大量可燃气体泄漏出来与空气混合，遇点火源就会发生爆炸，造成严重后果。

2. 扑救爆炸物品火灾注意事项

（1）切忌用沙土盖压，以免增强爆炸物品的爆炸威力。

（2）扑救爆炸物品堆垛火灾时，水流应采用吊射，避免强力水流直接冲击堆垛，防止堆垛倒塌引起再次爆炸。

3. 扑救遇湿易燃物品火灾注意事项

绝对禁止用水、泡沫、酸碱等湿性灭火剂扑救。一般可使用干粉、二氧化碳、卤代烷扑救，但钾、钠、铝、镁等物品用二氧化碳、卤代烷无效。固体遇湿易燃物品应使用水泥、干砂、干粉、硅藻土等覆盖。对镁粉、铝粉等粉尘，切忌喷射有压力的灭火剂，以防止将粉尘吹扬起来，引起粉尘爆炸。

4. 扑救易燃液体火灾注意事项

比水轻又不溶于水的液体用直流水、雾状水灭火往往无效，可用普通蛋白泡沫或轻泡沫扑救；水溶性液体最好用抗溶性泡沫扑救。

5. 扑救毒害品和腐蚀品火灾注意事项

应尽量使用低压水流或雾状水，避免腐蚀品、毒害品溅出；遇酸类或碱类腐蚀品最好调制相应的中和剂稀释中和。

6. 扑救易燃固体、自燃物品火灾注意事项

一般可用水和泡沫扑救，只要控制住燃烧范围，逐步扑灭即可。但有少数易燃固体、自燃物品的扑救方法比较特殊。例如，2，4-二硝基苯甲醚、二硝基萘、萘等是易升华的易燃固体，受热放出易燃蒸气，能与空气形成爆炸性混合物，尤其易在室内发生爆炸。在扑救过程中应不时向燃烧区域上空及周围喷射雾状水，并消除周围一切点火源。

三、废弃物销毁

1. 固体废弃物的处置

（1）危险废弃物的处理。使危险废弃物无害化采用的方法是使它们变成高度不溶性的物质，即固化/稳定化的方法。目前常用的固化/稳定化方法有水泥固化、石灰固化、塑性材料固化、有机聚合物固化、自凝胶固化、熔融固化和陶瓷固化。

（2）工业固体废弃物的处置。工业固体废弃物是指在工业、交通等生产过程中产生的固体废弃物。

一般工业固体废弃物可以直接进入填埋场进行填埋。对于粒度很小的工业固体废弃物，为了防止填埋过程中引起粉尘污染，可装入编织袋后填埋。

2. 爆炸性物品的销毁

凡确认不能使用的爆炸性物品，必须予以销毁，在销毁以前应报告当地公安部门，选择适当的地点、时间及销毁方法。一般可采用以下 4 种方法：爆炸法、烧毁法、溶解法、化学分解法。

3. 有机过氧化物废弃物的处理

有机过氧化物是一种易燃、易爆品。其废弃物应从作业场所清除并销毁，处理方法主要取决于该过氧化物的物化性质，根据其特性选择合适的方法处理，以免发生意外事故。处理方法主要有分解、烧毁、填埋。

【练习提高】

一、单项选择题（每题 1 分，每题的备选项中，只有 1 个最符合题意）

1. 凡确认不能使用的爆炸性物品，必须予以销毁，销毁前应报告当地公安部门，并选择适当的地点、时间及销毁方法。下列爆炸性物品销毁方法中，错误的是（　　）。

A. 填埋法　　B. 爆炸法　　C. 溶解法　　D. 烧毁法

2. 为防止危险废弃物对人类健康或者环境造成重大危害，需要对其进行无害化处理。下列废弃物处理方式中，不属于危险废弃物无害化处理方式的是（　　）。

A. 塑性材料固化法　　B. 有机聚合物固化法

C. 填埋法　　D. 熔融固化或陶瓷固化法

3. 危险化学品废弃物的销毁处置包括固体危险废弃物无害化的处置、爆炸性物品的销毁、有机过氧化物废弃物的处置等。下列关于危险废弃物销毁处置的说法中，正确的是（　　）。

A. 固体危险废弃物的固化/稳定化方法有水泥固化、石灰固化、塑料材料固化、有机聚合物固化等

B. 确认不能使用的爆炸性物品必须予以销毁，企业选择适当的地点、时间和销毁方法后直接销毁

C. 应根据有机过氧化物特征选择合适的方法进行处理，主要包括溶解、烧毁、填埋等

D. 一般危险废弃物可直接进入填埋场填埋，粒度很小的废弃物可装入编织袋后填埋

4. 下列关于危险化学品火灾扑救的说法中，错误的是（　　）。

A. 危险化学泄漏火灾应先堵漏，后采取灭火措施

B. 扑灭比水轻又不溶于水的液体火灾不要采用直流水或雾状水，而是采用泡沫灭火

C. 扑灭水溶性液体火灾不能采用泡沫灭火

D. 扑救毒害品和腐蚀品的火灾应尽量使用低压水流或雾状水，避免腐蚀品、毒害品溅出

5. 针对危险化学品泄漏及其火灾爆炸事故，应根据危险化学品的特性采用正确的处理措施和火灾控制措施。下列处理和控制措施中，正确的是（　　）。

A. 某工厂存放的遇湿易燃的碳化钙着火，库管员使用二氧化碳灭火器灭火

B. 某工厂甲烷管道泄漏着火，现场人员第一时间用二氧化碳灭火器灭火

C. 某工厂爆炸物堆垛发生火灾，巡检人员使用高压水枪喷射灭火

D. 某工厂储存的铝产品着火，现场人员使用二氧化碳灭火器灭火

二、多项选择题（每题2分，每题的备选项中，有2个或2个以上符合题意，至少有1个错项。错选，本题不得分；少选，所选的每个选项得0.5分）

1. 危险化学品容易引发火灾爆炸事故，一旦泄漏应针对其特性采用合适方法处置。下列关于危险化学品泄漏事故处置措施的说法中，正确的有（　　）。

A. 扑救遇湿易燃物品火灾时，绝对禁止用泡沫、酸碱等灭火剂扑救

B. 对镁粉、铝粉等粉尘，切忌喷射有压力的灭火剂，防止引起粉尘爆炸

C. 某区域有易燃易爆化学品泄漏，应作为重点保护对象，及时用沙土覆盖

D. 扑灭气体类火灾时，要立即扑灭火焰，再采取堵漏措施，避免二次火灾

E. 扑救爆炸物品堆垛火灾时，应避免强力水流直接冲击堆垛

2. 对危险化学品泄漏物的处置方法包括（　　）。

A. 覆盖　　B. 填埋　　C. 收容　　D. 稀释

E. 处理

3. 2019年3月21日，某化工有限公司发生特别重大爆炸事故，事故原因是该公司固废库内长期违法储存硝化废料，由于持续积热升温导致库存废料自燃，进而引发爆炸。为了预防此类事故，应对爆炸性废弃物采取有效的方法进行处理。下列对爆炸性废弃物的处理方法中，正确的有（　　）。

A. 爆炸法　　B. 烧毁法　　C. 填埋法　　D. 溶解法

E. 化学分解法

第五节 危险化学品健康危害及防护

【本节重点】

一级知识点	二级知识点
毒性危险化学品侵入人体的途径	毒物进入人体途径（呼吸道、皮肤、消化道）
危险化学品健康危害类型	（1）刺激（危害机理、部位、症状、物质） （2）过敏（危害机理、部位、症状、物质） （3）窒息（单纯窒息、血液窒息、细胞内窒息） （4）麻醉和昏迷 （5）中毒（急性、亚急性、慢性，全身中毒、器官中毒） （6）致癌（肺癌、鼻腔癌、皮肤癌、肝癌等致癌物） （7）致畸（发育疾病） （8）致突变（异常基因） （9）尘肺（不可逆性、导致尘肺的化学品）
危险化学品中毒、污染事故预防控制措施	（1）原料替代（无毒代替有毒、低毒代替高毒） （2）变更工艺（无须有毒物参与生产过程） （3）隔离（隔离有害源、隔离人员） （4）通风（局部通风、全面通风） （5）个体防护（辅助性措施，超标必须采用） （6）保持卫生（场所卫生、个人卫生）
毒性物质污染的处理	（1）基本措施（冲洗熏蒸、中和与氧化还原、沙搓和铲除、加热蒸发） （2）典型毒物的污染处理方法（氰化物、剧毒农药、汞、砷等）
呼吸防护用品选择	（1）过滤式（防护原理、分类、适用与选择） （2）隔绝式（防护原理、分类、适用与选择）

一、毒性危险化学品侵入人体的途径

毒性危险化学品可经呼吸道、消化道和皮肤进入人体。在工业生产中，毒性危险化学品主要经呼吸道和皮肤进入人体内，有时也可经消化道进入。

1. 呼吸道

凡是以气体、蒸气、雾、烟、粉尘形式存在的毒性危险化学品，均可经呼吸道侵入体内。

2. 皮肤

脂溶性毒性危险化学品经表皮吸收后，还需有水溶性，才能进一步扩散和吸收，所以水、脂皆溶的物质（如苯胺）易被皮肤吸收。

3. 消化道

（1）毒性危险化学品经消化道吸收多半是由于个人卫生习惯不良，手沾染的毒性危险化学品随进食、饮水或吸烟等途径而进入消化道。

（2）误食也是毒性危险化学品进入消化道的途径，如将亚硝酸钠当食用盐使用引起中毒。

（3）进入呼吸道的难溶性毒性危险化学品，可经由咽部被咽下而进入消化道。

二、危险化学品对人体的健康危害类型

1. 刺激

（1）危害机理。刺激是对体表或器官表面细胞组织造成的可逆或不可逆损伤。

（2）危害部位。一般受刺激的部位为皮肤、眼睛和呼吸系统。

（3）产生的疾病与症状。许多化学品和皮肤接触时，能引起不同程度的皮肤炎症；与眼睛接触轻则导致轻微的、暂时性的不适，重则导致永久性的伤残。

（4）典型危害物质。一些刺激性气体、尘雾可引起气管炎，甚至严重损害气管和肺组织，如二氧化硫、氯气、石棉尘；一些化学物质将会渗透到肺泡区，引起强烈的刺激。

2. 过敏

（1）危害机理。过敏是有害物质引起免疫系统做出过度免疫反应而产生的疾病。

（2）危害部位。某些化学品可引起皮肤或呼吸系统过敏。

（3）产生的疾病与症状

1）出现皮疹或水疱等症状，这种症状不一定在接触的部位出现，而可能在身体的其他部位出现。

2）呼吸系统过敏可引起职业性哮喘，这种症状的反应一般包括咳嗽（特别是夜间），以及呼吸困难。

（4）典型危害物质

1）引起皮肤过敏的化学品有很多，如环氧树脂、胶类硬化剂、偶氮染料、煤焦油衍生物和铬酸等。

2）引起呼吸系统过敏的化学品有甲苯、聚氨酯、甲醛等。

3. 窒息

窒息涉及对身体组织氧化作用的干扰。这种症状分为以下 3 种：

（1）单纯窒息。在空间有限的工作场所，氧气被氮气、二氧化碳、甲烷、氢气、氦气等气体所代替，空气中氧浓度降到 17%以下，致使机体组织的供氧不足，就会引起头晕、恶心、调节功能紊乱等症状。缺氧严重时会导致昏迷，甚至死亡。

（2）血液窒息。毒性化学物质影响机体传送氧的能力，可能引起血液窒息。典型的血液窒息性物质就是一氧化碳。空气中一氧化碳含量达到 0.05%时就会导致血液携氧能力严重下降。

（3）细胞内窒息。毒性化学物质影响机体和氧结合的能力，可能引起细胞内窒息。例如，氰化氢、硫化氢等物质会影响细胞和氧的结合能力，尽管血液中含氧充足。

4. 麻醉和昏迷

接触高浓度的某些化学品，有类似醉酒的作用。例如乙醇、丙醇、丙酮、丁酮、乙炔、烃类、乙醚、异丙醚会导致中枢神经抑制。一次大量接触这些化学品可导致昏迷甚至死亡。

5. 中毒

（1）中毒分类

1）慢性中毒。毒性危险化学品长时期、小剂量进入人体所引起的中毒。

2）亚急性中毒。在较短时间（一般为 3~6 个月）有较大剂量毒性危险化学品进入体内所引起的中毒。

3）急性中毒。毒性危险化学品一次或短时间内大量进入体内所引起的中毒。

（2）中毒的影响因素。毒性危险化学品在体内的毒性与毒性危险化学品的化学结构、理化性质和生产环境、劳动强度、个体因素以及几种毒性危险化学品的联合作用有关。

（3）全身中毒。全身中毒是指化学物质引起的对一个或多个系统产生有害影响并扩展到全身的现象，这种作用不局限于身体的某一点或某一区域。

（4）器官中毒。器官中毒主要有以下几种：

1）肝中毒。溶剂酒精、氯仿、四氯化碳、三氯乙烯等会引起肝脏中毒。

2）肾脏损害。尤以重金属和卤代烃最为突出，如汞、铅、铊、镉、四氯化碳、氯仿、六氟丙烯、二氯乙烷、溴甲烷、溴乙烷、碘乙烷等。

3）运动神经障碍。长期接触一些有机溶剂会引起疲劳、失眠、头痛、恶心，更严重的将导致运动神经障碍、瘫痪、感觉神经障碍。例如，神经末梢失能与接触己烷、锰和铅有关，导致腕垂病；接触有机磷酸盐化合物可能导致神经系统失去功能；接触二硫化碳，可引起精神紊乱（精神病）。

（5）毒性危险化学品的多种危害性。一种毒性危险化学品引起的中毒往往是多器官、多系统的损害。常见毒性危险化学品的危害性如下：

1）铅可引起神经系统、消化系统、造血系统及肾脏损害。

2）三硝基甲苯可引起白内障、中毒性肝病、贫血、高铁血红蛋白血症等。

3）苯急性中毒主要表现为对中枢神经系统的麻醉作用，而慢性中毒主要为造血系统的损害。

6. 致癌

长期接触一定的化学物质可能引起细胞的无节制生长，形成恶性肿瘤。

（1）肺癌。砷、石棉、铬、镍等物质可能导致肺癌。

（2）鼻腔癌和鼻窦癌。铬、镍、木材、皮革粉尘等可导致鼻腔癌和鼻窦癌。

（3）膀胱癌。与接触联苯胺、萘胺、皮革粉尘等有关。

（4）皮肤癌。与接触砷、煤焦油和石油产品等有关。

（5）肝癌。接触氯乙烯单体可引起肝癌。

（6）再生障碍性贫血。接触苯可引起再生障碍性贫血。

7. 致畸

化学物质（如麻醉性气体、水银和有机溶剂）可能干扰正常的细胞分裂过程，从而导致胎儿畸形。

8. 致突变

化学品对人的遗传基因的影响可能导致后代发生异常，大多数致癌化学物质对后代有影响。

9. 尘肺病

尘肺病患者肺的换气功能下降，在紧张活动时将发生呼吸短促症状。

（1）尘肺病的特点

1）这种作用不可逆。

2）一般很难在早期发现肺的变化，当 X 射线检查发现这些变化时病情已较重。

（2）导致尘肺的化学物质。能引起尘肺病的物质有石英晶体、石棉、滑石粉、煤粉和铍等。

三、危险化学品中毒、污染事故预防控制措施

预防和控制危险化学品中毒、污染事故，目前采取的主要措施是替代、变更工艺、隔离、通风、个体防护和保持卫生。

1. 替代

选用无毒或低毒的化学品替代已有的有毒有害化学品。例如，用甲苯替代喷漆和涂漆中用的苯，用脂肪烃替代胶水或黏合剂中的芳烃等。替代是首选方案。

2. 变更工艺

无法采用替代时，可通过变更工艺消除或降低化学品危害。例如，以往用乙炔制乙醛，采用汞作催化剂，现在发展为用乙烯为原料，通过氧化或氧氯化制乙醛，不需用汞作催化剂。

3. 隔离

隔离就是通过封闭、设置屏障等措施，避免作业人员直接暴露于有害环境中。

（1）把设备生产线作为隔离的直接对象。将生产或使用的设备完全封闭起来，使作业人员在操作中不接触化学品。

（2）把人员作为隔离的直接对象。隔离作业人员是另一种常用的隔离方法，即把生产设备的管线阀门、电控开关放在与生产地点完全隔离的操作室内。

4. 通风

通风分局部通风和全面通风两种，如图 5-2 所示。

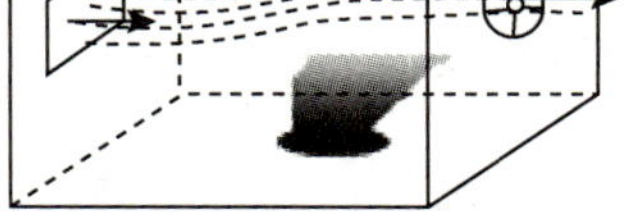

a）局部通风

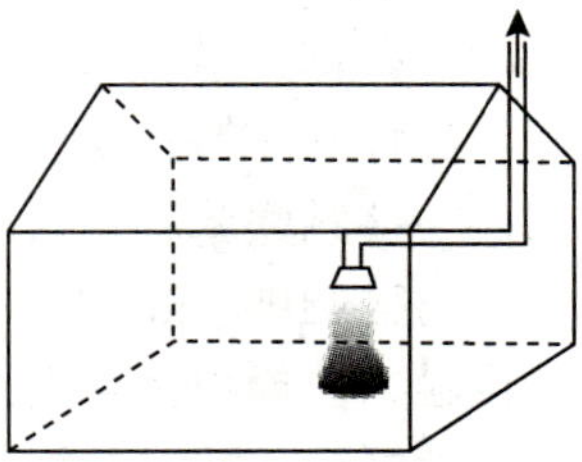

b）全面通风

图 5-2　通风

局部通风由排风罩、通风管道、风机和净化装置构成，如图5-3所示。全面通风所需设备设施比较简单，只需风机以及进、排气口就可以。

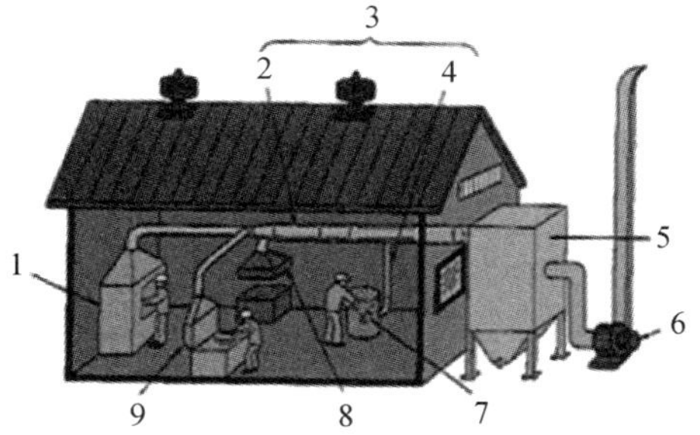

图5-3 局部通风构造

1—排风罩（柜式） 2—主风管 3—通风管道 4—分支风管 5—净化装置 6—风机 7—排风罩（下吸式） 8—排风罩（伞形） 9—排风罩（侧吸式）

局部通风与全面通风的工作原理及特点比较见表5-8。

表5-8 局部通风与全面通风的工作原理及特点比较

通风类型	局部通风	全面通风
设备设施	排风罩、通风管道、风机、净化装置	风机及进、排气口
卫生原理	把污染源罩起来，在其扩散前抽走有害物质	通过稀释降低已扩散毒物的浓度
有效性决定因素	风速	风量及气流组织
所需风量	小	大
适用情况	点式扩散源	面式扩散源
排气是否净化	净化	不净化（直接排入大气）
经济性	设备投入大，运行成本低	设备投入小，但运行成本高
选用原则	优先选用局部通风，两种通风可同时结合使用	

5. 个体防护

当作业场所中有害化学品的浓度超标时，作业人员就必须使用合适的个体防护用品。个体防护不能被视为控制危害的主要手段，而只能作为一种辅助性措施。

6. 保持卫生

保持卫生包括保持作业场所清洁和作业人员的个人卫生两个方面。

（1）作业场所清洁。经常清洗作业场所，对废弃物、溢出物加以适当处置，能有效地预防和控制化学品危害。

（2）作业人员个人卫生。作业人员应养成良好的卫生习惯，防止有害物附着在皮肤上，防止有害物通过皮肤渗入体内。

四、毒性物质污染的处理

1. 基本措施

清除有毒化学品污染的措施主要如下：

（1）冲洗熏蒸：用一定压力的水进行喷射冲洗，或用热水冲洗，也可用蒸气熏蒸。

（2）用药物进行中和、氧化或还原，以破坏或减弱其危害性。

（3）黏稠状的污染物，如油漆等不易冲洗时，可用沙搓和铲除的方法。

（4）对渗透污染物，如联苯胺、煤焦油等，经洗刷后再用蒸气促其蒸发来清除污染。

2. 典型毒物的污染处理方法

（1）对氰化钠、氰化钾及其他氰化物的污染，可用硫代硫酸钠的水溶液浇在污染处，使硫代硫酸钠与氰化物反应，生成毒性低的硫氰酸盐，然后用热水冲洗，再用冷水冲洗干净。也可用硫酸亚铁、高锰酸钾、次氯酸钠代替硫代硫酸钠。

（2）对硫、磷及其他有机磷剧毒农药如苯硫磷、敌死通等，首先用生石灰将泄漏的药液吸干，然后用碱水湿透污染处，用热水冲洗后再用冷水冲洗干净。因为有机磷农药属于磷酸酶类、硫代磷酸酶类、氟代磷酸酯类毒性危险化学品，在碱性溶液中会迅速分解破坏而失去毒性。

（3）硫酸二甲酯泄漏后，先将氨水洒在污染处进行中和，也可用漂白粉或 5 倍水浸湿污染处，再用碱水浸湿，最后用热水和冷水各冲洗一次。

（4）甲醛泄漏后，可用漂白粉加 5 倍水浸湿污染处，因为甲醛可以被漂白粉氧化成甲酸，然后再用水冲洗干净。

（5）苯胺泄漏后，可用稀盐酸或稀硫酸溶液浸湿污染处，再用水冲洗。因为苯胺呈碱性，能与盐酸或硫酸反应生成盐酸盐、硫酸盐。

（6）汞泄漏后可先行收集，然后在污染处用硫黄粉覆盖，使汞挥发出来的蒸气遇硫黄生成硫化汞而避免逸出，最后冲洗干净。

（7）黄磷容器破裂后，黄磷失去水的保护将会燃烧，此时应先戴好防毒面具，用工具将黄磷移放到完好的容器中，切勿用手接触。污染处用石灰乳浸湿，再用水冲洗。被黄磷污染的用具，可用 5%硫酸铜溶液冲洗。

（8）砷泄漏后可用碱水和氢氧化铁解毒，再用水冲洗。

（9）溴泄漏后可用氨水使其生成铵盐，再用水冲洗。

五、呼吸防护用品选择

呼吸防护用品分为过滤式、隔绝式（隔离式）两大类。呼吸防护用品分类及选择见表 5-9。

表 5-9　　呼吸防护用品分类及选择

类别与品种			适用环境
过滤式	半面罩	简易防尘口罩、复式防尘口罩、防毒半面罩等	非立即威胁生命及健康的环境：有害物浓度低（不超标、超标不特别严重），环境不缺氧
	全面罩	防尘全面罩、防毒全面罩等	
隔绝式	携气式	压缩空气、氧气	立即威胁生命及健康的环境：缺氧，有害物种类、浓度未知，有害物浓度超标特别严重
	长管式	自吸式长管、送风式长管	

1. 过滤式呼吸防护用品

（1）防护原理。过滤式呼吸防护用品通过滤料来阻拦有毒有害物质，人最终呼吸的空气还是来自环境。

（2）过滤式呼吸防护用品的分类

1）按照面罩类型，过滤式呼吸防护用品可以分为全面罩和半面罩两类。

2）按照是否更换滤料，过滤式呼吸防护用品可分为简易（防护失效后直接丢弃）和复式（更换滤料后继续使用）两类。

3）按照所防毒物形态，过滤式呼吸防护用品可分为防尘、防毒、兼有防尘防毒的三类。

过滤式防尘口罩如图 5-4 所示，过滤式防毒呼吸用品如图 5-5 所示。

a）简易防尘口罩　　b）简易防尘口罩（带呼吸阀）　　c）复式防尘口罩

图 5-4　过滤式防尘口罩

a）防毒（半面罩）　　b）防毒（全面罩）

图 5-5　过滤式防毒呼吸用品

（3）适用范围

1）适用于危害物浓度较低（毒性气体的体积浓度一般不超过 1%），不至于马上导致急性中毒或死亡的非立即危及生命及健康的作业。

2）不适用于缺氧环境作业。

3）不适用于危害物种类、浓度不明的作业。

2. 隔绝式呼吸防护用品

（1）防护原理。使用有害环境以外的无害气体进行呼吸，作业人员呼吸过程与环境空气隔绝（隔离）。

（2）隔绝式呼吸防护用品如图 5-6 所示。

a）携气式

b）长管式

图 5-6　隔绝式呼吸防护用品

1）携气式（自给式）。使用者自身携带压缩空气瓶或氧气瓶。

2）长管式。通过长管将有害环境以外相对干净的空气送至呼吸面罩内，包括自吸式（负压）和加压送风式（正压）。长管自吸式要求管长小于 10 m，气管内径不低于 18 mm。

（3）适用范围。隔绝式呼吸防护用品适用于立即危及生命及健康的环境，如缺氧环境，有害物种类、浓度未知环境，有害物浓度特别高或严重超标的环境。

（4）隔绝呼吸防护用品选择原则如下：

1）携气式。应急抢险、工作岗位不固定的高浓度有害物作业等。

2）长管式。有害物浓度超标严重、固定岗位作业。

【练习提高】

一、单项选择题（每题 1 分，每题的备选项中，只有 1 个最符合题意）

1. 毒性危险化学品通过一定途径进入人体，在体内积蓄到一定剂量后，就会表现出中毒症状。毒性危险化学品通常进入人体的途径是（　　）。

A. 呼吸道、皮肤、消化道　　B. 呼吸道、口腔、消化道

C. 皮肤、口腔、消化道　　D. 口腔、鼻腔、呼吸道

2. 毒性危险化学品通过人体某些器官或系统进入人体，在体内积蓄到一定剂量后，就会表现出中毒症状。下列人体器官或系统中，毒性危险化学品不能直接侵入的是（　　）。

A. 呼吸系统　　B. 神经系统　　C. 消化系统　　D. 人体表皮

3. 危险化学品会通过皮肤、眼睛、肺部、食道等，引起表皮细胞组织发生破坏而造成灼伤，内部器官被灼伤时，严重的会引起炎症甚至造成死亡。下列危险化学品特性中，会造成食道灼伤的是（　　）。

A. 燃烧性　　B. 爆炸性　　C. 腐蚀性　　D. 刺激性

4. 刺激与过敏是危险化学品常见的两种健康危害类型。下列关于这两种危害的说

法中，错误的是（　　）。

A. 刺激涉及部位有皮肤、眼睛和呼吸系统

B. 刺激产生的症状是在受刺激部位产生炎症，其他部位不会产生炎症

C. 过敏的症状是出现皮疹或水疱，这种症状只会出现在接触部位

D. 引起呼吸系统过敏的化学品有甲苯、聚氨酯、甲醛等

5. 工业毒性危险化学品可造成人体血液窒息，影响机体传送氧的能力。典型的血液窒息性物质是（　　）。

A. 氰化氢　　B. 甲苯　　C. 一氧化碳　　D. 二氧化碳

6. 预防控制危险化学品事故的主要措施是替代、变更工艺、隔离、通风、个体防护和保持卫生等。下列关于危险化学品中毒、污染事故预防控制措施的说法中，错误的是（　　）。

A. 生产中可以通过变更工艺消除或者降低危险化学品的危害

B. 隔离是通过封闭、设置屏障等措施，避免作业人员直接暴露于有害环境中

C. 个体防护应作为预防中毒、控制污染等危害的主要手段

D. 通风是控制作业场所中有害气体、蒸气或者粉尘最有效的措施之一

7. 危险化学品中毒、污染事故预防控制措施主要有替代、变更工艺、隔离、通风等。下列危险化学品危害预防控制措施中，正确的是（　　）。

A. 用苯来替代涂漆中用的甲苯

B. 对于面式扩散源采用局部通风

C. 将经常需操作的阀门移至操作室内

D. 用芳烃替代胶水中的脂肪烃

8. 下列关于过滤式呼吸防护用品的说法中，错误的是（　　）。

A. 用于危害物浓度较低（毒性气体的体积浓度一般不超过 1%）的环境

B. 用于不至于马上导致急性中毒或死亡的非立即危及生命及健康的作业

C. 可用于缺氧环境作业

D. 不能用于危害物种类、浓度不明的作业

9. 下列关于隔绝式呼吸防护用品的说法中，错误的是（　　）。

A. 用于立即危及生命及健康的环境

B. 缺氧环境必须采用隔绝式呼吸防护用品

C. 有害物种类、浓度未知环境情况下不能采用

D. 适用于有害物浓度严重超标情况

10. 在事故抢险救援过程中，个人劳动防护用品是保护人身安全的重要手段。下列呼吸道防毒面具中，适用于毒性气体浓度高、缺氧的固定作业的个人劳动防护用品是（　　）。

A. 全面罩式防毒口罩　　B. 半面罩式防毒口罩

C. 生氧式自救器　　D. 送风长管式防毒面具

二、多项选择题（每题 2 分，每题的备选项中，有 2 个或 2 个以上符合题意，至少有 1 个错项。错选，本题不得分；少选，所选的每个选项得 0.5 分）

1. 危险化学品容易对人体产生各种危害，下列能引起癌症的物质有（　　）。

A. 石棉　　B. 石英砂　　C. 苯　　D. 煤焦油

E. 乙醚

2. 通风是消除危险化学品危害的重要手段之一。下列关于通风的说法中，正确的有（　　）。

A. 全面通风是通过稀释来减少空气中的有害物质

B. 局部通风是靠控制扩散来减少或消除危害的

C. 全面通风的效果取决于风量

D. 局部通风的效果取决于风速

E. 全面通风适用于点释放源，局部通风适用于面释放源

3. 对于毒性气体浓度高，毒性不明或缺氧的可移动性作业及应急抢险，可选用的防毒面具有（　　）。

A. 全面罩式防毒口罩　　B. 半面罩式防尘口罩

C. 携带压缩空气的全面罩呼吸器　　D. 携氧式全面罩呼吸器

E. 长管送风式全面罩呼吸器

综合练习

一、单项选择题（每题 1 分，每题的备选项中，只有 1 个最符合题意）

1. 下列关于安全标签使用的说法中，正确的是（　　）

A. 即使是小包装的危险化学品，其安全标签也不可以简化

B. 安全标签可以粘贴、喷印在包装上，但不可以拴挂

C. 危险化学品若改换包装，必须由原生产单位重新在包装上加标签

D. 盛装危险化学品的容器或包装在经过处理并确认其危险性完全消除之后方可撕下安全标签

2. 在危险化学品的爆炸分类中，危险化学品的爆炸可按爆炸反应物质分为简单分解爆炸、复杂分解爆炸和爆炸性混合物爆炸。下列属于爆炸性混合物爆炸的危险化学品的是（　　）。

A. 乙炔银　　B. 叠氮铅　　C. TNT　　D. 苯蒸气

3. 运输危险化学品的企业应该全面了解并掌握有关危险化学品安全运输的规定，降低运输事故发生的概率。下列危险化学品的运输行为中，符合要求的是（　　）。

A. 某工厂采用翻斗车搬运液化气体钢瓶

B. 某工厂露天装运液化气体钢瓶

C. 某工厂采用水泥船承运高毒苯酚液体

D. 某工厂采用专用抬架搬运放射性物品

4. 下列关于危险化学品运输工具的说法中，错误的是（　　）。

A. 运输易燃易爆危险货物车辆的排气管，应安装隔热和熄灭火星装置，并配装导静电橡胶拖地带装置

B. 灭火方式不同的危险化学品同车运输时要准备多种灭火器

C. 危险物品装卸前，应对车（船）搬运工具进行必要的通风和清扫，不得留有

残渣，对装有剧毒物品的车（船），卸车（船）后必须洗刷干净

D. 禁止用叉车、铲车、翻斗车搬运易燃、易爆液化气体等危险物品

5. 腐蚀性危险化学品及其相关废弃物应严格按照相关规定进行存放、使用、处理。下列针对腐蚀性危险化学品所采取的安全措施中，正确的是（　　）。

A. 某工厂要求存放腐蚀性危险化学品应注意容器的密封性，并保持室内通风

B. 某工厂采取填埋方法有效处理废弃的腐蚀性危险化学品

C. 某实验室要求将液态腐蚀性危险化学品存放在试剂柜的上层

D. 某工厂将腐蚀性危险化学品的废液经稀释后排入下水道

6. 危险化学品引起的窒息分为单纯窒息、血液窒息和细胞窒息。下列关于危险化学品窒息健康危害的说法中，错误的是（　　）。

A. 空气中氧浓度降到17%以下，致使机体组织的供氧不足，引起头晕、恶心、调节功能紊乱等症状。

B. 空气中一氧化碳含量达到0.05%时就会导致血液携氧能力严重下降

C. 细胞内窒息是指由于血液中含氧不足导致细胞缺氧死亡

D. 氰化氢、硫化氢等物质会导致细胞窒息，影响细胞与血液中氧的结合能力

7. 危险化学品泄漏事故救援和抢修中，使用呼吸防护用品可防止有害物质由呼吸道侵入人体。依据危险化学品的物质特性，可选用的呼吸道防毒面具分为（　　）。

A. 稀释式、隔离式　　B. 过滤式、隔绝式

C. 过滤式、稀释式　　D. 降解式、隔离式

8. 正确佩戴个人劳动防护用品是保护人身安全的重要手段。在毒性气体浓度高、缺氧的环境中进行固定作业，应优先选择的防毒面具有（　　）。

A. 导管式面罩　　B. 氧气呼吸器

C. 送风长管式呼吸器　　D. 双罐式防毒口罩

9. 某化工厂对储罐进行清洗作业时，罐内作业人员突然晕倒，原因不明，现场人员需要佩戴呼吸道防毒劳动防护用品进行及时营救。下列呼吸道防毒劳动防护用品中，营救人员应该选择佩戴的有（　　）。

A. 自给式氧气呼吸器　　B. 头罩式面具

C. 双罐式防毒口罩　　D. 长管式送风呼吸器

二、多项选择题（每题2分，每题的备选项中，有2个或2个以上符合题意，至少有1个错项。错选，本题不得分；少选，所选的每个选项得0.5分）

1. 危险化学品具有理化危害、健康危害及环境危害。按照有关标准分类，其环境危害类别包括（　　）。

A. 土壤环境危害　　B. 水生环境危害

C. 大气危害　　D. 臭氧层危害

E. 生态环境危害

2. 下列关于危险化学品中毒、污染事故预防控制措施的说法中，正确的有（　　）。

A. 替代是防止中毒和污染的首选措施

B. 用甲苯替代喷漆和涂漆中用的苯，用芳烃替代胶水或黏合剂中的脂肪烃

C. 当作业场所中有害化学品的浓度超标时，作业人员必须使用合适的个体防护用品

D. 个体防护不能被视为控制危害的主要手段，而只能作为一种辅助性措施

E. 隔离方法之一是隔离生产设备，即把生产设备的管线阀门、电控开关放在与生产地点完全隔离的操作室内

参考答案

第一节

一、单项选择题

1. B　2. B　3. A　4. B　5. C　6. C

二、多项选择题

1. BC　2. ACD　3. BD　4. AD

第二节

一、单项选择题

1. D　2. D　3. A　4. B　5. A

二、多项选择题

1. ABD　2. ACE

第三节

一、单项选择题

1. C　2. C　3. A　4. A　5. B　6. B　7. B　8. D　9. B

二、多项选择题

1. ABC　2. ABCD

第四节

一、单项选择题

1. A　2. C　3. A　4. C　5. A

二、多项选择题

1. ABE　2. ACDE　3. ABDE

第五节

一、单项选择题

1. A　2. B　3. C　4. C　5. C　6. C　7. C　8. C　9. C　10. D

二、多项选择题

1. ACD　2. ABCD　3. CD

综合练习

一、单项选择题

1. D 2. D 3. B 4. B 5. A 6. C 7. B 8. C 9. A

二、多项选择题

1. BD 2. ACD